松辽盆地北部薄互层地震成像与预测技术

赵海波 王 成 乔 卫 范兴才 谢春临 等著

石油工业出版社

内容提要

本书系统介绍并探讨了松辽盆地北部薄互层岩性油藏地震成像与预测的相关理论和技术，内容涵盖岩性油藏地震地质条件、宽频保幅处理技术、宽频地震成像技术、地震沉积学解释技术、储层地震反演技术、井中地震勘探新技术及典型应用案例等。

本书可供从事油气勘探的科研工作者、技术人员及高等院校相关专业师生参考阅读。

图书在版编目（CIP）数据

松辽盆地北部薄互层地震成像与预测技术 / 赵海波等著 . -- 北京：石油工业出版社，2024.8. -- ISBN 978-7-5183-6857-0

Ⅰ . P631.4

中国国家版本馆 CIP 数据核字第 2024NW9465 号

出版发行：石油工业出版社
（北京安定门外安华里 2 区 1 号　100011）
网　　址：www.petropub.com
编辑部：（010）64523708
图书营销中心：（010）64523633
经　　销：全国新华书店
印　　刷：北京中石油彩色印刷有限责任公司

2024 年 8 月第 1 版　2024 年 8 月第 1 次印刷
787×1092 毫米　开本：1/16　印张：20
字数：510 千字

定价：200.00 元
（如出现印装质量问题，我社图书营销中心负责调换）
版权所有，翻印必究

《松辽盆地北部薄互层地震成像与预测技术》
撰 写 组

组　长： 赵海波

副组长： 王　成　乔　卫　范兴才　谢春临

成　员： 扈玖战　赵忠华　李奎周　丁吉丰　包　燚
　　　　　陈可洋　王　团　初海红　于占清　张在金
　　　　　李延峰　李　慧　兰慧田　于承业　唐晓花
　　　　　张婉婷　王　珊　吴　杰　纪　智　关晓巍
　　　　　孙丽梅　姚舜禹

前 言
PREFACE

　　松辽盆地是我国最大的内陆盆地之一，也是我国最重要的石油和天然气产区之一。随着勘探开发的不断深入，盆地内的勘探开发难度逐渐增大。特别是对于薄互层岩性油藏，由于其储层非均质性强、岩性变化快、岩性界面薄且复杂等特点，给地震勘探带来了巨大的挑战。因此，研究和应用先进的地震成像与预测技术对于提高松辽盆地薄互层岩性油藏的勘探开发效果具有重要意义。

　　本书的编写，正是基于这样的背景和需求，旨在系统介绍和探讨松辽盆地北部薄互层岩性油藏地震成像与预测的相关理论和技术，为地质勘探工作者提供一部全面、深入的技术参考书籍。全书共分为七章，内容涵盖了地震地质条件、宽频保幅处理技术、宽频地震成像技术、地震沉积学解释技术、储层预测技术、井中地震勘探新技术及典型应用案例等多个方面。

　　第一章首先对松辽盆地北部的地质条件进行了全面的介绍和分析。通过对勘探概况、盆地构造特征、地层沉积特征的详细阐述，为读者展现了一个宏观的地质背景。同时，本章还深入探讨了松辽盆地地震岩石物理特征，包括常规油储层、夹层型页岩油储层、致密油储层及致密砂砾岩储层的发育特征与地震岩石物理分析，为后续的地震成像与预测技术提供了坚实的地质基础。此外，本章还讨论了勘探开发的难点及技术需求，为后续章节的技术探讨和方法研究奠定了基础。

　　第二章深入探讨了薄互层宽频保幅处理技术。从薄互层高分辨率地震资料处理技术的需求出发，详细介绍了保幅高分辨率处理技术的主要技术流程和关键技术，以及松辽盆地保幅高分辨率地震资料处理技术的成果。本章还重点讨论了地震表层处理技术和薄互层高分辨率处理技术，包括保幅去噪技术、宽频反褶积技术、宽方位各向异性处理技术及双平方根算子高精度速度分析技术。此外，还探索了保真拓频处理技术，为地震资料处理提供了新的视角和方法。

　　第三章详细介绍了薄互层宽频地震成像技术。首先概述了黏弹介质叠前时间偏移技术的研究现状和基本原理，然后详细介绍了稳相偏移与倾角道集的实现、吸收补偿叠前时间偏移的高效实现、叠前时间偏移的高精度走时计算以及黏弹介质性叠前时间偏移的应用效果实例。本章还介绍了黏弹介质叠前深度偏移方法、各向异性逆时偏移方法，并对未来的技术发展进行了展望。

第四章和第五章分别探讨了薄互层地震沉积学解释技术和薄互层储层地震反演技术。这两章详细介绍了地震沉积学解释方法、薄互层储层定性预测技术、Z反演方法、地质统计学反演方法、波形指示反演方法以及PWI方法等，为读者提供了一套完整的地震解释和储层预测技术体系。通过井震联合高分辨率层序地层对比、人工智能层位断层解释技术、相对古地貌恢复沉积演化分析等方法的应用，这两章在地震沉积学解释和储层预测方面对读者有一定的指导意义。

第六章介绍了井中地震勘探新技术。本章首先介绍了VSP处理技术的研究探索，然后详细阐述了井地联采技术的原理、方案正演、技术流程以及应用效果。通过VSP处理技术和井地联采技术的介绍，为读者提供了井中地震勘探的新思路和新方法。最后，对技术的下一步发展方向进行了展望，为井中地震勘探技术的未来发展提供了方向。

第七章通过典型应用案例，展示了本书所介绍的地震成像与预测技术在实际中的应用效果。通过龙西、西超、齐家—古龙以及永乐扶余油层和安达致密气等应用案例的分析，本章不仅验证了本书所介绍技术的实用性和有效性，也为读者提供了宝贵的实践经验和参考。

本书重点以近20年大庆油田薄互层地震成像与预测技术研究成果和典型应用实例为第一手资料，系统总结了大庆油田薄互层地震成像与预测理论基础、主体技术、应用效果和发展方向，反映了大庆油田薄互层地震成像与预测技术研究成果与水平，对薄互层地震技术的发展与推广应用有一定的指导和借鉴意义。

全书由赵海波提出编写思路，负责组织编写和统稿。前言由赵海波编写；第一章由乔卫、扈玖战和谢春临编写；第二章由王成、赵忠华、初海红、于占清、李延峰、李慧和姚舜禹编写；第三章由范兴才、赵忠华、包燚、陈可洋和张在金编写；第四章谢春临、唐晓花、张婉婷、王珊、吴杰编写；第五章由李奎周、兰慧田、于承业、谢春临、于占清、关晓巍和纪智编写；第六章由陈可洋编写；第七章第一节由扈玖战和初海红编写，第二节由扈玖战和初海红编写，第三节由王团和丁吉丰编写，第四节由赵忠华和王珊编写，第五节由包燚、关晓巍、孙丽梅编写。王成、乔卫、范兴才和谢春临负责全书编写人员联络、文字汇总和修订工作；赵海波、王成、乔卫对全书分章节进行了审稿，范兴才和谢春临对全书进行了审稿，王成对全书进行了审核定稿。本书是集体智慧的结晶，参加本书编写人员只是研究团队的部分代表，衷心感谢为松辽盆地北部薄互层地震成像与预测技术做出贡献的每一位科研工作者。特别感谢大庆油田勘探开发研究院为本书编写提供支持。

在本书的编写过程中，我们得到了陈树民、裴江云、陈志德、姜传金、姜岩等地质勘探和地震处理解释领域专家的支持和帮助。他们的宝贵经验和深刻见解为本书的内容丰富和深入提供了重要保障。同时，我们也参考了大量的国内外文献和研究成果，力求使本书在理论和实践上都具有较高的参考价值。在此一并表示衷心的感谢！

我们希望《松辽盆地北部薄互层地震成像与预测技术》一书能够成为地震勘探领域专业人士的"良师益友"，为推动我国地震勘探技术的发展和进步做出贡献。由于时间和水平所限，书中难免存在不足之处，诚恳地希望广大读者提出宝贵意见和建议，以便在今后的工作中不断改进和完善。

在此,我们向所有参与本书编写和提供帮助的专家、学者表示衷心的感谢,并向所有关注和支持我国地震勘探事业的人士致以崇高的敬意。愿本书能够为读者带来知识的启迪和实践的指导,为我国乃至全球的能源勘探事业贡献一份力量!

目 录

第一章　薄互层岩性油藏地震地质条件 … 1
- 第一节　松辽盆地北部地质条件 … 1
- 第二节　松辽盆地地震岩石物理特征 … 23
- 第三节　勘探开发难点及对地震勘探技术需求 … 40
- 参考文献 … 46

第二章　薄互层宽频保幅处理技术 … 47
- 第一节　地震表层处理技术 … 48
- 第二节　薄互层高分辨率处理技术 … 66
- 第三节　保真拓频处理技术探索与实践 … 85
- 参考文献 … 97

第三章　薄互层宽频地震成像技术 … 99
- 第一节　黏弹介质叠前时间偏移方法与应用 … 100
- 第二节　黏弹介质叠前深度偏移方法 … 117
- 第三节　各向异性逆时偏移方法 … 147
- 第四节　技术展望 … 169
- 参考文献 … 178

第四章　薄互层地震沉积学解释技术 … 179
- 第一节　地震沉积学解释方法 … 179
- 第二节　薄互层储层定性预测 … 187
- 第三节　技术展望 … 203
- 参考文献 … 206

第五章　薄互层储层地震反演技术 … 208
- 第一节　薄互层波阻抗直接反演（Z反演）技术 … 208
- 第二节　地质统计学反演方法与应用效果 … 213

第三节　波形指示反演方法研究与应用效果 ……………………………………… 229
　　第四节　叠前波形反演方法研究与应用 …………………………………………… 241
　　第五节　讨论与技术展望 …………………………………………………………… 251
　　参考文献 ……………………………………………………………………………… 252
第六章　井中地震勘探新技术 …………………………………………………………… 253
　　第一节　VSP处理技术研究探索 …………………………………………………… 254
　　第二节　井地联合采集技术 ………………………………………………………… 268
　　第三节　技术展望 …………………………………………………………………… 278
　　参考文献 ……………………………………………………………………………… 279
第七章　典型应用案例 …………………………………………………………………… 281
　　第一节　龙西地区葡萄花油层薄储层预测 ………………………………………… 281
　　第二节　西部斜坡地区萨尔图油层河道砂体识别 ………………………………… 285
　　第三节　齐家—古龙地区薄互层砂体精细刻画 …………………………………… 287
　　第四节　永乐地区扶余油层水平井设计实例 ……………………………………… 293
　　第五节　安达致密气 ………………………………………………………………… 301

第一章　薄互层岩性油藏地震地质条件

松辽盆地北部地区作为我国重要的含油气盆地之一，其薄互层岩性油藏具有独特的地震地质条件。该区域地质构造复杂，盆地经历了规模较大的拉张和挤压构造运动而形成，其构造沉积演化经历了断陷、断坳、坳陷和反转四个阶段。存在常规油、致密油和页岩油三种资源类型。常规油发育在中上部组合的葡萄花、萨尔图和黑帝庙油层，勘探程度高、效果好，是目前主力勘探开发层系，油品以稀油为主，稠油主要分布于西部斜坡萨尔图油层、大庆长垣黑帝庙油层及朝阳沟阶地扶杨油层；致密油发育在下部组合的扶杨油层，增储上产已见到好效果；页岩油发育在青山口组和嫩江组，资源潜力巨大，是重要的资源接替领域。

薄互层岩性油藏的主要特点是储层岩性复杂、层位薄且连续性差，这给地震勘探带来了较大的挑战。地震岩石物理特征分析显示，不同类型的油储层具有不同的地震响应特征，如常规油储层既有强反射又有弱反射。致密油储层主要表现为强反射，薄互层条件下的下部薄储层表现为弱反射。致密砂砾岩储层则表现为一定波组结构的强反射特征。这些特征要求地震勘探技术必须具备较高的分辨率和精确性，才能有效识别和预测薄互层岩性油藏。

勘探开发的难点主要集中在如何提高地震资料的分辨率和准确性，以及如何准确识别和评价薄互层储层的物性和连通性。因此，地震勘探技术需求主要集中在高分辨率地震资料采集、宽频保幅处理、高精度成像和解释技术等方面。通过不断的技术创新和方法改进，可以提高对松辽盆地北部薄互层岩性油藏的勘探效率和成功率，为油气资源的有效开发提供重要的技术支持。

第一节　松辽盆地北部地质条件

一、地质勘探概况

松辽盆地地跨黑龙江、吉林、辽宁三省，由大小兴安岭、张广才岭及南部康平、法库丘陵地带环绕而成，走向近北北东向，面积 $26 \times 10^4 km^2$。以松花江和嫩江为界，南部为吉林探区，北部为大庆探区，松辽盆地北部面积 $12 \times 10^4 km^2$。

松辽盆地是叠置于古生代基底上的大型中—新生代陆相沉积盆地，基底主要由侏罗纪以前的变质岩、岩浆岩和火山岩组成，具有二元结构特征，早期为断陷盆地，发育泉二段以下地层；晚期为坳陷盆地，发育泉三段及以上地层（图 1-1-1）。

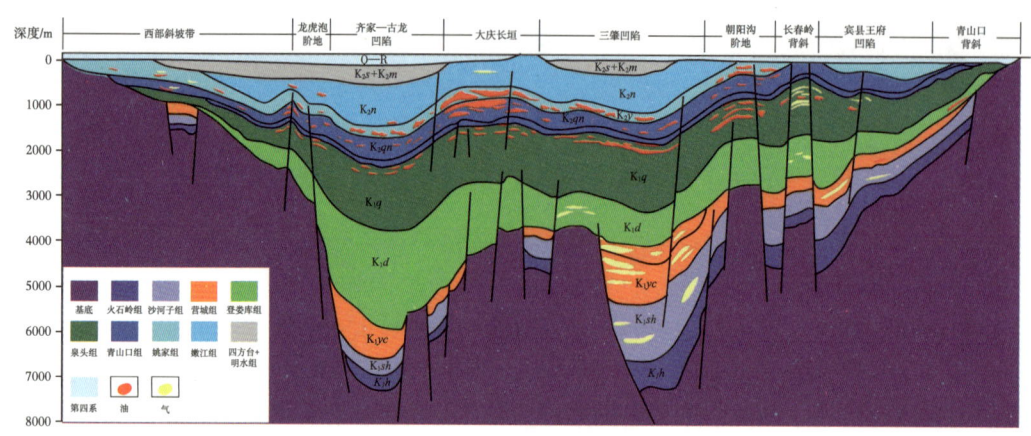

图 1-1-1　松辽盆地结构与地层剖面图

松辽盆地北部自下而上发育深部（勘探上称为深层）和下部、中部及上部（勘探上称为中浅层）四套主要含油气组合（图 1-1-2），其中深部以含气为主，发现了徐深气田；其余以含油为主，发现了大庆油田。

松辽盆地北部中浅层存在常规油、致密油和页岩油三种资源类型。常规油发育在中上部组合的葡萄花、萨尔图和黑帝庙油层，勘探程度高、效果好，是目前主力勘探开发层系，油品以稀油为主，稠油主要分布于西部斜坡萨尔图油层、大庆长垣黑帝庙油层及朝阳沟阶地扶杨油层；致密油发育在下部组合的扶杨油层，增储上产已见到好效果；页岩油发育在青山口组和嫩江组，资源潜力巨大，是重要的资源接替领域。

二、盆地构造演化

松辽盆地是 1.44 亿年前古太平洋板块向欧亚板块俯冲过程中，大致经历了 5 次规模较大的拉张和挤压构造运动而形成的，其构造沉积演化经历了断陷、断坳、坳陷和反转四个阶段（图 1-1-2）。早白垩纪为断陷期，松辽盆地发育多个断陷，早、中期发育火石岭组和营城组，主要充填火山岩；中期发育沙河子组，充填沉积岩为主。沙河子组沉积末期、营城组一段沉积末期和营城组沉积末期三次构造运动，结束了断陷的演化历史。早白垩纪晚期，松辽盆地为断坳陷盆地发育期，充填登娄库组，该期盆地面积比断陷期大，但登娄库组厚度受下伏断陷的控制，断陷区地层厚度大。中—晚白垩世，松辽盆地进入了大规模的坳陷阶段，盆地整体下沉，充填了泉头组、青山口组、姚家组、嫩江组、四方台组、明水组。明水组沉积末期，受 NW 区域挤压应力作用，松辽盆地发生大规模挤压反转运动，形成大庆长垣、长春岭及青山口背斜带等典型反转构造，同时也形成齐家古龙凹陷、三肇凹陷和宾县—王府凹陷三个负向构造，造就了松辽盆地现今的构造格局（图 1-1-3）。

松辽盆地中浅层可划分为 6 个一级构造单元和 32 个二级构造单元，二级构造单元包括 1 个长垣、7 个背斜带、7 个隆起带、6 个阶地和 11 个凹陷。其中，松辽盆地北部跨 5 个一级构造单元、21 个二级构造单元，见图 1-1-4。

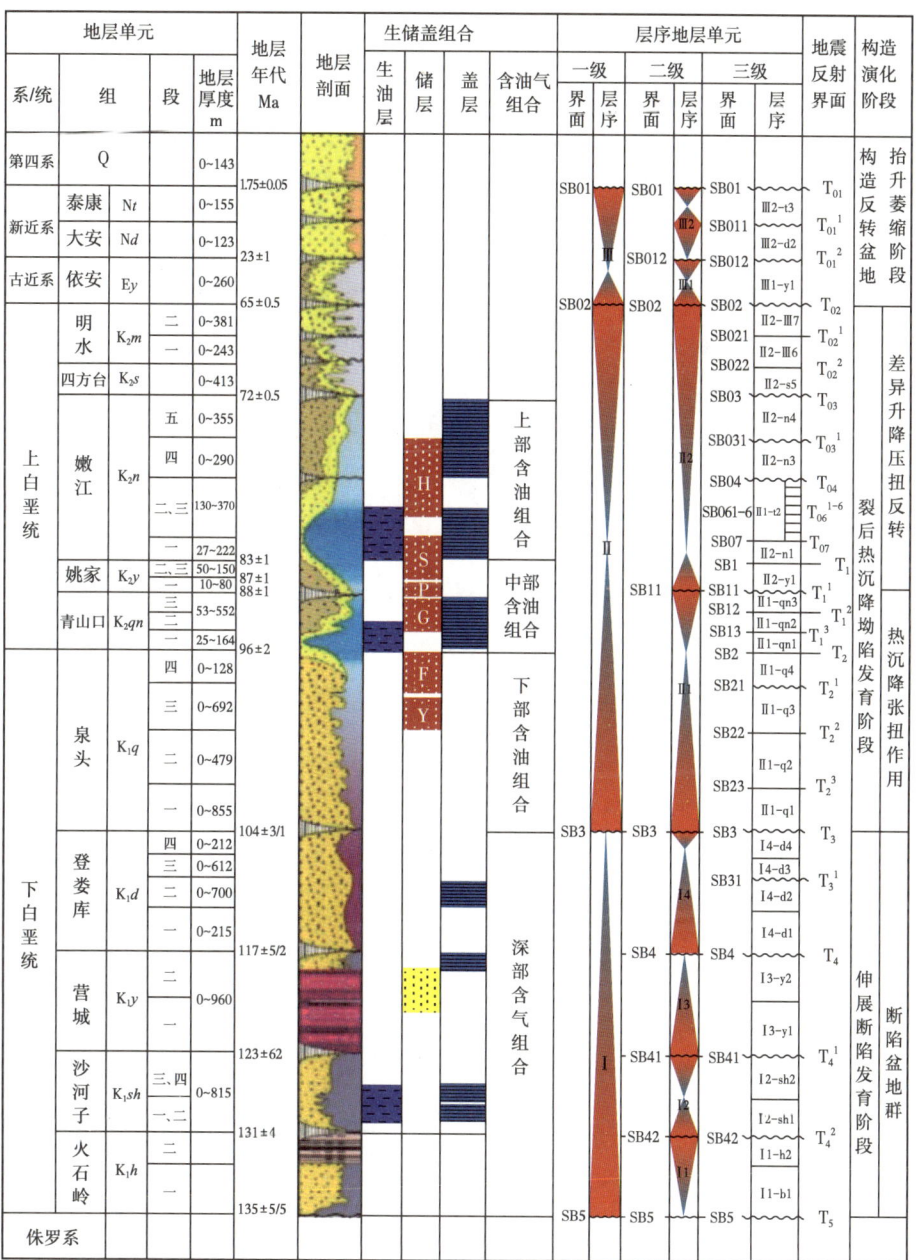

图 1-1-2 松辽盆地层序地层综合柱状图

三、地层沉积特征

1. 层序划分

松辽盆地自下而上发育有火石岭组、沙河子组、营城组、登娄库组、泉头组、青山口组、姚家组和嫩江组等，与盆地沉积演化阶段相对应，可划分为3个一级层序、9个二级层序,见图1-1-4。

(1)断陷型构造层序(Ⅰ):I_1—火石岭组,I_2—沙河子组,I_3—营城组,I_4—登娄库组。

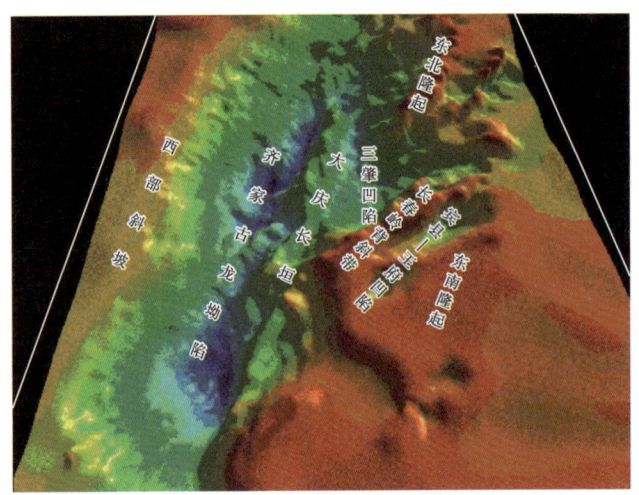

图1-1-3 松辽盆地北部构造形态立体图(T_1构造层)

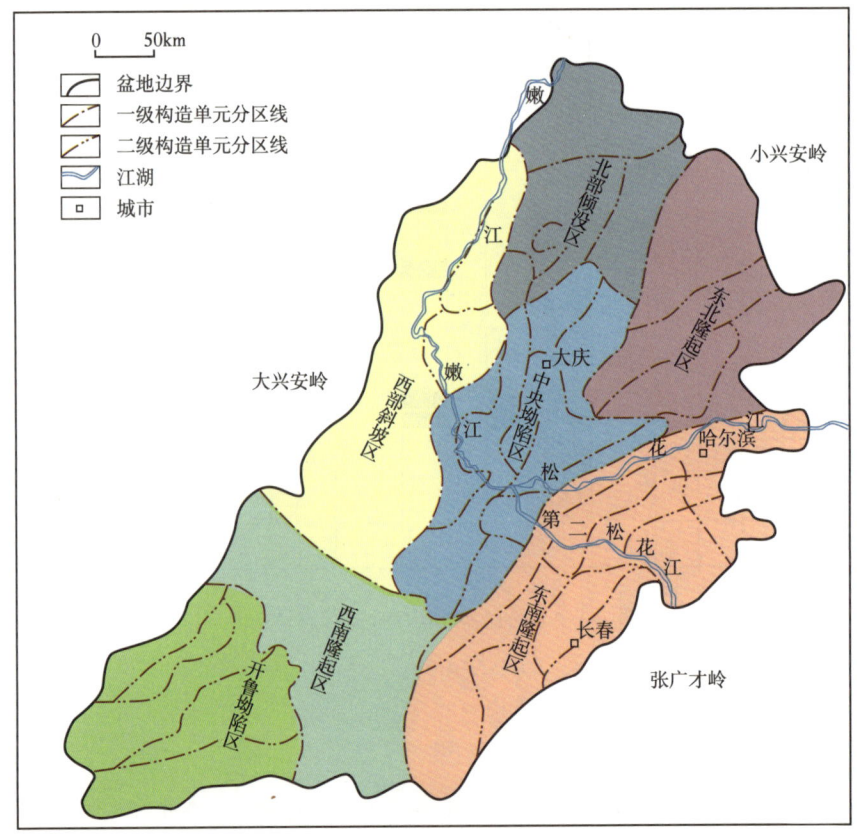

图1-1-4 松辽盆地中浅层构造单元划分图

（2）坳陷型构造层序（Ⅱ）：Ⅱ$_1$—泉头组—青山口组，Ⅱ$_2$—姚家组和嫩江组。

（3）反转型构造层序（萎缩期）（Ⅲ）：Ⅲ$_1$—四方台—明水组，Ⅲ$_2$—依安组，Ⅲ$_3$—大安—泰康。

2. 沉积类型

1）断陷期沉积类型

松辽盆地发育初期，形成众多互相分割、独立的断陷，其后逐步扩大，有火山活动并发育碎屑岩沉积，充填冲积扇与河流相砾岩、砂砾岩及火山岩和火山碎屑岩、夹湖相的泥岩及沼泽相的煤层沉积。断陷期沉积具有多物源、近物源、相带窄而变化快的沉积特点，发育3大沉积体系、7种沉积类型、15种亚相。

火石岭组厚度一般为0~1010m，可细分为二段。火一段主要为扇三角洲、辫状河三角洲相；火二段岩性主要为中性火山岩。

沙河子组厚度一般为0~1710m，可细分为四段，发育扇三角洲、辫状河三角洲相砂砾岩、砂岩与泥岩互层夹薄煤层沉积。

营城组厚度一般为0~3500m，按岩性可分为四段，岩性主要为酸性—中基性火山岩及泥岩夹砂岩、砾岩组合，其中营一段、营三段为火山岩，营二段、营四段为沉积岩，营二段局部分布。

登娄库组属于断坳转换期沉积，具有多沉降中心、多物源、多沉积体系的特点。地层厚度0~1700m，可划分为四段。发育四个主物源、四个沉积体系，沉积类型为冲积扇、河流相、辫状河三角洲相、滨浅湖相和水下重力流沉积，其中辫状河三角洲相和河流相为主要沉积相带。

2）坳陷期沉积类型

松辽盆地坳陷期发生过两次大规模的湖侵，构造沉降平稳，地形相对平坦，发源于盆地周边的各条水系向盆地中心汇集，并在坳陷中心部位交汇，在整个盆地范围内形成了广泛的河流、大型三角洲和湖泊沉积体系（图1-1-5），可划分为6种沉积相，细分为15种亚相、36种微相类型。

泉头组厚度一般为0~1400m，可细分为四段。泉头组一、二段以河流相为主，泉头组三、四段主要发育辫状河、曲流河、浅水三角洲及浅水湖泊四种沉积相类型，其中以曲流河和浅水三角洲沉积相最为发育，主要砂体类型为河道砂体。

青山口组厚度0~720m，总体上为反旋回特征，可划分为三段，岩性主要为湖相背景下的富含有机质的泥岩和砂岩不等厚互层。青一段为泥岩、页岩夹油页岩；青二、三段为泥岩夹薄层钙质粉砂岩和介形虫层，局部夹生物灰岩、泥灰岩。

姚家组为大型湖泊与退积型三角洲沉积，具多物源、多沉积体系和半环状相带分布特点。厚度一般为0~230m，可细分为三段，生产上常划分为姚一段、姚二+三段。岩性主要为三角洲和河流相背景下的砂泥岩互层。

嫩江组厚度一般为0~1350m，可细分为五段，即嫩一、嫩二、嫩三、嫩四和嫩五段。岩性主要表现为大型三角洲、滨浅湖—半深湖沉积背景下的灰黑色、红色泥岩与砂岩互层特征。

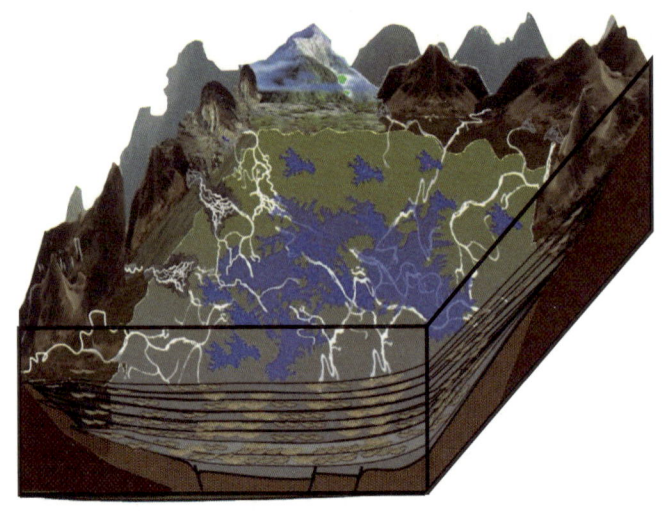

图 1-1-5　松辽盆地坳陷期沉积古地理图

3）反转期（萎缩期）沉积类型

嫩江运动导致盆地构造反转，进入盆地萎缩期沉积。主要发育河流相、洪积相和滨湖相，岩性以泥岩与砂岩、砾岩互层为主。

四、断裂发育特征

松辽盆地断层十分发育（图 1-1-6）。由于受不同构造应力场的作用，导致断层发育期次及成因也不同，按其成因及形成时间可分为三类：一是长期继承性断裂（T_3 以下断至 T_2 及以上）；二是中期断裂（断穿 T_2 层附近地层）；三是晚期断裂（断穿 T_2 及以上地层）。

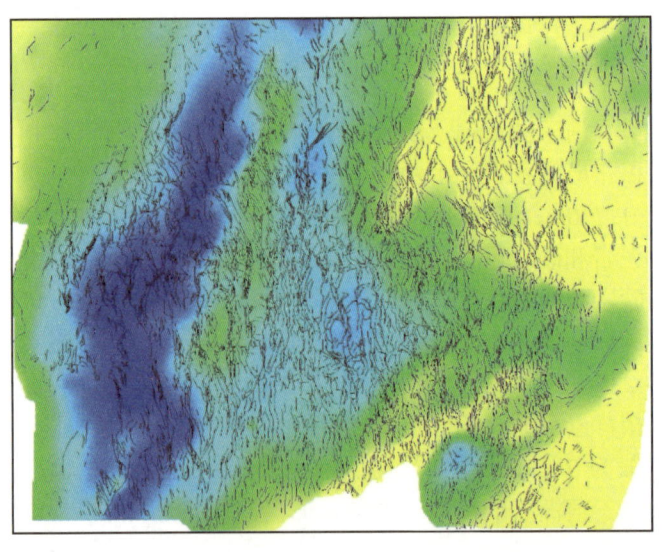

图 1-1-6　松辽盆地北部扶余油层顶面断裂分布

长期继承性断裂是多期构造活动的结果，多呈北北东或近南北走向。该类断裂为早期在区域性近东西向拉张应力场的作用下，基底断裂倾滑活动，控制形成了盆地裂陷期的同生张性正断层。断层形成时间早、延伸长、断距大、断穿层位多，具多期活动的特点。这类断层不仅早期控制了古河道摆动范围，而且在多次构造活动中控制相关构造的形成，同时，对中浅层断裂带的形成、分布也起到重要的控制作用。

中期断裂主要形成于青一段沉积末期的构造运动，是在区域性伸展应力场的作用下，为调节基底断裂伸展作用而产生的断穿 T_2 的断层。断层走向主要为近南北向，平面上断裂分布不均，呈密集状展布，呈现地垒、地堑或抬斜断块相间的构造格局。这类断层在油气运移期复活、开启，成为青一段石油向下运移的有利通道，对扶杨油层油气的运聚起到了重要的作用。

晚期断裂形成于嫩江组沉积末期至古近纪末期的压扭性应力场中。嫩江组沉积末期，在近南北向左行压扭应力场的作用下，形成了部分张性断层，古近纪末期，北北东向断裂左行压扭活动又派生出大量北西向张性断层，这些断层加之在构造活动期复活的中期断裂在空间上沟通了青山口组生油岩与下伏扶杨油层、上覆葡萄花、萨尔图、黑帝庙油层。

五、油层层序、沉积和储层特征

松辽盆地中浅层发育上部、中部和下部三套含油组合，三套含油组合内发育黑帝庙、萨尔图、葡萄花、高台子和扶杨五大含油层系（图 1-1-2），是松辽盆地北部主要勘探目的层。各油层所在地层属于盆地内第二个一级层序，即坳陷型构造层序（Ⅱ），可进一步划分为多个中期和短期旋回（三级及以上层序）。

1. 黑帝庙油层（H）

1）层序特征

黑帝庙油层分布从嫩五段到嫩二段，划分为四个油层组，黑零组对应嫩五段、黑一组对应嫩四段、黑二组对应嫩三段、黑三组对应嫩二段。其中，黑二组是主要含油气层段，所以习惯上就把黑二组，即嫩三段称为黑帝庙油层。

黑帝庙油层可划分为 3 个准层序组、12 个准层序，3 个准层序组分别对应 H_2^1、H_2^2、H_2^3 三个油层组。

嫩三段层序地层划分见图 1-1-7，黑帝庙油层测井岩电特征表现为一系列向上变粗的反旋回特征（图 1-1-8），地震剖面上地质分层 H_2^3、H_2^2、H_2^1 分别对应 T_{06}、T_{05}、T_{04} 同相轴（图 1-1-9），T_{06} 表现为强且连续的地震同相轴，T_{05}、T_{04} 表现为不连续的波峰。

2）沉积特征

嫩三段沉积时期，受挤压褶皱构造作用增强的影响，盆地开始全面上升，湖盆的面积进一步缩小。沉积物源主要来自东北部，三角洲进积规模逐渐增强，河流相开始在盆地东部沉积，发育了河流相、三角洲和湖泊相三种沉积体系，三角洲前缘相分布于中央坳陷区内，相带不对称（图 1-1-10）。

3）储层特征

由于河流三角洲体系长距离向湖中心推进，形成了辽阔的三角洲前缘相带，发育了三角洲前缘河口坝和远沙坝、席状砂。砂体呈东西向变化，砂体厚度由东往西逐渐减薄，总体上看从北往南呈带状展布。黑帝庙油层砂岩发育，砂体厚度相对较大，以 2~5m 为主（图 1-1-11）；储集条件较好，孔隙度一般为 20%~25%，连通性好，渗透率大于 50mD。

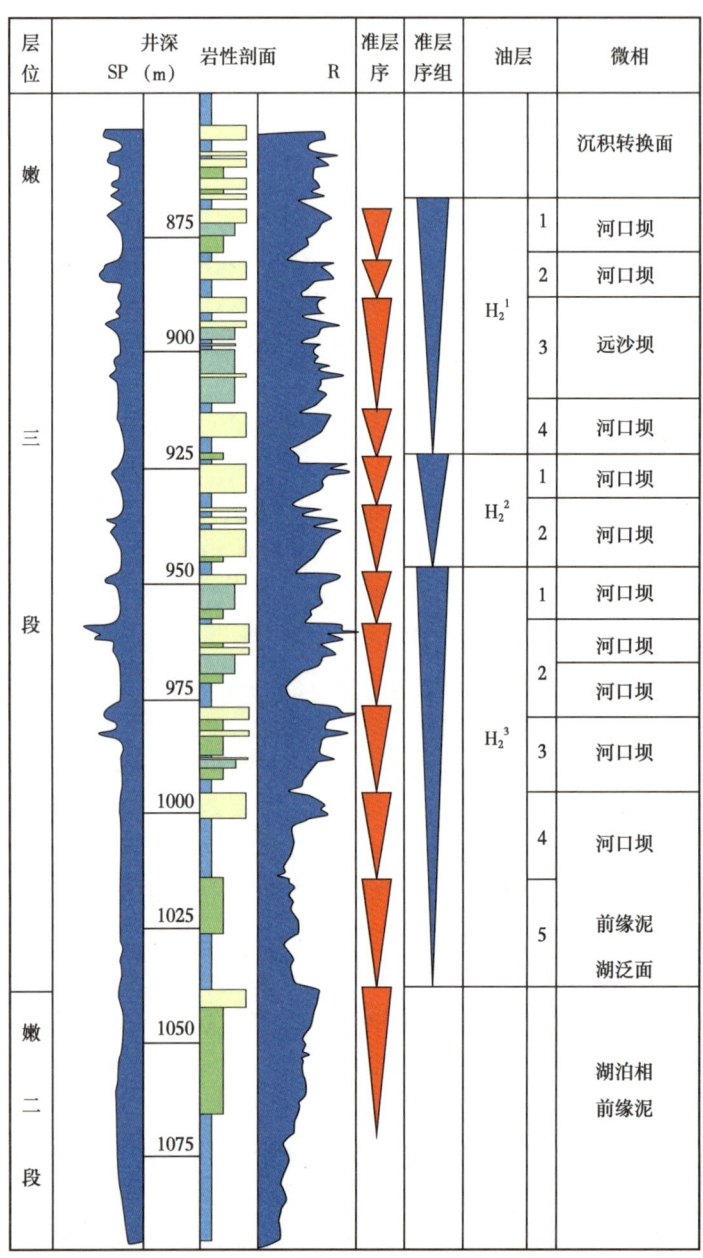

图 1-1-7　黑帝庙油层层序划分

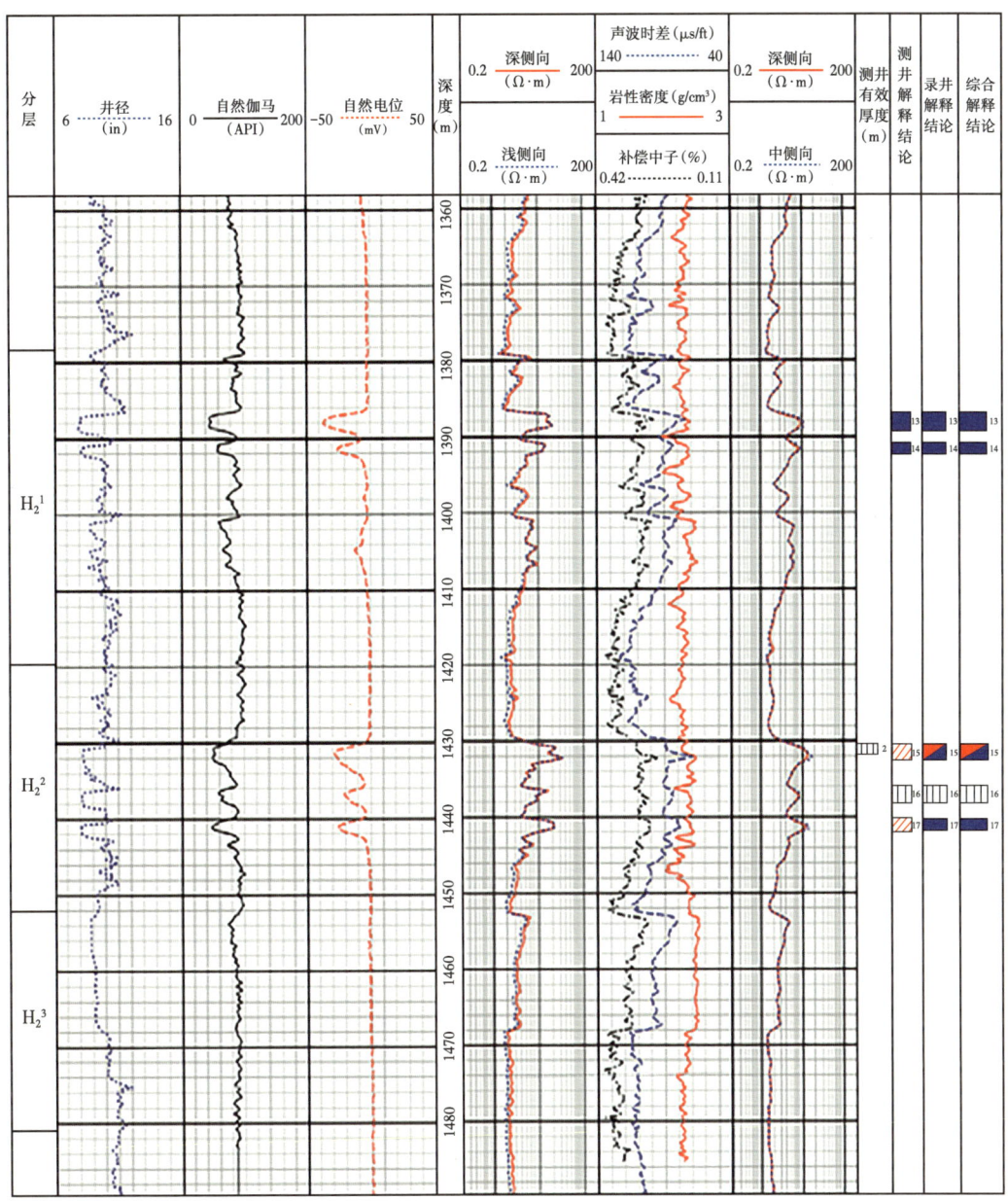

图 1-1-8 哈 6 井黑帝庙油层综合柱状图

2. 萨尔图油层（S）

1) *层序特征*

萨尔图油层分萨零、萨Ⅰ和萨Ⅱ+Ⅲ三个油层组，萨零、萨Ⅰ组在嫩一段，与两次基准面下降旋回大致相当；萨Ⅱ+Ⅲ组在姚家组二、三段上部（下部是萨葡夹层），对应两个短期旋回（层序），以退积型序列构成为特征。

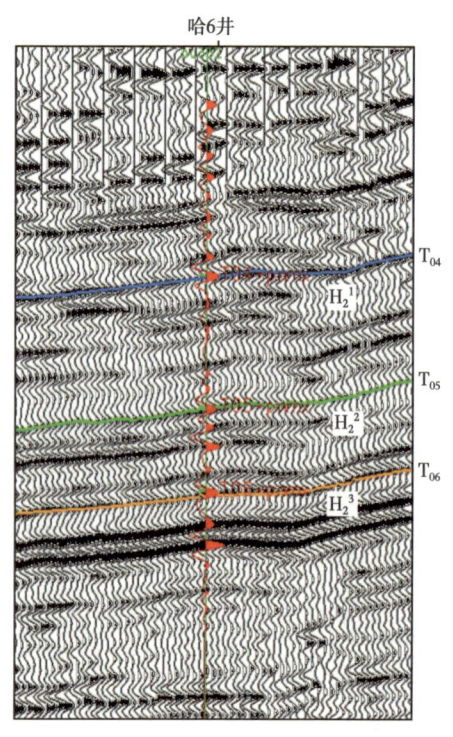
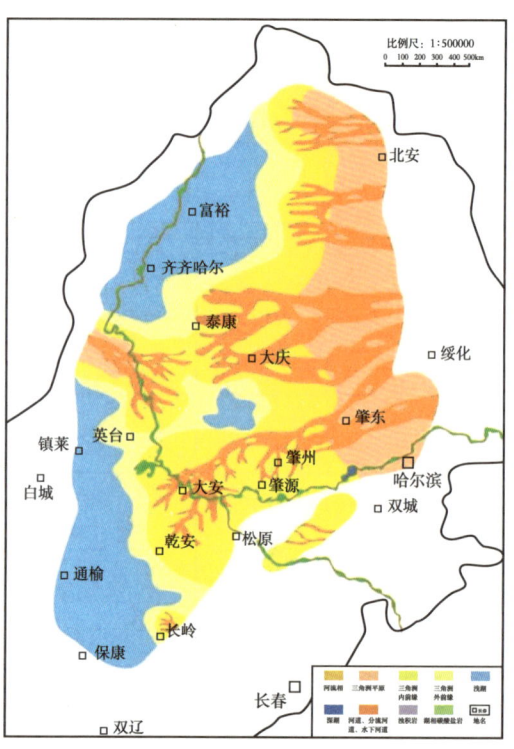

图 1-1-9 过哈 6 井黑帝庙油层地震剖面　　图 1-1-10 松辽盆地嫩江组三段沉积相展布图

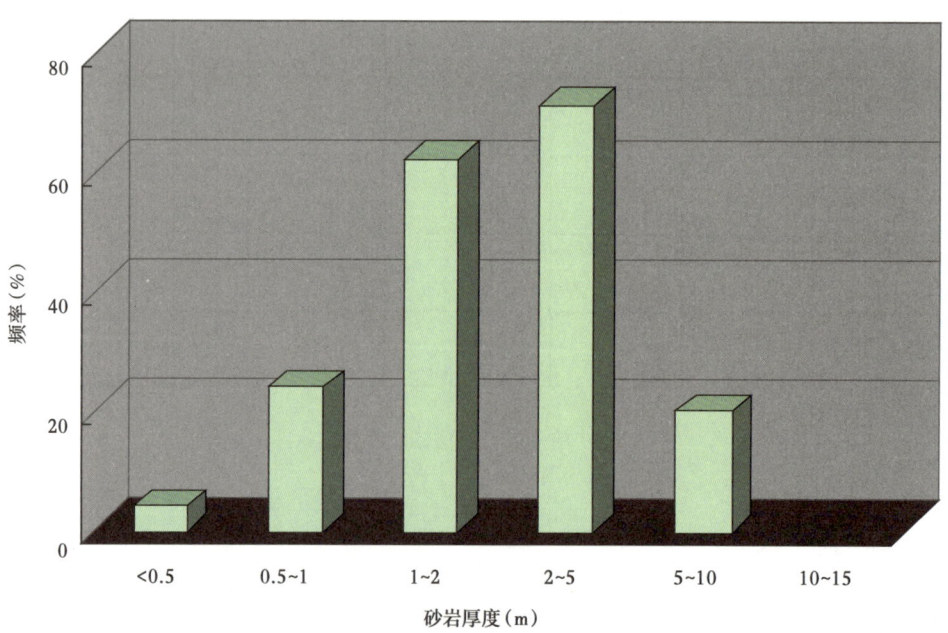

图 1-1-11 黑帝庙油层单层砂岩厚度分布直方图

姚家组—嫩Ⅰ段层序地层划分见图1-1-12，萨尔图油层典型的测井岩电特征表现为泥包砂的特征（图1-1-13）。地震剖面表现为5个较连续的波峰，其中S_0顶对应T_{07}同相轴，S_2^3顶对应T_1同相轴，这两个轴在区域上表现为强且连续的反射（图1-1-14）。S_1顶也表现为强且连续的反射，有时比T_1还要强。

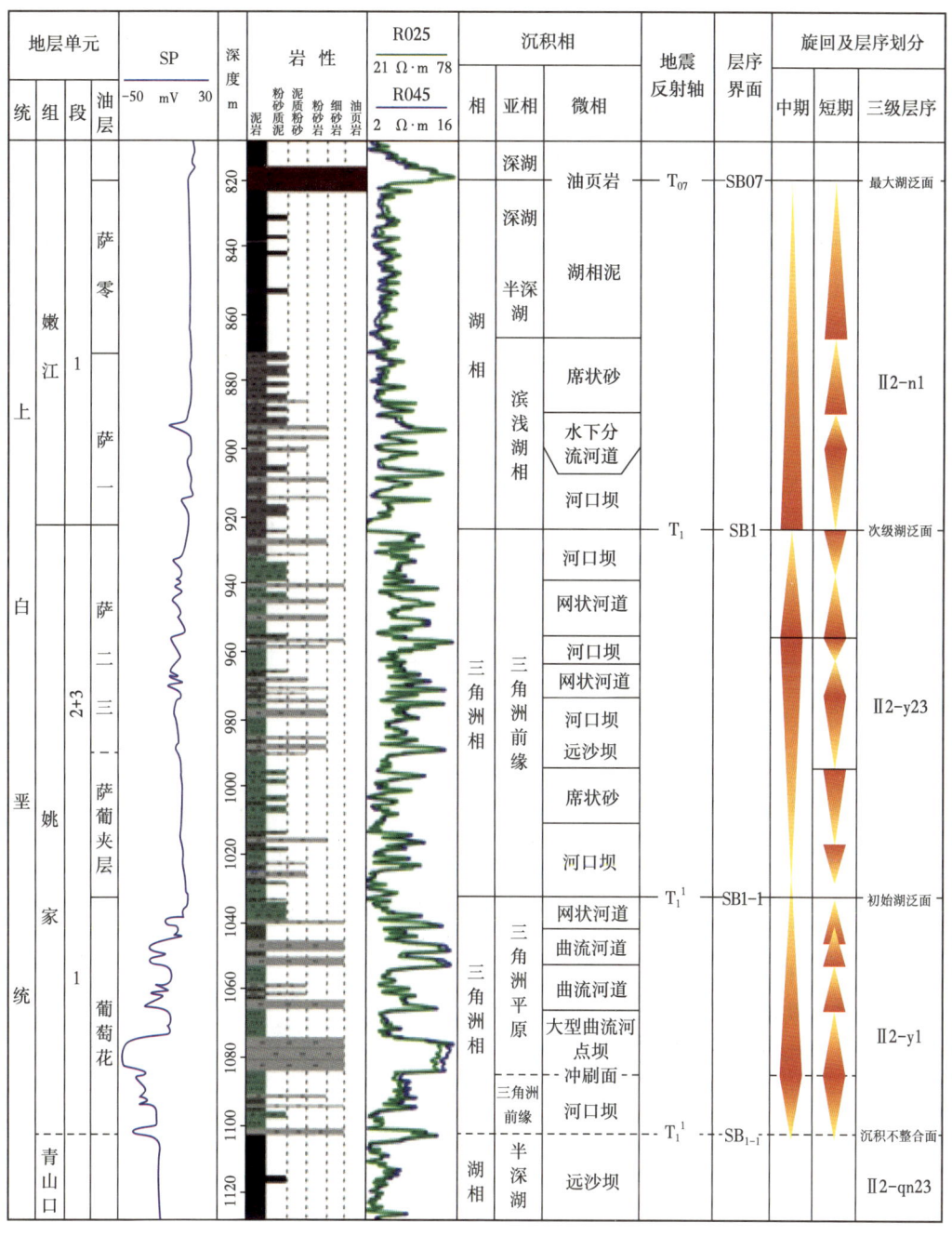

图1-1-12 姚家组—嫩一段层序地层划分

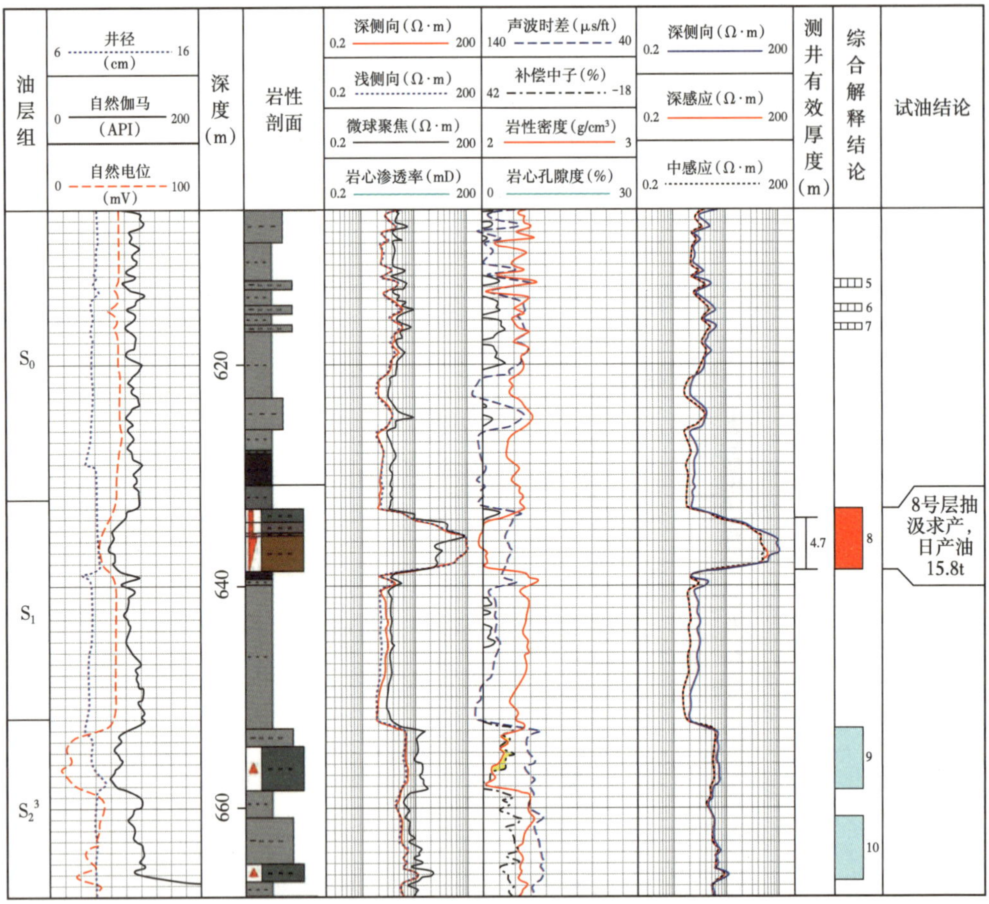

图 1-1-13 江 29 井萨尔图油层综合柱状图

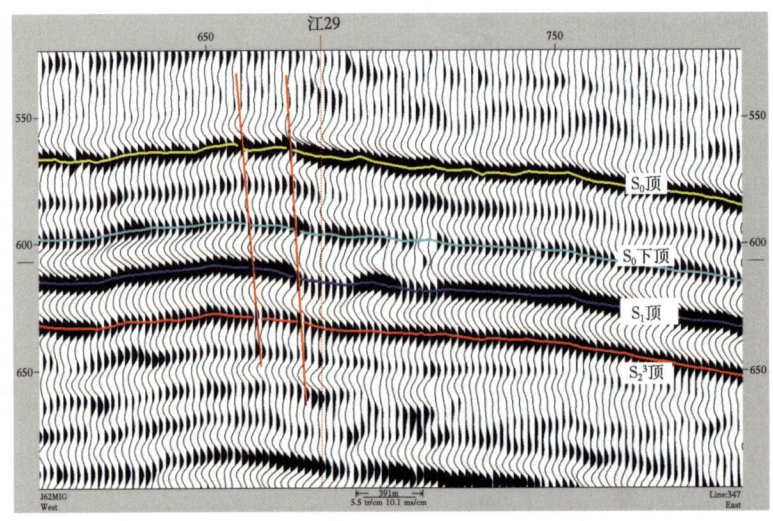

图 1-1-14 过江 29 井萨尔图油层地震剖面

2)沉积特征

松辽盆地嫩江组一段沉积时期,继青山口组坳陷后再次坳陷,发生了第二次大规模湖侵,以北部水系发育为主。湖平面上升,湖水近乎覆盖全盆地。在深湖—半深湖的背景下发生了两次基准面下迁事件,两个层序总体上构成退积型沉积序列。相带展布明显不对称,河流、三角洲相仅发育于盆地北部,自盆地边缘至沉积中心相带的展布规律为河流相—三角洲相—深湖相—浊积扇,见图1-1-15。

姚家组属于大型湖泊与退积型三角洲沉积,具多物源、多沉积体系和半环状相带分布特点。姚二、三段总体为退积型沉积组合,相带呈半环带状展布,河流相带以砂质辫状河与低弯度曲流河为主,水系有继承性,但主次有变化,最主要的是北部水系,发源于讷河、北安地区的水系并列形成统一的三角洲平原,三角洲相相带分异明显,以叶状三角洲为主,三角洲前缘相主要分布在盆地北部(图1-1-16)。

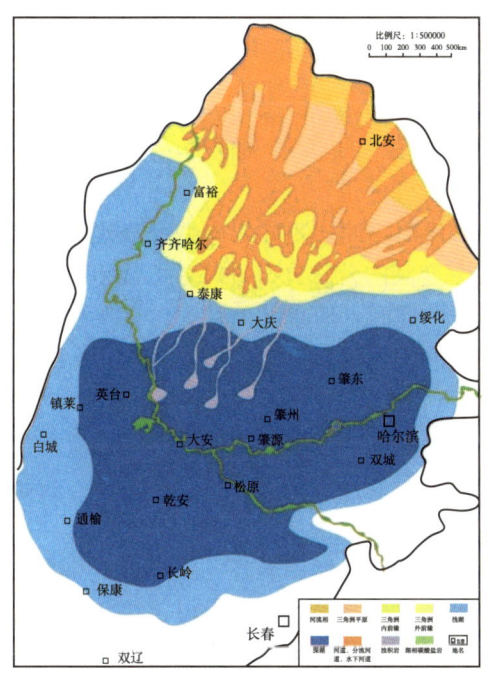

图1-1-15 松辽盆地嫩江组一段沉积相图　　图1-1-16 松辽盆地姚家组二、三段沉积相图

3)储层特征

萨尔图油层储层以前缘相带席状砂为主,单砂层薄,一般为0.5~1m(图1-1-17),砂体横向上错叠连片,分布稳定,连通性好,砂地比在25%~50%。成藏需要构造圈闭条件,形成构造或岩性—构造油藏。已发现油田为鼻状构造背景下微幅度构造与砂体匹配的复合油藏,局部发育岩性上倾尖灭油藏,分布零散。

萨尔图油层已发现油藏主要分布在大庆长垣及以西地区,大庆长垣探明储量占萨尔图油层总探明的95%以上,已全部开发,剩余资源分布齐家—龙虎泡及泰康地区,油藏规模小。

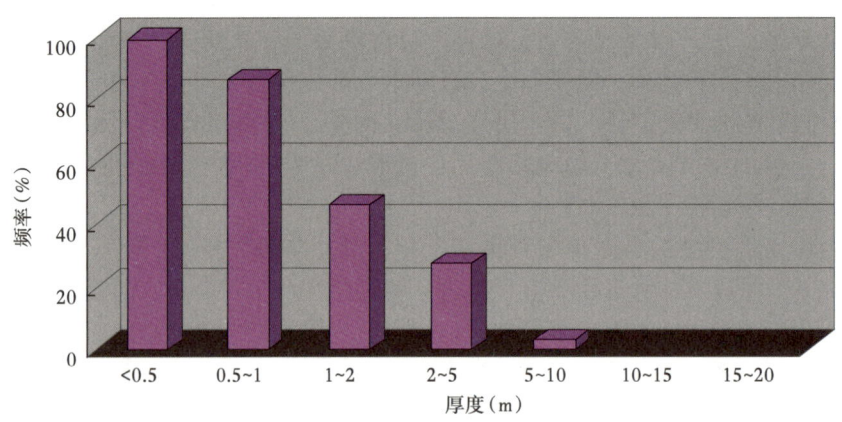

图 1-1-17　萨尔图油层单层砂岩厚度分布直方图

3. 葡萄花油层（P）

1）层序特征

葡萄花油层对应姚一段，勘探上划分为 PI1、PI2、PI3 三个油层组。姚一段沉积于盆地基准面快带下降至缓慢上升时期，总体上为一进积一退积的旋回，又可细化为三个短期旋回（图 1-1-12），大致与三个油层组相对应。葡萄花油层测井岩电特征表现为顶部是泥岩到砂岩的岩性界面，表现为 GR 降低、电阻率变高的台阶，声波时差曲线也表现为高变低的台阶（图 1-1-18），底部是砂岩到泥岩的岩性界面。地震剖面在大多数区域表现为两峰两谷特征，葡萄花油层顶部 T1-1 同相轴普遍是强且连续的同相轴（图 1-1-19），盆地边部特征变弱，葡萄花油层底部为波谷特征。

2）沉积特征

姚一段沉积也具有多物源、多沉积体系、相带呈环状展布的特点，可分为四个沉积体系，而主要受北部和西部物源的控制。北部沉积体系以长距离搬运陆源碎屑物质形成大型鸟足状、干枝状、三角洲体系为特征；西部沉积体系以近物源季节性河流形成的小型三角洲为特征；东部沉积体系是陆源碎屑供应不足的平原淤积相背景下，在基准面缓慢下降到上升期，沿下切河谷搬运了陆源碎屑，形成小型三角洲沉积；南部沉积体系以陆源碎屑供应不足为特色，以平原淤积相为主。

按沉积特征，姚一段可以分为泛滥平原相、分流平原相、三角洲前缘相、滨浅湖相、较深—深湖相和平原淤积相，见图 1-1-20。

3）储层特征

葡萄花油层沉积主要是受北部和西部物源控制形成的大面积分布的低位域三角洲复合体，从湖盆边缘到中心，依次发育辫状河道、点沙坝、分流河道、水下分流河道、河口坝、席状砂、滨浅湖沙坝等主要沉积微相类型，砂体规模小，厚度薄，一般小于 3m，以 1~2m 为主（图 1-1-21）；且砂泥岩互层发育，砂体横向变化快。

葡萄花油层分布范围广，具有满凹含油特征，勘探、开发程度较高，是大庆油田主要开发层系，也是常规油增储的主要挖潜目标。

4. 高台子油层（G）

1) 层序特征

高台子油层对应青山口组二、三段，勘探上划分为 G0、G1、G2、G3 和 G4 五个油层组。青山口组沉积时期，松辽盆地发生了大规模湖侵，湖泊面积扩大，在深湖—半深湖背景下发生了两次基准面下迁事件，青二、三段总体上为两个进积型沉积序列。高台子油层测井岩电特征表现为向上变粗的两个反旋回特征（图 1-1-22）。地震剖面表现为青一段底界即是扶余油层顶面 T_2 同相轴（图 1-1-23），其上到 G4S 表现为连续稳定的波组特征。再向上 G0~G4 同相轴不连续，G0 没有明显的界面特征。

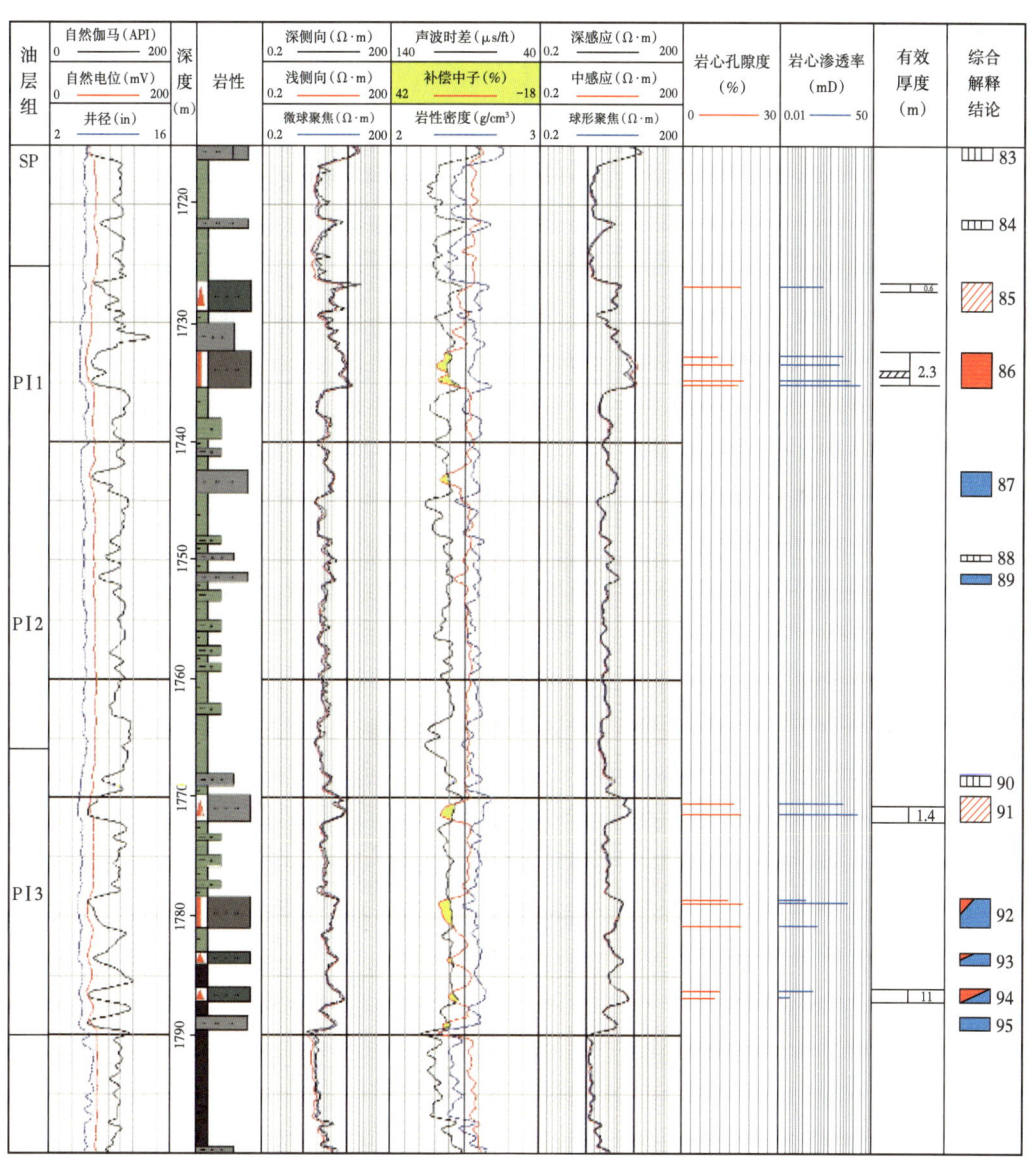

图 1-1-18　古 147 井葡萄花油层综合柱状图

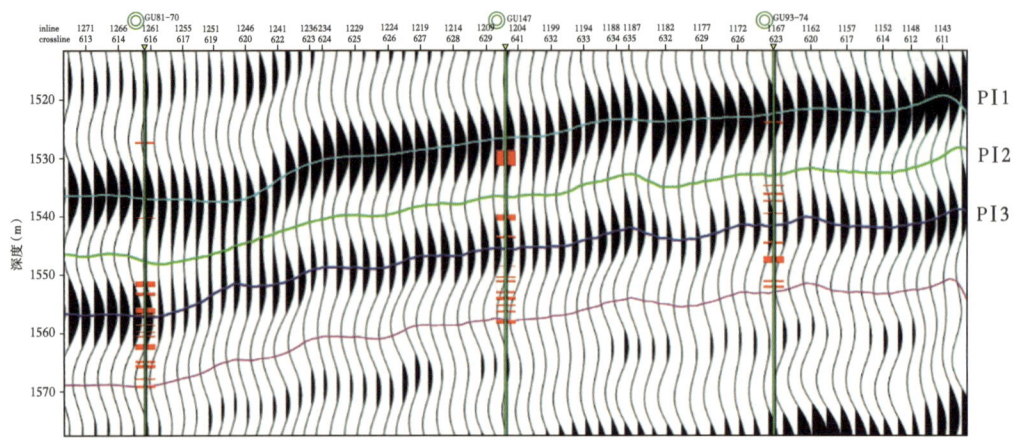

图 1-1-19　过古 147 井葡萄花油层地震剖面

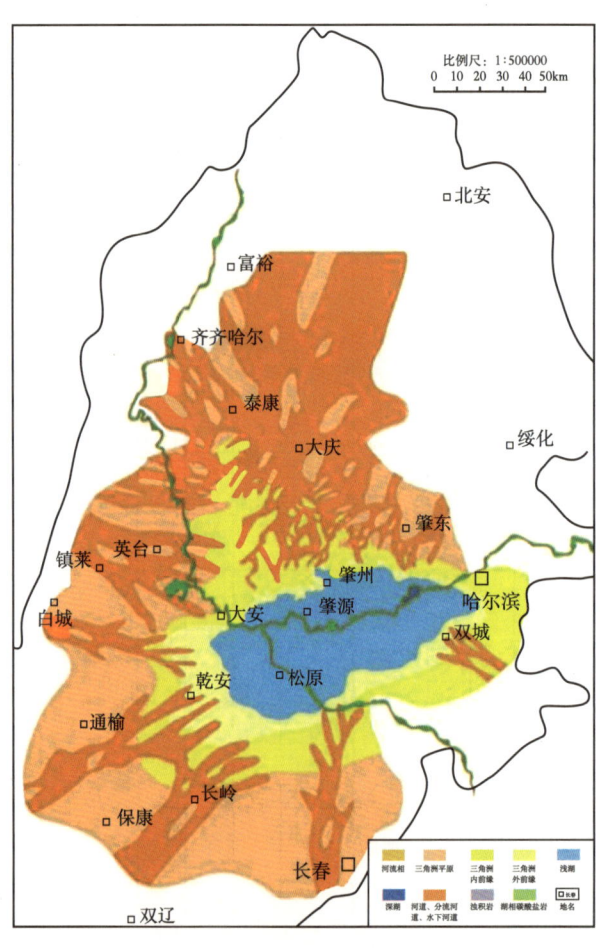

图 1-1-20　松辽盆地姚家组一段沉积相图

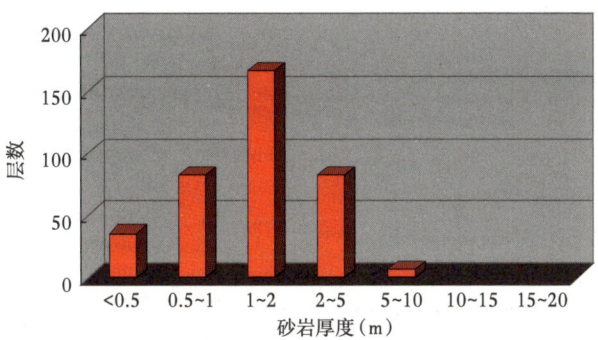

图 1-1-21 葡萄花油层单层砂岩厚度分布直方图

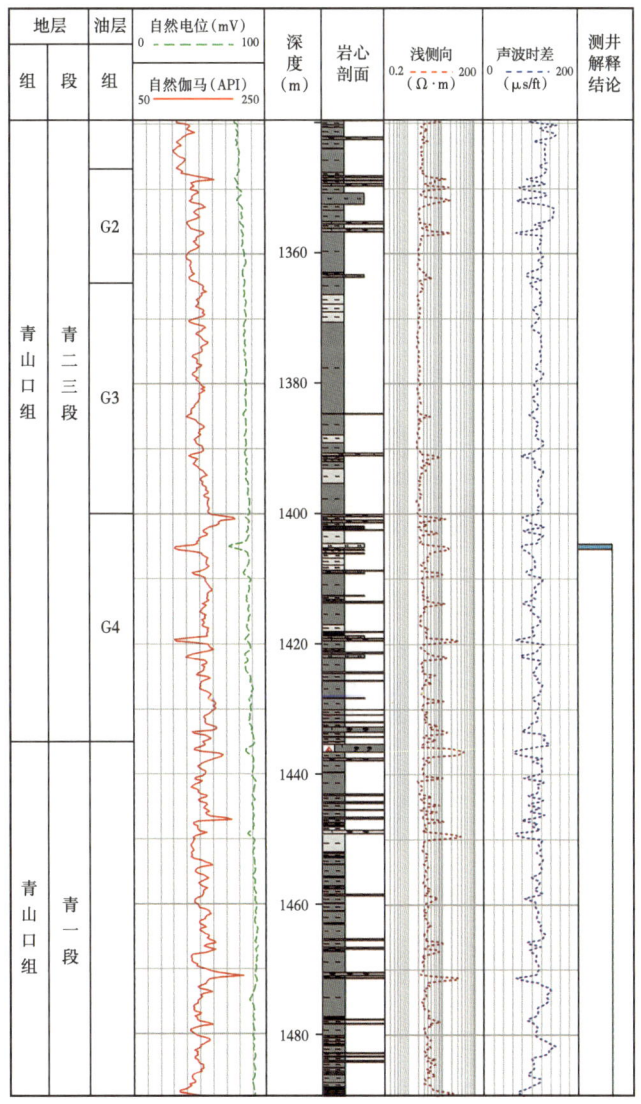

图 1-1-22 杜 17 井高台子油层综合柱状图

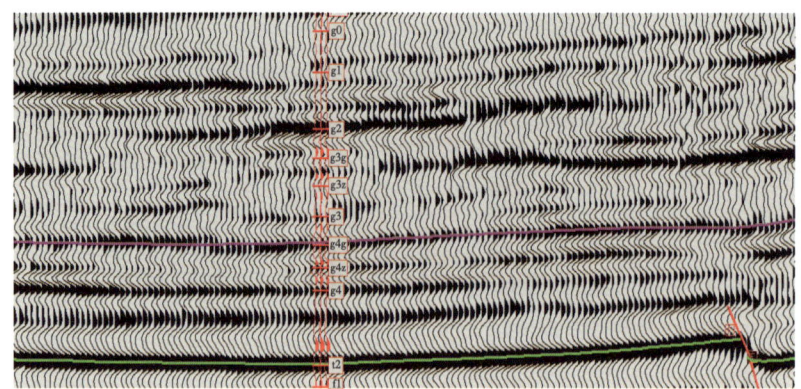

图 1-1-23　过杜 17 井高台子油层地震剖面

2）沉积特征

高台子油层沉积主要受三大沉积体系控制，即英台沉积体系、齐齐哈尔沉积体系及北部沉积体系，以河流相、滨浅湖相及三角洲相为主，三角洲相相带较窄，以朵状三角洲、叶状三角洲为主，反映湖泊能量较强，见图 1-1-24。

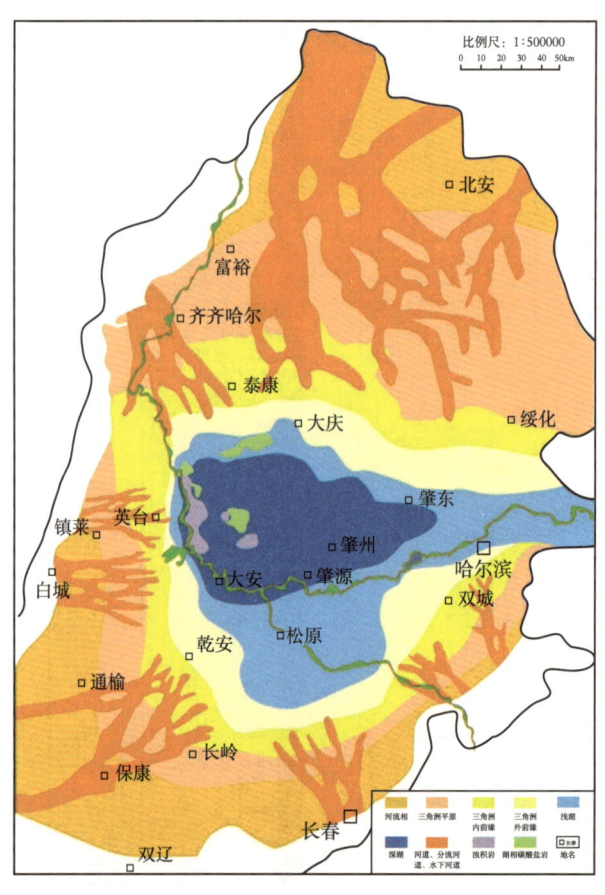

图 1-1-24　松辽盆地青山口组三段沉积相图

3）储层特征

高台子油层以条带状的河道砂、滨浅湖相及三角洲前缘河口坝、远沙坝、席状砂及重力流砂体为主要储集体。砂体相对较薄，集中度高，单砂体厚度以1~2m为主，其次为2~5m（图1-1-25）；多套砂泥岩互层分布，砂地比小于30%，横向分布较稳定。

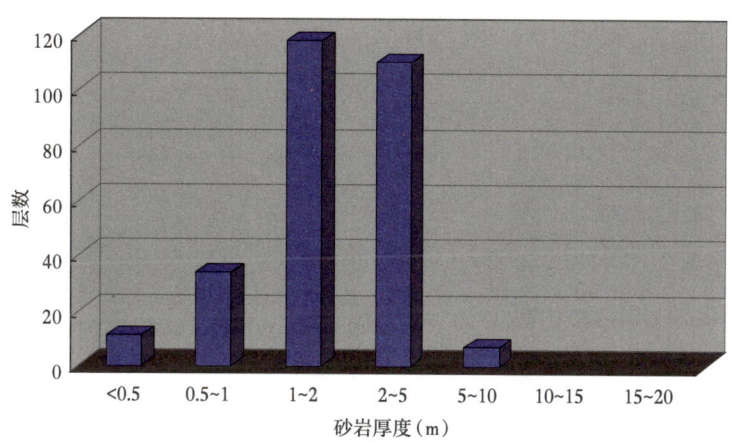

图1-1-25 高台子油层单层砂岩厚度分布直方图

高台子油层勘探领域主要分布在长垣及其以西地区，大庆长垣北部为常规构造油藏，齐家古龙地区发育多种油藏类型，齐家北部发育常规油，中南部发育致密油，青山口组一、二段为页岩油主要勘探目的层。

松辽盆地北部高台子油层剩余资源主要分布在齐家北部和古龙西部地区，主要有利区分布在英台物源三角洲前缘和近湖区，西侧为断层—岩性油藏带，东侧为岩性油藏带，是进一步勘探的主要目标。

5. 扶杨油层（FY）

1）层序特征

泉头组三段、四段称为扶杨油层，属下部含油组合。泉头组形成于松辽盆地进入坳陷期的初始阶段，盆地持续稳定沉降，广泛接受沉积。由于地形平缓，总体地层厚度变化不大。泉三、四段划分为8个四级层序，代表了8次基准面变化事件。其中泉三段划分为5个四级层序；泉四段划分为3个四级层序。8个四级层序与8个油层组单元相对应（图1-1-26），其中泉四段（FⅠ油层）和泉三段上部（FⅡ油层）是目前主要勘探目的层。扶杨油层测井岩电特征表现为顶部为泥岩向砂岩的分界面，从FⅡ油层到FⅠ油层，表现为砂泥岩互层的特征，砂岩有向上变细的趋势。典型地震剖面表现为顶部是强且连续的T2同相轴（图1-1-27），下面油层分层地震同相轴不连续。

2）沉积特征

泉三、四段沉积时期，气候干旱、炎热，构造沉降平稳，地形相对平坦。发源于盆地周边讷河、拜泉、怀德、保康、白城及齐齐哈尔等方向的六条水系向盆地中心汇集，并在坳陷中心部位交汇，在整个盆地范围内形成了广泛的河流沉积。

泉三、四段由下到上随着沉积基准面的上升，沉积类型由辫状河、曲流河到网状河及浅水三角洲演化。平面上盆地周边发育辫状河砂体，向内逐渐演化为曲流河砂体，在中央凹陷区发育网状河及浅水三角洲砂体（图 1-1-28），砂体逐渐减薄，平面呈环带状，纵向呈正旋回特征。

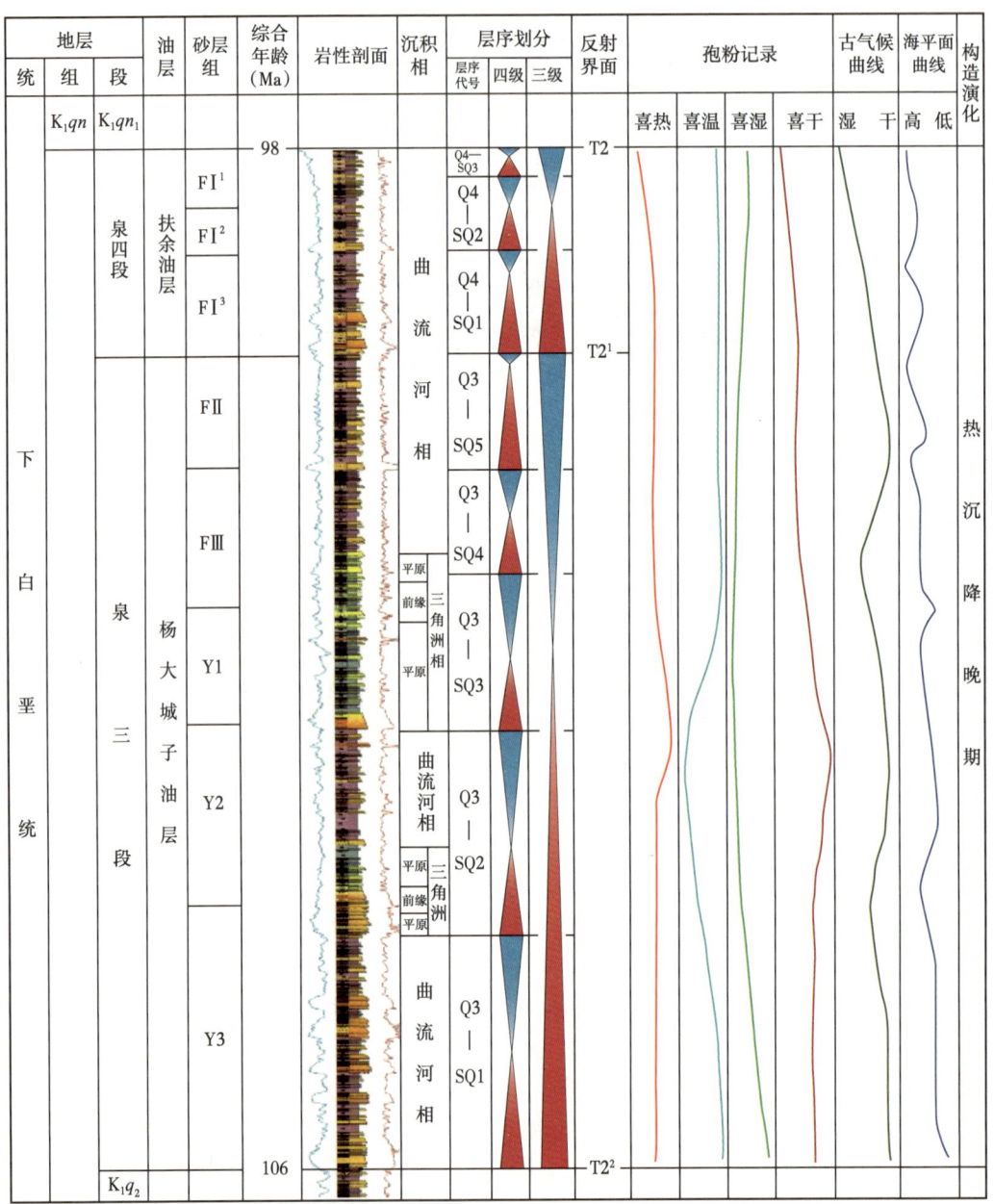

图 1-1-26　泉头组三、四段层序地层综合柱状图

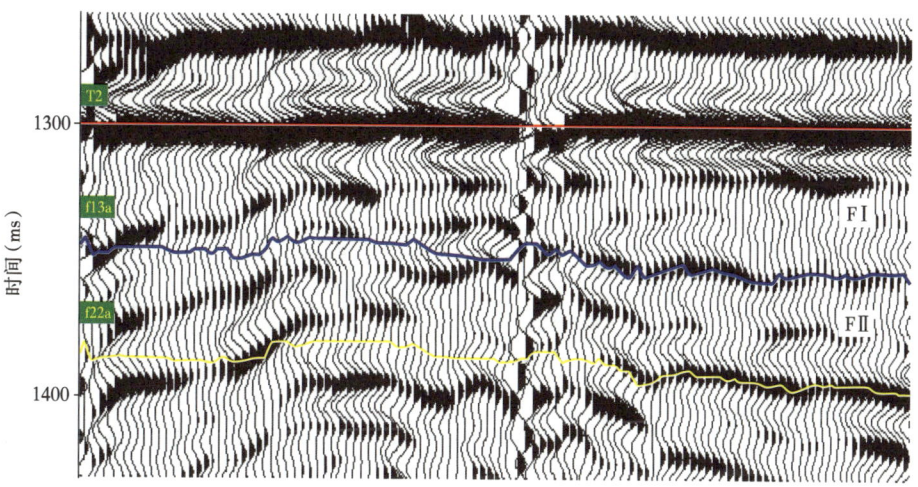

图 1-1-27　过葡 315 井扶余油层地震剖面（T_2 拉平）

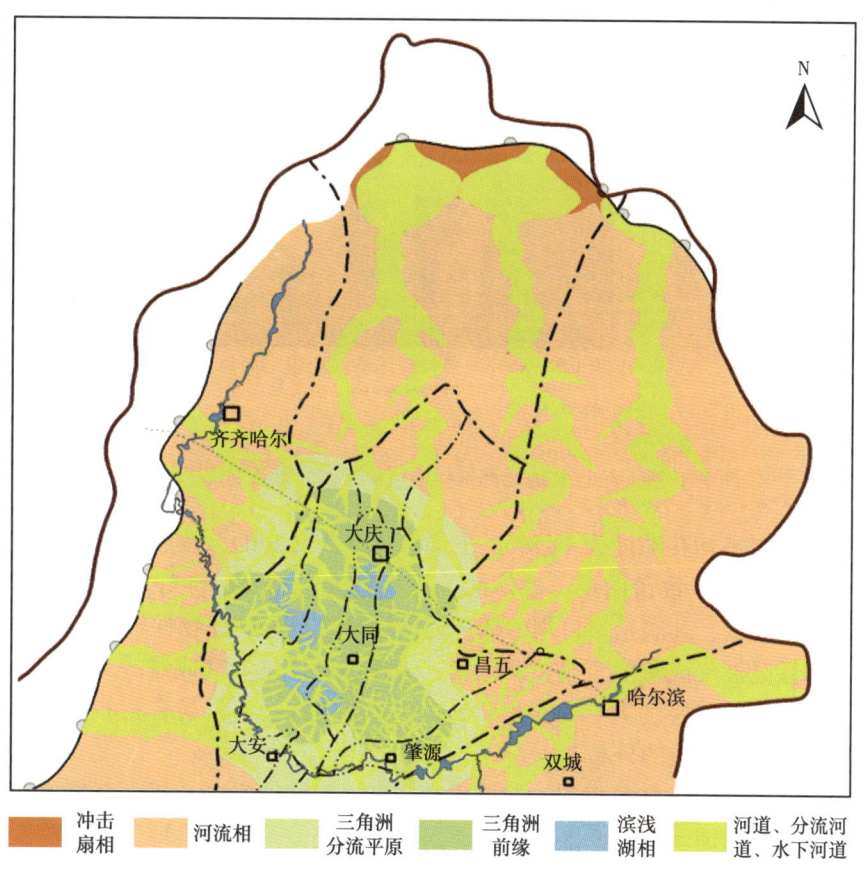

图 1-1-28　松辽盆地北部泉四段 SQ2 沉积相图

3）储层特征

扶杨油层沉积物粒度整体偏细，以泥岩—粉砂质泥岩—粉砂岩—细砂岩沉积为主，砂岩总体不发育，砂地比一般在10%~30%，单层砂层厚度薄，一般小于5m，且具有南北较中部厚、东侧较西侧厚的特点。大庆长垣以西地区以1~2m为主，长垣1~2m与2~5m分布相当，长垣以东地区以2~5m占优，大于5m砂体减少（图1-1-29）。

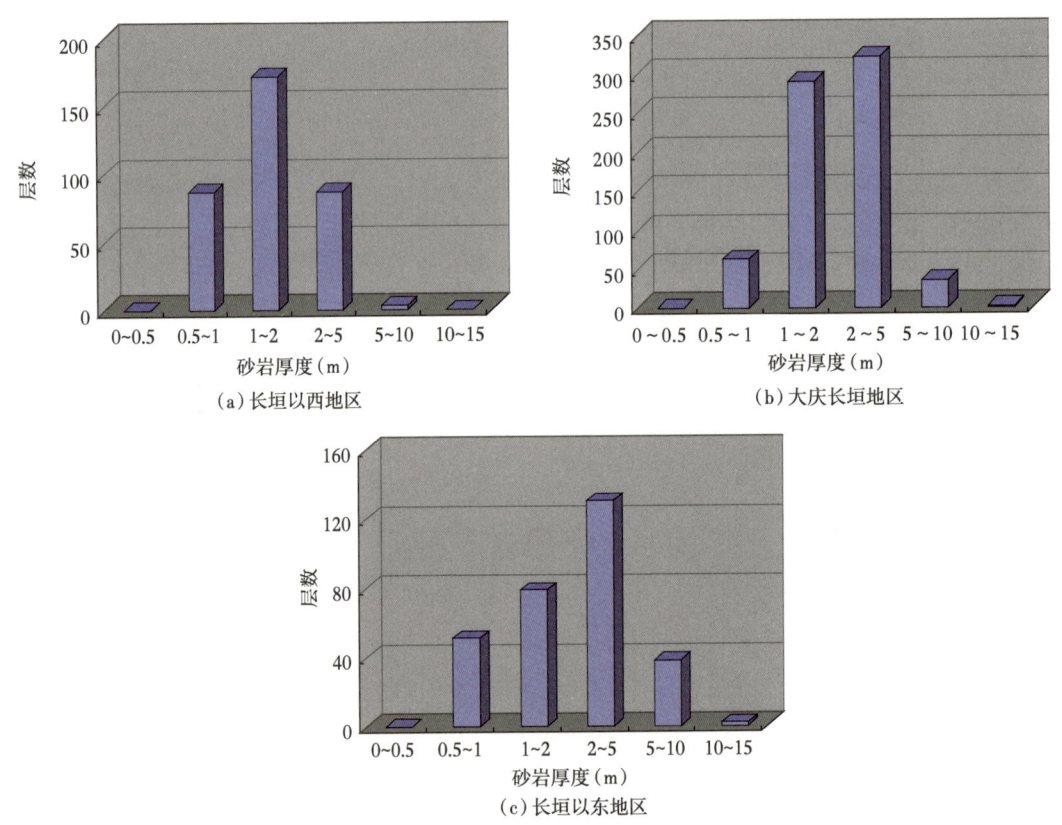

图1-1-29　松辽盆地北部扶杨油层单层砂岩厚度分布直方图

扶杨油层砂岩平均孔隙度为11.8%，平均渗透率为2.3mD，按照我国东部碎屑岩储层划分标准，总体上属于致密储层。砂体的沉积类型决定储层物性好坏，河道砂体物性最好，是最有利的储层，其次是河口坝砂体，远沙坝及决口扇砂体物性较差。

储层及物性是油气成藏的直接控制因素，渗透性砂体是油气成藏的关键。在各种沉积微相中，主力河道砂体厚度大（一般大于3m）、储层物性好，是最有利的储集体，主力河道控制了扶杨油层油气藏的分布。

扶杨油层致密油藏分布面积广，勘探程度较高，目前已发现并投入开发的油藏主要分布在大庆长垣及以东地区。致密油剩余资源潜力大，仍是规模效益增储的主体，齐家—古龙凹陷扶余油层、三肇凹陷杨大城子油层是勘探突破的重要方向。

第二节 松辽盆地地震岩石物理特征

松辽盆地中浅层纵向上包含中下部组合的扶余、高台子油层及中上部组合的葡萄花、萨尔图和黑帝庙油层，不同油层沉积环境不同，砂体发育类型及组合模式差别较大，储层的地震岩石物理特征也各不相同，本节重点针对主力的萨尔图、葡萄花、高台子和扶余油层开展储层地震岩石物理分析。

一、常规油储层发育特征与地震岩石物理分析

松辽盆地常规油主要有萨尔图油层和葡萄花油层。

1. 萨尔图油层

萨尔图油层沉积时，主要受北部、西部和北东向物源控制，从下向上经历由水进退积到水退进积再到水进退积的沉积过程，其中萨三油层组为水进退积，萨二油层组为水退进积，萨零、萨一油层组为水进退积。萨尔图油层总体上以三角洲前缘沉积为主，砂体类型主要为分流河道、河口坝、席状砂及滨岸砂坝等，其中在西部斜坡、齐家—古龙地区砂体最为发育，其他地区以湖湘泥岩为主，不同地区、同一时期沉积特征和砂体类型差别较大。

西部斜坡地区受北部和北东向物源控制，总体上萨二三油层组以三角洲前缘沉积为主，发育南北向及北东向分流河道，河道向南延伸距离较长，砂体类型以分流河道、河口坝、席状砂为主；萨一、萨零油层组沉积时，下部地层发育滨浅湖相，上部地层以三角洲前缘沉积为主，发育窄小分流河道，砂体类型以分流河道、席状砂为主。纵向上不同时期沉积砂体与大套泥岩互层发育，形成"泥包砂"的组合特征。从岩石物理特征分析看（图1-2-1），优质砂体类型以河道和河口坝为主，含油性好，表现为低阻抗、低密度特征；当河口坝、河道、席状砂含泥时，物性变差，表现为中高阻抗、中低密度特征；粉砂质泥岩和泥质粉砂岩表现为中低阻抗、中高密度特征；介形虫层、灰质粉砂岩表现为高阻抗、高密度特征；深湖相泥岩表现为低阻抗、中低密度特征。不同类型砂体由于纵波阻抗差异对应的地震剖面反射特征也不一样（图1-2-2），优质的河道、河口坝砂体在地震剖面上表现为"牛眼状"低频、弱振幅反射特征，部分河道砂体由于含气，地震剖面上会出现极性反转现象；而含泥河道砂、席状砂对应中强、强振幅反射特征；粉砂质泥岩、深湖相泥岩主要表现为弱反射、连续振幅特征。

齐家—古龙地区萨二三油层组沉积时，广泛发育三角洲前缘席状砂，边部可见水下分流河道及河口坝砂体，单砂体厚度薄，纵向上表现为砂泥岩薄互层组合特征，横向连续性较好。萨零、萨一油层组沉积时期则以湖相为主，储集砂体类型主要为前缘席状砂和重力流水道砂为主，砂体连续性差。选取不同相带、不同构造部位的典型井进行地震岩石物理分析，从图1-2-3密度与纵波阻抗交会图上看，总体上干砂表现为高纵波阻抗、高密度特征；储层（油层、油水同层及水层）表现为中高纵波阻抗、中高密度特征，并且与泥岩纵波阻抗部分重叠；泥岩表现为低纵波阻抗、低密度特征；由南向北储层的纵

波阻抗逐渐表现为变低的特征，并且砂泥岩纵波阻抗叠置部分也逐渐减少。岩石物理分析表明，靠近三角洲前缘及前三角洲相带，由于砂泥岩纵波阻抗叠置严重，应用叠后纵波阻抗反演识别砂泥岩的效果较差，而在北部可应用叠后纵波阻抗反演区分砂泥岩。因此，针对萨尔图油层根据不同地区岩石物理特征的差异，可采取分区反演的策略进行储层预测。

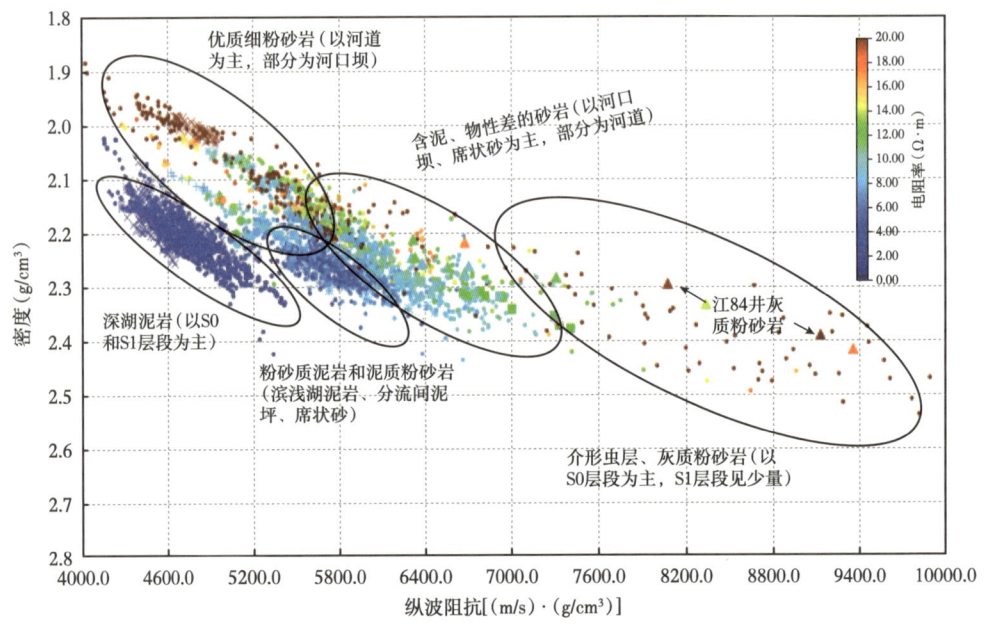

图 1-2-1　西部斜坡萨尔图油层岩石物理图版

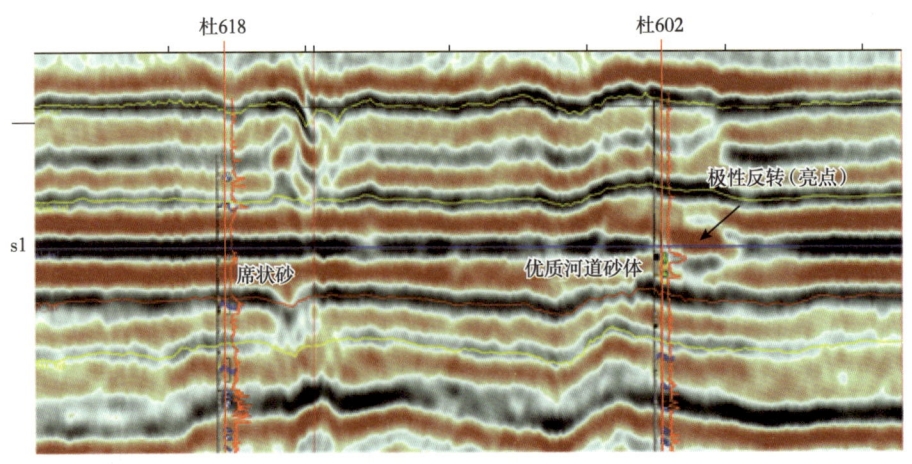

图 1-2-2　西部斜坡萨尔图油层典型地震剖面

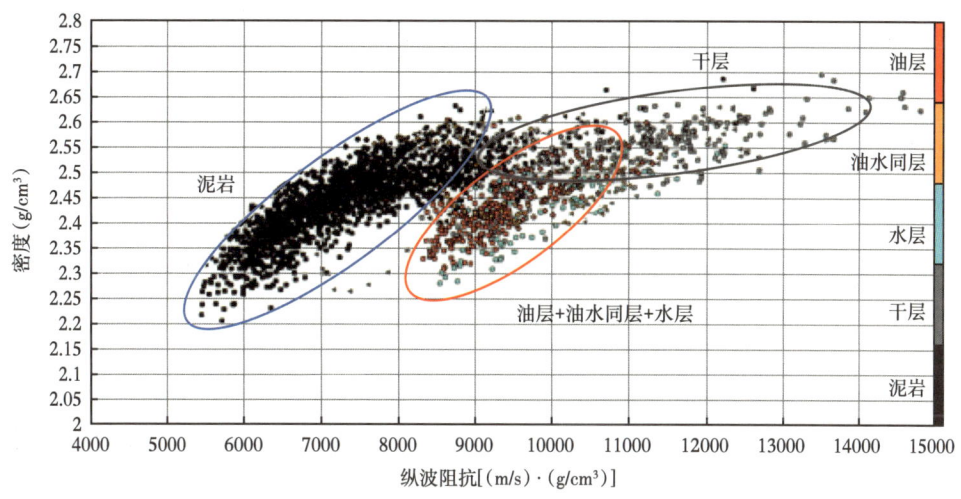

图 1-2-3　齐家—古龙地区萨尔图油层岩石物理图版（南部和北部所有井）

2. 葡萄花油层

葡萄花油层组为受北部物源及西部物源控制的三角洲沉积，边部以三角洲平原分流河道为主，自北向南、自西向东过渡为三角洲内前缘沉积，发育条带状、透镜状富砂带，砂岩厚度变化大，沉积相带类型控制砂体发育类型，砂体以分流河道、河口坝和大面积席状砂为主。从统计数据看，龙西、古龙、三肇地区砂岩厚度大于 2m 的层数占砂岩总层数的百分比平均小于 40%；而 2~4m 砂岩在厚度大于 2m 砂岩中，所占比例平均达到 78.9%，其中 P_1^1 层最高平均为 83.6%，P_1^2、P_1^3 平均为 76%，说明葡萄花油层主力砂层厚度主要为 2~4m。选取典型井进行地震岩石物理分析，密度与纵波阻抗交会图版见图 1-2-4。

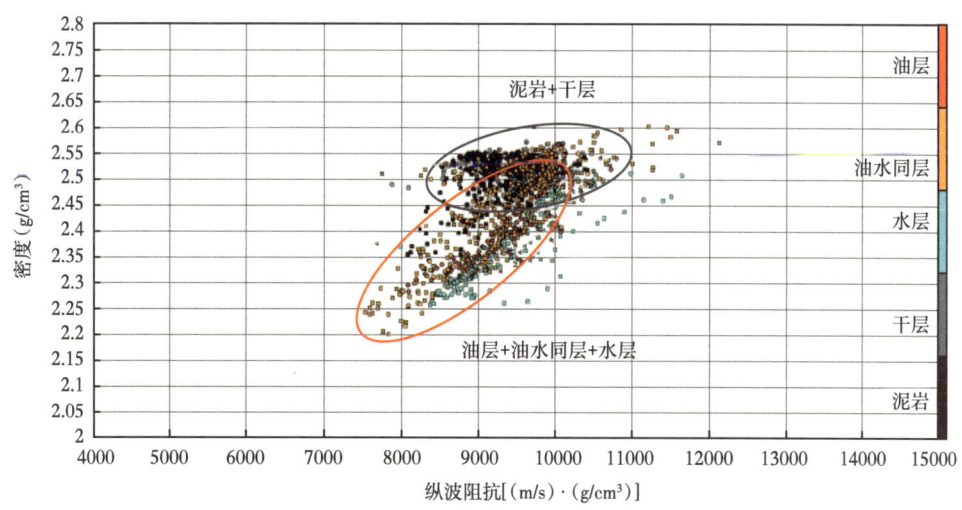

图 1-2-4　齐家—古龙地区葡萄花油层岩石物理图版（南部和北部所有井）

总体上泥岩、干砂表现为高纵波阻抗、高密度特征；储层（油层、油水同层、水层）表现为低纵波阻抗、低密度特征，并且储层的纵波阻抗分布区间范围更大，砂泥岩纵波阻抗叠置更为严重，部分地区纵波阻抗曲线甚至表现为接近平直的特征。上述岩石物理分析表明，葡萄花油层由于砂泥岩纵波阻抗叠置更为严重，应用常规的叠后纵波阻抗反演方法很难进行识别。葡萄花油层在古龙地区地层厚度较大，平均厚度55m左右，地震剖面上表现为两峰两谷的反射特征（图1-2-5），其中葡萄花油层顶面地震上位于波峰靠近上零相位附近，葡萄花底面地震上对应波谷反射，从剖面上看砂体对应地震反射特征多变，砂岩厚度与地震振幅强弱没有明显的相关性。

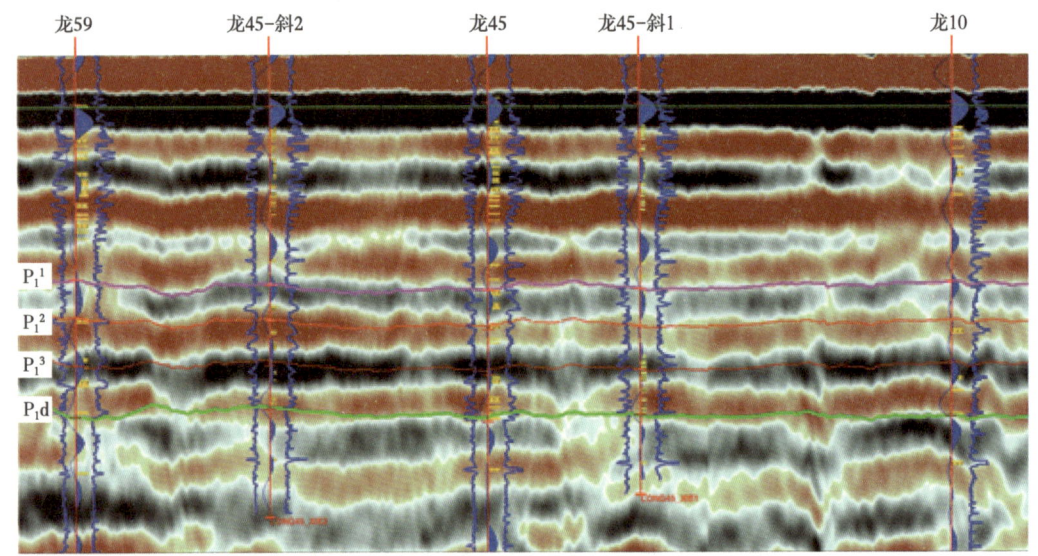

图1-2-5　齐家—古龙地区葡萄花油层典型地震剖面

二、夹层型页岩油储层发育特征与地震岩石物理分析

夹层型页岩油主要分布在高台子油层。高台子油层沉积时主要受北部和西部物源控制，以三角洲前缘相带沉积为主。三角洲前缘伸入到青山口组有利烃源岩区，形成源内致密油有利区。平面上以齐家地区砂体最为发育，砂体为三角洲前缘水下分流河道、河口坝、席状砂，三角洲内前缘前端及外前缘砂体横向上分布相对稳定，连续性较好，砂体延伸范围可达3~5km。砂体精细解剖表明，三角洲内前缘单砂体厚度一般为0.3~3.5m，砂地比30%~50%；外前缘单砂体厚度0.2~2m，砂地比小于30%。

高台子油层夹层型页岩油储层岩性主要为粉砂岩，其次为含泥粉砂岩、含钙粉砂岩、含介形虫粉砂岩。岩性对含油性控制作用明显，粉砂岩普遍含油，含泥含钙重的储层含油性相对较差，物性条件控制储层砂体的含油性。基于此地质认识，将储层分类评价与地震岩石物理特性相关联，建立了高台子油层致密油的典型地震岩石物理解释图版，见图1-2-6。图版中的理论线采用HMHS岩石物理模型，模型中的流体性质参数及温压环境参数由分析化验等实际测试数据确定,模型中的骨架参数是通过预测纵横波速度曲线与实测曲线迭代修正确定(赵海波等,2017)。图中下方的红色线为石英砂岩骨架点的响应,这一组线簇的最上方一条为纯含水砂岩线,其反映了砂岩孔隙度增加后,纵波阻抗和纵横波速度比的变化趋势,即孔隙度增加,纵波阻抗减小,纵横波速度比增大。这一组线簇最下方的六条线为不同孔隙度(从右至左分别代表了5%~30%)下的含水饱和度的变化。为了对比泥岩和钙质砂岩的影响变化规律,图版中给出了含水饱和度100%时,不同孔隙度(0~30%)条件下,不同泥质含量砂岩理论线和不同泥质含量钙质砂岩理论线。例如三角骨架线簇的上方的黄色线,是在100%含水时,20%黏土和80%石英混合骨架理论线。图中的Ⅰ类砂岩与地质评价Ⅰ类储层("甜点"储层)对应,孔隙度高、含油性好,且分布趋势与理论分析的含油增加趋势一致,表现为含油饱和度增加,纵波阻抗和纵横波速度比均降低。Ⅱ类砂岩对应于Ⅱ类储层和干层,与理论线的趋势一致,即Ⅱ类砂岩分布在含泥较重的砂岩线、低孔隙度区域(绿色和深绿线),以及含钙砂岩线区域(黑色线区域)。

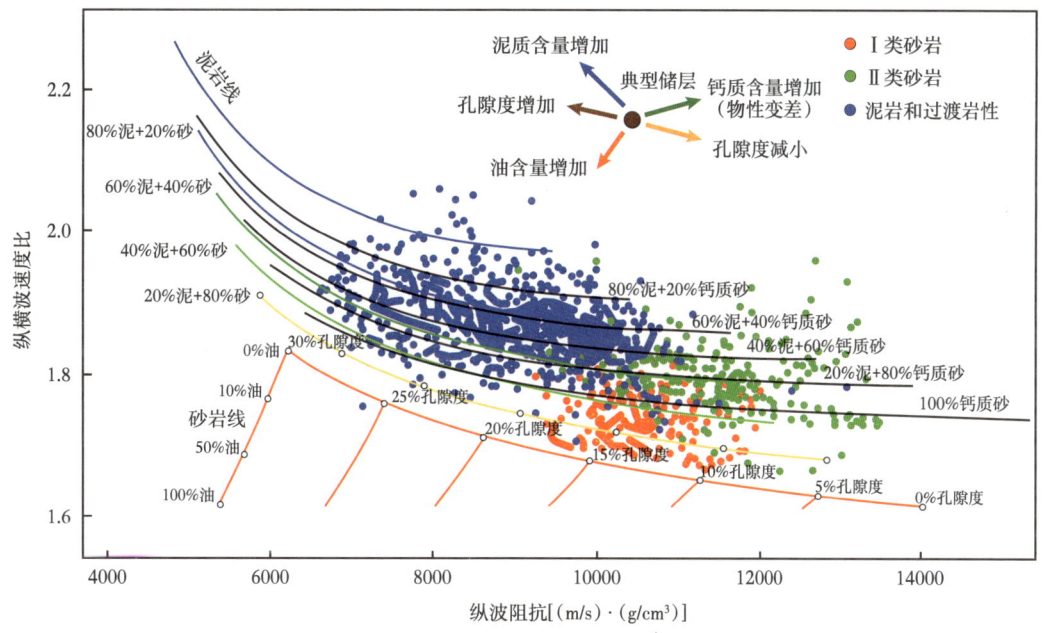

图 1-2-6 齐家地区高台子油层岩石物理图版

从图 1-2-6 可看出储层参数对弹性参数的影响规律,其中岩性变化对弹性参数影响最大。砂泥岩纵波阻抗有一定的叠置,但砂岩纵波阻抗整体大于泥岩,地震剖面地震反射特征主要反映岩性组合变化。纵波阻抗与纵横波速度比双参数可识别不同类型岩相,表明利用叠前反演得到纵波阻抗和纵横波速度比参数有利于"甜点"地震预测。高台子油层典型地震剖面见图 1-2-7,地震反射同向轴连续性较好,呈现平行或近平行结构特征,地震振幅及反射波形变化受层段的岩性组合影响。

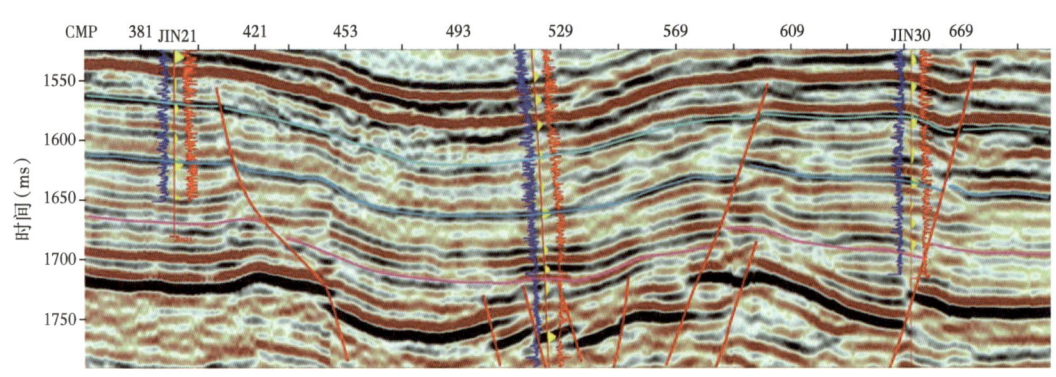

图 1-2-7 齐家地区高台子油层地震剖面

针对薄互层地质条件，图 1-2-8 给出了从正演模拟角度分析地震反射响应变化与砂体厚度、岩性组合之间的联系。该正演是通过复制实测速度和密度曲线来增加或减少砂岩储层厚度，除修改曲线部分外，其余部分保持不变。第 1 道至第 3 道分别显示泥质含量、纵波速度和密度。第 4 道和第 5 道分别为厚度改变前后垂直入射合成记录，第 6 道和第 7 道分别为变化前后合成道集。图 1-2-8（a）和图 1-2-8（b）中，A 处原始单砂体厚 3m，变化后为 6m，B 处从 2m 变为 4m。A 和 B 砂体厚度增加，增强了地震反射能量。图 1-2-8（c）和图 1-2-8（d）中，C 和 D 分别为 1975~2000m 砂层组（夹泥岩）曲线向下和向上复制，显示出调谐作用的复杂性，使得地震反射信号能量不能有效反映砂岩储层厚度变化，因为 1975~2000m 砂层组保持不变，但上下围岩变化时地震振幅特征发生了改变。正演实例说明，虽然地震振幅强弱与砂体发育有一定关系，但在三角洲前缘砂泥岩互层情况下，仅利用地震振幅属性信息进行砂体、"甜点层"识别有一定的风险。此外，含钙砂岩与优质储层之间、砂岩与泥岩之间均可产生阻抗差异，引起振幅变化，进一步增加了利用地震振幅信息进行储层预测的风险。这种条件下，为降低砂体识别和"甜点"预测风险，需要利用地震叠前反演技术获取多种地层弹性参数信息进行储层预测。

三、致密油储层发育特征与地震岩石物理分析

1. 致密油储层发育特征

扶余油层以陆相河流—三角洲沉积体系为主，砂体厚度薄，横向变化快，三角洲平原分流河道砂体和三角洲前缘水下分流河道砂体是扶余油层的主要储层。扶余油层沉积物粒度整体偏细，以泥岩—粉砂质泥岩—粉砂岩—细砂岩沉积为主，砂岩总体不发育，砂地比一般在 10%~30% 之间，砂岩累计厚度不超过 40m。单砂层厚度薄，一般小于 5m，且具有南北较中部厚，东侧较西侧厚的特点，其中大庆长垣以西地区以 1~2m 为主，长垣 1~2m 与 2~5m 分布相当，长垣以东地区以 2~5m 占优，大于 5m 砂体增多。扶余油层砂岩平均孔隙度为 11.8%，平均渗透率为 2.3mD，按照我国东部碎屑岩储层划分标准，总体上属于低孔特低渗储层。砂体的沉积类型决定储层物性好坏，河道砂体物性最好，渗透率平均为 8.72mD，孔隙度平均为 14.3%，是最有利的储层；其次是河口坝砂体，渗透率平

均为 3.41mD，孔隙度平均为 12.5%；远砂坝及决口扇砂体物性较差。成岩作用对砂岩储层物性的影响十分明显，总趋势是随着埋藏深度的增加，砂岩成岩作用增强，岩石变得致密，孔隙度、渗透率降低，储层物性变差（图 1-2-9）。

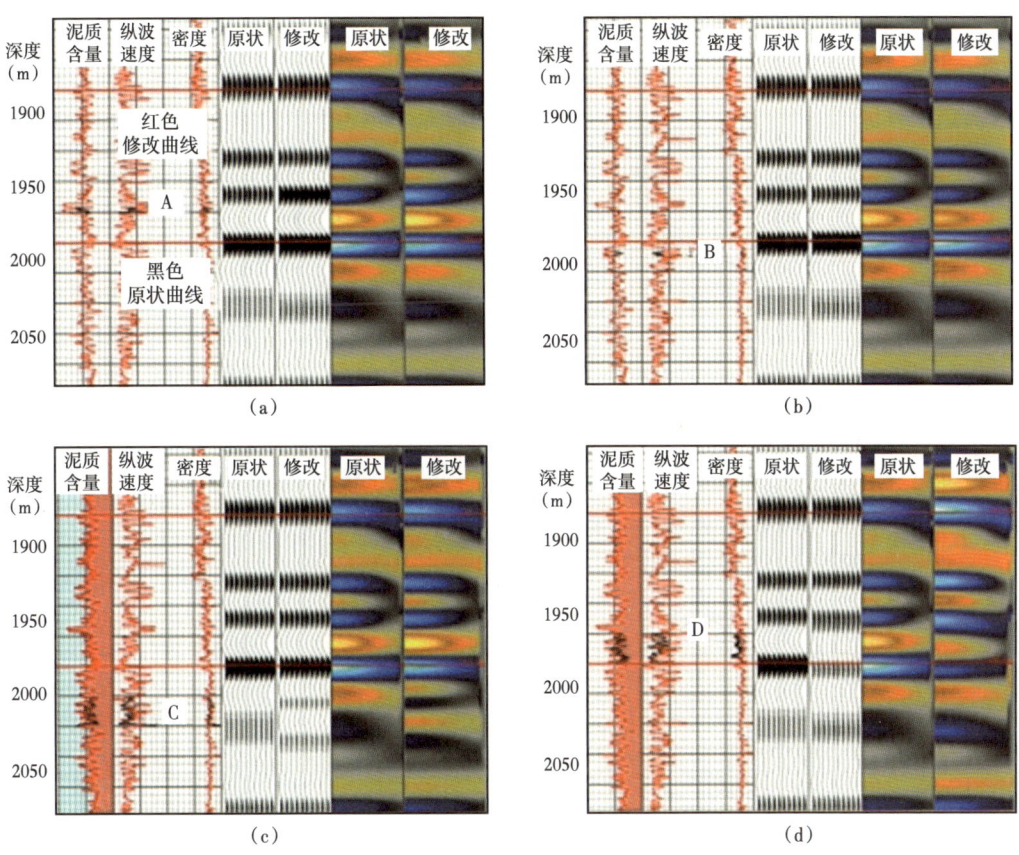

图 1-2-8　基于实际井的砂岩储层厚度变化下的地震响应特征分析

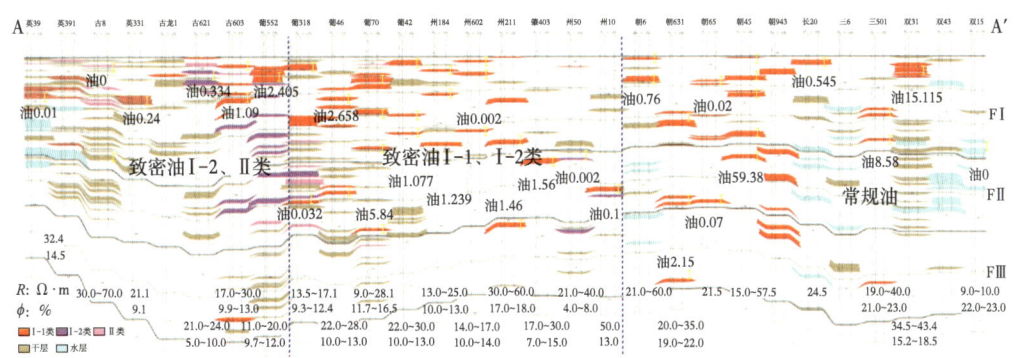

图 1-2-9　松辽盆地过英 39—双 43 井扶余油层对比图

2. 扶余油层地震岩石物理特征

建立扶余油层岩石物理模型，分析岩性、孔隙度、脆性等储层属性变化对弹性参数的影响，创建地震地质信息结合的岩石物理解释图版。针对储层致密、含钙高的地质特点，通过碎屑岩常用岩石物理模型比较（表 1-2-1），可选用自洽模型或硬砂岩模型作为致密油岩石物理模型（图 1-2-10）。

表 1-2-1　碎屑岩常用岩石物理模型比较

岩石物理模型	原理	优缺点	适用范围
Raymer 模型	改进的 Wyllie 经验速度与时间公式	经验模型	中高孔隙度
胶结砂岩模型	在临界孔隙度下用 HM 接触理论计算骨架模量，然后利用 HS 下限计算孔隙介质有效模量	可诊断岩石以何种类型胶结	高孔隙度
DEM 模型	通过往固体矿物相中逐渐加入包含物来模拟双相混合物	多用于碳酸岩，孔隙形状参数难确定	低孔隙度
自洽理论模型	无限背景介质中加入另一种材料的单个包含物的弹性变形的理论解	碎屑岩、碳酸岩应用广泛，孔隙宽长比参数难确定	中低孔隙度
硬砂岩模型	在临界孔隙度下用 HM 接触理论计算骨架模量，然后利用 HS 上限计算孔隙介质有效模量（相当于改进的胶结砂岩模型）	适用致密砂岩储层，参数简单，易于应用	低孔隙度

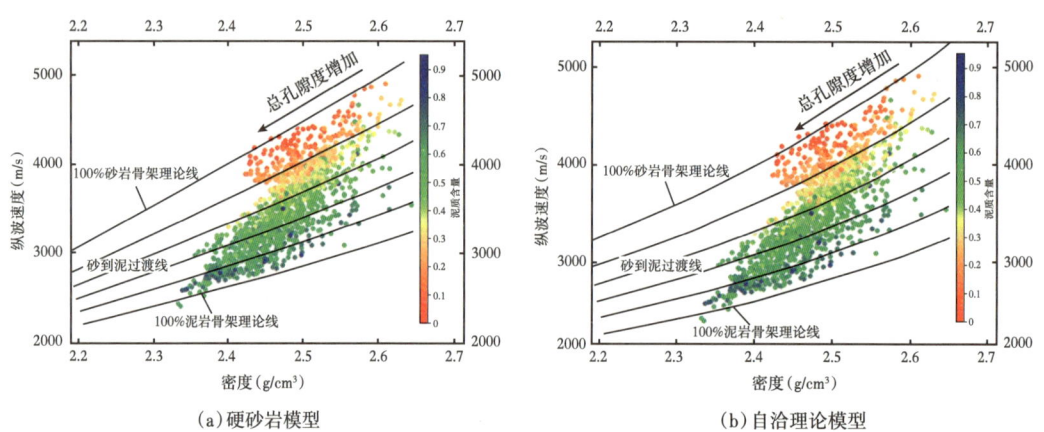

（a）硬砂岩模型　　　　　　　　　　　　（b）自洽理论模型

图 1-2-10　扶余油层硬砂岩模型与自洽理论模型图

硬砂岩理论模型和自洽理论模型相比较，可看到二者与实际测井数据匹配良好，误差较小，说明选择的岩石物理模型及参数构建合理。

基于硬砂岩理论岩石物理模型和敏感参数定量分析基础上，建立扶余油层致密油地震岩石物理定量解释图版，明确地震岩相的弹性参数特征，指导地震反演储层解释（图 1-2-11）。

图中色标采用岩性显示，理论曲线与测井数据结合可展示出扶余油层岩石物理规律。岩石物理分析表明，总体上泥岩为低纵波阻抗、高纵横波速度比特征，砂岩为高纵波阻抗特征，由于砂岩中钙质含量的增加，砂岩孔隙度变低，所以砂岩的纵波速度比变化区间较大，钙质砂岩具有高纵波阻抗、高纵横波速度比特征，而高孔的渗透性砂岩相对于钙质砂岩具有低纵波阻抗、低纵横波速度比特征，应用纵波阻抗可较好区分砂泥岩，纵横波速度比与纵波阻抗双参数交会可识别相对高孔砂岩。Ⅰ类砂岩与地质评价Ⅰ类储层对应，孔隙度高、含油性好，且分布趋势与理论分析的含油增加趋势一致（含油饱和度增加，纵波阻抗和纵横波速度比均降低）。Ⅱ类砂岩对应于Ⅱ类储层和干层，与理论线的趋势一致，即Ⅱ类砂岩分布在含泥较重的砂岩线、低孔隙度区域（绿色和深绿线），以及含钙砂岩线区域（黑色线区域）。

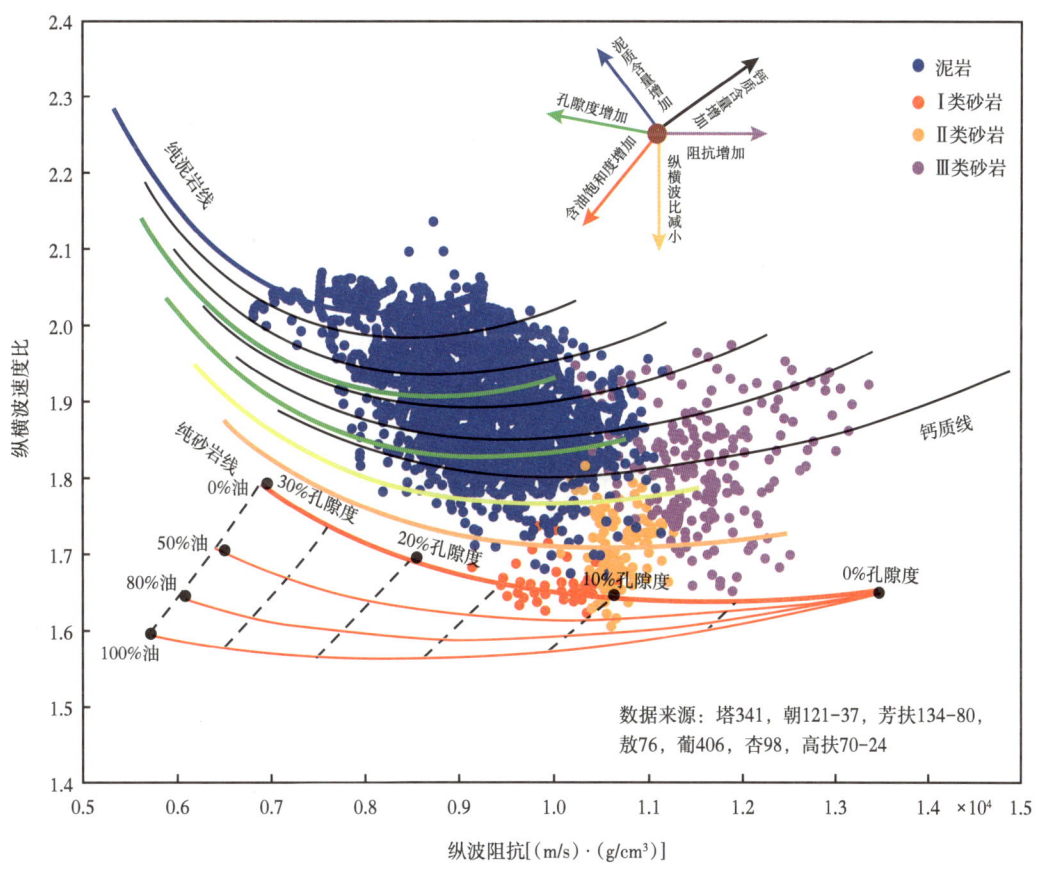

图 1-2-11 扶余油层典型地震岩石物理解释图版

扶余油层地层接近水平层状、单期河道宽度小、单砂体厚度薄，砂体平面相变快、井间可对比性差、纵向叠置，薄层组合方式随机性大。地震反射特征表现为同相轴横向不连续、高频等时地层界面不清楚、地震响应特征复杂（图 1-2-12）。

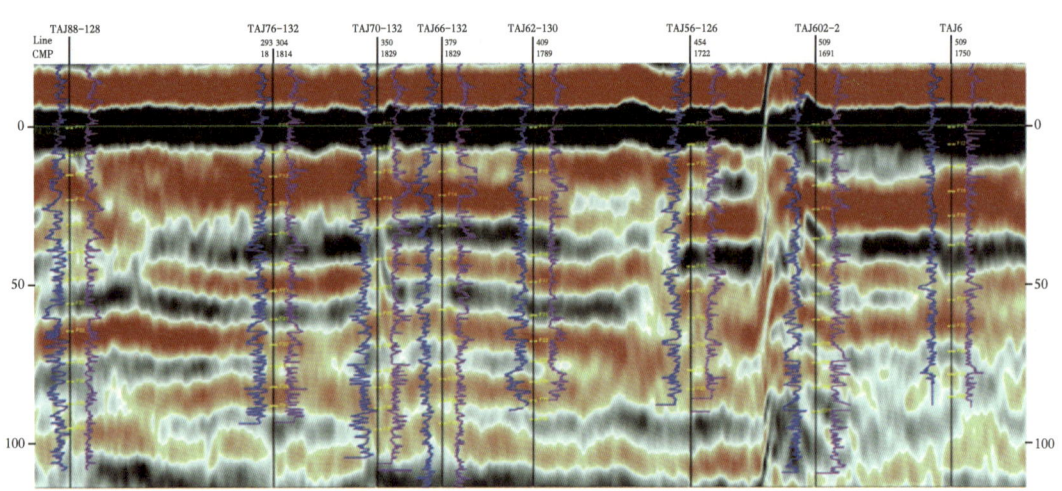

图 1-2-12　典型的扶余油层地震剖面

基于扶余油层河道砂体地质模式分析，开展二维模型的地震正演响应特征研究，以明确高频界面与叠置砂体的关系以及不同类型砂体组合的地震反射特征。二维地质模型及正演模拟剖面如图 1-2-13 所示，模型中的砂岩厚度 1~8m，砂泥岩的速度和密度由区域实际测井数据统计得到，正演模拟所用子波为主频 40Hz 的雷克子波。剖面中的砂岩组合及分布模式尽量地与实际地质情况相似，但实际地质情况可能比这更加复杂多变。

从正演模拟结果中可以得到如下一些基本认识：

（1）高频层序界面特征被砂体叠置导致的地震所掩盖，扶余油层内部的同相轴反射基本上为岩性界面，不同岩性组合的快速变化导致反射特征比较杂乱；

（2）在目前的地震分辨率和砂岩厚度条件下，地震强反射与叠置砂体分布对应关系明显，地震振幅属性是应用叠后资料识别河道砂体的相对较为有效属性；

（3）河道砂岩空间展布反射特征多解性强，尤其是在砂岩组合模式复杂或者薄层过渡岩性相邻叠加时，属性预测结果需要通过井震结合解释来加以区分；

（4）T_2 强反射界面对扶一上油层组距离 T_2 较近的砂岩屏蔽影响较大，底部（FⅠ1-3）的砂岩具有一定的反映。

对于扶余油层而言，主体河道砂厚度较大、物性较好、含油性较好，是地震识别和预测的甜点目标。从岩石物理解释图版看，虽然其与钙质砂岩在纵波阻抗上是叠置的，理想情况下应利用叠前属性进行甜点预测，但结合实际地质条件和正演分析可认识到，通过叠后振幅类地震属性切片识别和叠后波阻抗反演预测主河道砂体，可解决甜点地震预测问题。

扶余油层致密油藏分布面积广，勘探程度较高，目前已发现并投入开发的油藏主要分布在大庆长垣及以东地区。致密油剩余资源潜力大，仍是规模效益增储的主体，齐家—古龙凹陷扶余油层、三肇凹陷杨大城子油层是勘探突破的重要方向。

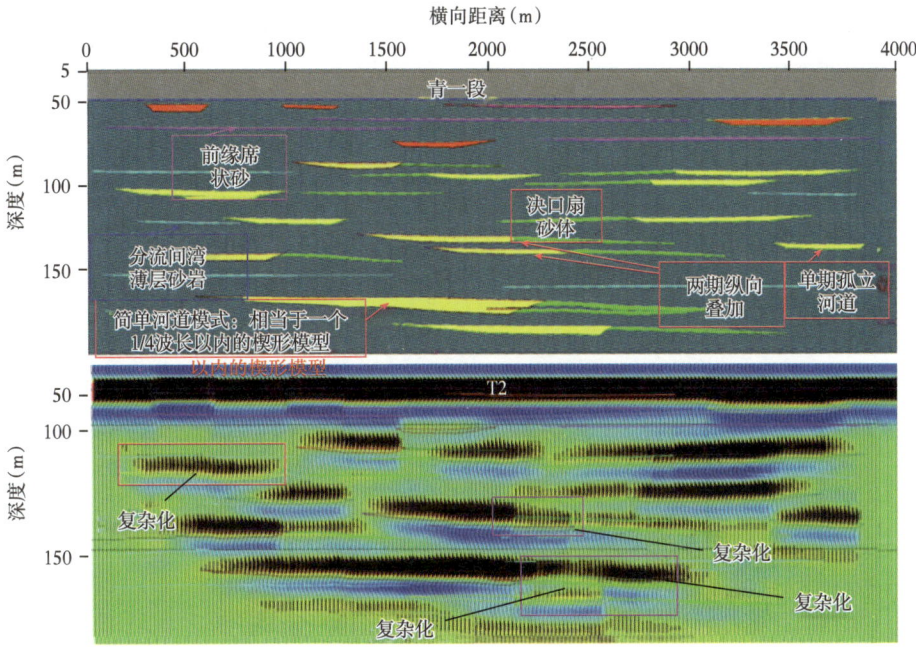

图 1-2-13 二维地质模型（上）及其地震正演模拟结果（下）

四、致密砂砾岩储层发育特征与地震岩石物理分析

1. 致密砂砾岩储层发育特征

松辽盆地北部致密砂砾岩储层主要发育在徐家围子断陷沙河子组。徐家围子断陷是由徐西断裂（南北两段）、徐中断裂及徐东断裂三条断裂控制的复式箕状断陷，总体表现为西断东超的构造格局。沙河子组沉积时期，受箕状断陷构造格局控制，发育陆相断陷湖盆沉积体系，主要发育扇三角洲、辫状河三角洲和湖泊 3 种沉积体系类型。断陷湖盆西侧陡坡带以扇三角洲相沉积为主，东侧缓坡带以辫状河三角洲相沉积为主，断陷中心为湖相沉积，局部发育湖底扇。

沙河子组具有典型的"自生自储"致密气藏特征。源岩以湖相暗色泥岩和煤层为主，储层以扇三角洲、辫状河三角洲平原辫状河道和前缘水下分流河道砂体为主。储层岩性主要是砂砾岩、中粗砂岩，单砂体厚度薄，横向变化快。单层厚度一般 5~20m，平均 10.3m（图 1-2-14），平原相带砂地比一般 50%~80%，砂体单层厚度一般在 20m 以上，前缘相带砂地比一般 20%~50%，砂体单层厚度一般小于 20m，断陷湖盆西侧扇三角洲相的单砂体厚度一般大于东侧辫状河三角洲相，但由于扇三角洲相砂体搬运距离短，岩石结构成熟度和成分成熟度低于辫状河三角洲相砂体。砂体沉积具有多物源、短物源沉积的特点，储层非均质性强。

沙河子组储层孔隙类型包括粒间孔、次生溶孔、晶间微孔和微裂缝。170 块岩心样品实验分析表明，储层孔隙度 2%~6%，平均 4.3%，渗透率平均为 0.1mD，属于低孔特低渗储层（图 1-2-15）。储层中赋存的地层水主要为束缚水，储层含气性与孔隙度呈正相关，而孔隙度受沉积相带控制。总体上，前缘相带物性优于平原相带，扇三角洲前缘相水下分流河道和席状砂物性最好，孔隙度平均 5.2%（图 1-2-16）；其次是辫状河三角洲前缘河口坝、水下分流河道和席状砂，孔隙度平均 4.8%；扇三角洲平原相、辫状河三角洲平原相的辫状河道砂体孔隙度也较高，前者约为 4%，后者约为 5%；浅湖相滩坝和席状砂孔隙度较低，物性较差。成岩作用对砂岩储层物性的具有一定影响，其总的趋势是随着埋藏深度的增加，砂岩成岩作用增强，残余原生粒间孔变少，岩石变得致密，孔隙度、渗透率降低，储集层物性变差，但受溶蚀作用影响，粒内、粒间溶蚀孔隙发育，埋深大的砂岩仍然可发育优质储层。

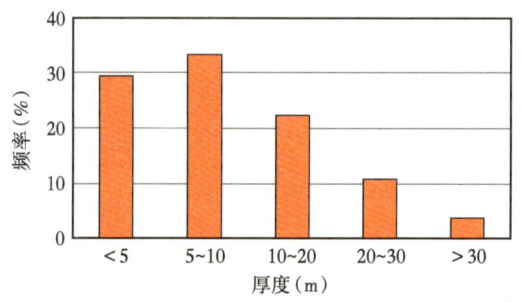

图 1-2-14　沙河子组单层砂岩厚度分布直方图

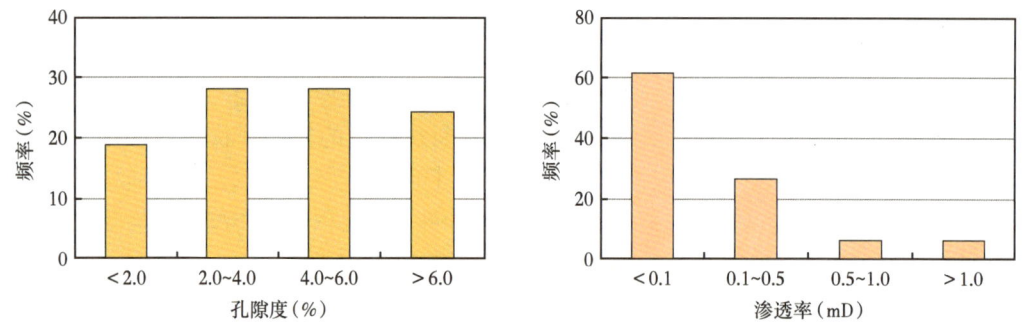

图 1-2-15　沙河子组岩心样品孔隙度（左）和渗透率（右）分布统计直方图

沙河子组纵向划分四个三级层序，形成一个完整的二级沉积旋回。地层厚度横向变化较大，沉积相带和岩性组合空间变化快，单砂体厚度薄、井间可对比性差。地震反射特征表现为同相轴横向连续性差、高频层序界面识别难度大、单砂体地震响应特征不清（图 1-2-17）。总体上，扇三角洲平原、辫状河三角洲平原相带单砂体厚度相对较大，纵向上呈"厚砂薄泥"沉积特点，地震剖面表现为低频、弱振幅、杂乱反射；扇三角洲前缘、辫状河三角洲前缘相带砂泥岩交互沉积，纵向上呈砂泥岩薄互层，地震剖面表现为中—高频、中—强振幅、中—高连续性反射；前三角洲相主要为较厚层泥岩与薄层砂岩、粉砂岩、泥质粉砂岩（一般厚度小于 5m）沉积，地震剖面上表现为高频、中—强振幅、高连续性反射；湖相主要为大套泥岩夹薄层泥质粉砂岩、粉砂质泥岩沉积，地震剖面反射特征与平原相带具有相似性，表现为低频、弱振幅、杂乱反射，但在构造位置上，湖相主要分布在断陷中部。

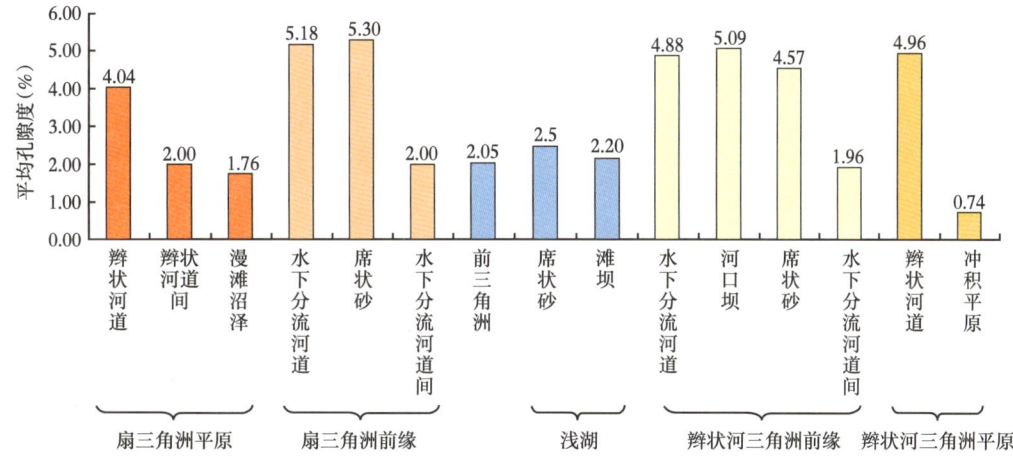

图 1-2-16　沙河子组不同沉积微相孔隙度分布统计直方图

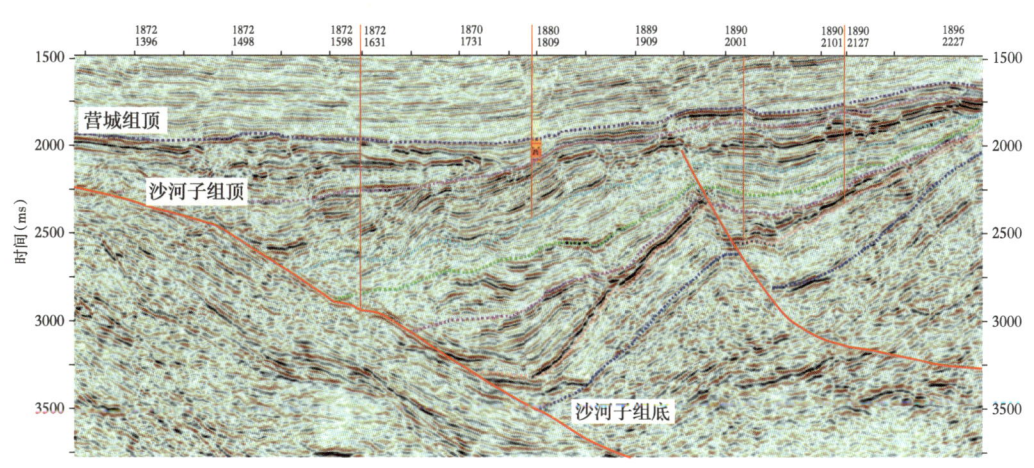

图 1-2-17　沙河子组典型地震剖面图

2. 致密砂砾岩地震岩石物理分析

1) 致密砂砾岩岩石物理建模

致密砂岩气储层岩石中往往发育大量微裂缝，导致其孔隙结构和弹性性质与常规砂岩具有显著差异。沙河子组地层 37 口井 170 块岩心样品的铸体薄片分析表明，微裂缝是储层岩石的一种重要孔隙类型。为此，充分考虑孔隙和微裂缝并存对岩石弹性性质的影响，建立了等效宽长比模型，旨在满足沙河子组致密砂砾岩储层的岩石物理分析与横波预测的需求。

等效孔隙宽长比模型将岩石孔隙等效为具有单一宽长比的硬币形椭球孔，利用自相容近似（self-consistent approximation，SCA）模型和 Patchy 饱和模型建立饱和岩石的纵、横波速度与孔隙宽长比、孔隙度和矿物组分等参数之间的定量关系，以纵波速度作为约束，应用模拟退火非线性全局最优化算法寻找最佳的等效孔隙宽长比使得理论预测与实际测量的纵波速度之间误差最小，最后，将反演得到的等效宽长比代入 SCA 模型和 Patchy 饱和模型中构建横波速度，并可进一步计算其他弹性参数。

对于多矿物组分、各向同性、完全弹性岩石，可用 Voigt-Reuss-Hill 平均计算岩石基质的等效弹性模量：

$$M_{\text{VRH}} = \frac{M_{\text{V}} + M_{\text{R}}}{2} \quad (1\text{-}2\text{-}1)$$

其中

$$M_{\text{V}} = \sum_{i=1}^{N} f_i M_i; \quad 1/M_{\text{R}} = \sum_{i=1}^{N} f_i / M_i$$

式中，f_i，M_i 分别为第 i 个组分的体积分数和弹性模量；M_{VRH} 为多组分混合矿物的弹性模量。

对于岩石骨架模量，利用 SCA 模型求取，该模型以待求解的等效介质作为背景介质，将多相介质放置于无限大的背景介质中，通过调节背景介质的弹性参数，使得背景介质弹性参数与多相介质弹性参数相匹配，此时背景介质的弹性模量就是多相介质的等效弹性模量。其给出了 n 相矿物和孔隙空间的自相容弹性模量计算公式：

$$\sum_{j=1}^{n} x_j \left(K_j - K_{\text{SC}}^* \right) P^{*j} = 0 \quad (1\text{-}2\text{-}2)$$

$$\sum_{j=1}^{n} x_j \left(\mu_j - \mu_{\text{SC}}^* \right) Q^{*j} = 0 \quad (1\text{-}2\text{-}3)$$

式中，j 表示一种矿物相或孔隙空间；x_j 表示每个相的体积分数；K_j 和 μ_j 分别为每个相的体积模量和剪切模量；K_{SC}^* 和 μ_{SC}^* 分别为背景介质的体积模量和剪切模量；P^{*j} 和 Q^{*j} 为背景介质中包含物材料 j 的几何因子。宽长比 $\alpha \leqslant 1$ 的椭球体包含物的 P 和 Q 值为：

$$P = \frac{1}{3} T_{iijj}, Q = \frac{1}{5} \left(T_{ijij} - \frac{1}{3} T_{iijj} \right) \quad (1\text{-}2\text{-}4)$$

式中，T_{ijkl} 为椭球体包含物的弹性张量，它是孔隙宽长比的函数，将均匀远场应变场与椭球包含物内的应变联系起来，其具体表达式参见文献（Berryman，1980）。式（1-2-1）~式（1-2-4）给出的是孔隙和微裂缝中流体不能互相流动，孔隙和微裂缝完全孤立的情况，模拟的情况是非常高的频率下饱和岩石的弹性性质，适用于超声波实验室条件。而实际上，在地震频带和测井频带内，致密砂岩气储层岩石中孔隙与微裂缝之间存在着波诱导的"挤喷流"流体流动（唐晓明，2011）。因此，这里通过假设孔隙和微裂缝中流体的体积模量为零，计算干岩石骨架的弹性模量。

致密砂砾岩储层岩石孔隙度小，储集空间多样，孔隙流体常呈部分饱和、多相共存状态，分布并不均匀，近似呈"斑块"状。Patchy 饱和模型能够更好地描述致密砂岩弹性参数随含水饱和度的变化关系。因此，对于沙河子组致密砂砾岩饱和岩石弹性模量的计算，采用 Patchy 饱和模型将流体混合物加入到孔隙空间，这里假设岩石中流体为两相流体 a 和 b 混合，饱和度分别为 S_a 和 S_b，则饱和致密砂砾岩的体积模量、剪切模量和纵横波速度表达式为：

$$K_i = K_d + \frac{(1 - K_d / K_m)^2}{\varphi / K_{fl,i} + (1-\varphi)/K_m - K_d / K_m^2} \quad (1\text{-}2\text{-}5)$$

$$M_{pi} = K_i + \frac{4}{3}\mu_i \ (\mu = \mu_i, \ i = a, b) \quad (1\text{-}2\text{-}6)$$

$$M = \left(\frac{S_a}{M_a} + \frac{S_b}{M_b}\right)^{-1} \quad (1\text{-}2\text{-}7)$$

$$\rho = \phi\rho_f + (1-\phi)\rho_m \quad (1\text{-}2\text{-}8)$$

$$v_P = \sqrt{M/\rho}, \ v_s = \sqrt{\mu/\rho} \quad (1\text{-}2\text{-}9)$$

式中，ϕ 为岩石总孔隙度；ρ_m、ρ_f 和 ρ 分别是分别是岩石基质、流体和饱含流体岩石的密度；K_i、μ_i 和 M_{pi} 分别是饱含流体 i 时岩石体积模量、剪切模量和纵波模量；K、μ 和 M 分别是饱和流体岩石的体积模量、剪切模量和纵波模量；K_m 为岩石基质的体积模量，由式（1-2-12）计算获得；K_d 为岩石骨架体积模量，通过 SCA 模型，综合式（1-2-2）~式（1-2-4）计算获得；$K_{fl,i}$ 为岩石中流体 a 或 b 的体积模量；v_P 和 v_S 分别为饱和流体岩石的纵、横波速度。

把式（1-2-1）~式（1-2-4）分别代入式（1-2-5）~式（1-2-9）中，就建立了纵横波速度与孔隙宽长比之间的非线性关系式，利用这样的关系式，既可以根据岩石基质组分的体积和剪切模量以及孔隙度、流体饱和度和孔隙宽长比正演得到岩石的纵、横波速度，也可以根据岩石的纵波速度反演等效孔隙宽长比，反演的目标函数为：

$$Obj = \|v_{Pmodel} - v_{Pobs}\|^2 \quad (1\text{-}2\text{-}10)$$

式中，v_{Pmodel} 和 v_{Pobs} 分别表示模型预测的纵波速度和实际观测的纵波速度，利用模拟退火法求解目标函数，反演得到等效孔隙宽长比，从而可以构建横波实现横波速度预测，并可进一步计算泊松比、杨氏模量等弹性参数。

图 1-2-18 为宋站地区沙河子组等效宽长比模型横波预测效果，图中给出了反演的等

效孔隙宽长比曲线，对比了常规 Xu-White 模型与等效孔隙宽长比模型横波预测结果，相比于前者，后者与实测吻合更好。

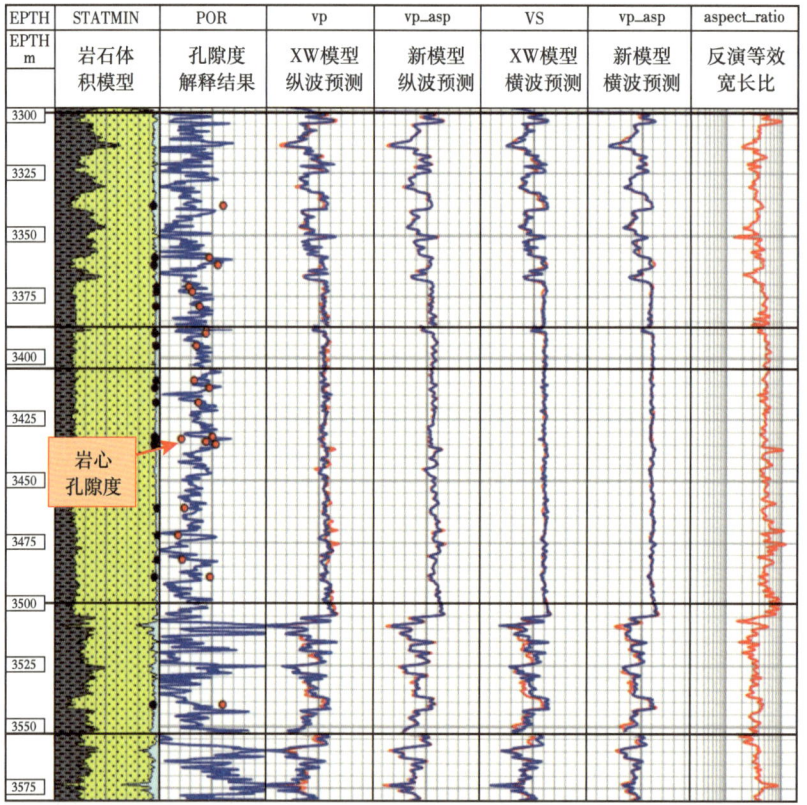

图 1-2-18　沙河子组宋深 9H 导眼井等效孔隙宽长比模型的横波预测

图 1-2-19 进一步给出了常规 Xu-White 模型与等效孔隙宽长比模型的预测横波与实测横波的交汇图对比，与前者相比，后者横波预测的精度明显提高，与实测横波的相关系数由 73% 提高到 95%，可为岩石力学参数分析、储层弹性参数规律分析和叠前弹性参数反演提供高精度的横波信息。

2）致密砂砾岩岩石物理特征分析

基于岩石物理模型建立沙河组地震岩石物理定量解释图版，如图 1-2-20 所示，横轴为纵波阻抗、纵轴为纵横波速度比，数据点来自于达深 17 井、宋深 9 井、宋深 1 井。图板下方的红色线为"15% 泥 +75% 砂 +10% 钙质"组合的岩石骨架的响应，为孔隙流体 100% 水的砂岩线，其反映了砂岩孔隙度增加后，纵波阻抗和纵横波速度比的变化趋势：孔隙度增加，纵波阻抗减小，纵横波速度比增大。这一组线簇最下方的八条灰色线为不同孔隙度（右到左分别代表了 2.5%~20%）下的含水饱和度的变化。深绿色线为"50% 泥 +40% 砂 +10% 钙质"组合的岩石骨架的响应，为孔隙流体 100% 水的过渡岩性线。蓝色线为 80% 泥 +10% 砂 +10% 钙质组合的岩石骨架的响应，为孔隙流体 100% 水的泥岩线。这些理论线的骨架中都增加了 10% 的钙质，这主要考虑实际数据点的分布特征，有方解石的变化趋势（即高阻抗、高纵横波速度比）。在图 1-2-20 中，气砂地震岩相孔隙度高、含气性好，且分布趋势与理论分析的含气饱和度增加趋势一致（含气饱和度增加，纵波阻抗和纵横波速度比均降低）。干砂岩大部分数据点介于砂岩线和过渡岩性线之间，即分布在含泥较重的砂岩线、低孔隙度区域。

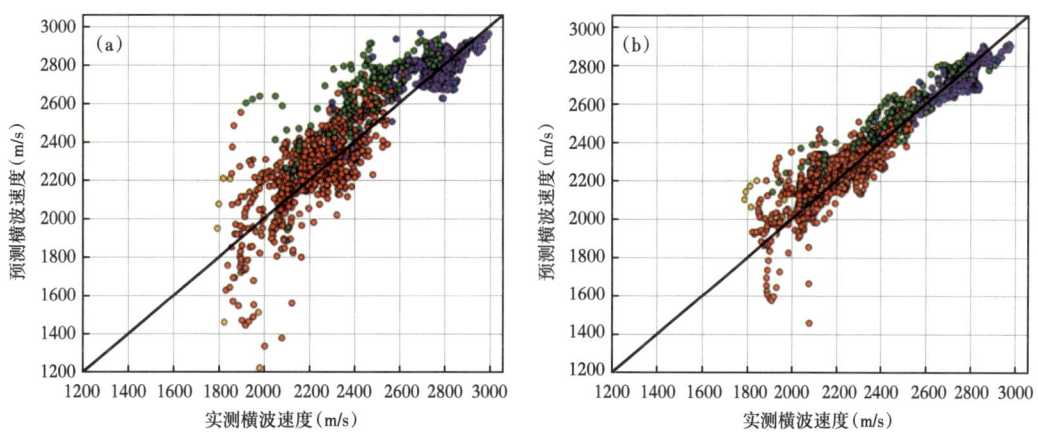

图 1-2-19　宋深 9H 导眼井基于 Xu-White 模型（a）和等效孔隙宽长比模型（b）的横波预测对比图

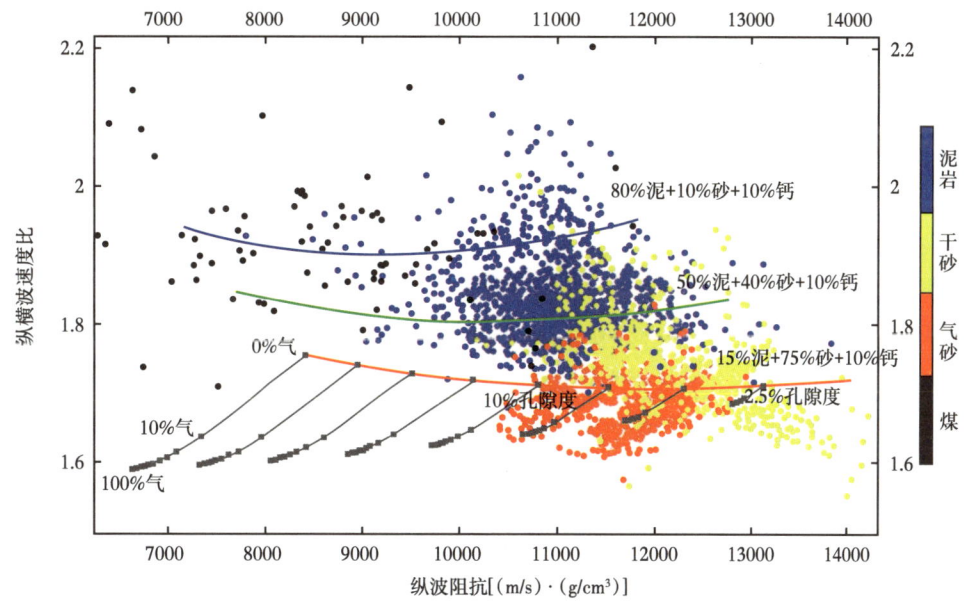

图 1-2-20　沙河子组致密砂砾岩典型地震岩石物理解释图版

岩石物理分析表明，煤层和泥岩表现为低纵波阻抗、高纵横波速度比特征，煤层的纵波装明显低于泥岩和砂岩，纵波阻抗可很好区分煤层。干层砂岩可分为三类：第一类干层泥质含量和钙质含量低、物性差，表现为低纵横波速度比、高纵波阻抗特征；第二类干层泥质含量高、钙质含量低，储层孔隙主要被黏土矿物充填，造成储层物性差、含气性差，这类干层表现为中低纵波阻抗、中高纵横波速度比，在定量解释图版上处于泥岩和含气砂岩过渡部位；第三类干层泥质含量低、钙质含量高，储层孔隙和微裂缝被方解石充填，表现为高阻抗、中高纵横波速度比。含气储层具有低纵横阻抗、低纵横波速度比的特点，且随着孔隙度增加，纵波阻抗降低，纵波阻抗与泥岩叠置更为严重，因此，高孔优质含气储层识别需要纵横波速度比和纵波阻抗双参数交会。

第三节　勘探开发难点及对地震勘探技术需求

一、勘探开发难点

松辽盆地北部中浅层经过60余年勘探开发，已证实基本上满凹含油，但还有很大的潜力，仍是大庆油田规模效益增储上产的主战场。

松辽盆地北部中浅层虽然资源丰富、潜力很大，勘探前景良好，但剩余资源主要分布在凹陷向斜区、斜坡区以及致密储层和页岩中，油气藏类型复杂，勘探发现和开发动用难度都很大。主要难题之一就是对河流—三角洲沉积体系下的薄互层砂体储层认识不清。砂泥岩薄互层储层地震预测是勘探开发的关键，也是难题，具体难点表现在以下几个方面。

1. 砂体规模小、厚度薄，地震识别难

统计分析表明，松辽盆地北部中浅层各油层单砂体厚度一般都小于5m（图1-1-13、图1-2-12、图1-2-16、图1-2-21和图1-2-26）。以目前地震资料能达到的最高主频50Hz、中浅层地震波速度按3800m/s计算，地震四分之一波长即分辨率的极限是19m，砂体厚度远远小于地震分辨率极限，致使地震响应微弱，特征不明显（图1-3-1）。而且由于河道不断改道、摆动迁移，分流河道相互交织呈网状，河道砂体平面上纵横交错，纵向上错叠连片，沉积砂体多呈短条带状及透镜状分布，砂体横向变化快，纵向上与泥岩成薄互层（图1-3-2）。砂泥岩薄互层多期叠置，使地震响应更加复杂（图1-3-3）。

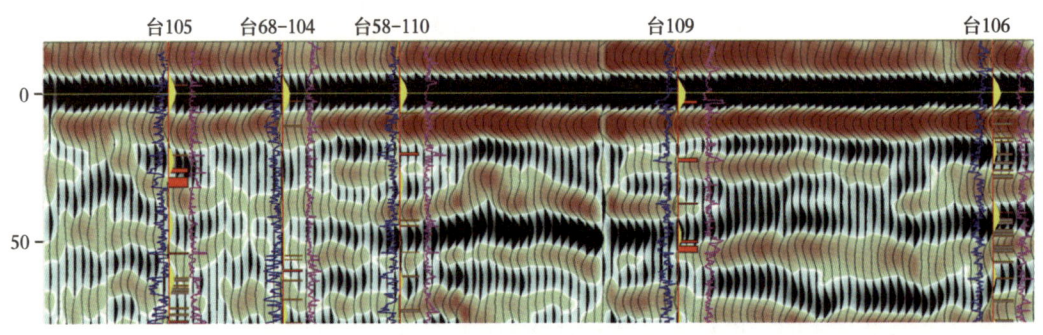

图1-3-1　葡萄花油层地震特征剖面

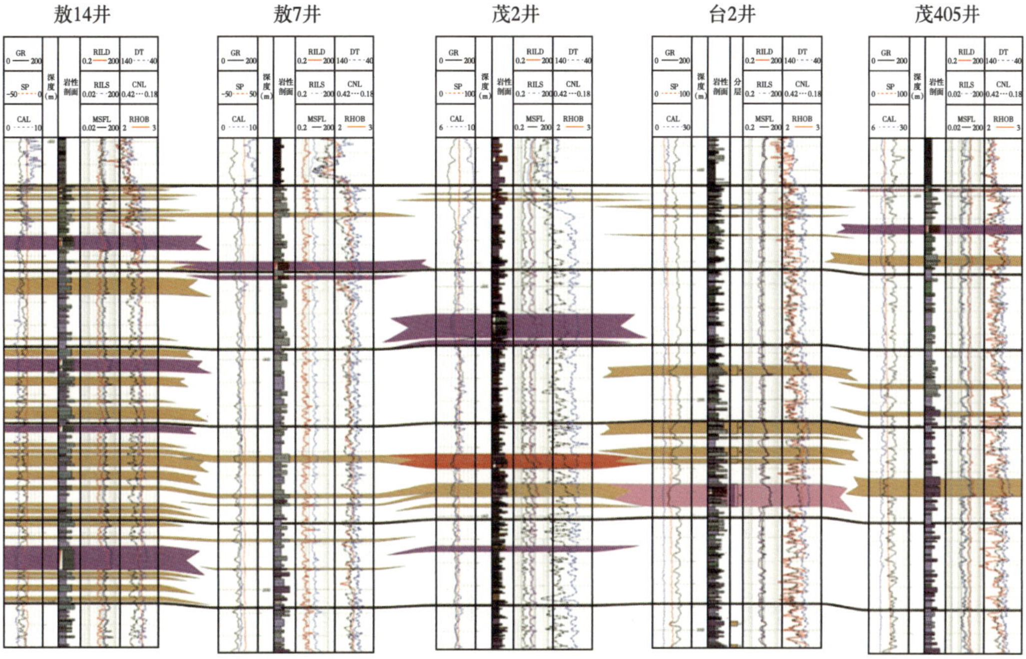

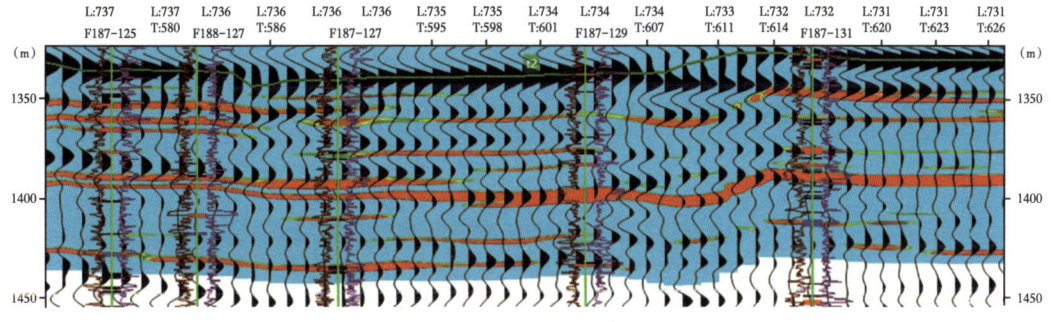

图 1-3-2 扶余油层砂体连井对比剖面

图 1-3-3 薄互层砂体地震响应特征分析

2. 砂岩粒度细，泥质含量高，砂泥岩波阻抗差异小，有效储层预测难

沉积相分带不明显，砂岩粒度细，泥质含量高，造成了砂泥岩波阻抗差异小。选取朝长地区 20 口井资料，统计扶余油层段内（1727~2179m）4908 个点进行岩石物理参数分析，得到了砂岩、泥岩、泥质砂岩、砂质泥岩以及油层的声波速度、密度及波阻抗等岩石物理参数的统计规律。分析表明，砂泥岩的声波速度或阻抗差异较小，油层（即有效储层）与砂岩波阻抗范围基本重叠（图 1-3-4），利用声波（纵波）特征识别有效储层难度极大。

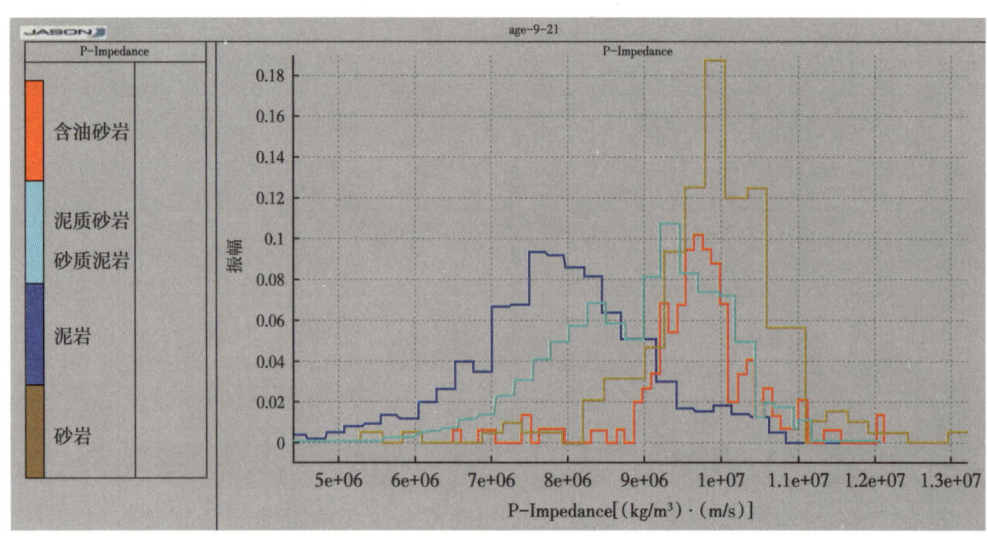

图 1-3-4　扶杨油层砂泥岩波阻抗直方图

3. T_2 屏蔽作用使下伏地层反射能量变弱，有效信号识别提取难

松辽盆地青山口与泉头组界面是一个层序突变面，青一段泥岩与下伏泉头组砂岩互层形成的强反射即 T_2 反射层，对下伏地层反射形成了屏蔽作用，使扶杨油层反射能量变弱、频率降低，见图 1-3-5。进一步定量分析表明，T_2 以上 120ms 范围内反射振幅为 40~240，T_2 以下 120ms 范围内反射振幅急剧减弱，变化范围为 30~130 [图 1-3-6（a）、图 1-3-6（b）]。由于 T_2 屏蔽效应，反射波能量降低 50% 以上。频率也有大幅度降低，对比图 1-3-6（c）和图 1-3-6（d）可以看出，经过 T_2 反射层后，反射波频带宽度约降低 35Hz。T_2 屏蔽作用给扶杨油层薄储层地震弱信号保幅成像处理和精确预测又增加了一个难题。

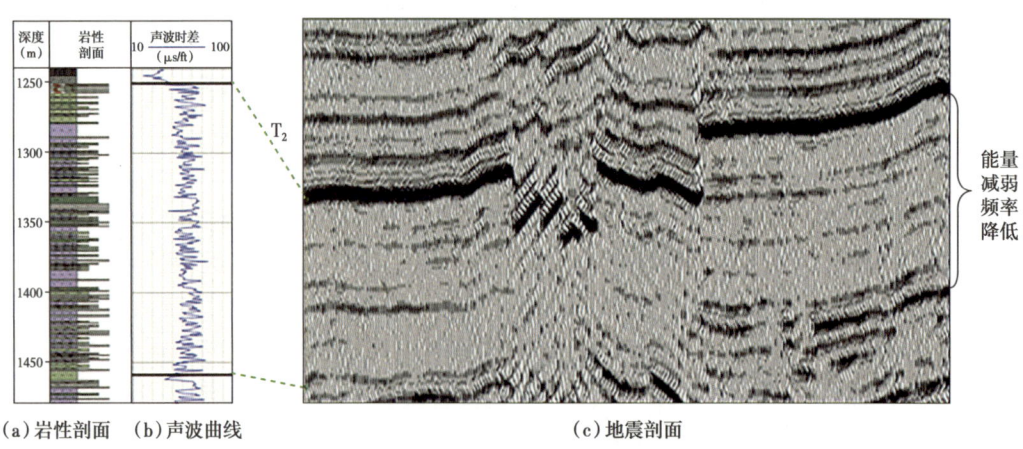

图 1-3-5　T_2 强反射屏蔽效应示意图

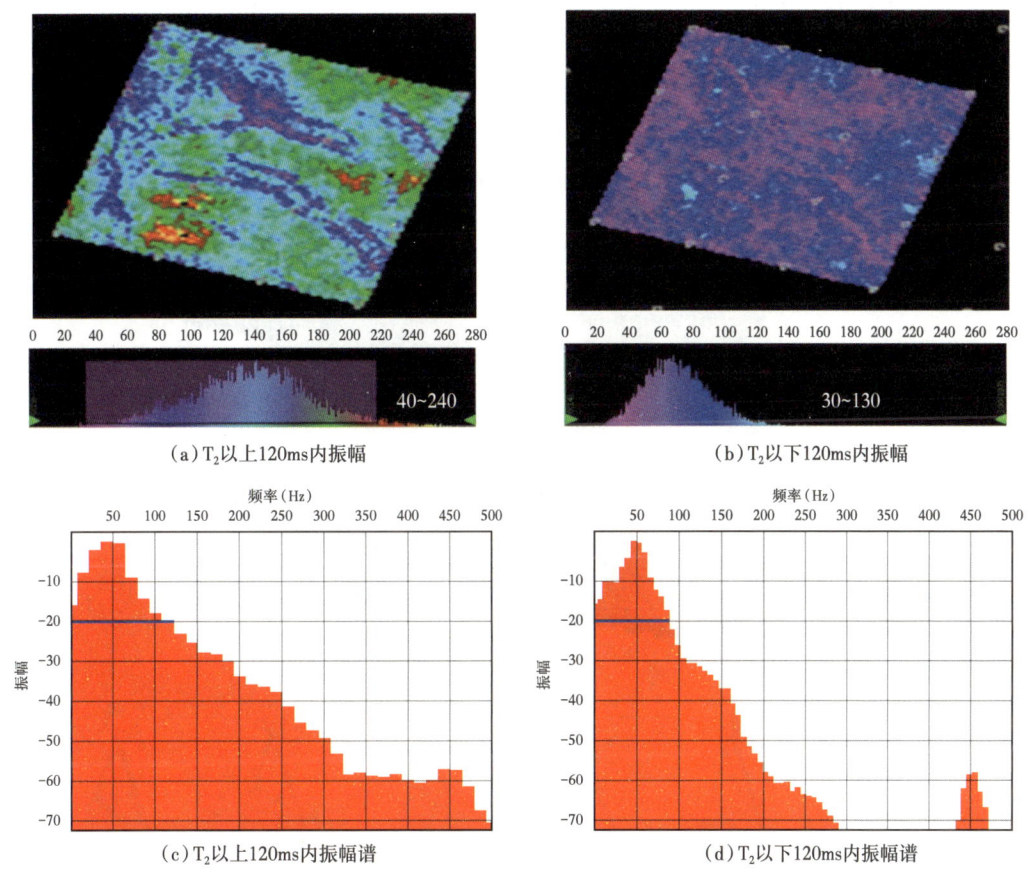

图 1-3-6　T_2 屏蔽效应定量分析

4. 近地表结构复杂，精细高分辨率保幅处理难度大

松辽盆地虽然地势相对平坦，但近地表结构复杂。近地表岩性有砾石、流沙、含沙胶泥、胶泥等，变化剧烈。低降速带厚度变化较大，从几米到几十米不等，潜水面埋深、倾向变化快。地表河叉纵横，湖泊、水库、水泡、沼泽星罗棋布；村庄、铁路、公路、堤坝等障碍物众多；油田内除密集抽油机、油水泵站外，地上电网、地下油气水管线极其密集，状如蛛网。复杂的表层地震地质条件，影响采集资料的品质，给地震精细高分辨率保幅处理带来诸多难题。

图 1-3-7 是不同近地表结构区域采集的单炮记录对比，由于不同区域激发、接收条件的不同，造成采集记录能量、频率、子波形态及信噪比等存在明显的差异，给静校正、去噪和地表一致性处理带来较大难题。

综上所述，松辽盆地中浅层薄互储层河道规模小，砂体厚度薄，远远小于地震分辨率极限，且砂泥岩薄互层叠置；砂岩粒度细，泥质含量高，砂泥岩波阻抗差异小；上覆地层的屏蔽作用造成反射能量变弱、频率降低。窄（河道规模）、薄（砂体厚度）、叠（薄互层叠置和砂泥岩物性重叠）、弱（岩石物性差异和地震响应）的特点，使得储层地震响应复杂，特征不明显，是地震预测的主要难题。复杂的表层地震地质条件，影响采集资料的品质，给地震精细高分辨率保幅处理带来困难，增加了储层预测难度。

为满足薄互层岩性油藏精细勘探开发需要，地震采集处理解释技术都需要创新发展。

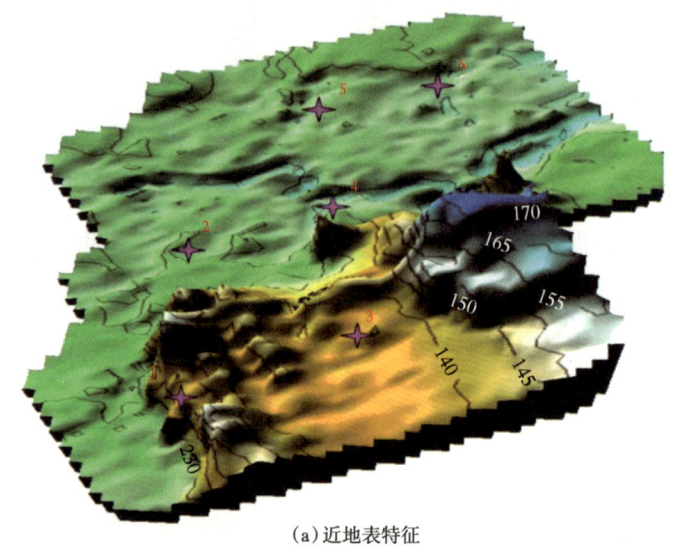

(a) 近地表特征

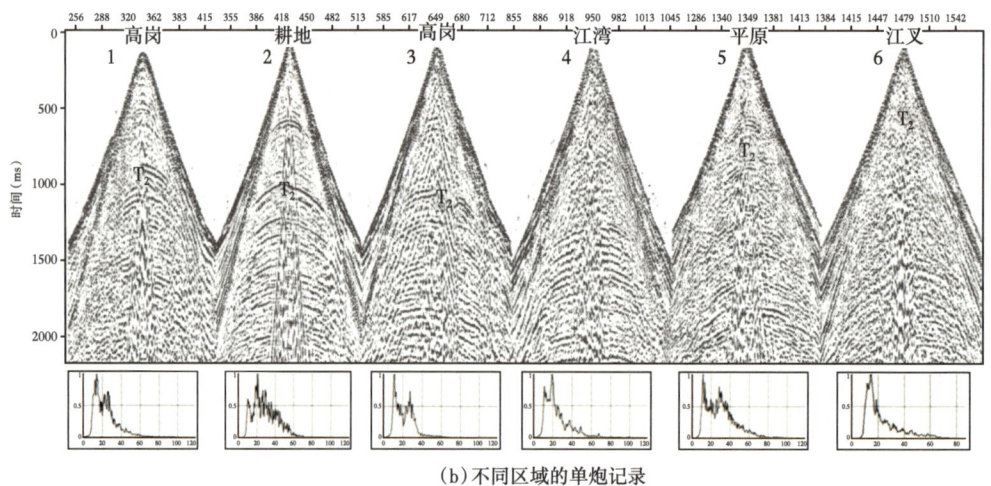

(b) 不同区域的单炮记录

图1-3-7 不同近地表结构区域采集单炮记录对比

二、地震勘探技术需求

历经几十年的持续攻关，形成了针对薄互层勘探目标的高分辨率地震采集、处理和解释技术系列，但是随着勘探开发不断地深入，难度越来越大，挑战不断提高，对高水平物探技术的需求迫在眉睫。尤其是目前常规、非常规油气类型多样、隐蔽性强，储层砂体薄，现有地震技术对于米级薄互层砂体以及非常规甜点砂体的识别精度还不能满足精细勘探开发的地质需求，迫切需要进行新一轮的地震技术攻关，创新薄互层岩性油藏地震勘探理论，发展适用技术，提高常规油岩性圈闭与致密油甜点识别的精度。

1. 面向薄互层的地震采集新技术

地震资料高分辨率采集是薄互层岩性油藏地震勘探的基础。松辽盆地高分辨率地震经历了二维高分辨率地震采集、三维高分辨率地震采集和高密度宽方位三维地震采集的发展历程，目前已形成以小面元、大道数、高覆盖、高密度、小滚动距、宽方位为主要技术特点，以采集处理解释一体化、基于模型优化采集设计、高精度表层调查及现场实时质量监控等为主要技术措施的高精度三维高分辨率采集技术。需要进一步开展薄互层宽频地震采集方法研究，开展全数字三维三分量地震采集试验，形成中浅层"两宽一高"地震采集方法，为薄互层地震预测打好原始资料基础。

2. 薄互层宽频保幅处理技术

地震资料高分辨率保幅处理是薄互层岩性油藏地震勘探的关键。针对松辽盆地高分辨率处理的难点，以保幅宽频、准确成像为目标，形成了一套适合松辽盆地地震地质特点的低渗透薄储层地震处理技术和流程。主要关键技术有模型约束层析静校正、叠前多域保幅去噪、高精度地表一致性处理、非对称走时叠前时间偏移、叠前提高分辨率处理技术以及保持 AVO 特征的叠前道集优化技术。需要进一步创新薄互层宽频地震成像理论，开展表层吸收 Q 补偿、黏弹介质叠前偏移、各向异性逆时偏移和保真拓频处理等技术的探索与应用，进一步提高地震资料的分辨率和保真度。

3. 薄互层宽频地震成像技术

宽频地震成像是薄层地震勘探的一项关键技术，其核心在于利用宽频地震数据来获取更高分辨率的地下地质结构成像。传统的地震成像往往受到地震波激发和接收设备的频带限制，仅能有效地成像较大尺度的地层结构，对于复杂的薄储层、小断裂以及岩石物理属性的差异性成像效果不佳。而宽频地震成像则通过拓展地震数据的频率范围，增强了对地下细节的分辨能力，针对松辽盆地北部薄互层成像技术需求主要有以下两方面：

一是高精度速度建模技术，宽频地震数据有助于获取更精细的地下速度结构，通过迭代层析反演可以得到三维速度模型。高精度的速度模型是实现高质量偏移成像的基础，它能更好地校正地震波在地下传播过程中的走时异常，从而准确再现薄储层的位置和形态。

二是黏弹性介质叠前偏移方技术，在常规地震偏移中，通常假定地下介质为完全弹性体，但实际上，许多地层特别是含有流体或复杂矿物组成的地层表现出明显的黏弹性。需要考虑这种黏弹性效应，在进行偏移时，不仅需要建立高精度的速度场，还需要建立地层的吸收衰减因素 Q 场（介质的黏滞系数），使得地震波的传播模拟更接近实际情况，减轻因忽略粘弹性效应而导致的偏移误差，从而获得更精确的地震成像结果。

4. 地震沉积学解释技术

地震沉积学是以现代沉积学、层序地层学和地球物理学为理论基础，利用三维地震资料及地质资料，通过层序地层学、地震地貌学、地震岩性学和现代沉积学综合研究，确定地层宏观沉积特征、沉积体系发育演化、（薄层）砂体成因和分布、储层质量及油气潜力的新兴交叉地质学科。由于其先进的地质地震理论基础和技术方法，以及在石油勘探开发领域的应用，成为地质学和地球物理领域的研究热点。对于薄互层预测而言，需要以保幅处理地震资料为基础，开展等时高分辨率层序地层对比以及精细解释，探索古地貌恢复技术，结合地震沉积学解释，进一步降低储层预测的多解性，以满足精细沉积演化分析等地质研究的需要。

5. 薄互层储层地震预测技术

储层预测是薄互层岩性油藏勘探的核心。经过多年的持续攻关和探索实践，形成了地震模式识别、叠后—叠前地震反演、地震属性和三维可视化等一系列技术，但现有技术还不能准确识别米级储层，不能满足薄互层岩性油藏精细勘探和开发的需要。需要进一步创新薄互层岩性油藏地震预测理论，继续开展超薄储层预测攻关。一方面是以解释性提高分辨率为目标，开展相空间广义S变换高精度频谱成像、谱反演等技术研究；另一方面是以提高薄层纵横向预测精度为目标，开展地质统计学反演、波形指示反演以及PWI反演方法等应用研究，预测方法由模型驱动的传统预测向数据驱动的智能化预测发展，介质模型由弹性向黏弹性和各向异性介质发展，数据处理解释由叠后向叠前发展，实现超薄层米级储层精确预测。

参考文献

侯启军，冯志强，冯子辉，2009. 松辽盆地陆相石油地质学 [M]. 北京：石油工业出版社.

赵邦六，陈树民，2013. 低渗透薄储层地震勘探关键技术 [M]. 北京：石油工业出版社.

赵海波，唐晓花，李奎周，等，2017. 基于地震岩石物理分析与叠前地质统计学反演技术的齐家地区致密薄储层预测 [J]. 石油物探，56（6）：853-862.

第二章　薄互层宽频保幅处理技术

在石油地球物理勘探中，薄层地震高分辨率处理技术对于精确映射地下储层结构至关重要。随着地震处理方法的不断创新与进步，尤其是计算机技术的迅速发展，该领域已经取得了显著的研究进展，薄层地震高分辨率处理技术已成为提高地震资料垂向分辨率的关键技术，为油气勘探提供更精确的识别和描述储层特性的高分辨率处理成果。目前宽频地震处理的主要技术应用研究有应用各向异性介质中地震波传播的数值模拟与薄层成像技术，地震波在各向异性介质中的传播特性复杂多变，对地震数据处理和解释提出了挑战。通过数值模拟方法，可以研究地震波在各向异性介质中的传播规律，达到更加准确地描述地层结构，提高成像精度和解释可靠性的目的。应用多尺度地震数据融合技术提高分辨率，多尺度地震数据融合技术是一种将不同尺度、不同来源的地震数据进行融合处理的方法。通过融合多种尺度的地震数据，可以充分利用不同数据之间的互补性，提升地震数据的分辨率和解释精度。应用基于波动方程分析薄层高频地震响应，波动方程是描述地震波传播规律的重要数学工具。基于波动方程的高频地震响应分析可以更加准确地模拟地震波在薄层中的传播特性，从而提高薄层识别的精度和可靠性。通过构建基于波动方程的处理流程，可以实现对薄层地震数据的精细处理和解释。薄层反射的波形反演与速度建模技术，波形反演是一种基于地震波传播特性的速度建模方法。在薄层反射资料的处理中，波形反演方法被用于进行速度建模，以提高薄层反射资料的垂向分辨率。通过优化速度模型，可以更加准确地描述地层结构，提高成像质量和解释精度。在薄层地震资料处理中应用三维地表一致性预处理技术，在薄层地震资料处理中，由于薄层的地震响应较弱，且容易受到噪声和其他干扰因素的影响，因此对数据质量的要求更高。通过应用三维地表一致性预处理技术，可以显著减少噪声和干扰信号的干扰，提高地震数据的信噪比，突出薄层的地震响应，使得薄层的反射特征更加清晰、易于识别，为后续的处理和解释提供可靠的数据基础。应用时间—频率分析技术在提高薄层地震成像分辨率，通过分析地震数据的时频特性，从而揭示地层的薄层结构和反射特征，进一步提高薄层地震成像的分辨率和精度，为地质勘探和油气开发提供更加准确的信息。利用压缩感知技术恢复薄层地震数据，压缩感知理论是一种信号处理技术，它能够在欠采样或噪声干扰的情况下，有效地恢复原始信号。在地震数据处理中，压缩感知被用于恢复薄层地震数据，从而提高薄层的垂向分辨率。通过对地震数据进行压缩感知处理，可以重建出更加清晰、准确的地层结构，为地质勘探提供更可靠的数据支持。在地震资料处理中应用深度学习超分辨率技术，深度学习技术，特别是深度神经网络，在图像处理领域取得了显著成果。在地震资料处理中，深度学习超分辨率技术被用于对地震数据进行超分辨率分析，通过训练深度神经网络模型，实现对地震数据的增强和薄层特征的识别。这种方法可以有效提升地震数据的分辨率和解释精度，为地质解释和油气勘探提供更加精细的信息。

大庆油田研究院地震处理紧跟国内外先进技术发展步伐，结合大庆探区具体实际开展技术研发与应用，在高分辨率处理领域取得了一批重要技术创新成果。

针对薄、小河道砂体勘探的地质需求，通过改变地震处理观念，不断推进高分辨率处理技术发展。从过去单纯追求视觉分辨率，不关心纵横向相对振幅关系的做法，发展到提高分辨率的同时，更加关注保真处理。重新梳理制约地震分辨率和保真度的诸多因素，在振幅保真前提下，最大限度地提高分辨率，使得地震高分辨率处理走向客观真实，有效支撑精细勘探研究。从现有地震采集工艺出发，客观分析地震数据的有效频带，以松辽盆地扶余油层为例，油藏埋深2000m左右，考虑上覆地层吸收衰减，理论上地震有效频带的高频端为120Hz，加之采集过程中受地表条件限制，实际数据的有效高频应低于这一值，客观指导地震数据处理实践。从地震数据处理过程出发，注重基础工作，实现精细的噪声分类压制，如异常振幅噪声压制（AAA），十字排列域线性干扰压制等，在压制噪声同时不伤及有效信号；采用地表一致性技术，包括振幅补偿、反褶积、剩余静校正，消除采集和接收因素造成的振幅与波形差异，使得地震振幅变化能够反映岩性变化；开展表层数据库建设，精细建立了松辽盆地近地表结构模型，为提高静校正精度、实现近地表Q值补偿奠定基础；严格实施处理解释一体化工作模式，引入地质认识来优选处理方法、优化处理参数，并以此产生了"两步法反褶积"方法，初步形成"保幅高分辨率处理技术和流程"，在朝长、长垣地区扶杨河道砂识别中起到关键作用。从松辽盆地的地质特点出发，开展自主创新技术研究，针对松辽盆地近地表湖沼相沉积，纵横向速度、厚度变化大，研究形成"表层库模型静校正技术"，提高静校正精度；针对表层介质未成岩，造成地震波80%的能量衰减，研究形成"近地表Q值补偿技术"，有效展宽地震单炮记录频带10~20Hz，改善单炮质量；针对目的层上覆凹陷期沉积地层压实程度低，对地震波吸收衰减严重，通过黏滞声学介质地震波吸收衰减补偿叠前时间偏移方法（QPSTM）的研究与应用，较常规偏移成果频带展宽20Hz左右，且振幅保真度明显优于叠后反褶积，这些技术创新成果完善和发展了"保幅高分辨率处理技术和流程"，有效支撑三肇地区水平井部署研究。

第一节　地震表层处理技术

大庆油田主力油层（萨尔图、葡萄花、高台子、扶杨油层）为松辽盆地坳陷期陆相砂泥岩薄互层沉积地层，具有垂向单层厚度小（1~2m）、横向变化快的特点，单砂体精细描述难度大，对地震数据的分辨率要求极高。随着地震技术在油藏评价和油田开发中的逐步应用，为了精细描述砂体的空间分布，大幅提高地震资料的分辨率更是有着强烈的现实需求。解决问题的关键在于如何提高资料的分辨率和成像精度，而静校正的精度直接影响垂向分辨率和微幅度构造。对长垣油田厚度2~5m的储层砂体而言，野外静校正的精度严重影响其准确识别。近地表调查揭示，长垣油田的地表相对平坦，但低降速层厚度变化大（2~60m），局部发育低速异常区，横向范围较小，分布零散、规模不一，且速度较低，且地表存在大量的近代小型水域，这些区域的地层缺乏压实，速度低、厚度大、横向范围小，静校正问题严重。

另一方面，松辽盆地坳陷期沉积地层压实程度低，尤其以近地表未成岩部分对地震波的吸收衰减最为严重，近地表调查揭示，松辽盆地的近地表在潜水面之上为厚度7m左右的未成岩介质，平均Q值在10以内，地震波的吸收衰减80%发生在近地表层，严重降低地震资料的垂向分辨率，因此，消除或减小近地表对地震波的吸收衰减是提高地震垂向分辨率的有效途径。针对这两方面问题，开展了针对松辽盆地的地震表层处理技术研究，重点解决表层静校正与吸收衰减问题，为提高地震资料的整体的分辨率和成像精度提供基础。

一、松辽盆地近地表结构及地震波场衰减特征

松辽探区内海拔高程变化不大（100~320m）。如图2-1-1（a）所示，其中暖色调表示高值，冷色调表示低值；盆地的中、西部（大庆市及以西）地势较低、较平缓，海拔100~160m左右；其地势呈西低东高，南低北高，局部高岗起伏较大；盆地东、北边沿地势较高，以大庆东北部拜泉为最高，起伏较剧烈，相对高差达100m，次高位于探区的东部。

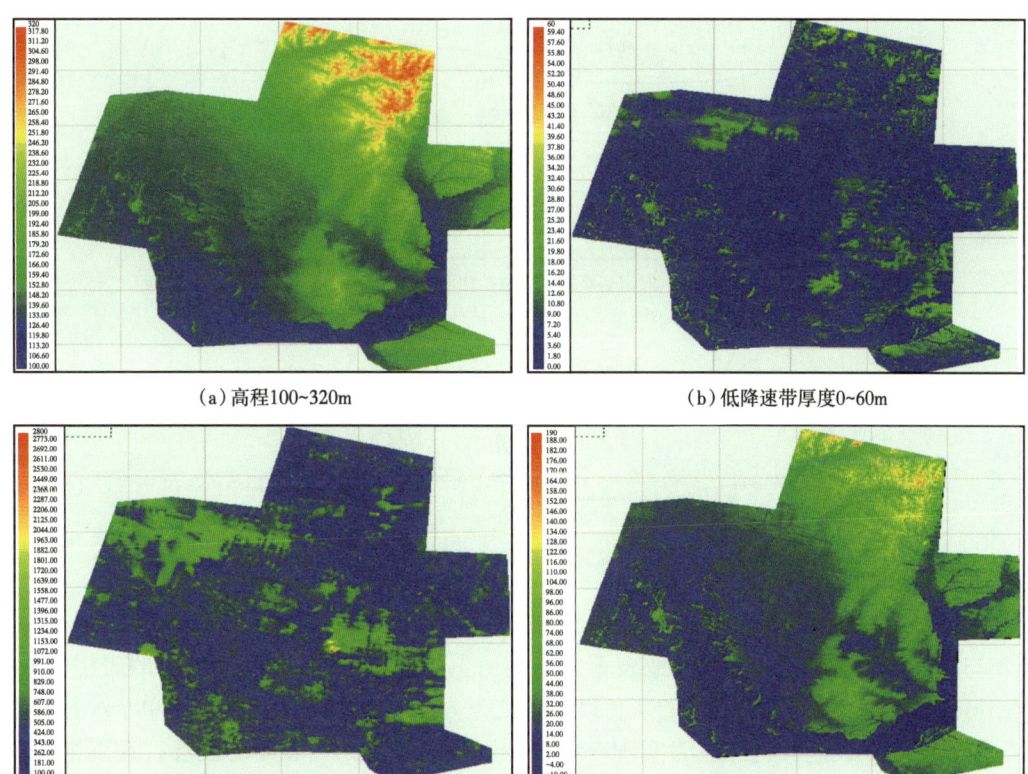

(a) 高程100~320m   (b) 低降速带厚度0~60m

(c) 低降速带速度100~2800m/s   (d) 模型法校正量-10~190

图2-1-1 松辽盆地近地表结构平面图

松辽盆地的地表相对平坦，高程110~260m，地震基准面高程定义为120m。近地表调查揭示，低、降速层的总厚度在1~60m之间，多数在10m以内，广泛发育面积较小的局部低速异常区，如图2-1-2虚线半椭圆P所示。低速层全区发育，速度500~700m/s，局部存在速度翻转现象，如图2-1-2虚线椭圆H所示，速度可达1300m/s。降速层仅在局部发育，速度700~1300m/s，虚线CD为低速层底界。高速层（曲线EF表示顶界面），速度1500~1900m/s，主要集中在1650m/s，局部地区高速层顶界与地表形态相关性较好，如东部徐家围子断陷，但多数地区不相关，如长垣及西部古龙地区。在多数区域，高速层顶界与潜水面一致，随着深度增加，介质成岩及压实程度增强，地层速度逐渐增大，到深度1000m左右的萨尔图油层，速度约为3000m/s。

为了减小虚反射影响，保证激发效果，松辽盆地的地震资料采集一般在潜水面下1~2m激发（图2-1-2炮点S，红点），而检波器一般埋置在地表以下30cm左右（图2-1-2接收点G，蓝点）接收。由地震成像射线路径SRG（图2-1-2蓝色线段）可见，地面记录的反射地震波场都要经历近地表疏松介质的吸收衰减。松辽盆地的近地表是指从地表到地震基准面之间的地层，包含低速层、降速层和部分高速层，即为图2-1-2中曲线AB与直线KL之间的地层。

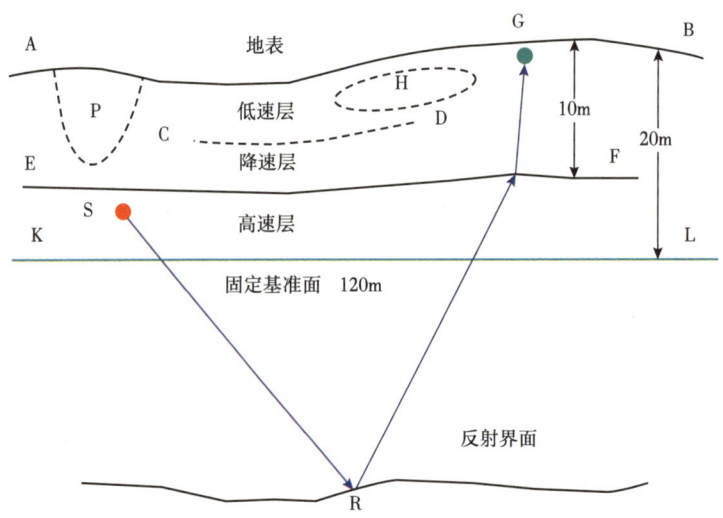

图2-1-2　松辽盆地近地表结构及地震射线示意图

为研究近地表对地震波场的衰减特性，开展了专门的野外调查。调查点的潜水面深度7m（与高速层顶界一致），其近地表垂向结构由上到下依次为：厚度0.5m的表层土，厚度3.1m的黄色细沙，厚度3.2m的灰色砂土，之下为黄胶泥。野外调查采用单个浅井激发、多个井中接收方式进行观测。为实现在不同深度接收来自同一震源的波场，在圆半径3m的地面范围内钻不同深度的浅井，每口井的井底放置检波器，以保证检波器耦合效果，激发点深度0.5m，接收点深度依次为2m，3m，4m，7m，9m，11m，15m，17m。图2-1-3给出不同深度接收地震记录的频谱曲线（数字标出接收点深度）。对比可见，潜水面之上地震波能量快速衰减，减小速度为 4dB/m；主频快速降低，降低速度为 7Hz/m。在潜水面之下仍存在明显振幅衰减，减小速度为 2.5dB/m；主频相对稳定，降低速度为 0.1Hz/m。试验表明，地震波的主频降低主要发生在潜水面之上的低、降低层，而振幅衰减贯穿于整个近地表，且幅度很大。

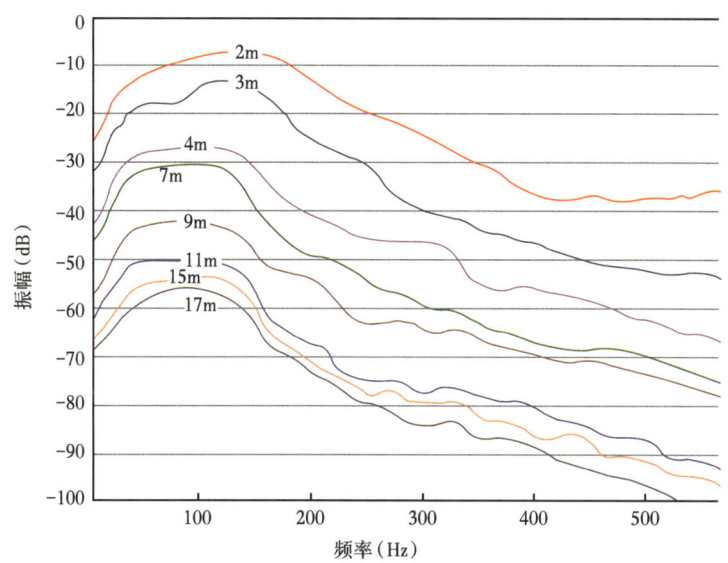

图 2-1-3　近地表同一深度激发不同深度接收地震记录的频谱曲线

松辽盆地近地表发育分布零散、规模不一的低速异常区，最大厚度可达 60m，横向范围较小（300~600m），多数为古湖泊的近代沉积充填，地表无任何征兆。

图 2-1-4（a）为对应一条地震接收线的近地表结构，在横向 3000m 范围内，大部分为单层结构，仅发育厚度小于 10m 的低速层，速度 700m/s 左右，而异常区的横向宽度 600m，最大厚度 43m，为 2 层结构，其降速层最大厚度 26m，速度 1100m/s。地震单炮记录［图 2-1-4（c）］显示，异常区地震道的频率降低、振幅减弱，反射时间滞后。异常区地震道的初至波（红色矩形位置）明显要比正常区域（蓝色矩形位置）弱得多，且初至波同相轴与相邻正常区域同相轴明显错断，反射时间滞后。目的层反射几乎空白，频谱分析揭示，两个矩形内数据的有效频带分别为 8~100Hz 和 8~65Hz，高频端相差 35Hz，频率 40Hz 的反射波能量相差 3 倍。初至波地表一致性分解后的检波点振幅曲线［图 2-1-4（b）］，形态上与近地表结构的形态相似，对应低速异常区的地震反射振幅明显降低（正常区域平均振幅为 1.1，黑色直线所指，而异常区最小值为 0.2，红色直线所指），表明该幅值能够反映近地表对地震波的吸收衰减。异常区影响的横向范围［图 2-1-4（b）红色线段］大于近地表调查结果，形态上也与近地表调查结果不完全一致，这是由于近地表调查点密度不够，不能准确刻画近地表形态所致，也说明地震振幅变化在横向上能够用于精确求取各接收点的衰减参数。

51

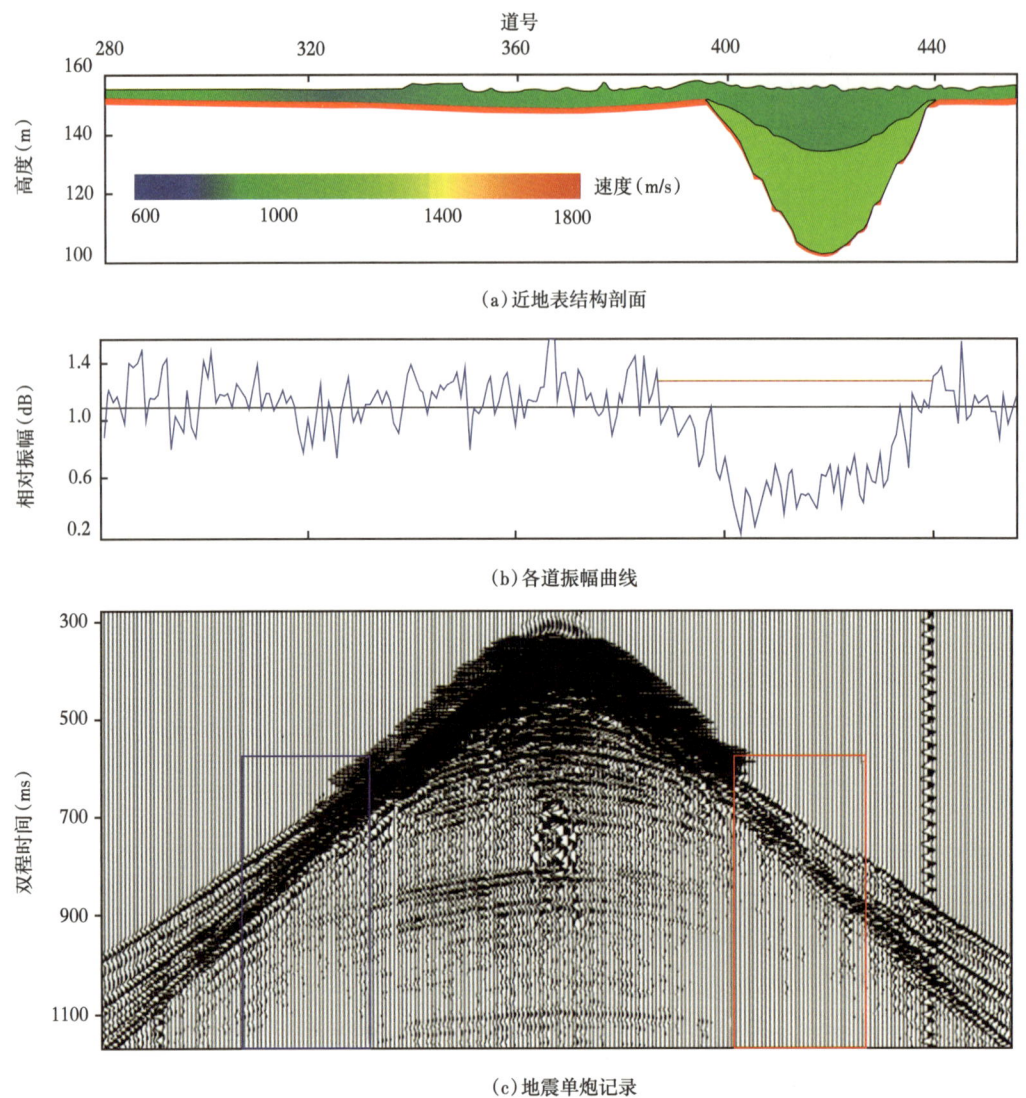

图 2-1-4 近地表低速异常区结构及其地震反射特征

由上可见，松辽盆地近地表速度低，对地震波普遍存在严重衰减，对其进行必要地补偿是提高地震资料分辨率的重要手段。再有，近地表层速度和厚度存在纵横向变化，低速异常区衰减更为严重，需要准确建立空变 Q 值模型，才能实现准确补偿。检波点初至波振幅的空间变化能够用于求取 Q 值关系。

二、表层模型静校正技术

针对薄储层勘探对高精度静校正量计算的要求，解决大庆长垣油田静校正问题的关键，研究了一套高精度静校正方法，其方法是：将模型静校正量与折射波层析静校正量相结合。即首先应用表层数据库模型准确建立近地表模型，精细描述近地表各层的速度和厚度变化，求取静校正量的低频成分，解决长波长问题，保证地震剖面反映的地下构造背景正确；再应用初至折射静校正法准确拾取初至折射波信息，计算出包含高、低频分量的初至折射波静校正量，并实现高、低频静校正量的分离，其中低频成分不可取，而其高频成分是影响剖面叠加质量的重要因素；最终将表层数据库模型的静校正量的低频成分与初至折射静校正量的高频成分组合应用来解决近地表时间问题，实现正确构造背景下高精度成像。

1. 表层模型建立

在微测井解释的基础上，确定近地表各层的厚度和速度在空间上的分布关系。如图 2-1-5 所示的单层例子，a、b 两点为野外微测井控制点，其高速层底界的深度为 h_a、h_b，已知地表高程 S_h 和基准面高程 D_h，求野外炮点或检波点位置 c 点对应的高速层底界深度 h_c，进而确定高速层底界 W_h。通常的线性插值会将 c 点的高速层底界确定在 f 点，这将导致静校正量的计算误差，本算法考虑层间相关系数 K，即低降速层底界面与地表的相关系数，c 点的高速层底界可确定在 e 点，静校正量的计算更为合理。K 值大小与层间相关度成正比，$K=0$ 表示不相关，$K=1$ 为强相关，其求取方法有 3 种：一是统计求取局部区域表层控制点的层间相关系数；二是对特殊地段采用交互改变相关系数动态生成模型；三是根据经验给定层间相关系数。由层间相关系数建立的模型会受到近地表高程起伏的影响，通过相邻点平滑，使所建模型更加合理。

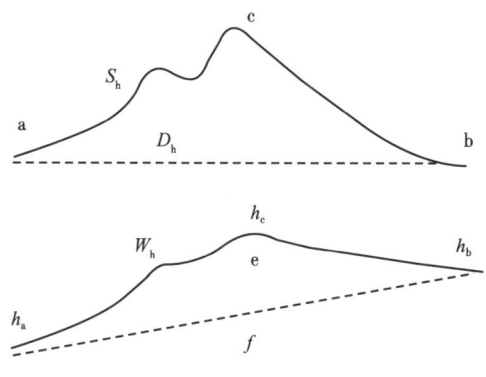

图 2-1-5 近地表模型插值示意图

在三维地震工区近地表模型建立时，为了保证炮检点模型的准确性，采用三角网格插值算法实现曲面建模。首先求取平面点集的凸壳，形成初始三角网格，然后逐点插值形成三角网格。为了反映地表对炮检点模型的影响，在插值过程中引入相关系数来反映相临界面的相关程度。如图 2-1-6 所示，内插计算由式（2-1-1）表示：

$$v_p = \sum_{n=1}^{3} \frac{A_n V_n}{A_t} \quad (2-1-1)$$

图 2-1-6 中，U、V、W 为 3 个已知微测井点；P 点为内插点的位置；v 表示要内插的数值项。式（2-1-1）中，A_t 表示控制点 U、V、W 构成的三角形的面积；A_n 表示被内插点 P 与控制点构成的三角形的面积；n 为控制点数。

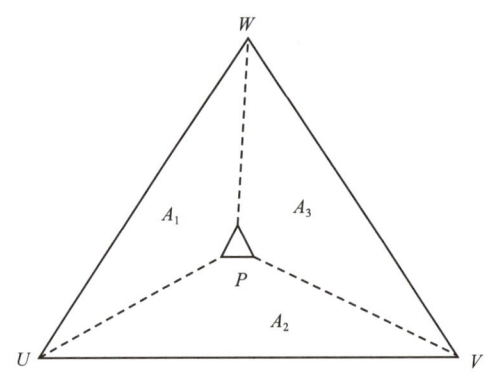

图 2-1-6 三角网格插值曲面建模

2. 静校正量计算

基于精确的近地表模型（包含近地表各层的速度和厚度），利用准确的表层数据可以对潜水面底界进行计算，目前建立的松辽盆地北部近地表结构模型可以准确给出近地表速度、厚度等信息，并可计算出模型静校正量。在此，主要求取静校正量的低频成分，确保构造背景的正确性。初至折射波静校正方法对低速带底界多次覆盖，相对于表层调查资料（微测井、小折射）而言，利于提高静校正量的计算精度；地震采集具有较高的覆盖次数和较大的炮检距范围，可同时解决长、短波长静校正量；初至波折射分析可精细描述折射层速度和形态，解决了剩余静校正算法无法解决的中、长波长问题。多年的实践证明，初至折射波静校正法具有叠加质量好、成像精度高的优点，同时存在低频成分解决欠佳、出现假构造现象。

以长垣油田北部的北二西三维区块为例，说明微测井模型静校正的低频分量及折射波层析静校正的高频分量优化组合的静校正方法在解决长垣油田静校正问题方面的优势。北二西工区地震资料面积为 82.16km²，满覆盖次数的面积为 40km²，微测井密度为 1 口 /km²，全区的地表海拔变化不大（为 140~154m）。近地表的地震资料调查结果表明，低速层在全区发育，速度为 300~500m/s，厚度为 2~8m；降速层在局部发育，速度为 800~1400 m/s，厚度为 0~50m；高速层的速度为 1200~1800m/s，其顶界面埋深为 2~14m。研究区块的激发岩性基本为黄胶泥和含沙黄胶泥。潜水面比较稳定，埋深普遍为 1~12m。区内近地表的低、降速层厚度分布不均，大部分地区的低、降速带厚度小于 8m，多处发育厚度不等的局部低速异常区，最大厚度达 34m。在这些区域的单炮记录上，异常道的频率低，同相轴与正常区域的同相轴有明显错断现象，因此该区的静校正问题比较严重。

在北二西区块，基于精确的近地表模型求取的静校正量如图 2-1-7 所示，从图中可见模型静校正量的宏观趋势客观、真实，表明其低频成分能够确保构造背景的正确性。但是，由于微测井井点的密度低，高频成分不够，不能准确刻画低速异常区的形态。相对于表层调查资料而言，折射波静校正法有利于提高静校正量的计算精度，可同时解决长、短波长静校正量的问题，具有叠加质量好、成像精度高的优点，但存在低频成分异常、易出现假构造的现象。北二西区块地震道的密度远大于微测井井点的密度，因此能够应用折射波层析静校正方法计算其高频成分。从图 2-1-8 可以看出，由折射波层析法求取的静校正量比图 2-1-7 丰富，在区块中部呈现多个低速异常区。这些异常区域分布零散，静校正量较大（约为 -60ms），说明正确使用层析静校正量的高频成分是提高地震成像质量的关键。

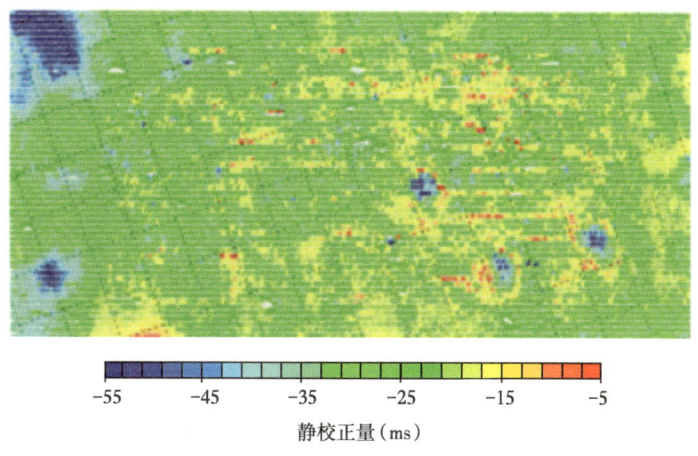

图 2-1-7 模型法求取的静校正量

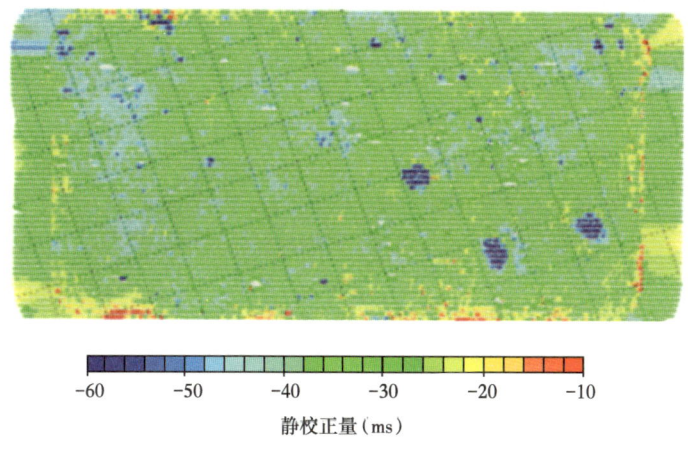

图 2-1-8 折射波层析方法求取的静校正量

由于北二西三维区块的边部缺乏炮点，使得采用层析法求取的静校正量不合理，因此存在边界效应。由此可见，采用折射波层析静校正法求取的低频成分不可靠，但其高频成分能够解决局部低速异常区域的静校正问题。

图 2-1-9 为对应于图 2-1-8 中低速异常区（见图 2-1-8 中黑色椭圆圈定部分）的原始单炮记录及应用 3 种静校正方法后的单炮记录对比结果。从原始单炮记录可见，低速异常区造成了严重的静校正问题，反射时间滞后，由低、降速层吸收衰减引起的反射能量减弱，频率降低[见图 2-1-9（a）中蓝色框圈定部分]。模型法静校正对静校正问题的解决程度较低，单炮记录中初至仍然扭曲，反射波同相轴存在严重的下塌现象[见图 2-1-9（b）中蓝

色框圈定部分］，采用折射波层析静校正方法后，单炮记录中的初至波对齐了，异常区域与正常区域的反射时间一致［见图2-1-9（c）中蓝色框圈定部分］。在模型约束折射波层析静校正法获得的单炮记录中，由于结合了两种方法的优点，既保证了模型静校正法的低频背景，又保留了折射波层析静校正方法的高频成分［见图2-1-9（d）中蓝色框圈定部分］。

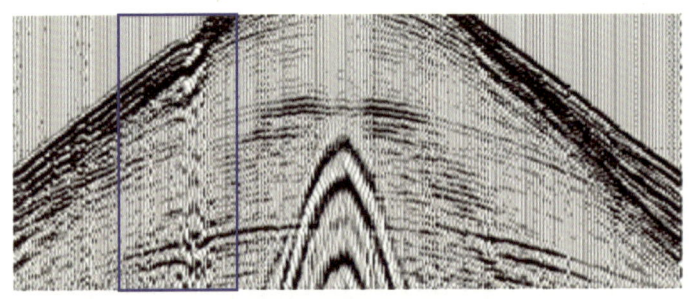

(a) 原始单炮记录

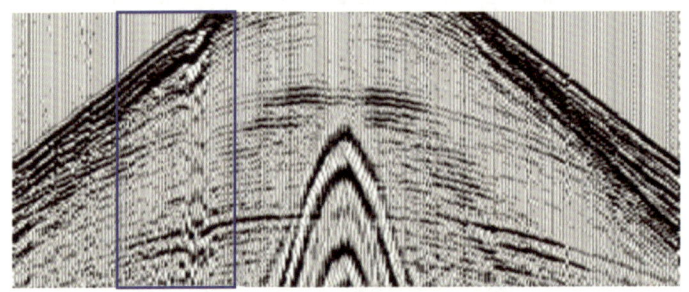

(b) 应用模型静校正后单炮记录

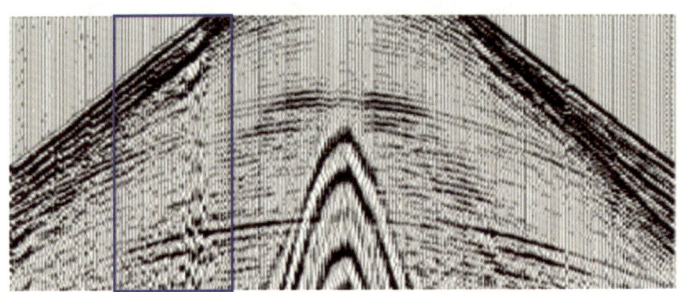

(c) 应用折射波层析静校正后单炮记录

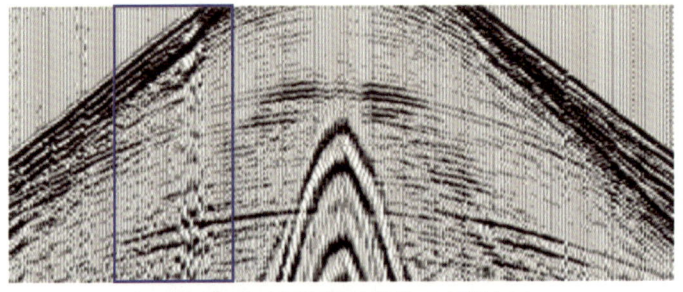

(d) 应用模型约束折射波层析静校正后单炮记录

图 2-1-9　应用静校正方法前、后的单炮记录对比

北二西区块地表条件复杂，环境干扰严重，静校正问题突出。图 2-1-10 是该区低速异常区的微测井模型静校正与模型约束折射波层析静校正的叠加剖面对比结果。应用微测井模型静校正量校正之后，剖面上各反射同相轴的连续性较差，波组关系不清晰，信噪比较低，成像效果不好［见图 2-1-10（a）中蓝色框圈定部分］。从采用近地表模型约束折射波层析静校正方法进行校正的地震剖面可见，各反射波同相轴的连续性增强，在横向上能够连续追踪，信噪比也进一步提高，各反射层的振幅、频率在横向上的变化更加自然、合理，说明该区域的静校正问题得到了较好的解决。

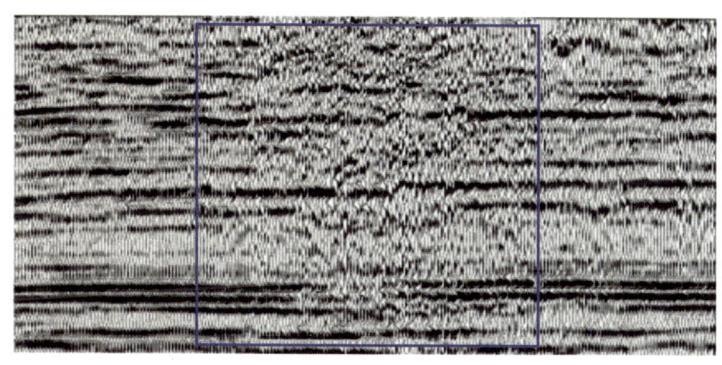

（a）模型静校正剖面

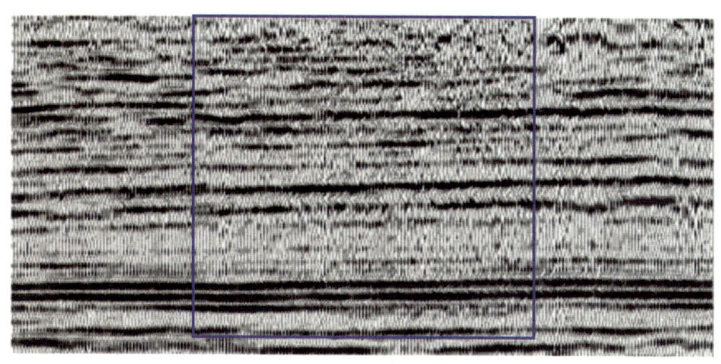

（b）模型约束折射波层析静校正剖面

图 2-1-10　模型静校正与模型约束折射波层析静校正的叠加剖面对比

三、表层吸收 Q 补偿理论研究与应用

由于地下介质的吸收衰减作用，使地震波高频成份的能量衰减与速度频散比低频成份更快，因此导致低频部分保留的信息量远大于高频成分。而反 Q 滤波方法其振幅补偿算子具有高通滤波特性，在实际资料处理时会压制低频部分，从而不可避免地产生低频丢失现象，而低频丢失必将降低储层预测精度、薄层识别能力以及地震资料的可靠程度。

最早的地层吸收衰减理论由 Futteman（1962）提出，并将其论述为地下介质固有特性，用品质因子 Q 值表示。此后，国内外专家学者对 Q 值提取方法和 Q 值提取精度展开大量研究。目前总体上可分为两大类：一类是经验法，这类方法不具备严格的理论推导，而是作者结合大量实际资料分析统计得出的一种 Q 值变化的普遍规律。另一类是 Q 值提取的常规方法，从衰减理论推导而来，理论严谨，这类方法也是 Q 值提取的主要研究方向。经验法中应用较为广泛的是李庆忠（1994）提出的李氏经验公式法，通过简单的代数运算来描述纵波层速度与 Q 值变化关系从而提取 Q 值，简单易行。田树人（1990）提出频谱斜率法，采用时窗分割地震数据求取频谱，通过最小二乘拟合频谱趋势，定量的估计 Q 值，但该方法易受噪声影响。工业界常用的方法是 Q 值扫描法，结合反 Q 滤波方法来实现地层衰减吸收补偿，该方法通过在不同时窗内给出相应的一组 Q 值用于反 Q 滤波，调节出最适宜此段地震数据处理的 Q 值，这种方式是针对地震数据高分辨来实现的 Q 值提取，在实际资料处理中有较好的应用效果，但效率较低。常规 Q 值提取方法大致可分为三类：时间域 Q 值提取、频率域 Q 值提取、时频域 Q 值提取。根据 Futteman 衰减理论，Bath（1974）提出了谱比法，在频率域估计不同时刻振幅谱，通过相邻时刻子波振幅谱对数比拟合得到斜率，求取 Q 值，该方法原理简单、实用性强，但对噪声较为敏感。Gladwin 和 Stacey（1974）提出上升时间原理，当地震波在地下介质中传播产生衰减时，频带会随之变宽。Kjartansson 和 Biai（1979）对上升时间原理进一步研究提出上升时间法来估计 Q 值，该方法普适性强、条件容易满足，但其斜率和最大斜率点的位置都存在误差，导致 Q 值求取不准确。Quan 和 Harris（1997）提出质心频率偏移法（CFS），该方法是上升时间法在频率域中的表达式，通过分析地震波在地下介质中衰减前后的主频偏移量来估计 Q 值，因为地震波的质心频率不会受到几何衰减的影响，同时质心频率对噪声并不敏感，理论上可以得到更为可靠的 Q 值。Zhang 和 Ulrych（2022）提出峰值频率偏移法，该方法利用变化的峰值频率与主频的关系计算 Q 值，但该方法会因为噪声等影响，使得峰值频率估计不准导致 Q 值求取不准确。

  针对 Q 值拾取问题，近年来国内学者也做了大量的研究，高静怀等（2007）提出特征结构法（ES）来估计峰值频率再基于峰值频率偏移法来提取 Q 值，克服了传统方法从傅里叶域估计峰值频率所产生的栅栏效应。王小杰等（2011）通过 S 变换，将地震记录变换到 S 域得到其时频谱，运用谱比法原理估计 Q 值。在时频域估计子波振幅谱比传统谱比法在频率域估计的子波振幅谱更为准确，且不易受噪声影响。但 S 变换时频聚焦性不足且时窗固定，降低了该方法对 Q 值估计的准确率。魏文等（2011）将谱比法求取 Q 值应用于叠前 CMP 道集，在小波域内得到零偏移距的谱比斜率值，求取零偏移距处的 Q 值，得到较好的应用效果。付勋勋等（2012）运用时频精度更高的广义 S 变换来提取地层顶底界面瞬时频谱基于谱比法计算 Q 值，解决了传统谱比法时窗难以选取问题，提高了 Q 值估计准度。王小杰等（2015）通过小波分频处理得到目标储层频段的地震资料成分，在此之上应用小波域谱比法求取 Q 值。李君君等（2015），基于质心频率法的变式得到质心频率与传播时间的线性衰减关系，通过拟合两者之间斜率求取 Q 值。随着人工神经网络技术的兴起，Eray Yildirim（2017）通过训练人工神经网络来估计 Q 值，并与传统 Q 值估计方法对比得出结论：振幅衰减估计 Q 值易受噪声影响，谱比法和维纳滤波法估计 Q 值较为稳定，与人工神经网络估计 Q 值的结果相当。冯玮（2018）提出频率域和时间域的子波匹配 Q 值估计方法，较之谱比法，该方法避免了谱比和线性拟合过程，采用最小二次优化算法替代线性回归，同时考虑时变相位包含的衰减信息，有更强的抗噪能力和更高提取精度，Hormoz Lzadi（2019）将地震信号建模为高斯平滑的函数，从而得到非线性的 MHZ 模型，重新排列非线性的 MHZ 模型，得到与对应的 VSP 地震资料相对准确的平滑值，通过建立与 Q 之间的数学关系，可以得到比传统方法更为准确的 Q 值。

反 Q 滤波方法理论基于 Futteman（1962）吸收衰减理论产生并不断发展，围绕吸收衰减的补偿问题，国内外专家学者进行了多年地研究。Hale（1981）首次基于 Futterman 吸收衰减模型提出了一种通过级数展开近似补偿高频成分反 Q 滤波方法，但该方法由于运算效率低，补偿效果不稳定，无法广泛运用。Bickel 和 Natarajan（1985）提出截止频率反 Q 滤波法，通过设置一个截止频率，抑制呈指数不断增大的振幅增益。但该方法出现严重的人为截断效应，应用效果较差。Hargreaves（1987）通过引入 Stolt 偏移原理提出一种频率—波数偏移的方法，Hargreaves（1991）改进了这种方法，考虑地层吸收效应，提出一种利用傅里叶变换的反 Q 滤波方法，但该方法同样没有考虑对振幅地补偿。Wang（2002）提出稳定因子反 Q 滤波法，该方法通过设置一个稳定因子产生增益控制效果，使得增益呈现高斯分布，但其增益限制值固定不变，这种限定不符合地层随时间连续变化产生的不同衰减。Wang（2006）将频率域反 Q 滤波推广到时频域，针对地层连续变化 Q 值，运用 Gabor 变换来提高运算速度。严红勇（2011）改进反 Q 滤波方法并将其应用于叠前地震资料，提出一种全稳定的反 Q 滤波方法，按照地震波传播路径进行补偿可以有效提高叠前地震资料分辨率。刘财等（2013）针对常规反 Q 滤波振幅补偿不稳定性问题，提出了稳定的迭代法反 Q 滤波，通过迭代逐次逼近有效地解决了中、深层地震波能量补偿不稳定问题。张瑾（2013）提出波场延拓反 Q 滤波的正则化方法，该方法采用正则化算子的形式进行衰减补偿，不仅对高频干扰具有较强的压制能力，同时对于中、深层有较好的补偿效果。陈增保等（2013）提出一种带限稳定的反 Q 滤波算法，采用时频域稳定反 Q 滤波结合时变带通滤波器，可以更好地将反 Q 滤波方法应用于含噪地震数据。

张固澜等（2015）提出了一种自适应增益限的反 Q 滤波方法，该方法在原有增益控制的基础上结合地震数据动态范围的影响，使稳定因子和增益都是时变的，但是该方法存在频率截止处不光滑，出现截断效应；俞岱等（2018）对较为常用的波场延拓类反 Q 滤波方法做了归纳总结，得出迭代反 Q 滤波方法和正则化反 Q 滤波方法不仅在地震记录中、深层有较好的补偿效果，而且噪声压制能力也优于其他方法的结论。Zhao 和 Mao（2018）通过推导振幅补偿增益与频率、传播距离和品质因子 Q 之间的关系提出变稳定因子的反 Q 滤波方法，该方法采用由浅至深急速增大的增益补偿，可以有效解决浅层过余补偿导致的噪声放大，具有较强的噪声压制能力。Zhao 和 Mao（2019）提出一种广义的稳定因子法反 Q 滤波方法，在稳定的振幅增益中引入一个常量，通过控制这个常数可以改变稳定因子法反 Q 滤波应用效果，当常数设置为 1 时，该方法就是普通的稳定因子法反 Q 滤波；当常数不等于 1 时，可以得到不同的应用效果。Yu（2019）通过推导振幅增益和时间、品质因子 Q 之间的关系，将稳定因子设置为随时间和品质因子 Q 连续变化的函数，提出时变增益的反 Q 滤波方法，有效克服了恒定的稳定因子和稳定因子设置没有严格依据的问题，应用效果得到极大的提升。

大庆油田针对砂岩—泥岩薄互层条件下识别厚度在 3~5m 储层的要求，在高保真、宽频带、准确成像的地震数据处理技术条件下，处理成果的最大有效频宽为 8~100Hz，仍然不能满足薄互层储层识别的需求，因此在 2012 年开展表层吸收补偿的研究工作，首先为研究近地表对地震波场的衰减特性，开展了专门的野外调查。松辽盆地坳陷期沉积地层压实程度低，尤其以近地表未成岩部分对地震波的吸收衰减最为严重，近地表调查揭示，松辽盆地的近地表在潜水面之上为厚度 7m 左右的未成岩介质，平均 Q 值在 10 以内，地震波的吸收衰减 80% 发生在近地表层，严重降低地震资料的垂向分辨率，因此，消除或减小近地表对地震波的吸收衰减是提高地震垂向分辨率的有效途径。历时三年的理论研究，针对松辽盆地近地表结构特点，研究了近地表 Q 值模型建立方法以及地震叠前振幅补偿与相位校正技术，并形成了工业化应用软件，在松辽盆地中浅层可展宽地震频带 10Hz 以上，有效提高地震垂向分辨率，并能保持纵、横向振幅关系，在多个工区的勘探实践中取得了较好的效果。在近五年来的推广应用过程中，逐步开发了适应不同探区资料品质的近地表 Q 补偿方法及流程，累计推广应用面积超过 20000km^2，为川渝、塔东、海拉尔等探区在提高分辨率方面提供了有效的技术支撑。

1. 表层精细 Q 场建立

求取合理的近地表 Q 值模型是实现近地表补偿的前提。采用的思路是：(1) 由微测井资料求取近地表的平均 Q 值，称为绝对 Q 值；(2) 地震初至波振幅的平面变化主要受近地表影响，由地表一致性分解求取检波点地震初至波振幅的平面分布，并作适当平滑及归一化处理；(3) 引入检波点静校正量，作为近地表的单程地震走时，依据振幅与 Q 值的指数关系，将振幅平面分布转换为近地表的相对 Q 值分布；(4) 用绝对 Q 值确定取值范围，标定相对 Q 值，得到近地表的空变 Q 值模型。

1）计算微测井点绝对 Q 值

目前有 4 种近地表调查方法，包括单井微测井、双井微测井、多井微测井、层 VSP。单井微测井密度大（至少 1 口 /km^2），所提供的走时信息可进行近地表准确分层，但其波形信息在计算近地表 Q 值时存在问题：一是不同深度的岩性不同，导致激发子波不一致，微测井记录不能体现振幅或频率随深度的变化；二是在距离地表较近的深度激发时振幅会超出仪器动态范围，记录波形出现削截，无法用于计算 Q 值。各工区的双井微测井仅有几个点或没有，但其记录波形能够反映振幅或频率随深度的变化，可以起到标定作用。多井微测井和浅层 VSP 的记录波形能够反映振幅或频率随深度的变化，但仅在部分工区做过实验，不能做到广泛应用（陈志德等，2015）。

利用双井微测井数据或质量较好的单井微测井数据，采用主频偏移法来求取绝对 Q 值。假设微测井不同深度激发震源一致，在地面记录的初至波的主频 F 定义为振幅谱对频率的加权平均：

$$F = \frac{\int_0^\infty f \cdot S(f) \mathrm{d}f}{\int_0^\infty S(f) \mathrm{d}f} \qquad (2\text{-}1\text{-}2)$$

式中，$S(f)$ 为振幅谱。分别计算基准面和地表激发波场的主频 f_j、f_d，其频率差 Δf。地震波主频的偏移量和吸收系数及传播路径的积分成比例，相应深度段介质的平均吸收系数 α：

$$\alpha = \frac{1}{\sigma^2}\frac{\Delta f}{\Delta z} \tag{2-1-3}$$

其中

$$\sigma^2 = \frac{\int_0^\infty (f-\overline{f})^2 S(f)\mathrm{d}f}{\int_0^\infty S(f)\mathrm{d}f} \tag{2-1-4}$$

式中，Δz 表示基准面和地表之间的距离，σ^2 为两个初值波的主频方差。

依据式（2-1-4）可以计算出微测井点近地表的平均 Q 值：

$$\alpha = \frac{\pi}{Q_a v} \tag{2-1-5}$$

式中，Q_a 称为绝对 Q 值。v 是近地表层速度，利用微测井数据求出的近地表走时 [图 2-1-11（a）] 和厚度 [图 2-1-11（b）] 来计算。

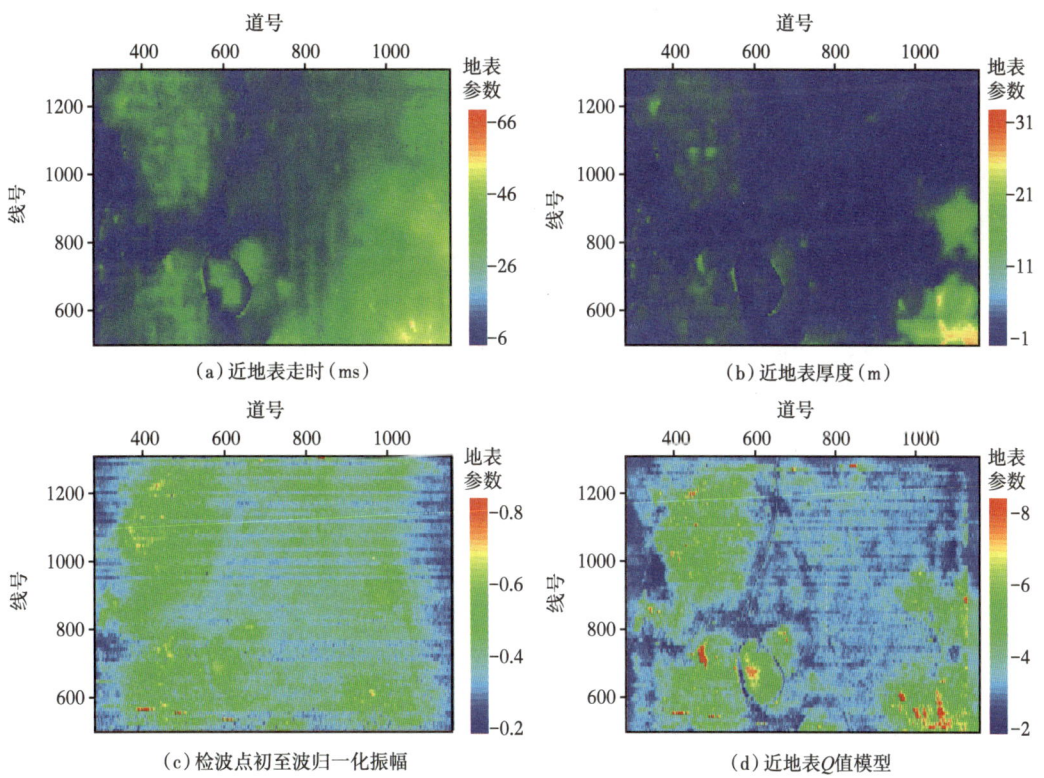

图 2-1-11　昌德工区近地表参数平面分布

Q_a 涉及的地层包括低速层、降速层及部分高速层，包含部分高速层的原因在于兼顾补偿的波场走时取为检波点的静校正量。微测井的空间点密度远小于检波点密度，低、降速层的底界深度仅在调查点能够准确获得，而在各检波点无法求出。因此，在不能求出各接收点近地表底界走时的前提下，以检波点静校正量作为近地表的走时，便于实施补偿。

2）求取检波点相对 Q 值

叠前补偿要输入各检波点的近地表 Q 值，而微测井数据只求得调查点的 Q 值，无法求得工区内各检波点位置的 Q 值。引入地震数据来求取各检波点的近地表 Q 值。地震初至波未经地下界面反射，由炮点激发经近地表到达检波点，其横向振幅和波形差异主要由近地表变化引起。在叠前去噪后的记录上，按照地表一致性原理，统计求出工区内各检波点的初至波振幅。初至波振幅 A 可分解为炮点和检波点分量：

$$A = A_S + A_G \tag{2-1-6}$$

式中，A_S 和 A_G 分别是地表一致性前提下的炮点和检波点振幅，即同一炮点或检波点具有相同的振幅。统计工区所有单炮记录的初至波振幅，经高斯—赛德尔迭代分解，求得 A_S 和 A_G。在平面上对 A_G 归一化，得到检波点振幅的空间相对关系 [图 2-1-11（c）]。

因为微测井求取的 Q_a 对应地震单程走时，再有炮点和检波点深度不一致，难以考虑双程走时补偿，在此不考虑炮点到基准面之间的波场衰减损失，所以分解出检波点的振幅，仅对基准面到地表之间的单程波场损失进行补偿。

假设由地下反射回到基准面时的地震波振幅为 A_0，而经近地表层衰减的地面记录初至波振幅为 A_G，两者存在如下关系：

$$A_G = A_0 e^{-\frac{\pi f \Delta t}{Q_r}} \tag{2-1-7}$$

式中，f 是地震参考频率，依据资料品质而定。Δt 是波场的近地表走时，等于检波点的静校正量。利用 A_G 体现地震振幅的平面相对关系，由式（2-1-7）可求得近地表层各检波点的相对 Q 值，即 Q_r。其中 A_0 未知，取为 1，由此 A_G 归一化的最大值应小于 1。

3）建立近地表 Q 值模型

依据微测井点求取的 Q_a 和 Q_r，得出两者关系。将此关系应用于 Q_r 平面分布，得到近地表层 Q 值模型。在此，要对多个微测井点得出的转换关系进行合理性分析，在三维工区综合出一个关系式，或分区域以不同关系式转换。选择试验线，对比补偿前后的单炮记录和叠加剖面。经反复试验，确定最终近地表 Q 值模型。

图 2-1-11 可见，近地表 Q 值模型与地震走时、近地表厚度以及检波点初至波振幅具有很好的相关性，表现为近地表厚度大，走时大，且相应的 Q 值也大。这主要体现了近地表走时与地震初至波振幅的共同作用，在此意义下，所建立的近地表 Q 值模型与地层品质因子不完全一致，其作用是用于消除近地表引起的反射波振幅与波形变化。

2. 稳定的反 Q 滤波方法

在建立了近地表 Q 值模型，确定了各检波点近地表走时的前提下，由式（2-1-8）对叠前地震道进行针对近地表的高频补偿与相位校正（Wang，2002）：

$$U(t-\Delta t, f) = U(t,f) e^{\left[\left(\frac{f}{f_h}\right)^{-\gamma}\frac{\pi f \Delta t}{Q}\right]} e^{\left[i\left(\frac{f}{f_h}\right)^{-\gamma} 2\pi f \Delta t\right]} \qquad (2\text{-}1\text{-}8)$$

其中，$U(t,f)$ 是输入波场，即地面记录波场；$U(t-\Delta t, f)$ 是输出波场，表示地震波经近地表衰减补偿后的波场，相当于地震波由地下反射回到基准面时刻的波场；f 是地震波的频率；f_h 是参考频率；Δt 是检波点近地表的走时，其大小为检波点的静校正量。式（2-1-8）的右端第一个指数项为振幅补偿项，与 Q 值成反比，而与走时和频率成正比。式（2-1-8）的右端第二个指数项为相位校正项，Q 值对相位的影响体现在指数 $-\gamma$ 中：

$$\gamma = \frac{2}{\pi}\tan^{-1}\left(\frac{1}{2Q}\right) \qquad (2\text{-}1\text{-}9)$$

为了避免振幅补偿对高频噪声的无节制放大，增加算法的稳定性，用式（2-1-9）替代方程（2-1-8）右端的第一个指数项来进行振幅补偿：

$$\Lambda(f) = \frac{e^{\left[-\left(\frac{f}{f_h}\right)^{-\gamma}\frac{\pi f \Delta t}{Q}\right]} + \beta}{e^{\left[-2\left(\frac{f}{f_h}\right)^{-\gamma}\frac{\pi f \Delta t}{Q}\right]} + \beta^2} \qquad (2\text{-}1\text{-}10)$$

式中，β 是稳定因子，由经验给出 $\beta^2 = \exp(-0.23G - 1.63)$，$G$ 是增益控制参数，表示对参考频率 f_h 补偿提升的振幅分贝数。在地震波有效频段内，式（2-1-9）以频率的指数形式进行振幅补偿，高频端抬升幅度大，相当于低频端得到压制。

3. 近地表补偿技术标准化、规范流程的建立

针对 Q 补偿在实际资料处理流程中应用情况，通过参数实验与流程实验结合质控标准，最终通过单炮、剖面、频谱及沿层切片等质控图件确定近地表补偿技术规范流程。

通过设计 5 套不同的技术流程：一是振幅补偿+偏移（SCAC）；二是振幅补偿+反褶积+偏移（SCDC）；三是 Q 补偿+振幅补偿+偏移（SCAC+Q）；四是 Q 补偿+振幅补偿+反褶积+偏移（Q+SCDC）；五是振幅补偿+反褶积+Q 补偿+偏移（SCDC+Q），综合不同流程的单炮，偏移剖面、频谱以及岩层切片等成果结合合成地震记录对比分析，确定了地震资料处理过程中近地表 Q 补偿技术的处理流程如图 2-1-12 所示。

以萨尔图北一区的地震资料为例，从处理后的单炮记录（图 2-1-13）上看，采用 Q 补偿+振幅补偿+反褶积+偏移流程（Q+SCDC）处理后的单炮记录分辨率明显高于其他单炮，与流程（3）和流程（5）相比，单炮记录的频带宽度基本一致，但在浅层上单炮记录同相轴横向连续性明显好于流程（3）的处理结果，而流程（5）的单炮记录上信噪比明显偏低。从偏移后的叠加剖

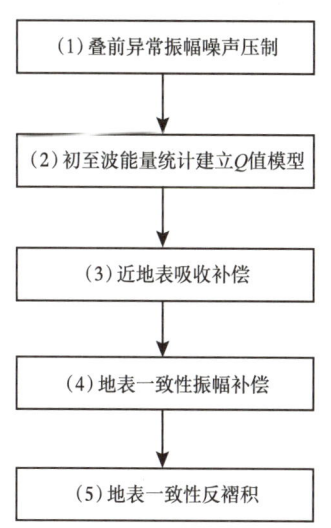

图 2-1-12 近地表 Q 补偿处理流程

面上看（图2-1-14），流程（4）的叠加剖面分辨率较高，波组特征较其他流程的结果更清晰。

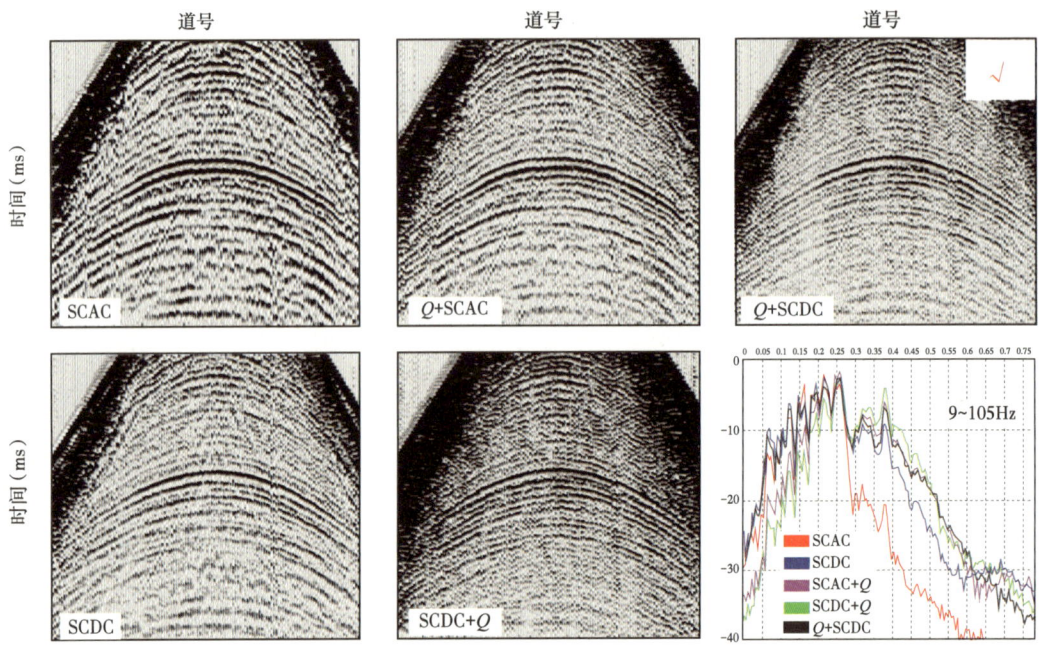

图 2-1-13　近地表补偿前后单炮及频谱对比

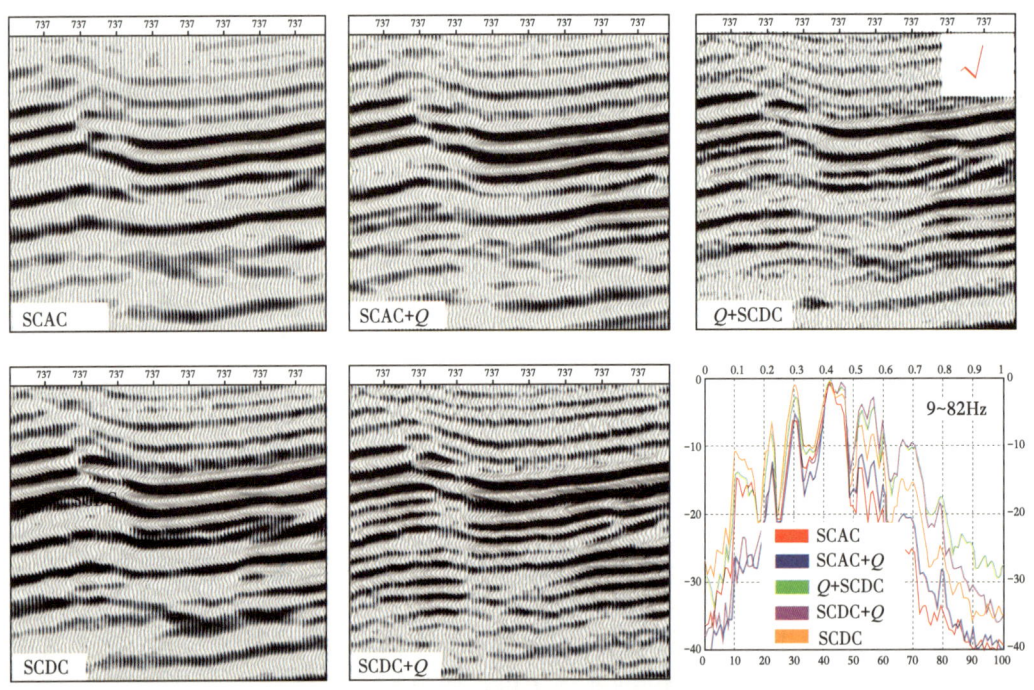

图 2-1-14　近地表补偿前后叠加剖面及频谱对比

从合成记录对比上看（图 2-1-15），流程（4）的剖面分辨率较高，波组特征与合成记录对应更好。

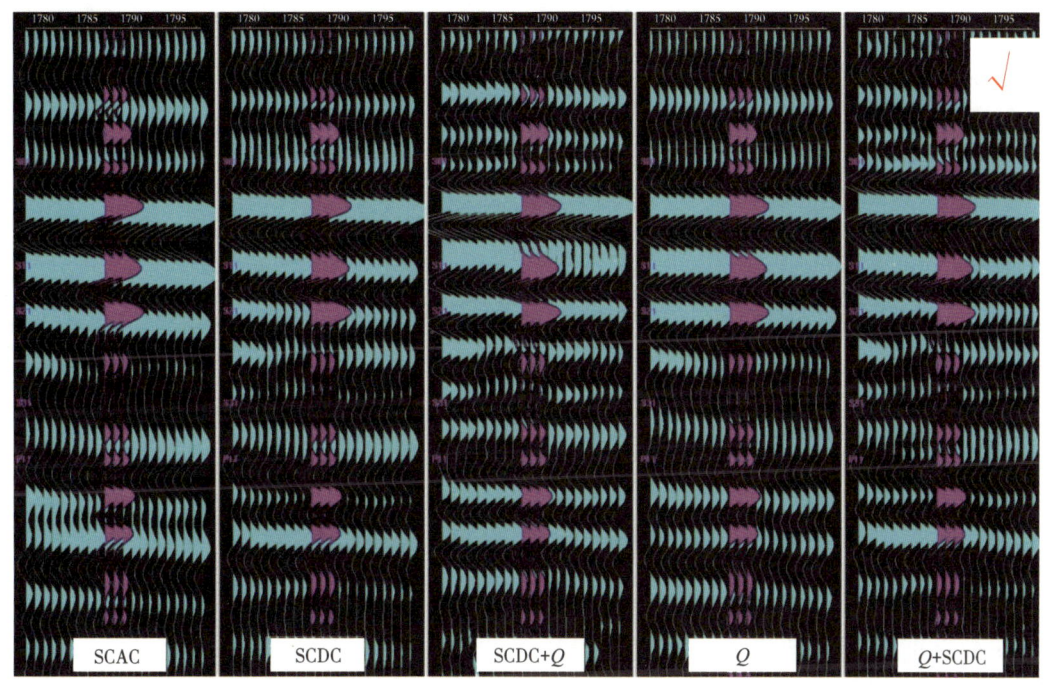

图 2-1-15　近地表补偿前后合成地震记录对比

4. 近地表补偿效果

近地表补偿会引起地震波的振幅和相位发生改变，在作用和效果上，与常规处理中的振幅补偿及反褶积有类似之处，需要合理配置三者在处理流程中的位置，以最终得到保真、高分辨率地震成像。规则干扰和强振幅异常噪声会影响初至波的振幅统计与分解，在近地表补偿前应予以消除。地表一致性振幅补偿会在区域上提升弱振幅地震道的能量，影响相对 Q 值计算。所以，应先做近地表补偿，恢复被衰减的地震道频率成分，使得高频弱反射的振幅增强，低速异常区的弱反射振幅得到加强，然后再做地表一致性振幅补偿，消除炮点和检波点采集因素不同而引起的振幅差异。

图 2-1-16 给出昌德工区近地表补偿前后的单炮记录。剖面对比可见，近地表补偿有如下效果:（1）有效压制低频噪声，如图 2-1-16（a）红色直线范围内的残留面波在图 2-1-16（b）中大幅减弱，该区域内反射同相轴的连续性变好，这是 Q 值补偿对高频抬升的结果，10Hz 以下的低频成分被相对压制；（2）保持纵横向波组特征，如区内标志反射层（T1、T2）特征清晰，横向上沿双曲同相轴随偏移距增大而振幅减弱的特征明显，表明补偿过程保持了振幅的相对关系，有利于岩性研究；（3）提高垂向分辨率，层间弱反射增强、信息丰富，如红色箭头所指反射同相轴的双曲特征可清晰识别。2 个单炮记录的频谱曲线［图 2-1-16（c）］对比表明，近地表补偿在 -20dB 处（黑色直线）约展宽频带 10Hz，在频率 60Hz 处抬升能量 10dB。补偿后的频谱 N 与补偿前的频谱 M 在细节变化上一致，

在频率 30Hz 后，反射能量提升，而低频端（10Hz 以内）能量有所降低，分析为补偿对低频噪声的压制所致。

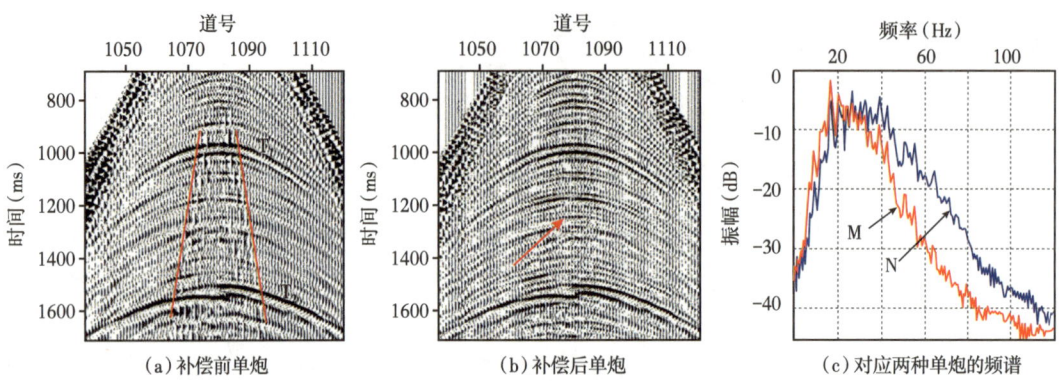

图 2-1-16　近地表补偿前后单炮及频谱对比

第二节　薄互层高分辨率处理技术

一、保幅去噪技术

地震勘探是寻找油气藏的重要技术。地震勘探过程，由于地震波信号本身的复杂性，在接收和处理地震波信号的各个阶段都可能引入噪声，这其中最麻烦的就是随机噪声。与相干噪声不同，地震剖面中的随机噪声没有固定的主频和视频速度，它通常与信号混合在数据的各个部分，增加了信号识别的难度。噪声压制是振幅保真和薄层预测的前提和基础，主要发育面波、折射、外源、线性、单频、随机等主要噪音，针对不同噪声的特点，采用六分法进行分类分域多步压制。在不伤害有效波的前提下，压制干扰波、提高资料的信噪比。

1. LNS 面波衰减

以龙 45 工区为例，采集采用单点模拟检波器接收，面波干扰强且频带宽。面波的速度大约为五阶，且不同速度的面波频率存在一定的差别。针对单点高密度资料面波特点，给出了基于模型驱动的面波压制技术，通过多道面波分析提取频散曲线，利用频散关系体正演出面波模型，最终采用自适应匹配相减将面波从原始记录中分离出来，以达到衰减面波的目的。

1) 提取频散曲线

假设用 $\mu(x, t)$ 表示时间—偏移距域（即 x-t 域）中的一炮记录。沿时间轴对 $\mu(x, t)$ 作付氏变换后得到谱为 $U(x, \omega)$，即：

$$U(x,\omega)=\int \mu(x,t)\mathrm{e}^{\mathrm{i}\omega t}\mathrm{d}t \qquad (2\text{-}2\text{-}1)$$

将 $U(x,\omega)$ 表示为：

$$U(x,\omega)=P(x,\omega)A(x,\omega) \qquad (2\text{-}2\text{-}2)$$

式中，$P(x,\omega)$ 为相位谱；$A(x,\omega)$ 为振幅谱。

$U(x,\omega)$ 中，每一个频率成份是与其它频率成份不同的，初至时间信息包含在相位谱 $P(x,\omega)$ 之中，因此 $P(x,\omega)$ 包含了所有的频散信息；而 $A(x,\omega)$ 则包含了除此信息之外的所有信息，如衰减和球面扩散等。$U(x,\omega)$ 可被表示为：

$$U(x,\omega)=\mathrm{e}^{-\mathrm{i}\Phi x}A(x,\omega) \qquad (2\text{-}2\text{-}3)$$

其中

$$\Phi=\omega/C_\omega$$

式中，ω 为圆频率，C_ω 表示频率 ω 的相速度。

通过对上式做如下的积分变换，得到 $V(\omega,\phi)$：

$$\begin{aligned}V(\omega,\phi)&=\int \mathrm{e}^{-\mathrm{i}\phi t}\left[U(x,\omega)/|U(x,\omega)|\right]\mathrm{d}x\\&=\int \mathrm{e}^{-\mathrm{i}(\Phi-\phi)t}\left[A(x,\omega)/|A(x,\omega)|\right]\mathrm{d}x\end{aligned} \qquad (2\text{-}2\text{-}4)$$

式（2-2-4）中的积分变化处理效果等同于 $[U(x,\omega)/|U(x,\omega)|]$ 的时域表达式沿某一频率倾斜叠加，为了保证对不同偏移距处波场分析具有相同的权值，对每道的 $U(x,\omega)$ 做了归一化处理，它可以补偿衰减和球面扩散的影响。因为 $A(x,\omega)$ 是一个正实数，所以对于某一频率 ω，在 $\Phi=\phi=\omega/C_\omega$ 时，$V(\omega,\phi)$ 均有一极大值与之对应。在 $V(\omega,\phi)$ 取得峰值处，对于某一 Φ 值，也将有一极大值与之对应。在 $V(\omega,\phi)$ 取得峰值处，对于某一 Φ 值，也将有一个或多个相速度 C_ω 与之相对应。注意到 $C_\omega=\omega/\phi$，将其代入 $V(\omega,\phi)$ 中，得到 $I(\omega,\phi)$，在频率—相速度域 $I(\omega,\phi)$ 中拾取极大值得到频散曲线。

2）建立面波模型

准确提取频散曲线来正演生成面波模型。选择脉冲信号作为震源子波，其时间函数为：

$$a(t)=\frac{\sin(2\pi f_0 t)}{\pi t} \qquad (2\text{-}2\text{-}5)$$

式中，f_0 为上限频率；t 为时间。其频谱函数为：

$$A(f)=\begin{cases}\dfrac{\pi}{2\pi f_0}, & f<f_0\\ 0, & f>f_0\end{cases} \qquad (2\text{-}2\text{-}6)$$

式中，$A(f)$ 为振幅；f 为频率，频率函数虚部为零，相位恒等于零，是一零相位信号。用此信号作为震源子波，其频带宽度可根据频散曲线上限频率来定，此外各频率成分能量分布均匀且具有分辨率最高等优点。不同频率成分面波沿测线传播至 x 米远处所需时间为：

$$t(f) = \frac{x}{v(f)} \qquad (2\text{-}2\text{-}7)$$

式中，$v(f)$ 是由频散曲线决定的频率速度关系。设最小炮间距为 x_0，Δx 为道间距，则第 n 道相位为：

$$\varphi_n(f) = \varphi_0(f) + 2\pi f t_n(f)$$

$$t_n(f) = \frac{x_0 + n\Delta x}{v(f)} \qquad (2\text{-}2\text{-}8)$$

式中，$\varphi_0(f)$ 为子波初相位，$t_n(f)$ 是面波从激发点传至第 n 道所需的时间，则相邻道记录的相位为：

$$\begin{aligned}\Delta\varphi(f) &= \varphi_{n+1}(f) - \varphi_n(f) \\ &= 2\pi f [t_{n+1}(f) - t_n(f)] \\ &= 2\pi f \frac{\Delta x}{v(f)}\end{aligned} \qquad (2\text{-}2\text{-}9)$$

由上可得第 n 道信号的频谱函数为：

$$S_n(f) = A(f)\exp-\mathrm{j}[\varphi_0(f) + n\Delta\varphi(f)] \qquad (2\text{-}2\text{-}10)$$

若子波初相位为零，则式（3-2-10）变为：

$$S_n(f) = A(f)\exp-\mathrm{j}2\pi f(x_0 + n\Delta x)/v(f) \qquad (2\text{-}2\text{-}11)$$

对上述两式做付立叶反变换取得第 n 道面波记录。只要设定子波的上限频率、总道数、道距、最小炮间距、采样间隔及记录长度，即可根据所述原理合成多道带有假频的面波模型记录。

最后将模拟出来的面波模型采用自适应匹配相减的方式从原始记录中减去，从而达到压制面波及假频的目的。该技术中正演出的面波模型更加接近地震记录中的真实噪声，精确度高，有利于进一步认识和分析面波的规律，同时自适应匹配相减可以更有效地进行有效波与面波的分离。实现了对面波和假频压制及对有效信号的高保真处理。

图 2-2-1 给出了模型驱动面波压制法（以下简称模型法）的单炮面波压制效果，可以看到面波得到有效去除，残留一些侧面散射和背景散射没有得到压制，从效果上看没有伤害有效信。

图 2-2-2 为图 2-2-1 中单炮面波分离前后及噪声对应的分贝谱，分析可知该单炮面波频率主要分布在 0~10Hz 范围内，占据了低频的绝大部分能量（红色曲线），有效信号的能量被掩盖。面波被分离后，有效信号的能量整体得到突出（蓝色曲线），并且在 15Hz 后的

频率成分在面波压制前后能量都有很好的对应关系，说明这部分信号的能量没有被破坏。面波分离后，低频成分并没有丢失，很好的说明的该方法的保幅性。

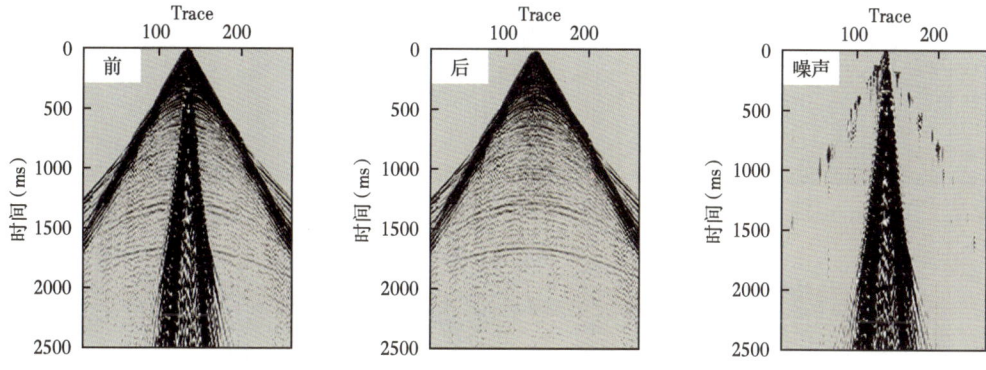

图 2-2-1　去除面波前后单炮记录及噪声

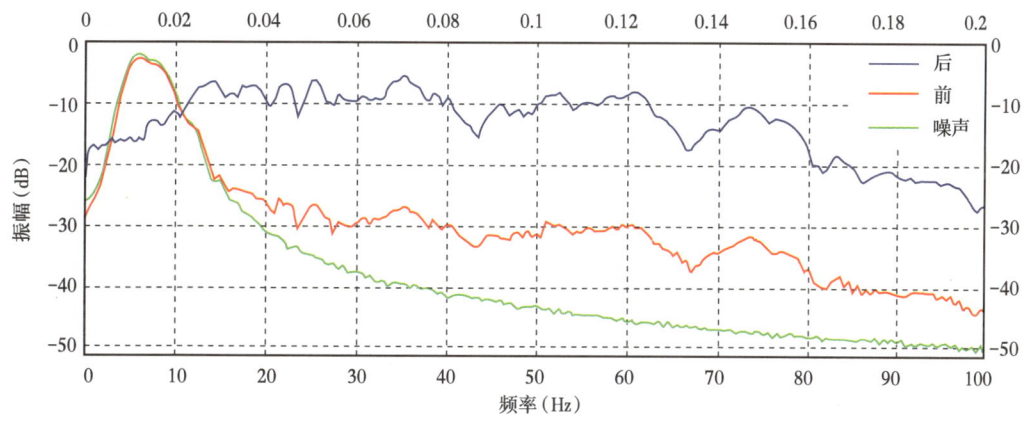

图 2-2-2　去除面波前后单炮及噪声的频谱

2. 外源干扰波压制

采集采用了单支检波器接收，对信号和噪声实行宽进宽出，因此外源干扰噪声更为严重且全区普遍存在，并具有一定的特征：在能量上，随着外源干扰的位置变化，能量强弱也不同，外源干扰之间能量差异大；频率上，外源干扰的频率与反射波的频率有重叠；视速度上，不同位置的外源干扰视速度也存在明显的差异。这些噪声在远排列表现出近双曲线特征，很难通过二维的线性去噪技术进行有效的去除。

三维 F-Kx-Ky 锥形滤波器的频率响应特征呈圆锥形，与噪声在正交子集道集上的分布形状吻合，因此可以很好压制这类噪声。在十字排列子集上，外源噪声和有效反射之间更容易区分，因此十字排列锥形滤波技术能够在不损失有效信号的前提下较好地去除外源噪声，提高叠前资料的信噪比。图 2-2-3 是锥形滤波前后的单炮记录，可以看到外源干扰波得到了有效的去除，有效反射信号得到突出，单炮的整体信噪比都有了明显提高。

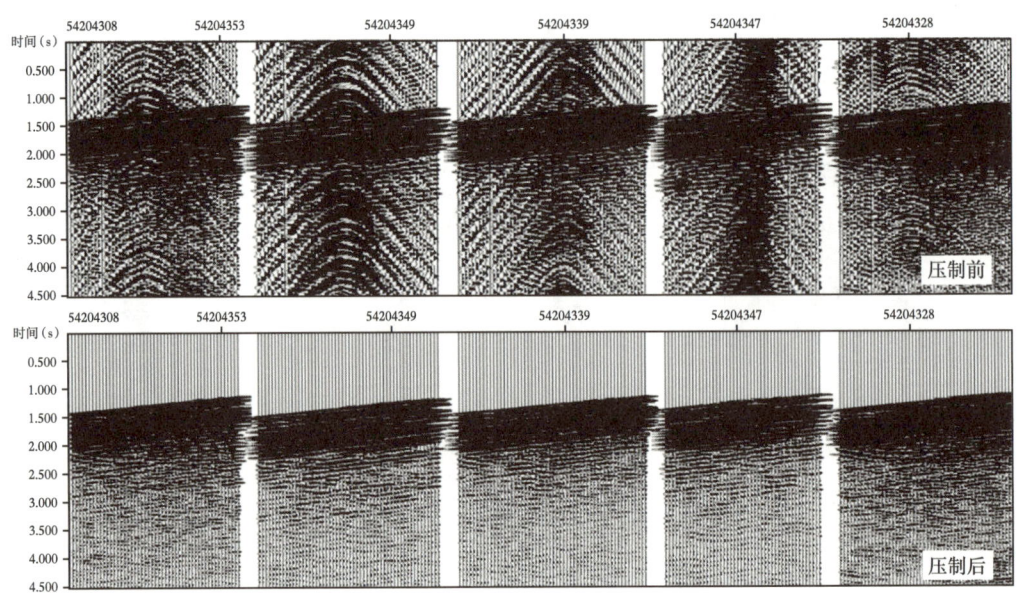

图 2-2-3 外源干扰压制前后单炮记录

3. NUCNS 相干噪声衰减

折射波具有线性关系较强、视速度相对稳定且较有效波视速度低的特点。常规处理流程中经常用到的相干噪声压制法一般包括 3DFK、线性拉冬变换、FX 扇形滤波器等。这几种技术应用假设是道间距是规则的，当炮检点太过偏离规则观测系统时，就不能有效地去除相干噪声。例如 3DFK，我们经常发现当数据很不规则时，其滤波结果依然会有严重的噪声残留。NUCNS 相干噪声压制技术有效压制射波干扰，可以很好地解决数据不规则时相干噪声压制效果不理想这一问题。尤其当工区障碍较多，导致炮线或者检波线很不规则时，它的优势更加明显。该技术采用 FX 域扇形滤波器和最小二乘法优化局部滤波来得到线性噪声，同时还考虑有效信号保护功能。这种技术的滤波引擎依然是 FX，但是滤波器是局部的而非全局的，能适应空间非规则采样带来的滤波限制，可以很好地满足采集过程中无法严格按照空间规则采样的事实。

对于记录的地震数据在频率域可以被以下模型代表：

$$d(\omega, x_i) = s(\omega, x_i) + c(\omega, x_i) + r(\omega, x_i) \qquad (2-2-12)$$

式中，$s(\omega, x_i)$ 是信号能量，$c(\omega, x_i)$ 是相关噪声，$r(\omega, x_i)$ 是随机噪声，ω 是角频率，x_i 是炮点检波点的距离。通常，我们可以将相关噪声 $c(\omega, x_i)$ 分解为 $c(\omega, x_i) = f(\omega, x_i) a(\omega, x_i)$，$f(\omega, x_i)$ 是时间延迟，$a(\omega, x_i)$ 是权重方程，权重方程可以用表示为：

$$a(\omega, x_i) = \sum_{l=0}^{K} b_l(\omega) x^l \qquad (2-2-13)$$

因为相关噪声可以用局部的线性反射近似。因此，权重方程只和角频率相关。因此对

于一组地震道 M，权重方程 $a(\omega, x_i)$ 可以由以下方程决定：

$$\phi(\omega) = \sum_{i=0}^{M}[d(\omega,x_i) - f(\omega,x_i)a(\omega)]^2 \quad (2\text{-}2\text{-}14)$$

对于 $a(\omega)$ 方程微分：

$$a(\omega) = \frac{\sum_{i=0}^{M} d(\omega,x_i) f^*(\omega,x_i)}{\sum_{i=0}^{M} f(\omega,x_i) f^*(\omega,x_i)} \quad (2\text{-}2\text{-}15)$$

延迟方程 $f(\omega,x_i)$ 由带通扇形滤波器设计，如图 2-2-4 所示，也就对应不同的速度范围。使用 v_{min}，v_{minf}，v_{max}，v_{maxf} 来定义带通的视速度范围。

其中波数和视速度可以由以下公式表达：

$$k_1 = \frac{\omega}{v_{max}}, k_2 = \frac{\omega}{v_{maxf}}, k_3 = \frac{\omega}{v_{min}}, k_4 = \frac{\omega}{v_{minf}}$$

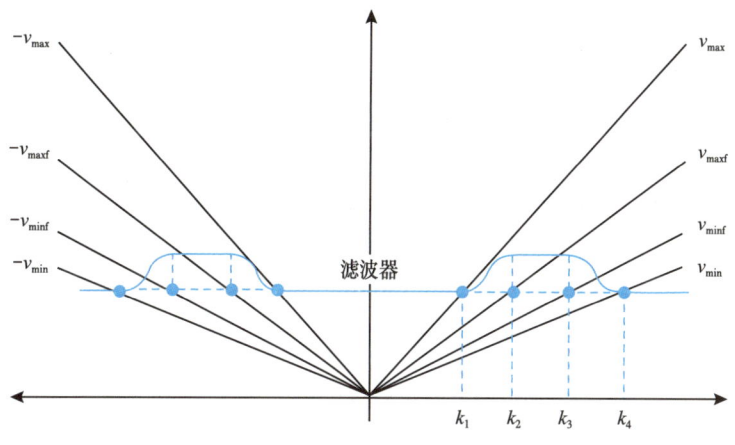

图 2-2-4 延迟方程和算子定义

因为对于非规则采集情况下空间 Nyquist 波数不是完全确定的，所以，NUCNS 有针对性地设计两重的防假频的扇形滤波。如图 2-2-5 所示，其中，dx 是检波点距的代表，Nyquist 波数由 π/dx 来估计。通过防假频参数来确定 dx，当输入道集是检波点域时，dx 对应炮点间距。然后 Nyquist 波数用于防假频滤波器：

$$\frac{\pi}{\mathrm{d}x} v_{minf} < \omega < \frac{\pi}{\mathrm{d}x} v_{maxf}$$

最大波数随着频率增大而减小，在最大角频率，扇形滤波器波数范围则为：

$$\Delta k = \left(\frac{2v_{max}}{v_{max} - v_{maxf}}\right)\frac{\pi}{\mathrm{d}x} \quad (2\text{-}2\text{-}16)$$

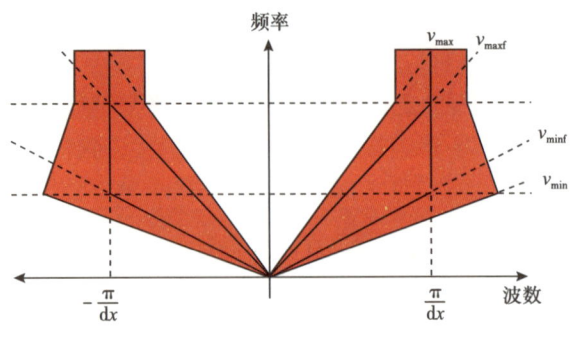

图 2-2-5　防假频的扇形滤波设计

浅层折射的速度是较为统一的，虽然假频线性严重，但是曲波变换可以根据其速度建立对应线性速度模型然后从数据中减去。NUCNS 能够针对不规则采集的数据先进性规则化处理，然后再建立二维或者三维的线性噪声模型，之后从数据中适应性减去。

图 2-2-6 为线性噪声压制前后剖面及去除的噪声，可看到浅层线性噪声干扰得到有效压制，受干扰的区域去噪后有效信号得到突出，剖面整体信噪比大幅提高。

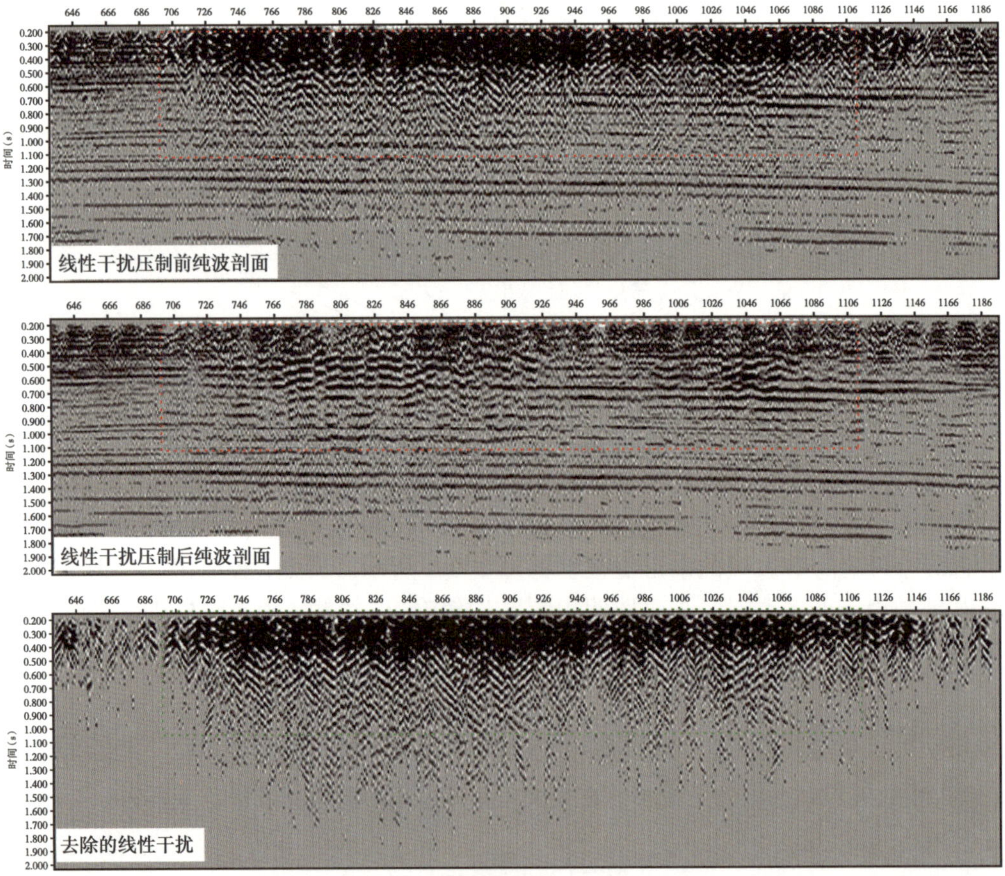

图 2-2-6　线性噪声压制前后剖面及噪声

二、宽频反褶积技术

在表层 Q 补偿的基础上进一步采用地表一致性反褶积处理技术，使地震波在横向上波形一致，在纵向上压缩子波，提高分辨率。经过近几年来对松辽盆地中浅层资料保幅处理技术攻关研究，探索出炮检域相对保幅的两步法反褶积技术。该技术已在松辽盆地区块处理中进行全面推广应用，取得了比较好的效果。

1. 地表一致性炮域反褶积

炮点反褶积的目的有两个：一是提高分辨率；二是消除激发点产生的虚反射。从相对保持波形的提高分辨率流程的最终目的看，有效地消除近地表引起的虚反射差异是更为重要的处理目的。在此基础上，在满足一定信噪比条件下，尽可能提高分辨率。因此，选择预测步长的主要标准是消除虚反射的效果和信噪比，在此基础上尽可能选用小的预测步长来获得高分辨率的结果，当预测步长较小时，反褶积后的数据分辨率较高，但信噪比相对较低。随预测步长增加，虚反射的压制效果相对减弱，数据信噪比相对提高。根据炮集反褶积消除虚反射和保持一定的信噪比基础上，获得尽可能高的分辨率处理目的。

从炮点反褶积单炮结果（图 2-2-7）比较可以看出，近地表引起的虚反射（多相位子波问题）得到了很好地压制，同时具有较好的信噪比，并具有较高的分辨率。

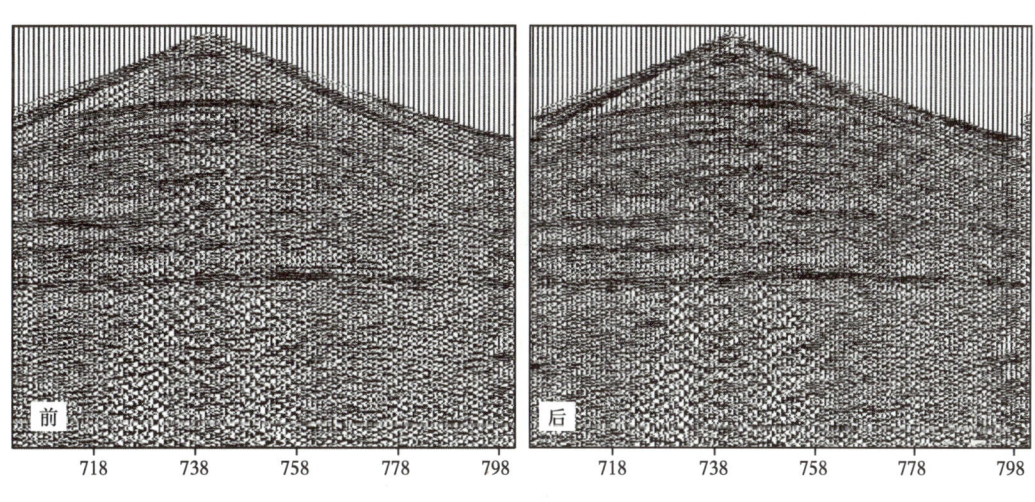

图 2-2-7 炮点反褶积前后单炮

采用统计自相关可以比较好的描述炮集子波的间接变化，从而可以帮助选择反褶积参数。图 2-2-8 显示，经补偿后的统计自相关结果的旁瓣相对比较复杂，主要反映虚反射的影响相对较大。炮反褶积自相关的分析，既要保证空间激发子波的稳定性，同时又要尽可能提高数据成像分辨率。

点炮集统计自相关可以通过主瓣间接反映分辨率的信息，但显然不能进行定量的描述，因此采用炮集统计频谱可以较好地弥补以上的不足。图 2-2-9 分别给出了控制点炮集的反褶积后的统计频谱。从统计频谱对比分析可以看出，经炮点反褶积处理后，数据的频带范围得到了明显拓宽，100Hz 部位的振幅提升了 20dB。即可以相对提高分辨率，同时也可以尽可能的兼顾信噪比。

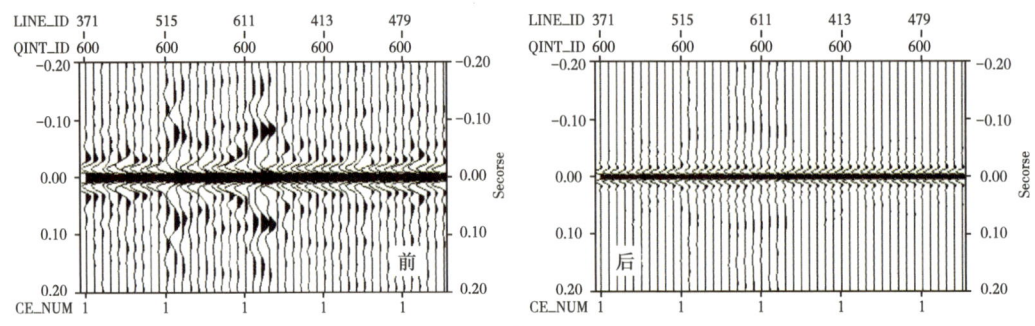

图 2-2-8 炮点反褶积前后自相关

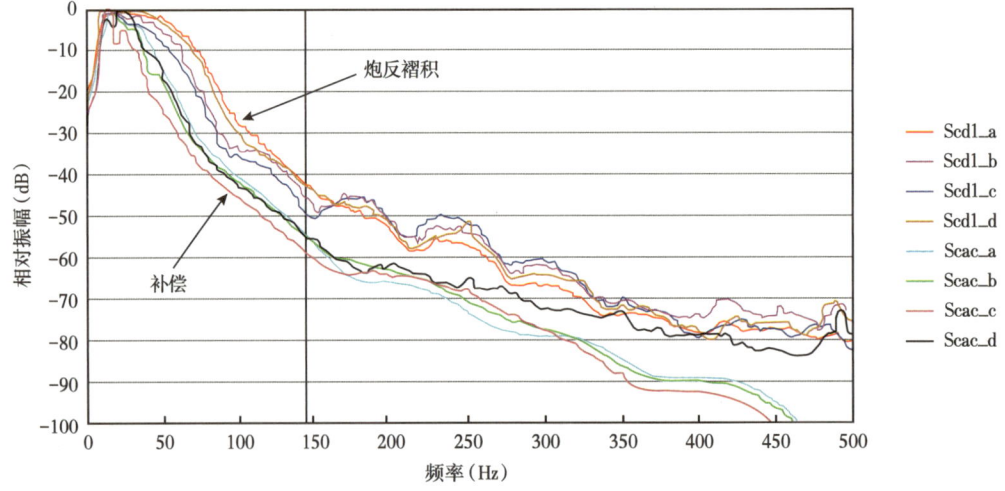

图 2-2-9 炮点反褶积前后频谱

尽管以上的质量监控基本可以帮助确定反褶积的参数，但仍然不能直观的从最终的成像数据上反映出最终的处理效果。图 2-2-10 给出了反褶积处理后的成像结果。最终成像数据的分辨率越高，兼顾前面讨论的信噪比和分辨率分析较为适中预测步长。

2. 检波点域反褶积

通过炮点反褶积我们已经较好地消除了激发因素引起的虚反射，数据成像分辨率也得到明显提高。通过检波点反褶积处理继续压缩子波、提高分辨率。

检波点反褶积的目的同炮点统计反褶积一样：一是消除接收点产生的虚反射，另外就是提高最终成像分辨率。在有效地消除近地表引起的虚反射的基础上，满足一定信噪比条件下，尽可能提高最终成像分辨率。因此，选择预测步长的主要标准是消除虚反射的效果和保持一定的信噪比，在此基础上尽可能选用较小的预测步长来获得高分辨率成像结果。图 2-2-11 是检波点反褶积后的单炮炮集显示。经检波点预测反褶积后近地表引起的虚反射得到了更好地压制。

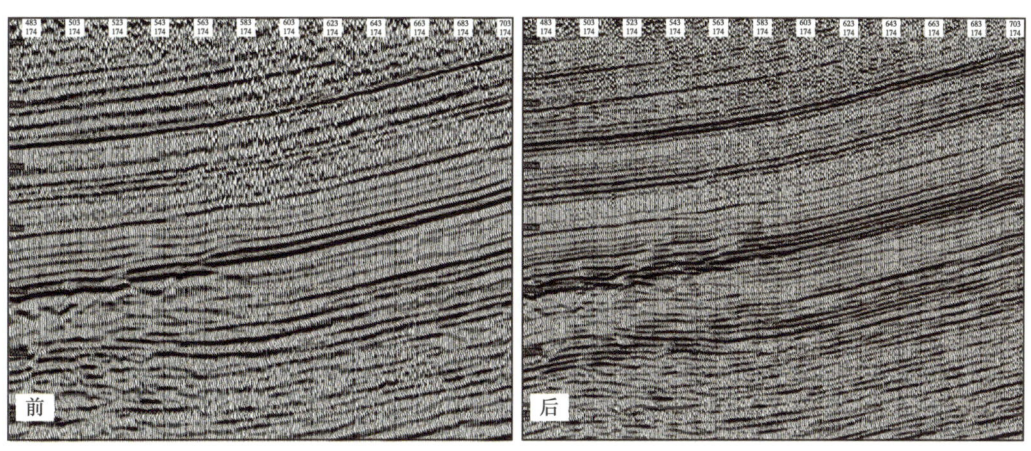

图 2-2-10 炮点反褶积前后剖面

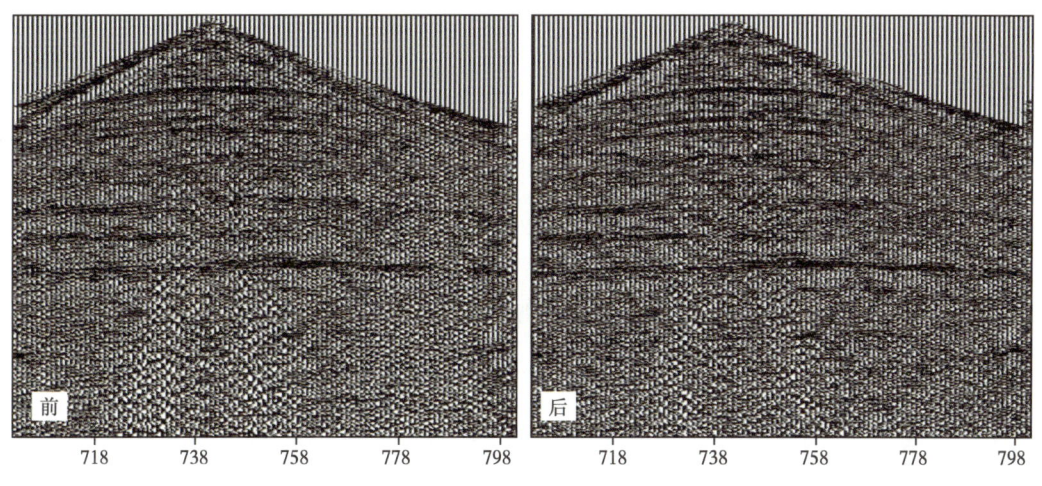

图 2-2-11 检波点域反褶积前后单炮

图 2-2-12 为控制点检波点反褶积后的统计自相关分析结果。从不同预测步长检波点反褶积的统计自相关结果可以看出，检波点反褶积后的统计自相关子波相对稳定，同时具有较高的分辨率。

图 2-2-13 给出了检波点统计反褶积后的统计频谱分析结果，并没有出现由预测步长引起的陷波周期现象。反褶积后的频谱宽度较宽，从时窗为 1.2~2.4s 时窗统计频谱可以看出，检波点反褶积后，数据的频带范围在炮点反褶积的基础上得到了进一步拓宽，100Hz 部位的振幅提升了 10dB。

图 2-2-14 给出炮点反褶积和检波点反褶积后的叠加结果，从处理前后的最终控制线的叠加监控剖面的对比中也可以看出，较好地消除剩余虚反射，同时在保证一定信噪比条件下提高了最终成像分辨率。

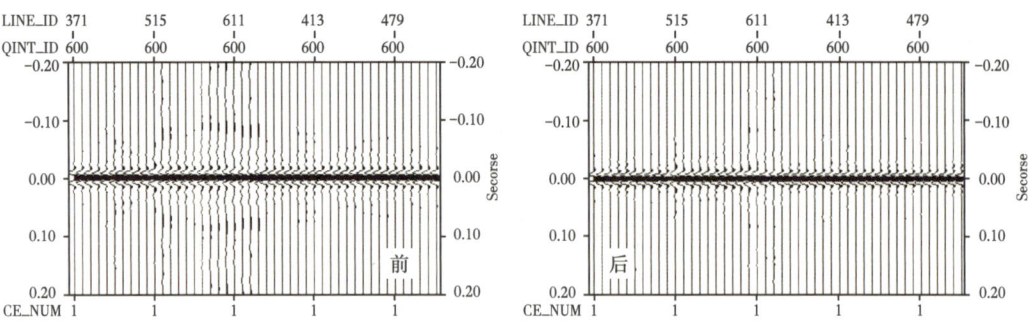

图 2-2-12　检波点反褶积前后自相关

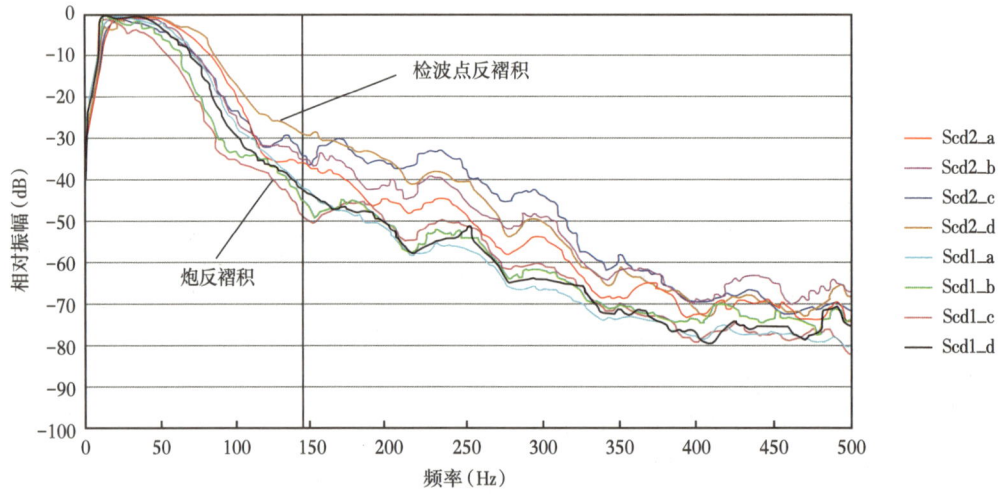

图 2-2-13　检波点反褶积前后自相关

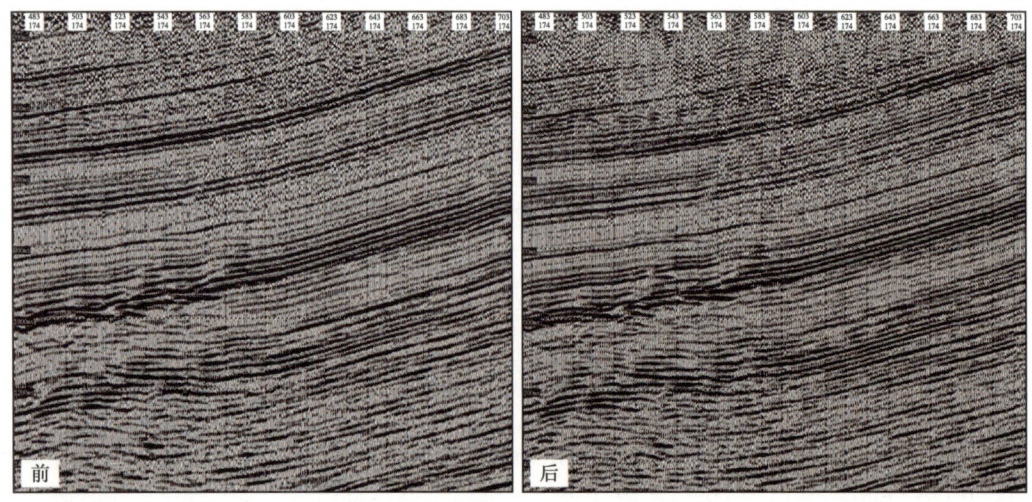

图 2-2-14　检波点反褶积前后剖面

通过两步地表一致性反褶积技术的应用，分别在炮点、检波点、共中心点及共偏移距四个数据集上计算反褶积算子，对地震子波进行校正，消除了地表不一致因素对地震子波的影响，从而增强了地震子波的横向稳定性。同时反褶积后压缩了子波、振幅和波形特征相对保持、频带逐渐展宽，提高了分辨率。

三、"两宽一高"地震资料宽方位各向异性处理技术

针对中浅层和深层地质需求，"两宽一高"地震技术优势明显，既是解决当前面临复杂问题的系统技术对策，也是今后地震勘探的发展趋势。当前，中浅层致密油和深层致密气领域研究的重点集中在如何提高地震资料成像精度、分辨率以及薄层反演精度，"两宽一高"处理解释技术的正确运用能够提高数据的保真度和分辨率，提高联合反演的精度，减少反演的多解性，对薄储层、小砂体、小断层等精细油藏描述具有重要意义。

松辽盆地的储层为砂泥岩薄互层结构，当前岩性油藏精细勘探对地震资料的振幅保真度和垂向分辨率要求高。而构造应力场的方向性及沉积物源的方向性致使地层介质具有方位各向异性，即地震波沿某一方向传播速度快，而沿其垂直方向传播速度慢，在地震成像道集上表现为道间时差，称为方位各向异性。相对于常规地震采集，宽方位采集地震数据的方位各向异性时差更为明显，方位各向异性时差使得反射点同相轴不同相叠加，会降低地震成像的保真度和分辨率。针对资料方位各向异性的处理现行技术还存在着一定的不足。常规偏移在共偏移距域积分求解中，没有考虑数据的方位各向异性问题，对具有相同偏移距的所有地震道积分输出一个加权结果，因此丢失了方位角信息，致使偏移后的共反射点（CRP）道集无法进行方位各向异性研究。针对这个问题国内外学者也做了一些探索，如分方位处理技术，尽管分方位处理在一定程度上消除了宽方位资料的各向异性问题，但其成果只是解决了层状各向异性问题而没有考虑方位各向异性问题。另外分方位处理的扇区划分问题一直没有规律可寻，往往依赖于处理员的经验。扇区划分过小，覆盖次数有限往往成像效果很差，如扩大扇区则各向异性参数分析又不准，以致影响后续 AVAZ、VVAZ 的精度。而应用 Al-Dajani 和 Tsvankin（1989）推导出的 HTI 介质中非双曲线时距方程 4 次项系数表达式，Grechka（1999）在此基础上利用宽方位数据重构 NMO 速度椭圆，以获得任意方向的 NMO 速度，这是一种合理的方法，但其对资料的品质要求极高，并且纵横向各速度分析点都要进行分方位速度分析和拾取，实际操作很难实现，实际生产处理中并不适用。另一个思路是利用时差，人为因素少，易于实现。已有的一种方法是在成像道集上，采用模型道相关法层剥离的求取道间时差并校正，很好地解决了强反射标准层（如 T1、T2）时差校正问题，但层间反射的时差如何校正，尚未彻底解决。所以消除地震资料的方位各向异性时差，还需寻找有效而实用的方法。而 OVT 域偏移技术，实现偏移前数据的分方位均匀抽取，其成像道集（OVG）同时保留了偏移距和方位角信息，应用非刚性匹配方法获得时空变的校正量，对方位各向异性时差进行校正，取得满意的成像效果。

1. OVT 域子集抽取

OVT（offset vector tile，偏移距向量片）技术是近年针对宽方位（全方位）地震采

集资料发展出的一种数据处理域。在一个十字排列中按炮线距和检波线距等距离划分得到许多小矩形，那么，每一个矩形就是一个 OVT 炮检距向量片，如图 2-2-15 所示。OVT 的大小由炮线距和检波线距决定，OVT 的个数等于覆盖次数，每个 OVT 具有限定范围的炮检距和方位角。若提取所有十字排列道集中相应的 OVT 组成 OVT 道集将会是覆盖整个工区的单次覆盖数据体，因此可以独立用于偏移，这样偏移后就能保存方位角和炮检距信息用于方位角分析，这是 OVT 技术最具优势之处。但是，这个单次覆盖体与常规共偏移距体一样，也会遇到观测系统不规则引发的问题，如出现空洞。对角 OVT 合并（即将方位角相差 180 度的对角向量片合并）后就可以互补彼此照明空洞，组成两次覆盖的数据子集，使偏移后采集脚印影响最小。OVT 域叠前时间偏移处理，可以实现不同方位反射波场的聚焦，提高成像精度，同时为裂缝预测提供了丰富的方位角信息。

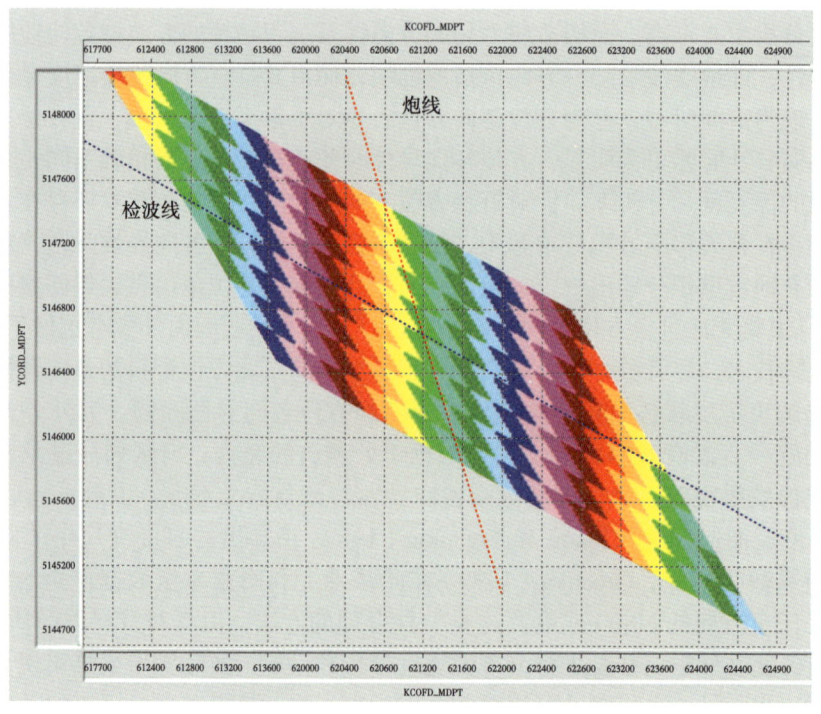

图 2-2-15　一个十字排列域的 OVT 显示

图 2-2-16 为常规共偏移距叠前时间偏移及 OVT 域叠前时间偏移后的 CRP 道集，常规共偏移距叠前时间偏移 CRP 道集只有偏移距信息，OVT 域叠前时间偏移 CRP 道集含有偏移距和方位角两种信息，但是 OVT 域 CRP 道集上同相轴存在由方向各向异性产生的剩余时差。需要在后续的处理中采用有针对性的处理技术消除剩余时差的影响，确保同相叠加，提高成像精度。

2. 非刚性匹配剩余时差校正技术

为保证最终偏移成像、叠前道集以及由此地震数据所提取属性的准确性，因此消除方位各向异性时差处理成为高分辨地震资料处理的重要步骤。道集的时差校正方法有很多，非刚性匹配时差校正（non-rigid matching，NRM）技术因其易于实现，效果显著逐渐被大家广泛应用。非刚性匹配处理是以三维叠加数据体作为模型，每个OVT三维数据体与三维叠加数据体进行非刚性相似度分析，找出不同OVT片间地震各向异性成像差异，获得时空变的三维位移场进行校正。具体实现过程如下：

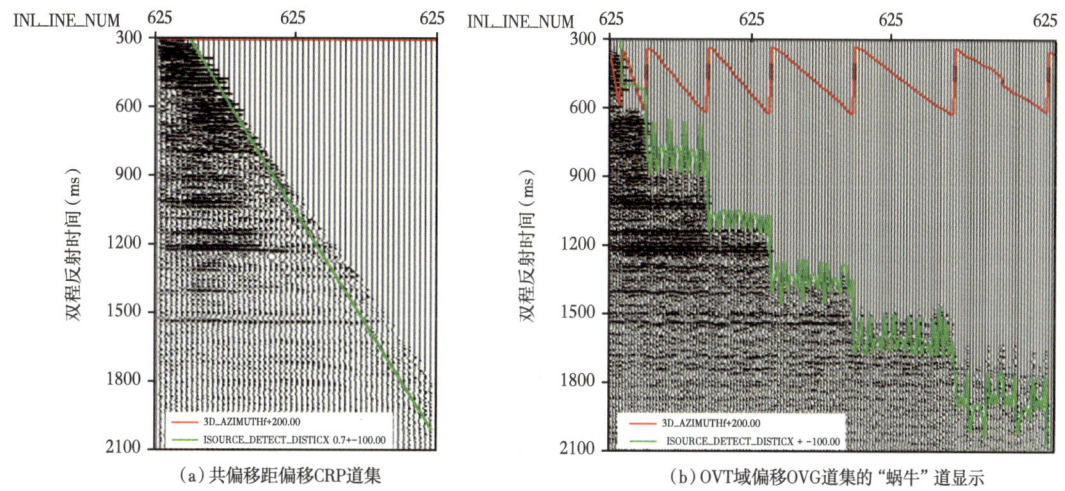

图2-2-16 常规偏移、OVT域偏移后的蜗牛道集

（1）对偏移后的OVG道集进行去噪、切除，形成三维叠加数据作为模型，记为$S_{ref}(x,y,z,T)$，变量x,y,z表示空间坐标，T表示两块采集数据之间的时移。

（2）对某个OVT片的OVG单次覆盖偏移数据，记为$S(x,y,z,T)$，与$S_{ref}(x,y,z,T)$进行比较，搜索出$S_{ref}(x,y,z,T)$中的每个样点在$S(x,y,z,T)$中对应的位置，计算出位移场$d(x,y,z,T)$，位移场代表了由$S(x,y,z,T)$经过怎样的拉伸形变得到$S_{ref}(x,y,z,T)$。严格的计算位移场过程应该在x和y方向同时进行，但为减少计算量，一般只对inline方向的剖面进行了匹配，位移场d表示为：

$$d(x,y,z,T)=[d_x(x,y,z,T),0,d_z(x,y,z,T)] \qquad (2\text{-}2\text{-}17)$$

（3）对位移场进行编辑，删除不正常的高频变化。比如平滑、大振幅剔除等。图2-2-17是图2-2-16（b）的道集所在的inline线经过编辑后得到的可直接应用的位移场。从图中可见，位移量在0~6.5ms之间变化，各向异性问题并不突出。按照公式$\Delta H = v*\Delta t$，其中ΔH为地层厚度差（m），v为地震波速度（m/s），Δt为时差（ms）。1ms的双程旅行时对应的地层厚度为1.5m（v=3000m/s），从以上分析可知，目的层段的各向异性时差在6ms以内，会带来近9m的地层厚度误差，这对于精细勘探来说误差不容忽视。

（4）利用得到的时空变的校正量，对OVG道集的所有样点进行校正。校正前、后的样点值满足：

$$S_m(x,y,z,T) = S[x+d_x(x,y,z,T), y, z+d_z(x,y,z,T), T] \quad (2\text{-}2\text{-}18)$$

式中，$S(x,y,z,T)$和$S_m(x,y,z,T)$分别表示校正前、后的数据，可知，校正过程仅仅是对地震样点位置的移动。

（5）重复步骤（1）至步骤（4），完成所有数据的校正。

图 2-2-17 是道集经过上述校正处理后的"蜗牛"道集，通过对比可见校正后消除了蜗牛道同相轴波浪形的起伏现象，特别是在 1300~2500ms 之间的部分，每一层的方位时差都得到了很好的校正，道集同相轴连续平坦，在 1300~2500ms 时间段内频谱分析表明，二者在 −20dB 处的频带分别为 6~75Hz 和 6~83Hz，分辨率得到提高，解释人员可用于叠前反演。对道集进行进一步的切除叠加，可得到聚焦效果更好的偏移叠加体。

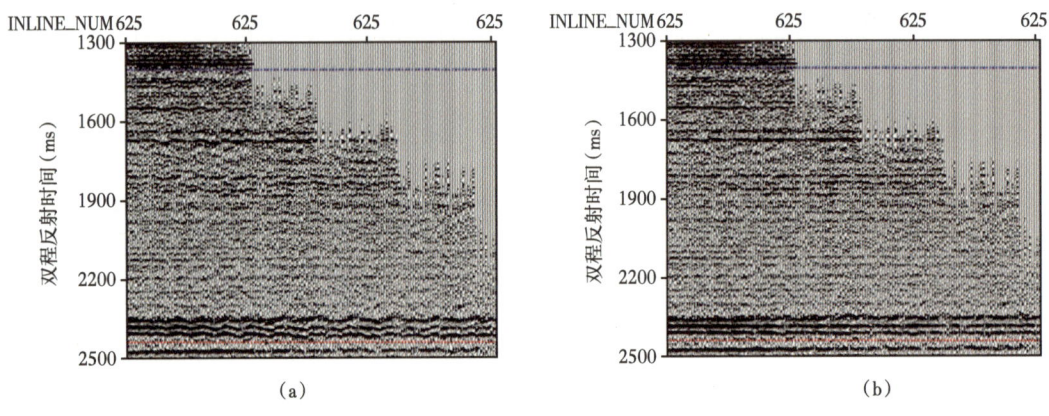

图 2-2-17　非刚性匹配剩余时差校正前后 CRP 道集

非刚性匹配剩余时差校正有效消除了 OVT 域 CRP 道集上由方向各项异性产生的剩余时差，提高了道集的质量，偏移剖面成像精度有了进一步提高。图 2-2-18 是方位各向异性校正前后的偏移剖面，T_2 为全区稳定的反射标志层，未进行各向异性校正的剖面目的层弱反射能量弱，无法横向对比追踪。对比可发现校正后，目的层段扶余油层的层间弱反射信号能量得到增强，同相轴连续性增加，剖面成像质量得到改善。从振幅关系上分析，校正后，反射同相叠加的程度提高，且前后的相对振幅关系保持一致。经频谱分析得知，扶余油层频带范围由校正前的 4~87Hz 提高到校正后的 4~94Hz，频带展宽 7Hz 左右。

研究区目的层的主要储层是砂岩，将方位各向异性校正前后的成果按照相同的方法进行砂岩预测。图 2-2-19（a）和（b）分别是未考虑各向异性问题与考虑方位各向异性校正的最大振幅属性图（红色代表砂体变化），整体上看两者的砂岩分布趋势是一致的，细节上存在差异（如图黑色圆圈内部分），校正后砂体的细节变化及边界更清晰，地震属性信息更丰富。统计区内 19 口实钻井分析得出，未校正的偏移结果有 14 口井符合，5 口井不符合，砂岩预测对井符合率为 73.7%。而考虑校正的偏移结果有 16 口井符合，3 口井不符合，砂岩预测对井符合率为 84.2%，符合率提高近 10.5%，预测精度更高。

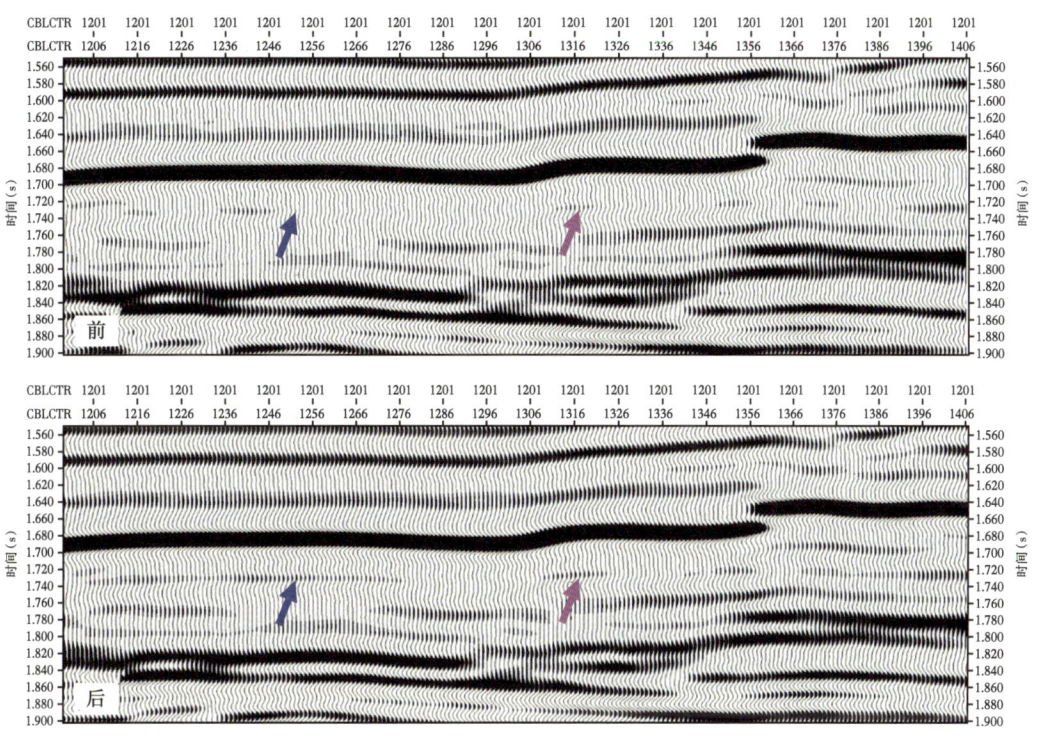

图 2-2-18 非刚性匹配剩余时差校正前、后成果剖面

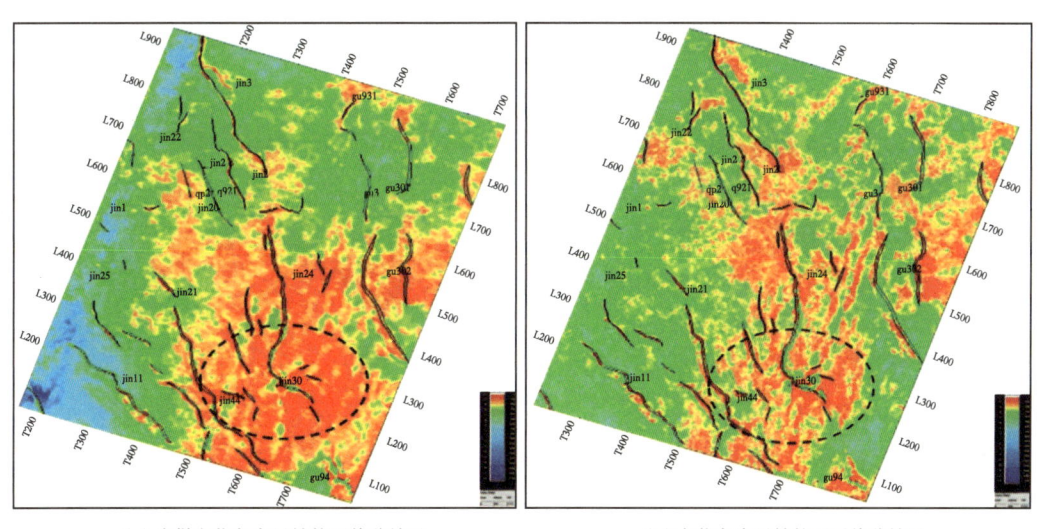

(a) 未做方位各向异性校正偏移结果　　　　(b) 方位各向异性校正后偏移结果

图 2-2-19 方位各向异性校正前后振幅属性图

四、双平方根算子高精度速度分析技术

随着大庆探区油气勘探的发展,复杂山前带真地表地震资料叠前处理技术对推动外围及川渝双复杂地区的地震资料精细处理具有重要的作用。由于外围以及川渝等大庆探区地表条件复杂,通常是起伏落差较大的山地覆盖,地表高程变化大,给地震资料精细处理带来了难度。传统的动校正是假设地表是水平的,激发点和接收点处于同一个水平面,由此基础上进行动校正及后续处理。但由于外围及川渝等山前带资料地表起伏大,激发点和接收点的高差大,传统的假设条件已变成了,因此会产生较大的误差,影响动校正及速度拾取的精度。基于真地表的双平方根动校正方法,可有效消除因地表起伏大造成的动校正误差,并可提高速度谱及速度求取精度。

1. 单平方根动校正方程及其存在的问题

传统的动校正方法是假设激发点(炮点)和接收点(检波点)在同一水平面基础上应用单平方根方程进行动校正,如果在起伏较大的地表条件下动校正依然采用单平方根算法,就会由于实际条件与假设不符,会产生较大的时距误差,造成动校正后的道集无法拉平,对后续处理产生影响。

图 2-2-20 为水平地表均匀介质的地震波激发和接收路径示意图,由于假设地表水平,激发和接收对于中心点是对称的,因此地震波的时距方程可应用单平方根的形式。式(2-2-19)为水平地表下均质介质地震波的单平方根旅行时方程:

$$t_x = \sqrt{t_0^2 + \left(\frac{x}{v}\right)^2} \qquad (2\text{-}2\text{-}19)$$

式中,t_x 为地震波的旅行时,t_0 共中心点自激自收的时间,x 为炮检距,v 是地下介质的速度。

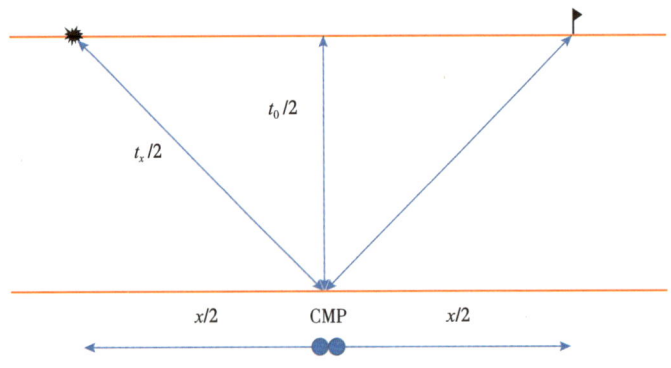

图 2-2-20 水平地表均匀介质的地震波激发和接收路劲示意图

2. 真地表双平方根动校正基本原理

"真地表"叠前处理技术是解决起伏山地资料处理的必要手段,"真地表"面是实际地

表高程的一个小平滑面，它依然是一个起伏较大的面，因此激发点和接收点不在同一个水平面上。尤其是川渝山前带资料，山峰、断崖等突变地表普遍存在，地表落差可达到1000m以上。图2-2-21为起伏地表均匀介质的地震波激发和接收路劲示意图，激发点和接收点随着地表起伏产生较大的高差，因此地震波旅行路径受到激发点和接收点高程差的影响而不再是关于中心点对称，此时的地震波旅行时需要分别计算激发点到反射点的旅行时以及反射点到接收点的旅行时，两者之和才是起伏地表地震波旅行时。也就是说起伏地表情况下地震波旅行时是双平方根的形式。式（2-2-20）为起伏地表均匀介质的地震波的双平方根旅行时方程：

$$t_x = \sqrt{\left(\frac{t_0}{2}+\frac{a}{v}\right)^2 + \left(\frac{x}{2}\right)^2\left(\frac{1}{v^2}\right)} + \sqrt{\left(\frac{t_0}{2}+\frac{b}{v}\right)^2 + \left(\frac{x}{2}\right)^2\left(\frac{1}{v^2}\right)} \quad (2\text{-}2\text{-}20)$$

式中，t_x为地震波的旅行时，t_0为共中心点自激自收的时间，x为炮检距，v是地下介质的速度，a为激发点海拔与水平面的高差，b为接收点海拔与水平面的高差，双平方根旅行时方程能更精准计算出起伏地表下地震波旅行时，在此基础上进行精度更高的动校正。

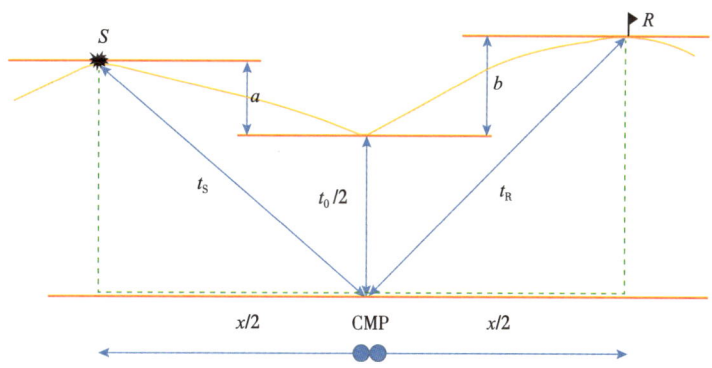

图2-2-21 起伏地表均匀介质的地震波激发和接收路径示意图

3. 应用实例

1）真地表面的建立

根据工区真实地表高程选取适合的平滑半径进行平滑处理，得到与真实地表高程趋势一致的光滑曲面，并满足炮点、检波点及CMP点都落到此平滑面上，此面即为地表一致性"真地表"面；设以基准面A，替换速度v计算得到的炮检点静校正量分别是S和R，再设"真地表"小平滑面为B，则将"真地表"小平滑面数据校正到固定基准面A的校正量C可表示为$C=(A-B)/v$，将原始数据应用炮检点静校正量S和R，再反应用校正量C，既把原始数据应用静校正量后并把炮点、检波点校正到"真地表"面上。图2-2-22为根据本方法建立的四川青草坪及外围大杨树的真地表面。

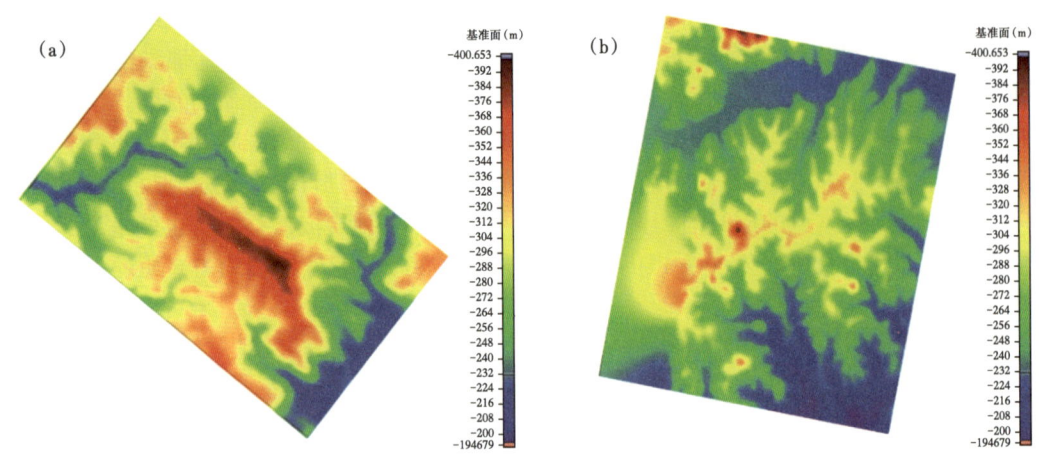

图 2-2-22　四川青草坪（左）及外围大杨树（右）真地表面

2）基于真地表面的双平方根动校正速度分析技术

传统动校正采用单平方根动校正方程，是在炮点和接收点处于相同的一个水平面的假设基础上，当地表起伏较大时单平方根动校正方程会带来较大误差，难以把道集拉平；而真地表采用的是双平方根动校正方程，炮点和接收点分别在不同的水平面上，双平方根动校正方程能适应高程起伏大、低降速带变化大等复杂情况，地表条件复杂时也能得到更加精确的速度谱，在高程变化较大的地方也能拉平道集，速度分析更加精确。图 2-2-23 为采用单平方根方程与双平方根方程计算的速度谱以及其动校正后的道集对比，可以看到基于单平方根方程的动校正并没有把远偏移距的道集拉平，而基于双平方根方程为基础的速度谱能量更加聚焦，动校正可以让远偏移距道集基本拉平。图 2-2-24 为川渝青草坪工区基于单平方根方程速度分析的固定面叠前深度偏移和基于双平方根方程速度分析的真地表叠前深度偏移效果对比，可以看到真地表偏移对于杂高陡构造的成像更加准确，可更好地解决复杂山前带资料成像难题。

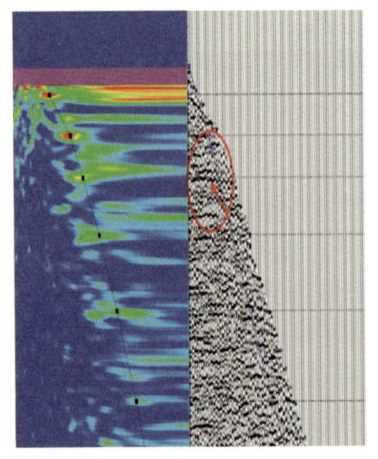 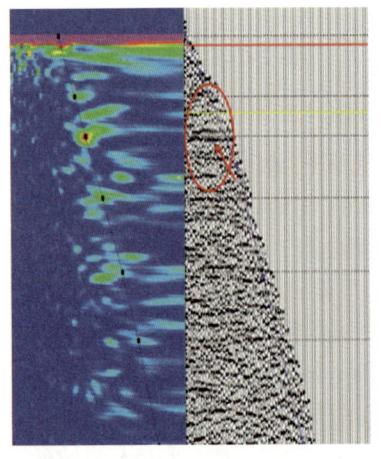

图 2-2-23　单平方根方程（左）与双平方根方程（右）速度分析及动校正

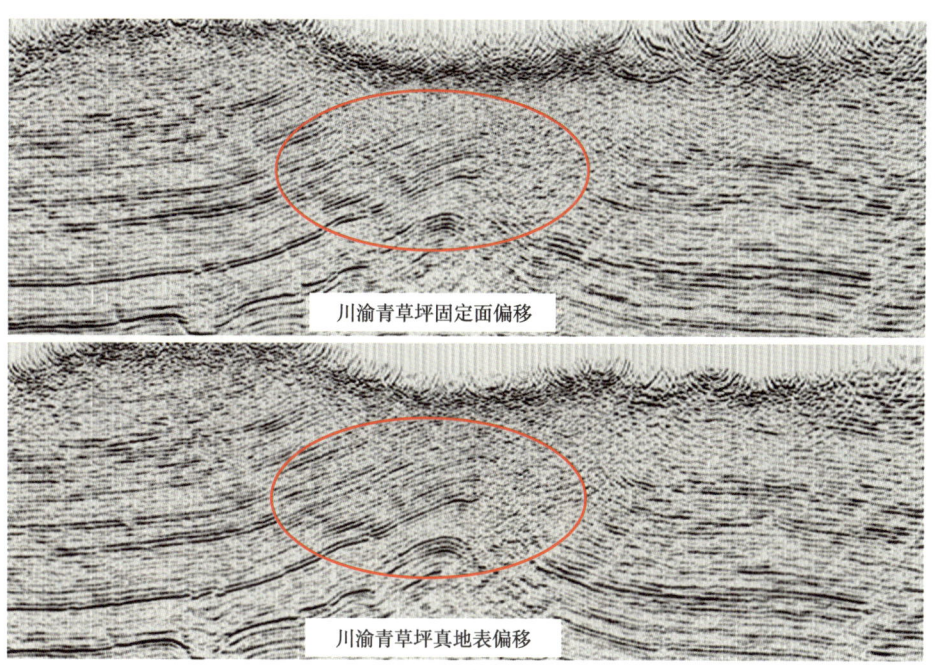

图 2-2-24 真地表偏移与固定面偏移

第三节 保真拓频处理技术探索与实践

地震资料的分辨率是制约勘探精度的重要因素，高分辨率地震资料处理的目的是合理恢复地震记录的高频和低频信息，有效拓宽频宽。随着岩性油气藏勘探开发的不断深入，薄储层的问题日益突出，其预测精度会直接影响后续的油藏评价和井位设计，因此地震资料纵横向分辨率和保真度提出了更高的要求。21 世纪以来，叠后地震资料拓频技术发展较快，基于反褶积（谱白化）的拓频方式、基于 GST 的拓频方式、HFE（高频拓展法），反 Q 滤波、HHT、GST、HFE、曲波域提高分辨率、谱反演、VSP 驱动提高分辨率等方法如雨后春笋，快速发展起来。目前不同叠后拓频方法基于不同的假设条件而限制了拓频的效果，例如反褶积类方法有其自身的应用范围，提高分辨率能力有限。谱白化方法具有操作简单、鲁棒等优点，而其缺点主要是保真性较差。宽带约束反演方法是一种将地震资料、测井信息和先验地质知识有机地结合起来的叠后迭代反演方法，可以大幅度地提高地震剖面的分辨率，明显优于反褶积方法，尤其是在井资料比较密集的情况下非常具有优势。但是由于此类方法强烈依赖于初始模型，其结果往往具有多解性。反 Q 滤波（Wang，2002；2006；Cardimona，1991）通过补偿地震波在地下介质中传播产生的衰减效应以提高分辨率，如何较为准确地估计 Q 值一直是该领域的难题。

通常认为高分辨率地震资料处理的关键环节是压缩地震子波，拓宽有效信号的频带范围。高分辨率地震资料处理技术的本质是拓展频宽，对于高频拓展来说，由于高频有效信号衰减较快，地震资料中高频段的信噪比低，信噪比是比较大的考验。相对于高频信息，低频信息对增强剖面层次感、提高反演精度的作用更重要,恢复难度也更大,在今后的高分辨率地震资料处理中,应更注重低频信息的保护和恢复。因此信噪比和保持低频是叠后拓频处理技术关键难题,是取得良好拓频效果的反正发展方向。

松辽盆地北部扶余油层属于河流及浅水三角洲沉积环境,曲流河、网状河和决口扇发育,河道砂体窄小,平均宽度350m,砂体多期叠置,单砂体厚度薄且地区差异性大,厚度2m以上单砂体占比在离物源较近的肇源南、朝阳沟—长春岭地区能达到60%,深度在1000m左右;厚度2m以上单砂体占比在远离物源的三肇地区只有35%,深度约为1800m,地震识别难度更大(李延平等,2005)。大庆油田为满足中浅层以葡萄花、扶余等薄储层识别及表征储层砂体横向非均质性,精细刻画尺度更小的地质目标,借鉴国内外相关研究进展,形成了叠前叠后联合保幅处理技术。大庆油田保幅拓频处理前期主要高精度静校正、保幅噪声压制、采用近地表Q补偿、两步法反褶积、粘弹性叠前时间偏移等叠前保幅处理技术,消除地表对子波的影响,提高地震信噪比,得到保幅高信噪比叠前地震资料。后续为满足葡萄花三分、扶余五分的砂层组级储层描述及叠置单砂体识别的地质需求,经过研发逐步推广应用谱反演拓频及基于连续小波变换的叠后拓频方法,兼顾保幅的同时适当提高频率,保证成果数据沿层振幅反映岩性横向变化。

一、连续小波变换拓频技术

小波分析是20世纪末期应用数学和工程科学中一个迅速发展起来的新领域,且在实际工程应用中一直以来发挥着重要作用。连续小波变换(continuous wavelet transform,CWT)是小波分析理论中的一个重要组成部分。最初是由法国科学家Morlet于1980年在进行地震资料分析时引入的,其基础是通过伸缩和平移等运算对函数(信号)进行多尺度的细化分析,将一个信号分解在时间和尺度平面上,同时也不丢失原有信号的信息。连续小波变换继承了加窗傅里叶变换的时频局部化的思想,同时克服了其窗口大小固定不变的缺点,提供了一个随频率改变的时频窗口,时频局部化特性适合于分析时变信号,解决了传统傅里叶变换不能解决的许多问题(陈文超等,1998)。因此已经在很多领域成功的应用,并取得了具有科学意义和应用价值的成果。

1. 连续小波变换基本原理

连续小波变换是信号在时间—频率域内局部化联合分析的一种方法。作为加窗Fourier变换的发展,小波变换的时间—频率窗是可以自适应调整的,而不是固定不变的。这也正是小波变换和加窗Fourier变换的本质区别。正是因为这个特点,决定了小波分析在实际应用之中的特殊地位。小波$\hat{\psi}(\omega)$是一种持续时间很短的波,但并不是任何持续时间很短的波都是小波,其必须满足以下条件:

$$C_\psi = \int_0^{+\infty} \frac{|\hat{\psi}(\omega)|^2}{\omega} d\omega < +\infty \quad (2\text{-}3\text{-}1)$$

式中,$\hat{\psi}(\omega)$为小波时间函数$\psi(t)$的傅里叶变换,满足上式的小波称为可允许的,上式也称为可允许性条件。满足上式的时间函数$\psi(t)$称为母小波或基本小波,通常称为小波。

式（2-3-2）表示小波函数 $\psi(t)$ 必须是正负地波动，并且满足平方可积的条件，其傅里叶变换 $\hat{\psi}(\omega)$ 具有带通滤波器的频率特性。由此可见，小波在时间域和频率域均是局部的，这是小波最重要的特征。小波在时间—频率域内的局部特性在实际上是其能量在时间—频率域的集中性。可以将式（2-3-1）拆开写为式（2-3-2）更容易理解：

$$\begin{cases} \psi(t) \in L^2(R) \\ \int_{-\infty}^{\infty} \psi(t) dt = 0 \end{cases} \quad (2\text{-}3\text{-}2)$$

小波分析的时频原子族是由母小波 $\psi(t)$ 伸缩和平移之后得到的：

$$\psi_{s,t}(u) = |s|^{-p} \psi\left(\frac{u-t}{s}\right) \quad (2\text{-}3\text{-}3)$$

常用的小波变换是当 $p=\frac{1}{2}$ 时，时频原子族为：

$$\psi_{s,t}(u) = \frac{1}{\sqrt{|s|}} \psi\left(\frac{u-t}{s}\right) \quad (2\text{-}3\text{-}4)$$

式中，t 为平移因子，可以取任意实数。s 为尺度因子或伸缩因子，在连续小波变换中一般取正实数，本项目中也取正实数。当 $s>1$ 时，小波函数沿时间轴拉伸；当 $s<1$ 时，小波函数沿时间轴压缩。因子 $1/\sqrt{|s|}$ 为保持尺度伸缩后的能量不变，$\|\psi_{s,t}(u)\| = \|\psi(t)\|$。图 2-3-1 为同一母小波在不同尺度 s 下的表示，可以看出尺度因子对母小波形状的影响。母小波是主频为 30Hz 的 Ricker 子波。对于任意能量有限信号 $f(u) \in L^2(R)$，其连续小波变换定义为：

$$\tilde{f}(s,t) = <f, \psi_{s,t}> = \frac{1}{\sqrt{s}} \int_{-\infty}^{\infty} f(u) \overline{\psi}\left(\frac{u-t}{s}\right) du \quad (2\text{-}3\text{-}5)$$

式中，$\overline{\psi}\left(\frac{u-t}{s}\right)$ 表示取共轭。可以看出，连续小波变换与傅里叶变换及加窗 Fourier 变换数学描述方法类似，均是取信号和核函数的内积。这些变换都可以解释为信号与核函数相关程度的度量。各种变换的不同在于选取核函数的不同。单从数学表达式看，傅里叶变换是将一维的时间函数映射为一维的频率函数，是对时间信号的频率分析；加窗 Fourier 变换将一维时间函数映射为二维的时间—频率函数，是对时间信号的时频联合域分析；类似地，连续小波变换也是对时间信号进行的时频联合域分析，度量了信号在某个邻域的变化，该邻域以 t' 为中心，宽度与 s 成正比。

小波变换另一个重要关键技术是母函数的选取，在小波分析中用到的小波函数有很多种，且不具有唯一性。但小波分析中在工程应用中需要选择最优的小波基以达到希望的最佳分析目的。连续小波分析时，在众多的小波基函数中选择最佳小波基一般从以下几个方面考虑：

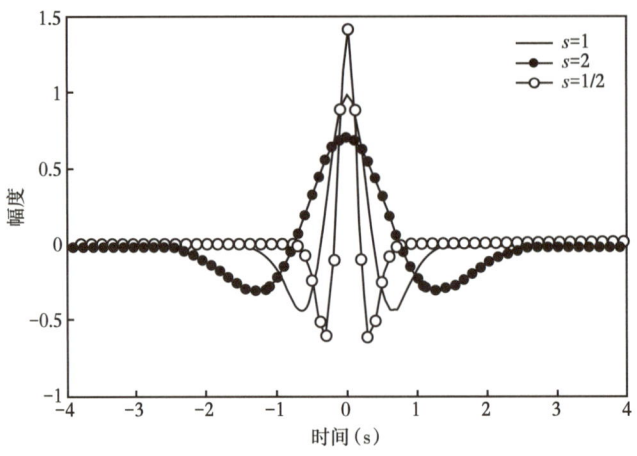

图 2-3-1　伸缩后的小波函数时域分析

（1）复值与实值小波的选择。复值小波作分析不仅可以得到幅度信息，也可以得到相位信息，所以复值小波适合于分析信号的特性，而实值小波最好用来做峰值或者不连续性的检测。

（2）连续小波的有效支撑区域的选择。连续小波基函数都在有效支撑区域之外快速衰减。有效支撑区域越长，频率分辨率越好；有效支撑区域越短，时间分辨率越好。

（3）小波形状的选择。如果进行时频分析，则要选择光滑的连续小波，因为时域越光滑的基函数，在频域的局部化特性越好。如果进行信号检测，则应尽量选择与信号波形相近似的小波。

针对以上的描述，在本项目中需要对地震资料进行时频分析，选择 Morlet 复小波函数作为连续小波变换的基函数进行本项目工作的研究。

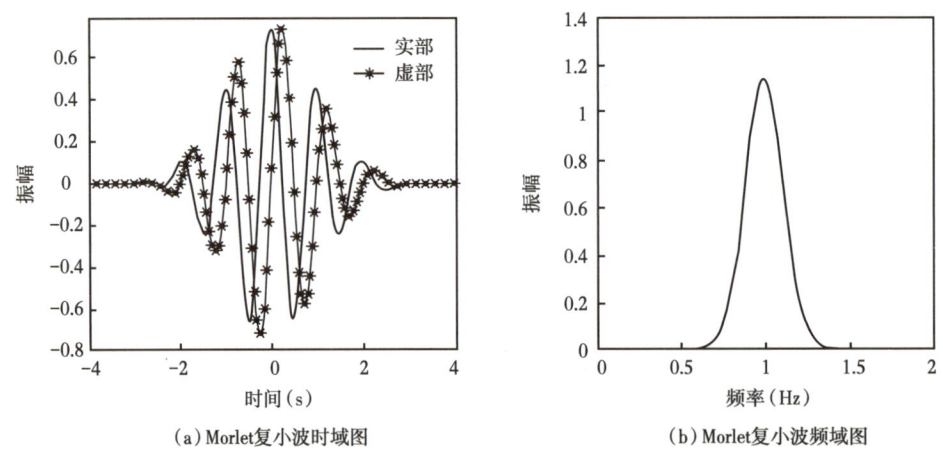

(a) Morlet 复小波时域图　　　　(b) Morlet 复小波频域图

图 2-3-2　Morlet 复小波时频域图

2. 连续小波域地震信号频谱拓展原理

地震波在地下介质中传播时，高频信号相对于低频信号吸收衰减更快，造成了地震信号主频低、带宽窄的特点。将地震信号分解到连续小波域，则表示高频信号的小尺度小波系数表能量相对较弱。基于宽频带高分辨率地震信号振幅谱能量近似水平的假设，在连续小波域补偿因为传播损失的高频能量，以恢复地震资料高分辨率特征。

对单道地震信号做连续小波变换，参考公式（2-3-5），将该地震道分解到时间频率域，连续小波变换在时频平面内的良好局部化特性和冗余特性，提供了可以在频率域预测可扩展的频率，并且利用时间频率域中的不完全信息重建信号的可能。时间频率域的联合分辨率受不确定性原理的约束，根据尺度的变化而变化，尺度增大时，时间分辨率较低，频率分辨率较高；反之尺度减小时，时间分辨率较高，频率分辨率较低。

在原始信号的振幅谱中选择一个基准频率，并通过该基准频率计算需要扩展的频率信息的扩展范围，即谐波和次谐波，如图2-3-3所示（以高频端的扩展为例）。

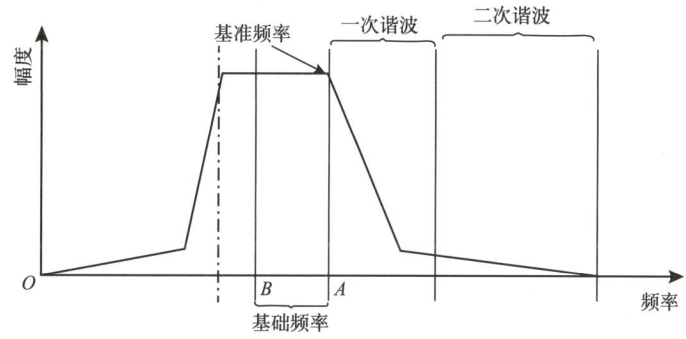

图 2-3-3　扩展频率范围选择

在图 2-3-3 拓展频率范围选择中，A 点表示所选择的基准频率，$B=A/2$；BA 之间的频率为基础频率段。扩展频谱的低端与上述类似，基准频率需要重新选择，如图中所示虚线处为扩展低端的基准频率。基准频率定义为一个用于扩展带宽的标准，在原始信号的振幅谱上选择；带宽扩展范围的计算采用倍频程的概念，扩展的高频分量的频率信息称为谐波（一次谐波、二次谐波等），扩展的低频分量的频率信息称为次谐波（一次次谐波、二次次谐波等）；谐波为基准频率的整数倍，次谐波为基准频率的整数倍的倒数；基础频率为基准频率到基准频率之前一个倍频程之间的频率段，用来预测谐波和次谐波的振幅谱，并且对谐波和次谐波振幅谱进行能量密度调节，从而达到带宽扩展的目的。

3. 理论模型试算

下面应用带通子波合成的简单楔形模型对算法进行验证。该模型包含两个有着正反射系数的同相轴，底层的反射系数的倾角为 1ms/道，这表示楔形随着道数的增加逐渐变厚。

如图 2-3-4 所示，图（a）是一个楔形模型的示意图，分别表示反射层两侧的速度；图（b）是用频带宽度为 15~45Hz 的带通子波合成的低频楔形模型；图（c）是对图（b）的信号应用连续小波变换扩展带宽，扩展后的带宽为 15~120Hz；图（d）是用频带宽度为 15~120Hz 的带通子波合成的高频楔形模型。

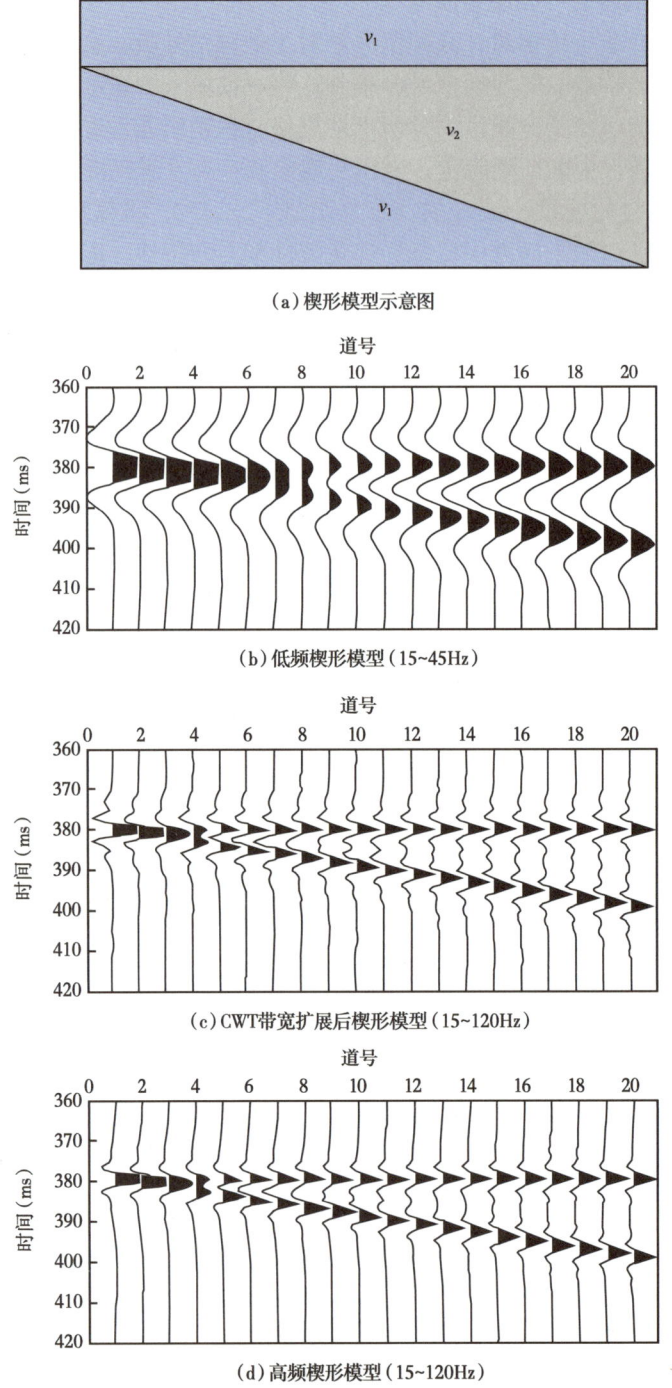

图 2-3-4 连续小波变换扩展带宽楔形模型实例

从图 2-3-4 中可以看出，图（a）中在第 8 道顶层和地层的反射系数可以区分开；带宽扩展之后，在第 4 道就可以区分出顶底的反射系数，如图（b）；该结果与合成的高频模型在第4道可以区分出顶底反射系数的结果是一致的，如图（c）。因此，楔形模型分辨率的提高同样也说明了应用连续小波变换扩展地震带宽算法的有效性。

4. 实际数据应用效果

连续小波变换的地震资料频谱拓展方法在大庆油田多个工区应用并取得较好效果，包括隆45工区、达深15工区、达深20、泰康工区、齐家工区及徐家围子大连片等工区，经连续小波变换的地震资料频谱拓展方法模块处理后的高分辨率成果数据，相比于原始数据，其高、低频成分拓展约均超过20Hz，且保持了较高的信噪比（图2-3-6）。图2-3-5给出了齐家工区去噪后数据及在去噪数据基础上的拓频结果。

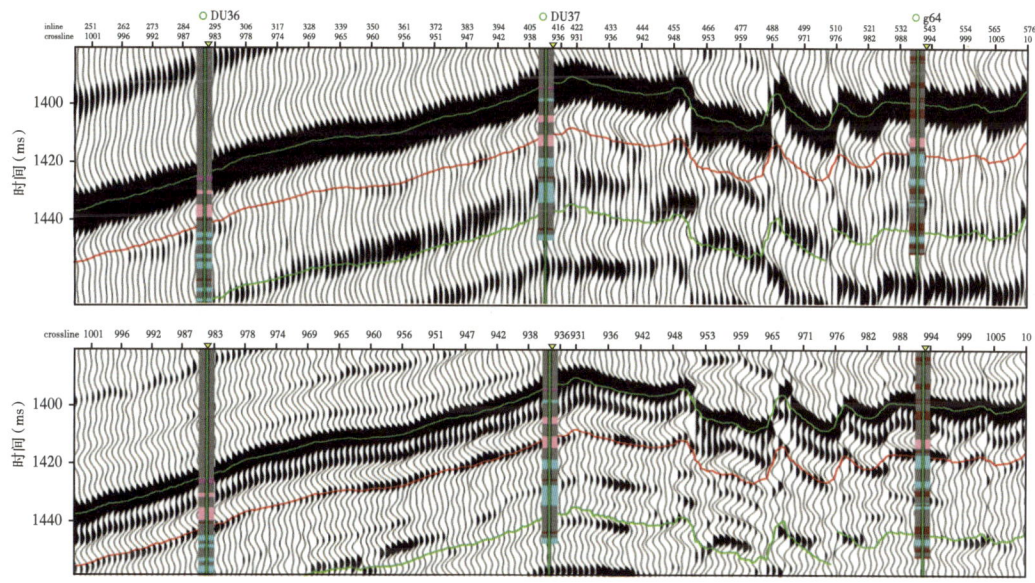

图2-3-5 泰康工区连井线原始数据（上）和拓频数据（下）对比

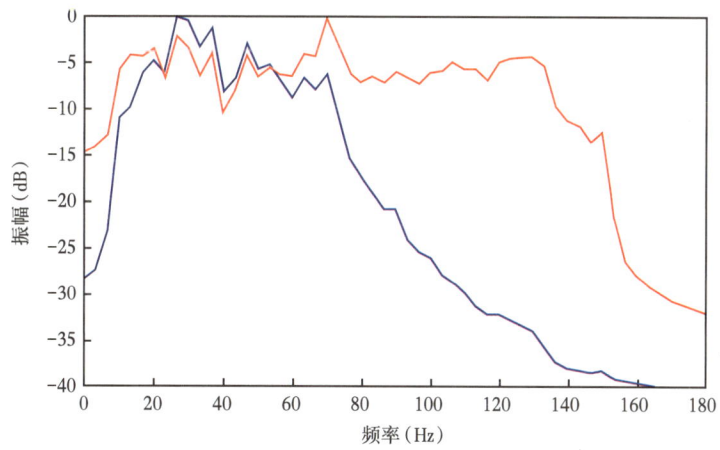

图2-3-6 泰康工区Xline900线原始去噪数据及去噪后拓频数据多道归一化振幅谱对比

图 2-3-7 为泰康工区连井常规处理成果与连续小波变换拓频处理成果及频谱对比。常规处理成果剖面（图 2-3-7），扶余油层的频带为 6~80Hz，垂向分辨率低，波组特征不清。采用连续小波变换拓频处理成果（图 2-3-7），扶余油层的频带为 6~150Hz，目标砂岩对应于 T2 反射下的第一个波峰位置，可以识别追踪，波形特征自然合理。从图 2-3-7 的 T2 振幅切片对比来同样可以看出地震分辨率提高，窄小河道成像清楚，反射特征明显，横向平面展布形态合理，叠后提高分辨率效果显著。

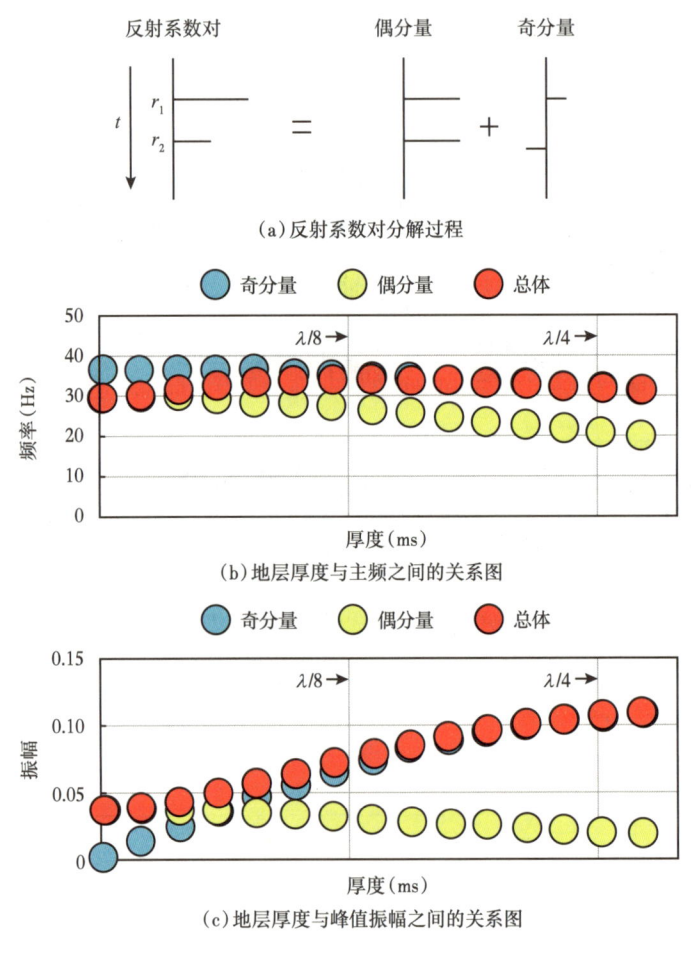

(a) 反射系数对分解过程

(b) 地层厚度与主频之间的关系图

(c) 地层厚度与峰值振幅之间的关系图

图 2-3-7　反射系数奇偶分解

二、谱反演叠后拓频处理技术

通过表层吸收补偿、地表一致性反褶积以及叠前提高分辨率处理后，地震资料分辨率得到提高，这些工作都是在叠加之前完成的。地震数据经过叠加会损失一部分分辨率，另外研究区储层非常薄，需要在叠后剖面上进一步挖掘地震资料潜力，增强层间弱反射信号特征，这有助于储层预测研究。与反褶积、谱白化、反 Q 滤波等常规叠后拓频不同，谱反演基于时频分析和谱分解的叠后拓频技术在保持低频成分不被破坏的同时，有效地补偿了高频成分，突破了 Widess 分辨率极限。随着勘探开发向薄储层岩性油气藏的转变，运用谱反演技术得到具有更高信噪比和高分辨率的地震资料，为提高薄层识别能力提供了新的思路和方法。

1. 谱反演叠后拓频基本原理

谱反演的理论基础是任何稀疏反射系数序列都可以分解成奇分量和偶分量。理想条件下，奇分量具有相等的大小和不同的符号，偶分量具有相等的大小和相同的符号。其中，奇分量不利于检测薄层；而少量的偶分量就可以提高薄层的分辨能力。谱反演的实质就是利用偶分量在厚度趋于零时的有效干涉来提高地震资料的分辨率宽带无约束频谱反演是建立在高精度谱分解基础上的一种反演处理方法，简称谱反演。利用谱分解以及奇偶分解方法建立目标函数后，利用非线性反演方法进行求解。在反演过程中仅对使用的地震资料进行处理，而无需井、地质模型等参与反演进程，最终输出为反射系数序列，分辨率非常高。

1) 反射系数奇偶分解

在利用反射波法进行地震勘探时，反射系数表征介质分界面两边存在波阻抗差。反射系数与地震子波褶积得到有效波是 $s(t)$，其与干扰波 $n(t)$ 叠加组成反映地下地层信息的地震记录，即：

$$f(t)=s(t)+n(t) \quad (2-3-6)$$

$$s(t)=w(t)*r(t) \quad (2-3-7)$$

式中，$w(t)$ 为地震子波；$r(t)$ 为反射系数函数；符号"*"表示褶积运算。

如图 2-3-7（a）所示，将反射系数对分解为具有相等大小、不同极性的奇分量和具有相等大小、相同极性的偶分量。当对比研究奇、偶分量在能量域及频率域内随地层厚度变化而各自产生的响应特征时，有如下发现：在频率域内，奇偶分量的频率变化特征是一致的，都是随着厚度减小而增大，地震峰值频率在小于 $\lambda/4$ 厚度后会减小然后才趋于稳定[图 2-3-7（b）]。在振幅能量域内，奇分量振幅先是随层厚减小而增大，然后随层厚继续减小而减弱，直到层厚减小为零时振幅也变为零值，中间的转折点即为分辨极限 $\lambda/4$；偶分量振幅则是随着层厚减小而增大，在层厚减小为零时振幅达到最大；奇偶分量整体贡献了地震峰值振幅响应随厚度的变化[图 2-3-7（c）]。对比结果表明奇分量削弱薄层的分辨能力，而偶分量起到提高薄层分辨能力的作用。谱反演的实质就是利用偶分量在厚度趋于零时的有效干涉来提高地震资料的分辨率。

2) 反演目标函数

确定反射系数对中奇偶分量的值是谱反演过程中直接影响处理效果的关键环节。基于公式（2-3-8），联立地震数据、地震子波及反射系数的奇偶分量建立目标函数。当目标函数为获得极小值时，即可得到满意的奇偶分量。该方法基本思路可表达为正则化方程求泛函极小：

$$\|\text{real}(Fm)-d\|^2 + aS(m) = \text{Min} \quad (2-3-8)$$

式中，d 为实际地震道数据，F 为子波逆变换算子（即正演模拟算子），m 为反射系数模型，a 为规则化参数，$S(m)$ 为约束条件。式（2-3-8）中第一项为最小二乘模型，用于求取实际地震道与模型正演结果之间的误差极小值，第二项为施加的正则项，即约束条件。整个表达式为欠定方程，最终需要求解反射系数模型 m，而其中 F 算子和 $S(m)$ 约束条件是最重要的因素。在实际谱反演过程中可以利用一系列子波构建出模型变换算子 F，子波可以是理论统计子波或者是直接从地震数据中提取的实际子波。约束条件 $S(m)$ 有多种选择如最小 $L1$ 范数法约束、稀疏脉冲法约束等。

2. 正演模型验证

为了验证谱反演适用性，进行正演模拟研究。图 2-3-8 给出了正演模拟数据及其对应的谱反演反射系数剖面。正演模型由实际的测井声波阻抗曲线插值得到，正演子波采用宽频子波，子波频带构成为 5/15~30/100Hz。可看到，反射系数剖面具有极高的分辨率，但是从图 2-3-8（d）频谱特征看到，高于 100Hz 的信号出现突然增大现象，这与正演数据的频带范围有关，高于 100Hz 无信号[图 2-3-8（c）]。进一步分析（图 2-3-8），谱反演得到的反射系数体并不能根据波峰和波谷来完全分辨薄储层，大于 10m 的砂层才能够较好地分辨。

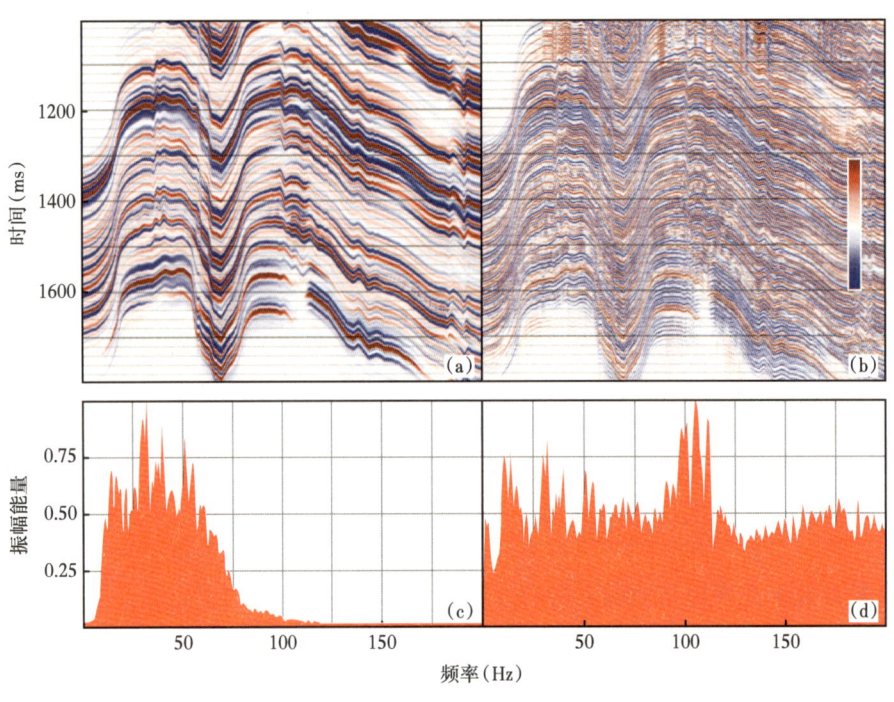

图 2-3-8　正演数据谱反演结果分析

（a）正演模拟数据；（b）与图（a）对应的谱反演得到的反射系数剖面；
（c）与图（a）对应的频谱；（d）与图（c）对应的频谱

这个正演实例表明，如果原始资料中高频信息却是或者高频信息很弱，谱反演反射系数的高频端信号是不可能合理的。正如 Todorovic 等提到，谱反演体很大程度上受到高信噪比那部分地震数据频宽控制。受到陆上地震资料信噪比以及采集信号频带限制（一般小于100Hz）影响，谱反演得到反射系数剖面的高频信号的使用要特别注意。因此，合理的做法应当是根据原始资料及处理数据频率特征，对谱反演反射系数进行适当高切滤波或者与宽频子波褶积，这样得到的宽频资料用于后续地震解释。

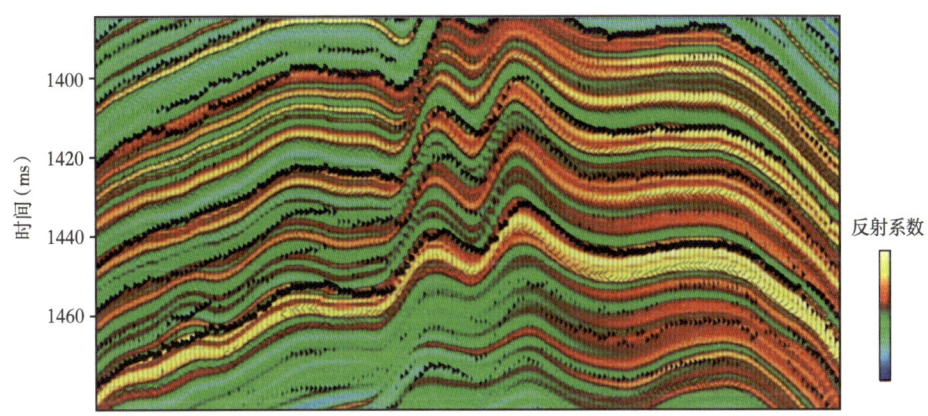

图 2-3-9　正演波阻抗模拟与谱反演反射系数叠合剖面

背景颜色为波阻抗模型，波形为反射系数体

图 2-3-10 比较了正演结果与谱反演宽频处理数据。图（a）和图（c）分别为5/15~30/100Hz、5/15~70/100Hz 的宽带子波制作合成地震记录，正演中加入了10% 随机噪声。图（b）是图（a）对应的谱反演宽频处理结果，使用 70~100Hz 频窗高切滤波，使其频谱与图（c）在同一频率范围。谱反演结果剖面反射特征与图（c）具有很高的相似性，说明谱反演宽频处理能有效抬升高频信息，使薄层弱反射得到恢复。

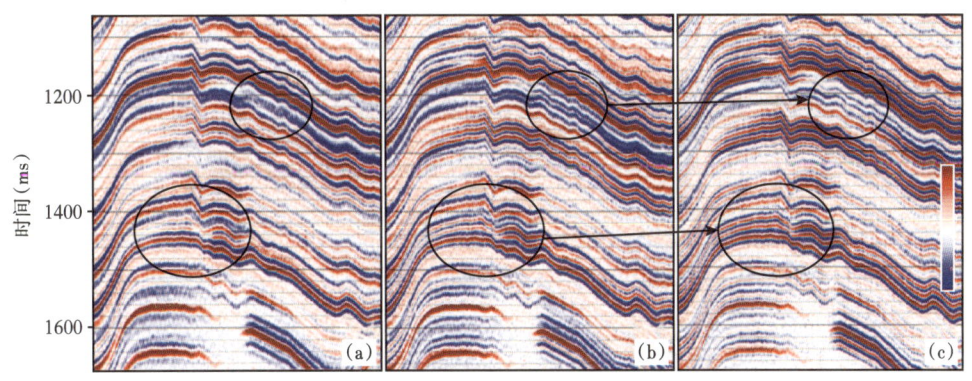

图 2-3-10　正演数据与谱反演结果对比

（a）5/15~30/100Hz 的宽带子波合成地震记录；（b）与图（a）对应的谱反演宽频处理；
（c）5/15~70/100Hz 的宽带子波合成地震记录

3. 谱反演算法实现

前面概要介绍了谱反演的原理，提出了反射系数序列奇偶分解提高分辨率理论，给出了谱反演的目标函数，我们采用 LSCC（最小二乘共轭梯度）算法进行谱反演，计算出谱反演能够分辨薄层反射系数的位置、极性和大小。

根据谱反演原理和最终优化求解算法，设计基于反射系数序列非稀疏假设的 LSCC 谱反演流程如图 2-3-11 所示。

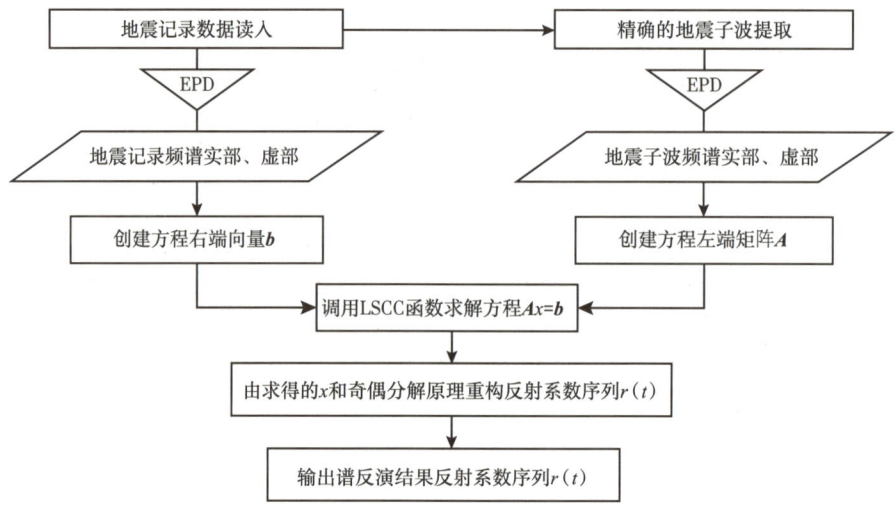

图 2-3-11　基于（最小二乘共轭梯度）算法的谱反演流程

4. 实际数据处理效果

图 2-3-12 是研究区的一个宽频处理效果展示。Well1 为古 437 井，是区内一口有利井，测井曲线显示目的层内发育了两套薄砂层组（椭圆圈内），累积厚度分别为 5.6m[图 2-3-12（a）] 和 8.6m[图 2-3-12（b）]。地震资料薄砂层组地震反射响应弱[图 2-3-12（a）]，谱反演宽频处理后［图 2-3-12（b）］，反射波组特征明显，横向连续性增强，特征与伽马

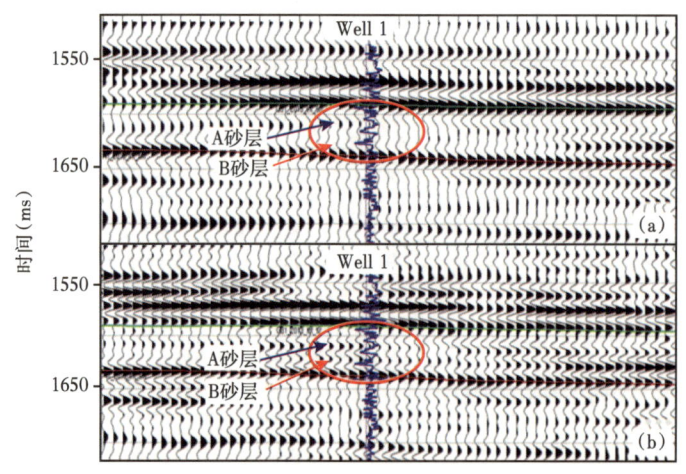

图 2-3-12　谱反演处理前、后剖面对比
（a）谱反演处理前；（b）谱反演处理后

曲线合理匹配。图 2-3-13 给出了谱反演处理前后的频谱，低频端信号得到很好保持，高频端信号得到加强。从 B 砂层组属性切片上看（图 2-3-14），沉积砂体规律清晰，为水平井设计提供支撑。

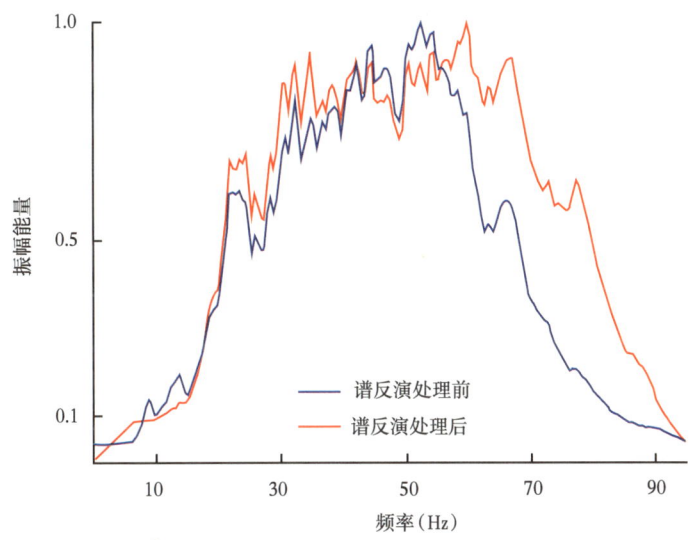

图 2-3-13　谱反演处理前、后频谱展布对比

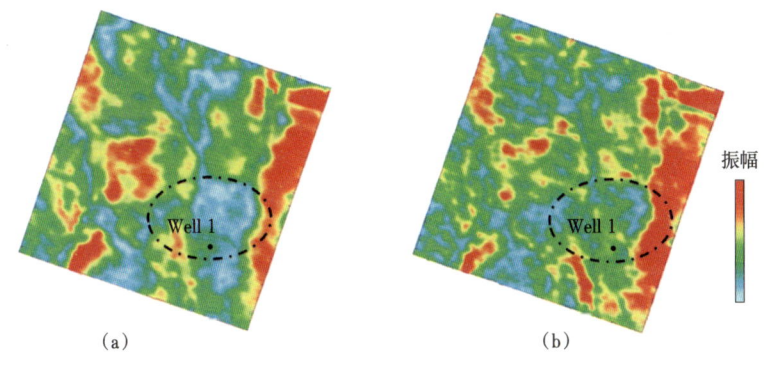

图 2-3-14　谱反演处理前、后沿 B 砂层组振幅属性切片对比
（a）谱反演处理前；（b）谱反演处理后

参考文献

陈树民，刘礼农，张剑峰，等，2018. 一种补偿介质吸收叠前时间偏移技术［J］. 石油物探，57（4）：576-583.
陈志德，王成，刘国友，等，2015. 近地表 Q 值模型建立方法及其地震叠前补偿应用［J］. 石油学报，36（2）：188-196.
陈志德，赵忠华，王成，2016. 黏滞声学介质地震波吸收补偿叠前时间偏移方法［J］. 石油地球物理勘探，51（2）：325-333.

周健, 2020. Q 补偿技术在地震资料处理中的研究与应用[D]. 成都：成都理工大学.

Kjartansson E, 1979. Constant Q wave propagation and attenuation[J]. Journal of Geophysical Research：Solid Earth, 84(9)：4737-4748.

Wang Y, 2002. A stable and efficient approach of inverse Q filtering[J]. Geophysics, 67：657–663.

Zhang J F, et al., 2016. High-resolution imaging：An approach by incorporating stationary-phase implementation into deabsorption prestack time migration[J]. Geophysics, 78(1)：317-331.

Zhang J F, Wu J Z, Li X Y, 2013. Compensation for absorption and dispersion in prestack migration：An effective Q approach[J]. Geophysics, 78(1)：1-14.

第三章 薄互层宽频地震成像技术

地震资料处理是储层预测和描述的基础，特别是非常规油气地震勘探，对地震处理提出了更高的要求，需要在已有的地震资料保幅高分辨率处理基础上，开展提高宽频地震成像处理技术研究，进一步提高地震资料的纵横向分辨率和振幅、频率、相位的保真性，满足薄层识别、裂缝预测、有效储层预测及"甜点"识别的需要。

薄互层是大庆探区油气勘探面对的主要目的层之一，松辽盆地薄互层油层的特点如下。一是单砂体厚度薄，5m以下的占70%左右。二是河道砂体规模小，沉积相类型由三角洲平原亚相随着水进演化为三角洲前缘亚相，分流河道为储层的主要沉积微相类型，河道砂体的厚度一般为2~5m。例如：州201开发区的高分辨率层序地层学研究和沉积微相解剖结果，河道砂体厚一般2~5m，砂岩粒度细以粉砂岩为主，单期河道宽一般约为150~500m；侧积砂发育时，具有较大的平面规模。三是埋藏深，如三肇凹陷内部的扶余油层埋深普遍都在1550m以下，埋深加大了地震波传播旅程时间进而导致了地震分辨率的降低。四是储层致密，储层与围岩弹性特征差异小，有利储层的预测难度大。五是断裂多，源内、源下致密油高台子油层和扶余油层的断层十分发育，为油气成藏提供了诸多条件，同时油藏规模被断裂切割得更有限，分布变得更加复杂，还有断裂多会影响到地震资料对构造和储层的成像精度。

上述松辽盆地北部地层的地质特点导致松辽盆地北部地震资料处理方面存在着下列不足与难点：一是地震成像精度不够，地震属性的空间分辨率较差，尤其是在薄互层的地质条件下，难以在河道发育带中识别主力河道砂体，进而导致直井钻探以钻遇河道带边部的决口扇、天然堤沉积微相类型的薄互层，导致水平井的砂体和油层钻遇率低；二是小断层识别精度不够高，水平井钻探过程中如果遇到断距较大的小断层，岩性会发生突变，如何在钻前对钻井轨迹上的小断层做好预测，这对成像精度提出更高要求；三是叠前道集保持AVO特征和AVAZ较差，由于地震储层预测以砂体识别为主，而对非常规油气所需求的储层属性、岩石力学参数、各向异性等关心不足，因此以叠前道集为输入的弹性参数反演和各向异性分析开展相对较少，对处理过程中道集品质的监控、面向弹性参数反演道集优化处理、宽方位处理等存在不适应。

基于上述分析，在松辽盆地北部中浅层致密油地震处理主要需求是：通过针对地震波传播过程分析，研发和完善有针对性的处理技术，提高地震资料的纵横向分辨能力、提升地震成像精度，为开展井震结合地震沉积学解释、薄互层砂体刻画、弹性参数反演、各向异性分析等奠定资料基础。

第一节　黏弹介质叠前时间偏移方法与应用

一、黏弹性叠前偏移研究现状

反褶积类技术使用前提是地震记录的子波时不变的，应用该类技术必须首先补偿地震波的吸收衰减，实现地震子波的一致性。非稳态反褶积是针对黏性吸收导致的分辨率降低而发展的提高分辨率方法，有较坚实的基础。但非稳态反褶积在估计空变的非稳态子波上存在较多困难，这一方法一般很难同时实现频散校正。目前，非稳态反褶积仅在叠加剖面上能得到较好效果。稳定性和噪音放大是该方法实际应用中遇到的另一个问题。反 Q 滤波可同时应用于叠前地震资料和叠后的偏移叠加剖面。这一方法是从补偿地震波幅值的黏性吸收出发，具有坚实的物理基础。但就用于叠前地震资料的反 Q 滤波而言，它忽略了地震波传播路径对幅值衰减的影响，实际上仅在均匀 Q 值情况下是准确的；叠后资料的反 Q 滤波可处理层状 Q 值模型情况，但由于叠加过程已将不同传播路径，即已将存在不同程度吸收衰减的幅值相叠加，这一处理不能完全消除吸收衰减的影响。稳定性和噪音放大也是这一方法实际应用中遇到的一个问题。就补偿地震波吸收衰减，进而提高地震成像的分辨率而言，在偏移成像过程中恢复地震波被衰减的高频成份是提高地震成像分辨率的关键。它可以真正地提高地震勘探方法对小断层、小断裂和薄砂体的识别能力。黏弹性叠前时间偏移通过引入等效 Q 值的概念，实现了在偏移过程中补偿介质吸收，恢复了衰减的高频成份，实现了高分辨率成像。黏弹性叠前深度偏移准确考虑了地震波的传播和黏性衰减过程，理论上是可以较好地补偿地震波的黏性吸收。但黏弹性深度偏移方法需要深度域层间 Q 值模型，直接建模比较困难，考虑采用时间域建立等效 Q 值模型，然后通过成像射线利用时深关系将由等效 Q 反演的层 Q 模型映射到深度域。完成深度域 Q 场建模。叠前深度偏移方法可对断层较为复杂但速度横向存在变化的地质构造较好成像。

二、稳相偏移与倾角道集实现

1. 菲涅尔带与稳相偏移积分

19 世纪 Stokes 和 Kelvin 在研究水波问题时最初发展了稳相方法，考虑一般形式的拉普拉斯积分，$\phi(t)$ 是一个纯虚部函数，例如 $\phi(t)=i\psi$，有：

$$I(x)=\int_a^b f(t)e^{ix\psi(t)}dt \qquad (3-1-1)$$

式中，a，b，x，$f(t)$ 和 $\psi(t)$ 都是实数或实函数。在这种情况下，$I(x)$ 被称为广义傅里叶积分，值得注意的是 $e^{ix\psi(t)}$ 是一个无法利用类似 Laplace 方法和 Watson 引理中指数从一个最大值逐渐衰减的纯粹震荡项。然而如果 x 很大，$I(x)$ 中的被积分项快速震荡，我们可以期望其在相邻的间隔里正负贡献相互消减，只是留下很少一部分对积分的贡献。

根据黎曼—勒贝格引理。对于 ε 足够小的时候，为了获得渐进展开的首项我们假定 $\psi''(c) \neq 0$，否则必须考虑更高阶的项。那么在闭区间 Ω 内，函数 $f(x,y)$ 是绝对可积的，$\varphi(x,y)$ 对于 x,y 是连续可微的，那么有：当 $\omega \to \infty$ 时，该振荡积分可以用稳相点处的值表达为渐进形式：

$$I(\omega) \sim f(x_0, y_0) \left(\frac{2\pi}{\omega}\right) \frac{1}{|Q(x_0, y_0)|} e^{i\omega\varphi(x_0, y_0)} e^{i\frac{\pi}{2}\text{sgn}[Q(x_0, y_0)]} \qquad (3\text{-}1\text{-}2)$$

式中，(x_0, y_0) 为闭区间 Ω 内函数 $\varphi(x,y)$ 的稳相点，由于其在分母项目，所以其存在条件为 $Q(x_0, y_0) \neq 0$。

理论方法和实际应用都表明，在地震波勘探的频率范围内，稳相点所要求的条件都可以成立，所以上面的理论对于地震频带而言，可以完美应用。

介绍完稳相积分理论，我们将该积分理论应用到上一章节推导的时间偏移公式里，可以知道该积分为二维震荡积分，将上式写为稳相积分的标准形式有：

$$P(\omega, x, y, t) = \frac{\omega^2}{4\pi^2} \iint \underbrace{P(\omega, p_x, p_y; 0)}_{item1} \cdot \exp\left[-i\omega \underbrace{\left(\sqrt{1 - v_{\text{rms}}^2(p_x^2 + p_y^2)} \cdot t + xp_x + yp_y\right)}_{item2}\right] dp_x dp_y \qquad (3\text{-}1\text{-}3)$$

式中，$item1$ 和 $item2$ 分别对应稳相积分原理章节的 $f(x,y)$ 和 $\psi(x,y)$，利用二维振荡积分的稳相原理，可以得到由地面接收点的地震记录波场传播到地下时间深度为 t 处的波场表示如下：

$$P(\omega, x, y, t) = f(\omega) \cdot \frac{\omega}{2\pi} \cdot \frac{t}{\tau_g^2 V_{\text{rms}}^2} \cdot e^{i\omega\tau_g} \cdot e^{i\frac{\pi}{2}} \qquad (3\text{-}1\text{-}4)$$

其中

$$\tau_g = \sqrt{t^2 + \frac{x^2 + y^2}{v_{\text{rms}}^2}}$$

式中，τ_g 为走时项，表达了检波点处的地震记录反向传播到地下某时间深度为 t，横向位置为 $\sqrt{x^2 + y^2}$ 处所需要经历的时间；$\frac{t}{\tau_g^2 v_{\text{rms}}^2}$ 为振幅项，可以表示为 $\frac{1}{\tau_g v_{\text{rms}}} \cdot \frac{t}{\tau_g v_{\text{rms}}}$ 第一项为几何扩散项，第二项为倾斜项，描述了炮点到成像点的倾斜程度，即 $\frac{\cos\theta}{v_{\text{rms}}}$（如图 3-1-1 角度所示）。

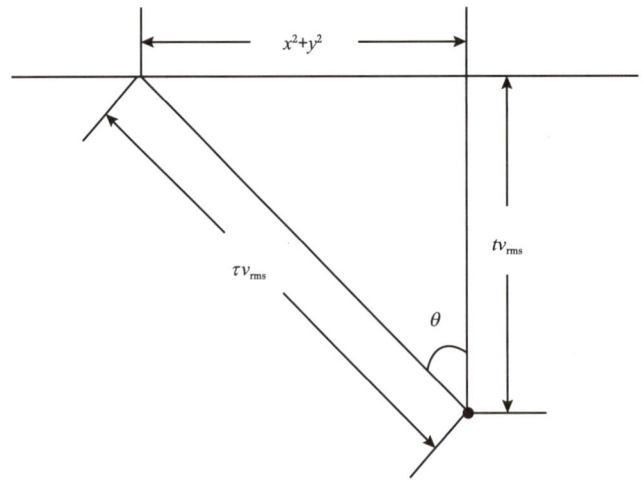

图 3-1-1 走时关系和倾斜角

对上面的检波点和炮点波场，加上各自坐标的角标，在统一的坐标系统中描述可以表达为：

$$P_g(\omega, x_g, y_g, t) = f(\omega) \cdot \frac{\omega}{2\pi} \cdot \frac{t}{\tau_g^2 v_{rms}^2} \cdot e^{i\omega\tau_g} \cdot e^{i\frac{\pi}{2}} \tag{3-1-5}$$

$$P_s(\omega, x_s, y_s, t) = S(\omega) \cdot \frac{\omega}{2\pi} \cdot \frac{t}{\tau_s^2 v_{rms}^2} \cdot e^{i\omega\tau_s} \cdot e^{i\frac{\pi}{2}} \tag{3-1-6}$$

由炮点和检波点传播的示意图如图 3-1-2 所示。

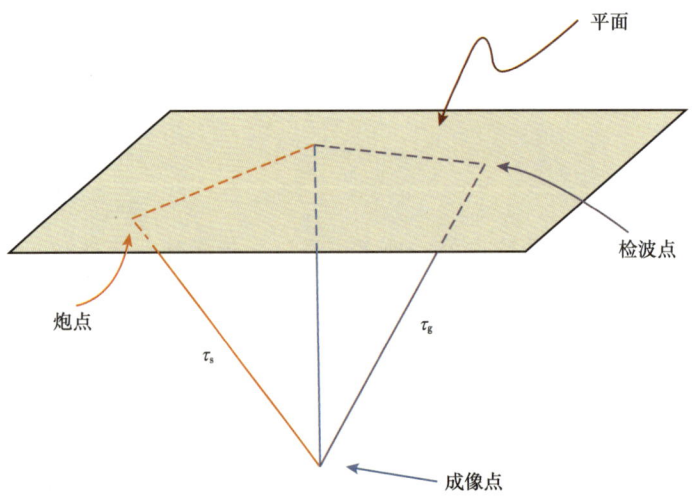

图 3-1-2 炮点检波点成像点关系

由炮点正传，和检波点反传可以得到成像点处的正传和反传波场，利用叠前深度偏移中的反褶积成像条件，用检波点传播到此处的波场除以炮点传播到此处的波场，然后对频率积分，考虑到实际地震记录在处理过程中会对叠前数据做反褶积，相当于去除了 P_s 波场中的震源项 $S(\omega)$，成像公式可以进一步写为：

$$I(x,y,t) = \left(\frac{\tau_s}{\tau_g}\right)^2 \int f(\omega) \cdot i\omega \cdot e^{i\omega(\tau_s+\tau_g)} d\omega \qquad (3-1-7)$$

由式（3-1-7）可知，在常规三维叠前时间偏移中，一个地震数据道的偏移可以通过对该地震道做导数，然后在该求导后的数据中取出时间为 $\tau_s+\tau_g$ 处的振幅值，然后再作用上由走时关系确定的权系数。

菲涅尔带是一个物理概念，其描述了波动传播过程中由于有限频率而引起的与最短到时差在半个波动相位内所形成的三维体，常规讲的菲涅尔带指的是第一菲涅尔带。在地震学中，菲涅尔带是衡量地震横向分辨率的一个重要参数，地震反射波的主要能量集中在菲涅尔带内，地层速度、倾角和地震波的频率共同决定着菲涅尔带的范围，准确的找出菲涅尔带可以提高地震的成像结果的信噪比，只保留主要反射能量，而去除噪声占比更多的其他能量。从稳相积分的推导过程可以看到，其即为在振荡积分中求取主要能量的过程。

2. 倾角道集与稳相偏移的倾角域实现

前面章节介绍了稳相积分理论和基于波动方程的相移偏移结合的叠前时间偏移理论的推导。稳相积分是一个振荡函数求积分的数学概念，而在实际应用过程中，对于时间或者深度偏移而言，实现了基于菲涅尔带的叠加的方法都是稳相偏移。对于菲涅尔带而言，有多个域的表现形式，比如检波点域的菲涅尔带，即描述了反射地震记录在某个检波点处的到时在半个波长范围里的区域，那么菲涅尔理论认为，该区域对于地下某点的成像而言都是有效的贡献，而除去第一菲涅尔带的范围，则对该位置处的成像贡献很弱或者不贡献。

菲涅尔带可以存在于多个域，如炮域，检波点域成像域等，他们对于照明度分析等都有着重要作用。对于成像而言，采用对于成像最直接的成像域菲涅尔带，通过构造成像域的倾角道集，可以直观展示出对于成像有贡献的菲涅尔带，和对于成像没有贡献的其他信号，然后在该域中，将对提升剖面质量，增强剖面信噪比的菲涅尔带保留，对于成像没有贡献，而且还要引入额外的随机噪声、偏移噪声、假频等信息去除。这样就可以得到最终的高信噪比剖面结果。同时该过程完成了对于菲涅尔带的叠加，实现最优偏移孔径，实现稳相偏移。

给定以下模型，水平地表下有一个倾斜界面，S_1，S_2 是地面是关于界面的自激自收（零偏移距数据）点，现研究 S_2 对应的反射点 I_2 对于 S_1 对应的反射点 I_1 成像时，其会成像在 I_1 的上方 P 处，其中 P 为 S_2 的成像等时面 Ω 与 I_1 与地面的垂线 MI_1 的交点。对于 I_2 处的反射信号对于 I_1 处的贡献，用两个参数表示，一个是时差，一个是角度。时差就是 PI_1 之间的时间深度轴上的距离，角度就是等时面 Ω 与 MI_1 交点 P 处的切线斜率。对于某个成像水平位置 M，按照地震数据对该位置处贡献时间深度和在该横向位置成像所对应的角度排列，所形成的道集就是倾角道集。

如图 3-1-3 所示，假设界面倾角为 θ，垂直时间深度 MI_1 为 T_0，I_2 所对应的零偏移距的地震记录对 I_1 所在横向位置的贡献垂直时间深度 MP 为 T，切线与水平面夹角为 ϕ，则根据几何关系可以得到：

$$\begin{cases} \dfrac{T}{\cos\phi} = x\sin\theta + \dfrac{T_0}{\cos\theta} \\ T\tan\phi - T_0\tan\theta = x \end{cases} \quad (3\text{-}1\text{-}8)$$

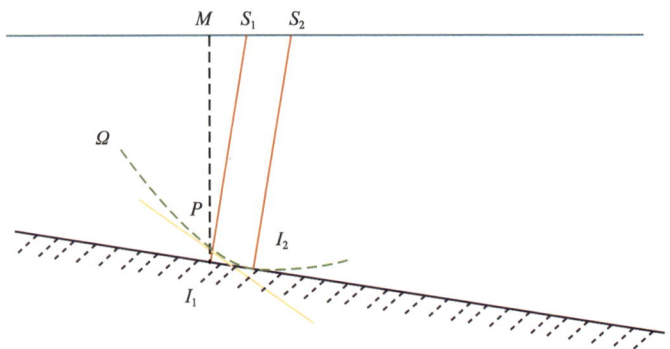

图 3-1-3　倾角道集计算方法

式（3-1-8）即零偏移距的倾角道集形态公式，对上面式子关于变量 ϕ 求导可以得到：

$$\dfrac{\partial T}{\partial \phi} = -\dfrac{T_0\cos\theta(\sin\phi - \sin\theta)}{(1-\sin\theta\sin\phi)^2} \quad (3\text{-}1\text{-}9)$$

取 $\theta=20°$、$T_0=1\text{s}$ 得到如图 3-1-4 所示的倾角道集曲线。可以看到，倾角道集形态是一个近似抛物的曲线，曲线的顶点即表征了地下界面的时间扭曲的倾角状况。

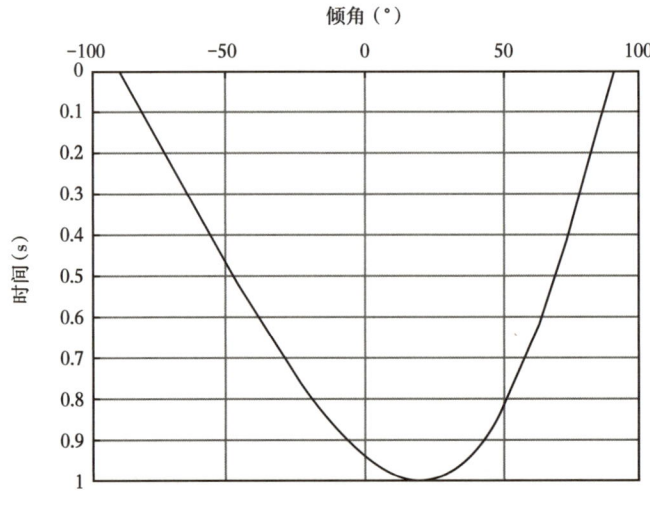

图 3-1-4　倾角道集理论形态图

对于实际偏移而言，对于每一个地震道，对于孔径内的每一个成像点，根据炮点检波点和成像点构成的三角形几何关系，炮点射线、检波点射线构成的角平分线确定的拟成像平面，获取到该平面与两个坐标平面所形成的夹角，即为两个方向的倾角（图 3-1-5）。

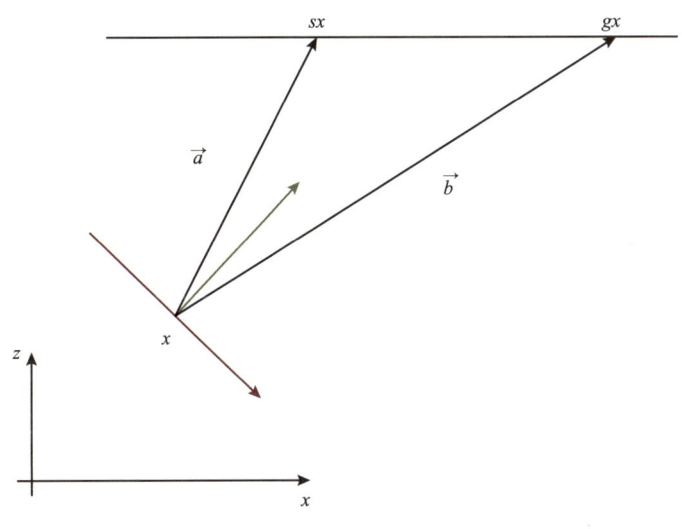

图 3-1-5　倾角几何关系图

如图 3-1-6 所示的二维情形，对于任意一个地震道，对于某一个成像位置而言，其构成了由成像点到炮点和由成像点到检波点所构成的两个向量，求取出该向量所形成的夹角的平分向量。然后得到该角平分向量的法平面，求出该法平面与坐标轴 x 所形成的夹角，就为该点的拟成像倾角，在输出道集上，该成像结果贡献到该 CDP 位置的某个倾角角度上。

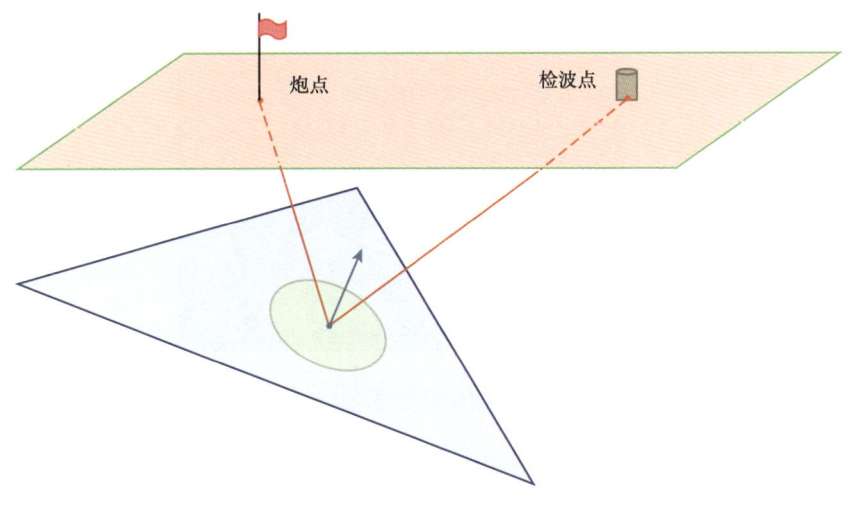

图 3-1-6　反射面示意图

时间偏移中，如果直接生成三维倾角道集，会耗费大量的存储空间，对此我们采用部分叠加的方式，对沿着测线和垂直测线方向上，分别生成部分叠加道集，用以表征两个方向的倾角。由于该道集已经是一个维度上的叠加结果，所以对于识别菲涅尔带后的倾角道集直接叠加，便可以得到该方向上的稳相结果。由于两个方向的不独立性质，所以必须两个方向分别选取菲涅尔带之后，用选取的菲涅尔边界作为孔径，构建最终的成像结果，便可以得到两个方向都优化的叠加结果。

对于三维情况下，具体的倾角求取过程可以用向量方法表示，具体地，设成像点到炮点的向量为 $\vec{a}$，成像点到检波点的向量为 $\vec{b}$，则向量 $\vec{a}$、$\vec{b}$ 的角平分线可以记为 $\vec{n} = \hat{a} + \hat{b}$，代入上面坐标表示的形式，利用时间偏移的走时关系可以得到：

$$\tan\theta_x = \frac{(x_s - x)\tau_g + (x_g - x)\tau_s}{tv_{rms}(\tau_s + \tau_g)} \quad (3-1-10)$$

类似地，可以得到 y 方向的倾角计算公式：

$$\tan\theta_y = \frac{(y_s - y)\tau_g + (y_g - y)\tau_s}{tv_{rms}(\tau_s + \tau_g)} \quad (3-1-11)$$

如图 3-1-7 所示，简单层状模型的倾角道集，可以看到简单层状的倾角道集呈现出类似开口向上的抛物线的形态，其中的稳相点就是图中类似抛物线的轴的顶点，而菲涅尔带就是类似抛物线顶点的半个波长的内部范围。

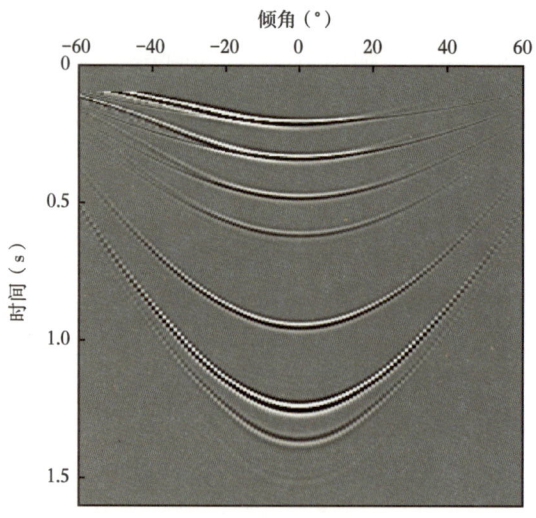

图 3-1-7　层状模型理论倾角道集

对于复杂的模型，相应的倾角道集中也会复杂，对于二维海洋模型，我们对其生成其倾角道集，并研究倾角道集对应的性质和形态。海洋模型如下，我们选取几个典型位置展示其倾角道集，选取 CDP 为 100、500 和 700 位置（图 3-1-8）。

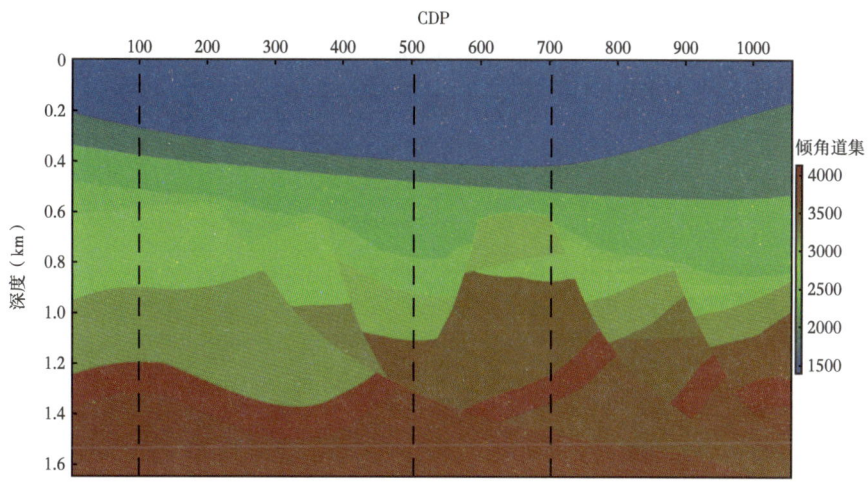

图 3-1-8 选取的展示倾角道集的横向位置

对于 CDP 位置为 100 处的倾角道集和速度模型如图 3-1-9 和图 3-1-10 所示，认真对照速度模型和倾角道集，可以看出，倾角道集中有 7 个同相轴，分别对应速度模型中的 7 个速度分界面，倾角道集中的轴的强弱体现出反射界面的反射强弱关系，其中第 4 和第 7 个界面反射比较弱，第 1、2、6 反射较强，从速度模型上可以看出该特点，对应的抽取该位置的速度并且求取该 CDP 处的反射系数（图 3-1-11），反射系数和倾角道集中的反射强度能够很好的契合。而且前 6 个轴为正极性，最后一个轴为负极性，这和反射系数完全吻合。观察每一条轴的稳相点位置可以看出 1、2、3、5、6、7 为正角度，轴 4 为负角度。其中第一条轴的左侧负角度信息是由于模型左侧在正演时，水平扩展所致。

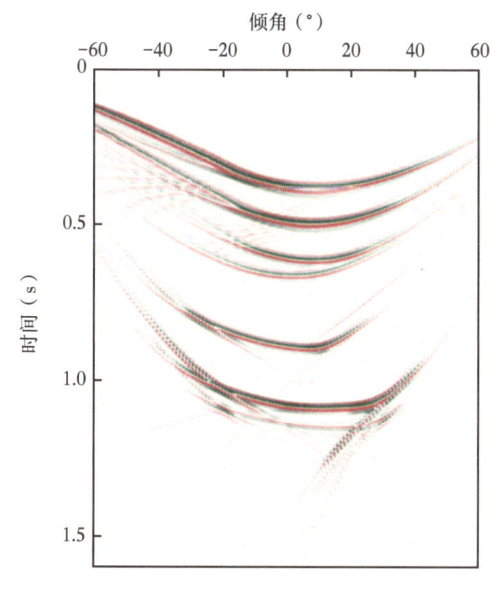

图 3-1-9 CDP 为 100 处的倾角道集

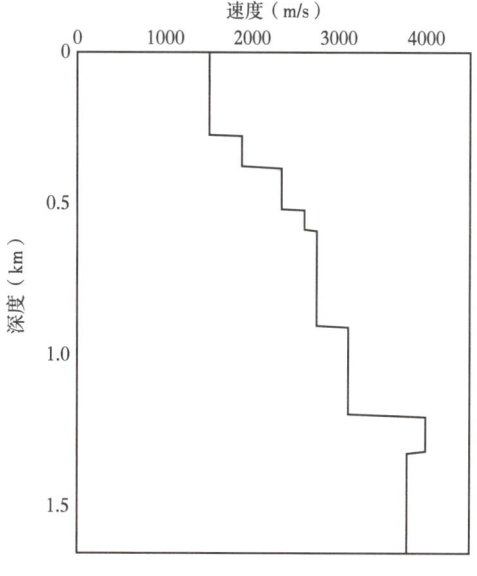

图 3-1-10 CDP 为 100 处的速度模型

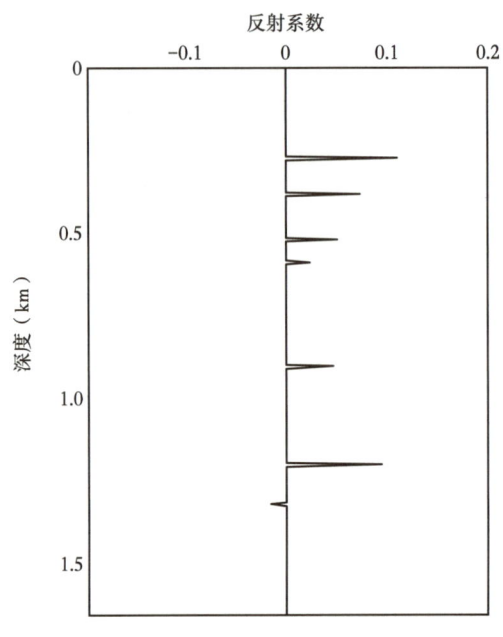

图 3-1-11 CDP 为 100 处的反射系数

同上面分析过程类似，我们再分析一下 CDP 为 500 和 700 位置处的倾角道集情况。由倾角道集的求取过程可以知道，某一个 CDP 处的倾角道集，不仅有该成像处的构造信息，还有其他位置处的构造信息对该位置的影响，可以看到图中除了浅层的反射面的倾角道集比较完整外，深层的倾角道集并没有很好地体现出类似抛物的性质，这主要是因为，在深层倾角道集会受到更多的横向的干扰，而且深层的位置处的界面和构造并不是一个完整的无限制长度，所以会形成部分不完整的倾角道集，意思是说，在某个 CDP 位置成像时，别处构造的信号会出现在该倾角道集里，但是由于该成像位置并不是具有与其他位置一样倾斜程度的完整构造，所以该部分在此处并不会形成完整的倾角道集，这就使得其为单边的像，而且不能够完整抵消，所以会出现如图 3-1-12 中的 0.7s 处右侧正角度的斜线，该线实际上是速度模型中 CDP 为 600 处的推覆顶界面的记录对该位置的贡献，由于该构造并没有完整的延伸到 CDP500 处，所以其成像才有如此特征。深层的倾角道集表现出点块的特征，而且有向上弯曲和向下弯曲的弧线状，其中能量比较强的多为构造两侧的强反射层。分析 CDP 为 700 处的倾角道集可以看到，剖面从上到下大概有 7 个强能量轴和强能量点块，前两个轴和上面介绍的两个 CDP 位置处一致，都是简单的倾斜反射层，而深层的第三层比较特殊，其倾角道集表现为只有单侧情形，而在该倾角道集中表现为只有负角度部分，而正角度部分是一个平轴，这是由于在模型的 CDP 为 700 的位置，是一个构造的尖点，其在地震学意义上，是一个绕射点，而绕射点处的绕射波在倾角道集中表现为一个平轴，而且这种断点型绕射点两侧的绕射波会存在相位反转，即在稳相点的两侧，水平的绕射波在左侧和右侧的波形是相反的。从图 3-1-12 可以看到左侧是负极性的反射轴，右侧是正极性的轴。

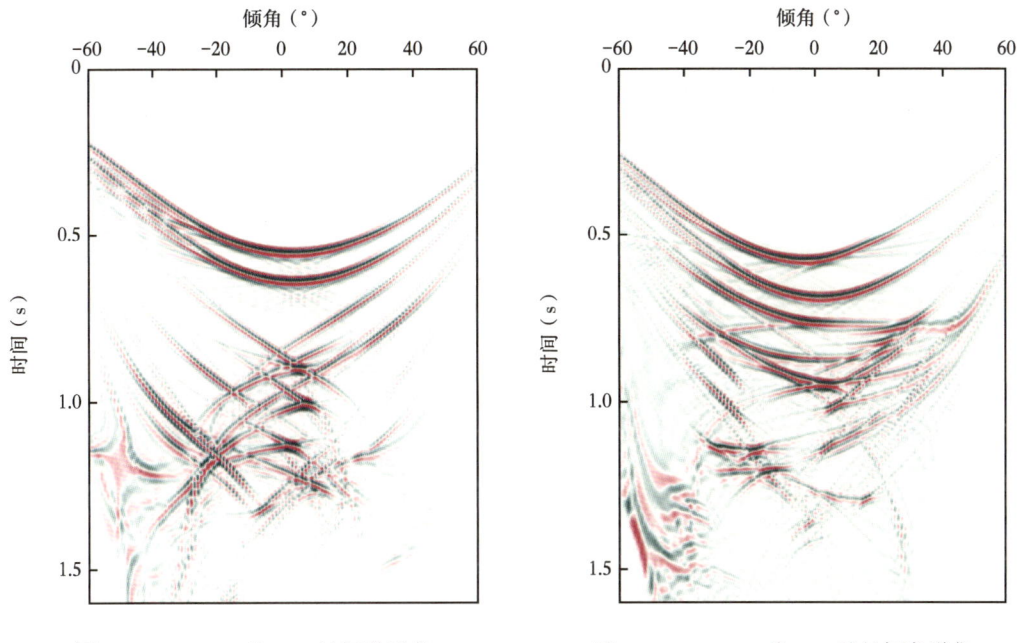

图 3-1-12　CDP 为 500 处倾角道集　　　　图 3-1-13　CDP 为 700 处的倾角道集

对于某实际地震数据，我们生成了 X 方向和 Y 方向倾角道集，如图 3-1-14 和图 3-1-15 所示，可以从图上看到，倾角道集在实际地震数据中，浅层横向变化不是很剧烈，构造连续性和完整性较好，呈现出理论的形态，而对于较深层，由于构造变得更加复杂，深层倾角道集变得相对破碎，而且 X 方向道集，图 3-1-14 中 2.5s 的位置可以看到有绕射的水平

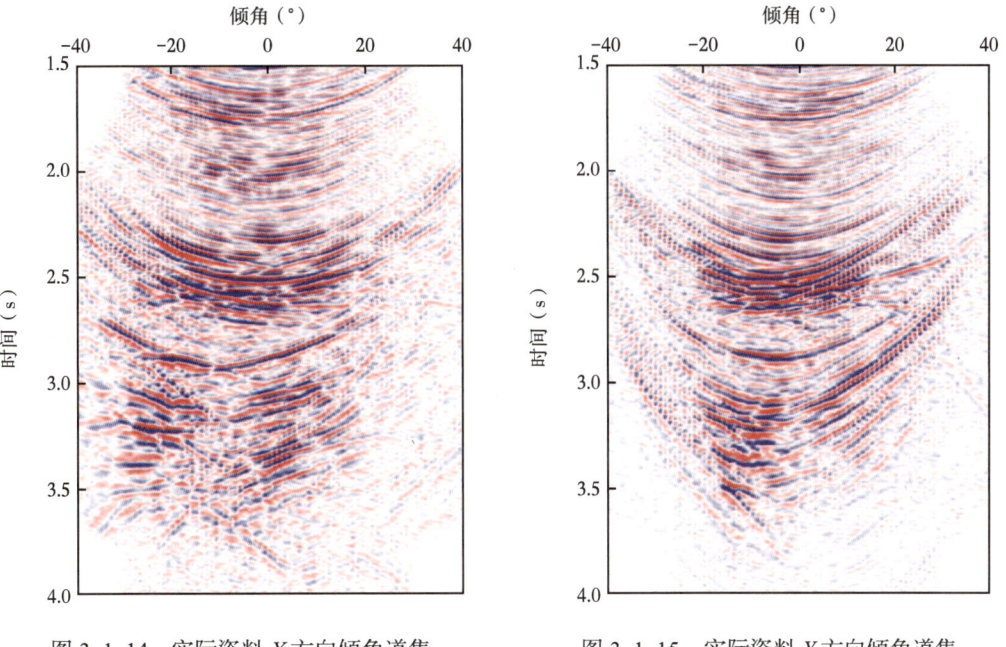

图 3-1-14　实际资料 X 方向倾角道集　　　　图 3-1-15　实际资料 Y 方向倾角道集

轴存在，这种信号对于地震勘探而言，对于断点、断层的收敛和成像尤其重要，如果在成像时，去除了该部分绕射信号，会使得断层、断点的收敛不干脆，会使断层的两盘出现粘连。所以在倾角道集中识别绕射信号对于最终成像结果很重要。能够很好地识别出绕射信号，就在一定程度上能够得到一个断层成像较好的剖面结果。

三、黏弹性介质叠前时间偏移的高效实现

1. 基于等效 Q 值的黏弹性介质叠前时间偏移

对任意一个地震道 $f(t)$，三维黏弹性叠前时间偏移的脉冲响应可表达为：

$$I_m(x,y,T) = \left(\frac{\tau_s}{\tau_g}\right)^2 \int F(\omega) \exp\left(-j\frac{\pi}{2}\right) \exp\left[j\omega(\tau_s+\tau_g)\left(1-\frac{\ln\frac{\omega}{\omega_0}}{\pi Q_{\text{eff}}}\right)\right] \exp\left[\frac{\omega}{2Q_{\text{eff}}}(\tau_s+\tau_g)\right] d\omega \quad (3\text{-}1\text{-}12)$$

式中，ω 是角频率，ω_0 是地震道的主频，$F(\omega)$ 是地震道 $f(t)$ 的傅里叶变换，τ_s 和 τ_g 是由均方根速度 v_{rms} 求得的炮点 (x_s, y_s) 和检波点 (x_g, y_g) 到成像点 (x, y, T) 的走时，Q_{eff} 就是等效 Q 值，与均方根速度类似，它是替代上覆地层各个不同 Q 值影响的一个等效参数，等效 Q 值和均方根速度可共同表达为：

$$\frac{1}{Q_{\text{eff}}} = \frac{1}{T}\sum_{l=1}^{n}\frac{\Delta T_l}{Q_l} \quad (3\text{-}1\text{-}13)$$

$$v_{\text{rms}} = \sqrt{\frac{1}{T}\sum_{l=1}^{n}v_l^2 \Delta T_l} \quad (3\text{-}1\text{-}14)$$

式中，Q_l 和 v_l 为上覆各层介质的 Q 值和速度，ΔT_l 是各层介质的垂直旅行时厚度。

式（3-1-12）的单地震道偏移成像公式表明，任一成像点的黏弹性偏移成像，仅与该成像点处的均方根速度 v_{rms} 和等效 Q 值 Q_{eff} 有关，而修改某一空间位置上的均方根速度或等效 Q 值，仅影响该位置处成像的聚焦和吸收衰减补偿效果，因此，可以应用扫描的方法确定任一空间位置上的均方根速度和等效 Q 值。式（3-1-14）表明，黏弹性叠前时间偏移使用了与常规叠前时间偏移相同的均方根速度，因此该方法可直接应用常规叠前时间偏移的偏移速度（这也是命名为黏弹性叠前时间偏移的原因）。而所谓扫描确定等效 Q 值，就是令该空间位置上的等效 Q 值取为一系列可能的值，对比不同数值的吸收衰减补偿效果（高频恢复情况），最终确定一个最佳的等效 Q 值。等效 Q 值的引入，极大地简化了 Q 值建模，克服了黏弹性叠前深度偏移面临的 Q 值建模的巨大困难。补偿吸收衰减偏移方法会带来高频端的噪声问题，通过给定补偿阈值和补偿高截止频率来控制高频端的不稳定性。

基于倾角道集，获得在各成像点用时间域倾角表达的二维菲涅尔带（$\varphi_x^{\pm}, \varphi_y^{\pm}$），可得三维黏弹性叠前时间偏移的成像公式为（Zhang 等，2016）：

$$I(x,y,T,H) = \sum_{m=1}^{n} \Omega(x,y,T,\varphi_x^{\pm},\varphi_y^{\pm},\theta_x,\theta_y) \frac{\tau_s^2}{\tau_g^2} \int F_m(\omega)\omega \exp\left(-j\frac{\pi}{2}\right) \exp\left[j\omega(\tau_s+\tau_g)\right] \cdot$$
$$\exp\left[-j\omega(\tau_s+\tau_g)\frac{\ln(\omega/\omega_0)}{\pi Q_{\text{eff}}}\right] \exp\left\{\frac{\omega}{2Q_{\text{eff}}}(\tau_s+\tau_g)\right\} d\omega \quad (3\text{-}1\text{-}15)$$

式中，下标 m 是地震道的序号，H 是地震道的偏移距，循环叠加是对全部地震道按偏移距大小进行，n 是地震道总数；$\Omega(x,y,T,\varphi_x^{\pm},\varphi_y^{\pm},\theta_x,\theta_y)$ 是各成像点上由二维菲涅尔带决定的权系数，其中 (θ_x,θ_y) 是每个地震道的入射、反射射线在成像点处所对应的（虚拟）反射面的倾角，可由下式计算得到：

$$\tan\theta_x = \frac{(x_s-x)\tau_g+(x_g-x)\tau_s}{(\tau_s+\tau_g)v_{\text{rms}}T}, \quad \tan\theta_y = \frac{(y_s-y)\tau_g+(y_g-y)\tau_s}{(\tau_s+\tau_g)v_{\text{rms}}T} \quad (3\text{-}1\text{-}16)$$

若满足 $\varphi_x^- < \theta_x < \varphi_x^+$ 和 $\varphi_y^- < \theta_y < \varphi_y^+$，$\Omega=1$，否则 $\Omega=0$。权系数 $\Omega(x,y,T,\varphi_x^{\pm},\varphi_y^{\pm},\theta_x,\theta_y)$ 使黏弹性叠前时间偏移算法实现了时—空变的最优偏移孔径（仅对菲涅尔带内地震信号进行叠加成像），避免了常规偏移孔径不能兼顾多个构造特征的问题，其在倾角域反假频的同时，能够直观地展示对成像贡献的菲涅尔带，基于菲涅尔带的叠加，可以有效压制黏性吸收补偿导致的噪声放大和偏移噪声。

借用常规叠前时间偏移的偏移速度场，根据 Q 值扫描确定等效 Q 值，利用倾角道集估计各成像点的菲涅尔带，进行黏弹性叠前时间偏移成像，减少了菲涅尔带之外噪声对成像结果的影响，获得高分辨率、高信噪比的 CRP 成像道集。实际应用中，整个三维成像空间上的等效 Q 值和菲涅尔带可利用选定样点处的结果进行插值得到。

2. 分时段频率域累加成像算法

黏弹性叠前时间偏移可获得较常规叠前时间偏移更高分辨率的成像剖面。然而，与有着很高计算效率的常规叠前时间偏移相比，这一方法实现环节包含的频率域积分产生了巨大的计算量，除上文提到的需基于 GPU 加速实现其算法外，本节同时提出一种分时段的频率成像策略以进一步提高计算效率。

实际偏移时，频率域积分是采用下式的频率域累加实现的：

$$I_m(x,y,T) = (\tau_s/\tau_g)^2 \exp(-j/2) \sum_{i=l_1}^{l_2} \Re\left\{F(i\Delta\omega)\cdot(i\Delta\omega)\cdot\phi\left[\frac{i\Delta\omega}{2Q_{\text{eff}}}(\tau_s+\tau_g)\right]\right.$$
$$\left.\cdot\exp\left[j\cdot(i\Delta\omega)(\tau_s+\tau_g)(1-\ln(i\Delta\omega/\omega_0)[1/(\pi Q_{\text{eff}})])\right]\right\} \quad (3\text{-}1\text{-}17)$$

其中 $\quad \Delta\omega = 2\pi/T_0, \ l_1 = \omega_{\min}/\Delta\omega, l_2 = \omega_{\max}/\Delta\omega$

式中，T_0 是地震道地震记录的时长；$\omega_{\min}$ 和 $\omega_{\max}$ 是地震信号的有效低频和高频，函数 $\Re$ 代表求实部，函数 ϕ 是带有最大值限制的 e 指数函数（Zhang 等，2013），引入函数 ϕ 可保证补偿算法的稳定性。$\Delta\omega$ 越大，式（3-1-17）中需要累加的复数项就越少，因此，可通过适当增大 $\Delta\omega$，在不损失计算精度的情况下，减少式（3-1-17）偏移的计算量。为此，本书提出了一个分时段的频率域算法。

将地震记录的时长等分为两段,每段的时长是 $T_0/2+T_U$ 和 $T_0/2+T_D$,其中 T_U 和 T_D 是两段的重叠部分,则 $\Delta\omega$ 将增加近一倍,其取值将在下面讨论。在偏移计算过程中,当 $\tau_s+\tau_g \leqslant T_0/2$ 时,将前半时段地震记录的傅里叶变换代入式(3-1-17)进行计算,则仅需近似一半的计算量就可完成式(3-1-17)的偏移计算;当 $\tau_s+\tau_g > T_0/2$ 时,将后半时段地震记录的傅里叶变换和新的 $\tau_s+\tau_g=\tau_s+\tau_g-T_0/2+T_D$ 代入式(3-1-17),同样仅需近似一半的计算量就可完成式(3-1-17)的偏移计算。若地震记录的时长很长,则可将地震记录等分为三段,此时计算时间将近似为原来的三分之一。由于重叠部分的时长是由 $(\tau_s+\tau_g)/Q_{eff}$ 和函数 ϕ 的最大值决定的所分段数 n 并不是越大越好,它是由 T_0/n 与 T_U 和 T_D 的大小对比决定的。若两者相等,分段计算将不减少计算量,且增加了计算的复杂度。下面将讨论 T_U 和 T_D 的取值。

利用傅里叶变换的褶积定理,式(3-1-12)改写为时间域褶积:

$$I_m(x,y,T) = (\tau_s/\tau_g)^2 \int f'(t) * h(\tau_s+\tau_g-t,c) dt \qquad (3\text{-}1\text{-}18)$$

式中,函数 h 是一个由参数 $c=(\tau_s+\tau_g)/Q_{eff}$ 和函数 ϕ 的最大值决定的时变子波,有:

$$h = \int \exp\left(-j\omega(\tau_s+\tau_g)\frac{\ln(\omega/\omega_0)}{\pi Q_{eff}}\right) \phi\left\{\frac{\omega}{2Q_{eff}}(\tau_s+\tau_g)\right\} d\omega \qquad (3\text{-}1\text{-}19)$$

若地震记录的时长等分为两段,则将 $\tau_s+\tau_g=T_0/2$ 和对应空间位置的最小 Q_{eff} 代入式(3-1-19),可求得相应的子波 h_B,根据子波 h_B 的宽度,可求得对应的 T_U 和 T_D。当 $1/Q_{eff}=0$,函数 h 退化为脉冲函数。

图 3-1-16 给出了一个实际地震道采用式(3-1-18)得到的一个偏移成像道和采用分两段的分段算法得到的偏移成像道的局部对比,图中显示了两种算法的计算结果。从图 3-1-16 可知,采用分段算法保持了计算的精度。

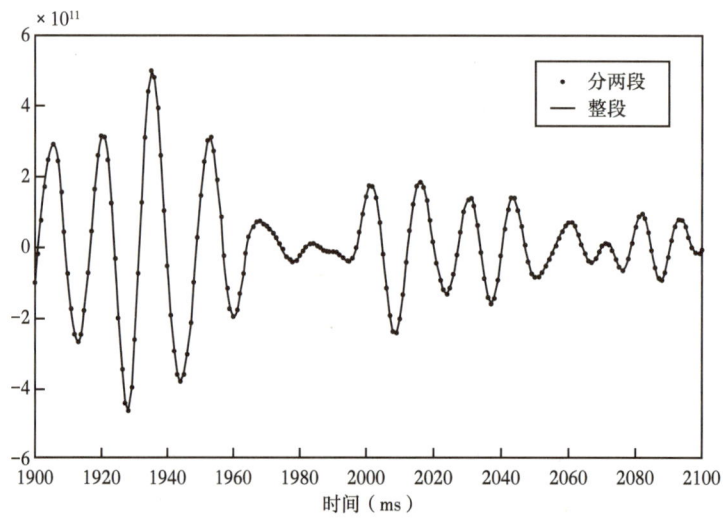

图 3-1-16 整道成像和分段成像对局部比图

四、叠前时间偏移的高精度走时计算

当成像点与炮、检点的水平距离较大且速度纵向变化较强时，基于均方根速度的走时计算将存在误差，导致陡倾角构造和断层不能准确成像。这一问题在常规的"直射线"叠前时间偏移方法中也存在。炮点 (x_s, y_s) 和检波点 (x_g, y_g) 到成像点 (x, y, T) 的走时为：

$$\tau_s = T\sqrt{1 + \frac{(x-x_s)^2 + (y-y_s)^2}{(v_{rms}T)^2}} \quad (3\text{-}1\text{-}20a)$$

$$\tau_g = T\sqrt{1 + \frac{(x-x_g)^2 + (y-y_g)^2}{(v_{rms}T)^2}} \quad (3\text{-}1\text{-}20b)$$

式（3-1-20b）的走时计算公式是利用下式近似得到的：

$$\sum_{l=1}^{n}\left(\Delta T_l \sqrt{1-(k_x^2+k_y^2)v_l^2/\omega^2}\right) \approx T\sqrt{1-(k_x^2+k_y^2)v_{rms}^2/\omega^2} \quad (3\text{-}1\text{-}21)$$

常规叠前时间偏移方法面临的问题是，当介质中速度 v_l 沿时间方向存在较剧烈变化，即 $\sum_{l=1}^{n}v_l^4\Delta T_l - \frac{1}{T}\left(\sum_{l=1}^{n}v_l^2\Delta T_l\right)^2$ 较大时，或者波场的入射、出射角度 $v_l\sqrt{k_x^2+k_y^2}/\omega$ 较大时，在式（3-1-20）的走时计算公式会产生较大误差。考虑到陡倾角构造及断面成像主要是利用当 $(x-x_s)^2+(y-y_s)^2$ 和 $(x-x_g)^2+(y-y_g)^2$ 较大时的大角度入射和反射波信号进行成像，因此采用式（3-1-20）进行走时计算会引起陡倾角构造、断面不能获得较好成像。

对于这一难题的处理，一个通行的办法是在各 CDP 横向位置处，假设为水平层状介质，利用射线类方法计算炮、检点到成像点位置的走时。而对于该横向位置点水平成层介质的层速度，是通过均方根速度反演（如 Dix 公式）得到。对于常规叠前时间偏移其实现途径更多采用的是走时表算法，即偏移计算前先对每一条成像射线计算由 CDP 坐标、炮（检）点到成像点位置处的水平距离、时间这 3 个维数决定的走时表，当偏移计算时由此表插值获得炮（检）点到成像点位置的走时。考虑到这种基于水平层状介质假设的走时计算方法不能直接用来确定或修正偏移速度场，它需利用式（3-1-20），通过扫描等方法获得了平滑的均方根速度后，才能应用到偏移计算中（刘伟等，2018）。

黏弹性叠前稳相偏移计算过程通过在频率域积分实现，其计算量远超出常规偏移成像，采用 CPU 进行计算难以满足实际生产进度需求，因此偏移采用 GPU 进行加速，偏移利用走时表的过程涉及了频繁的走时表读取，这就使得常规的基于走时表的方法在 GPU 上不能得到较好的加速（刘国峰等，2009；John 等，2014）。为此，提出一个包含（炮点或检波点到成像点的）水平距离高次项的高精度走时算法。与包含水平距离高次项的多项式近似不同，该方法通过在均方根速度上增加两个修正系数，改进了式（3-1-20）的走时计算，具体如下：

$$\tau_{\mathrm{s}}=T\sqrt{1+p_{\mathrm{s}}\frac{1}{\left(1+\alpha p_{\mathrm{s}}+\beta p_{\mathrm{s}}^{2}\right)^{2}}},\quad \tau_{\mathrm{g}}=T\sqrt{1+p_{\mathrm{g}}\frac{1}{\left(1+\alpha p_{\mathrm{g}}+\beta p_{\mathrm{g}}^{2}\right)^{2}}} \quad (3\text{-}1\text{-}22)$$

其中

$$p_{\mathrm{s}}=\frac{(x-x_{\mathrm{s}})^{2}+(y-y_{\mathrm{s}})^{2}}{(v_{\mathrm{rms}}T)^{2}},\quad p_{\mathrm{g}}=\frac{(x-x_{\mathrm{g}})^{2}+(y-y_{\mathrm{g}})^{2}}{(v_{\mathrm{rms}}T)^{2}}$$

当 $\alpha=0$ 和 $\beta=0$，式（3-1-22）即退化为式（3-1-20）；参数 α 和 β 与均方根速度 v_{rms} 同样，仅是成像点处的 (x,y,T) 的函数，当改变任一空间点上的 α 和 β 时，仅会对该位置处入（出）射角度的偏移同相轴的聚焦产生影响。

任一成像点的参数 α 和 β，可借鉴走时表计算方法采用最小二乘方法，利用均方根速度反演得到的对应该成像点横向位置的水平成层速度模型求得。具体方法为：在水平层状的二维速度模型中，从成像点处按 5° 等间隔变化的出射角度，向地表发出一簇射线。计算地表接收点位置的横向距离与走时，将所有射线的水平距离、走时数据对信息代入式（3-1-22），利用最小二乘拟合求得该成像点处的 α 和 β。在式（3-1-22）中将 α 和 β 作为优化系数可以得到式（3-1-23）[式（3-1-22）炮点走时和检波点走时公式类似，此处只给出炮点公式]：

$$p_{\mathrm{s}}\sqrt{\tau_{\mathrm{s}}^{2}-T^{2}}\alpha+p_{\mathrm{s}}^{2}\sqrt{\tau_{\mathrm{s}}^{2}-T^{2}}\beta=T\sqrt{p_{\mathrm{s}}}-\sqrt{\tau_{\mathrm{s}}^{2}-T^{2}} \quad (3\text{-}1\text{-}23)$$

将式（3-1-23）写成矩阵形式：

$$\begin{aligned}&A\begin{pmatrix}\alpha\\\beta\end{pmatrix}=b\\&A=\begin{pmatrix}p_{\mathrm{s}}\sqrt{\tau_{\mathrm{s}}^{2}-T^{2}},p_{\mathrm{s}}^{2}\sqrt{\tau_{\mathrm{s}}^{2}-T^{2}}\\\vdots\end{pmatrix}\\&b=\begin{pmatrix}T\sqrt{p_{\mathrm{s}}}-\sqrt{\tau_{\mathrm{s}}^{2}-T^{2}}\\\vdots\end{pmatrix}\end{aligned} \quad (3\text{-}1\text{-}24)$$

对于不同角度出射射线组成的超定方程，可由超定方程的最小二乘公式 $A^{\mathrm{T}}Am=A^{\mathrm{T}}b$ 可以求得 α 和 β。等间距变化的出射角度使得小距离的数据对多，而大距离的数据对少，对式（3-1-22）的拟合相当于引入一个随水平距离减少的权系数，该权系数能够保证在保持近距离端稳定性的同时，又对大距离端具有修正能力，从而保证陡倾角构造获得较好成像，同时又不对其他位置处的构造成像产生影响。

图 3-1-17 给出了实际地质模型在一个典型 CDP 点上的均方根速度随时间深度变化的曲线和基于该曲线由 Dix 公式反演得到的时间域水平成层速度模型，图中 v_{rms} 表示该 CDP 上的均方根速度，v_{int} 指示该 CDP 上反演得到的时间域层速度。就成像点 A、B 和 C，利用最小二乘拟合方法，求得的无量纲参数为（0.0213, 0.004）、（0.0345, -0.0028）和（0.0358, -0.004）。图 3-1-18 显示了成像点 A、B 和 C 处，计算的走时与（基于射线追踪的）

理论走时对比的走时误差，从图中可看出，常规走时在入（出）射角度较大时和基于射线追踪的走时差异较大，在三个点处分别为 12ms、43ms 和 54ms，通过引入两个无量纲参数，式（3-1-22）的走时计算公式明显改善了入（出）射角度方向传播波场走时计算的精度，在 70° 角度范围内保证了走时误差小于 0.07ms；这意味着当地下介质横向速度变化较平缓时，应用式（3-1-22）可对倾角达到 70° 的构造正确成像。

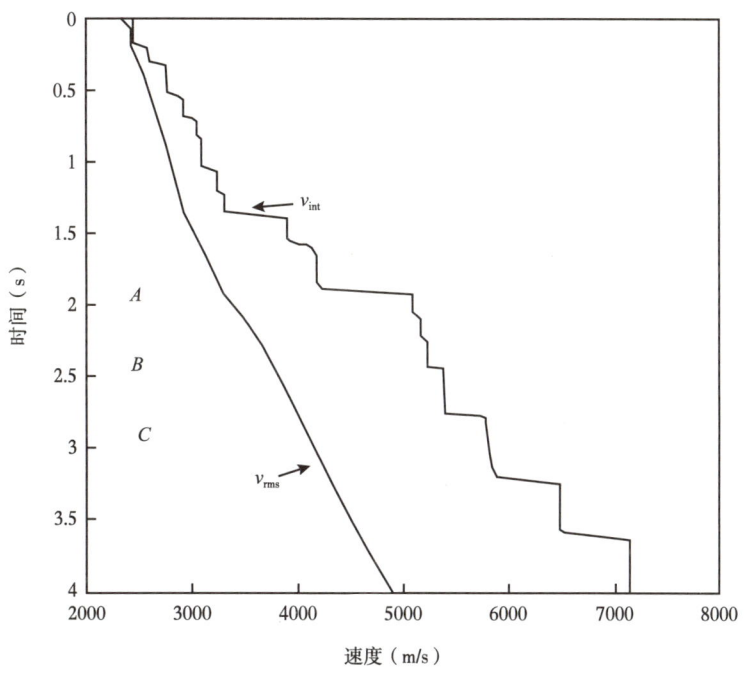

图 3-1-17　某 CDP 的均方根速度和转换层速度

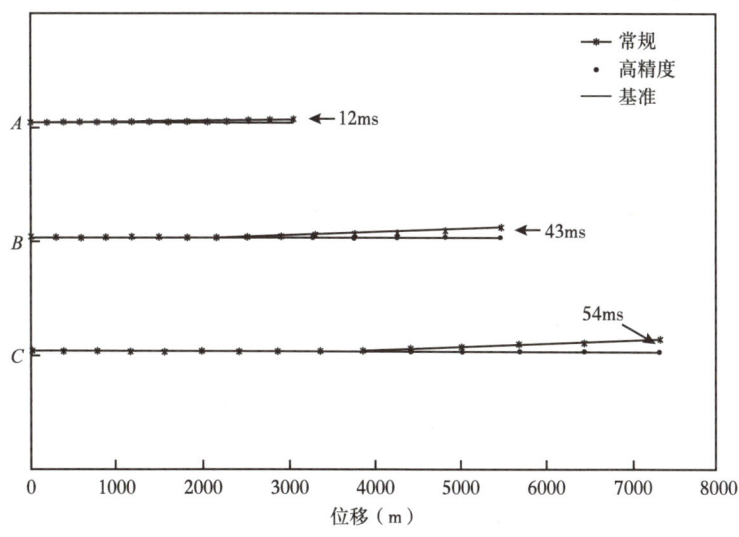

图 3-1-18　三个不同成像位置的常规走时和高精度走时误差

五、黏弹介质性叠前时间偏移应用效果实例

肇 35 工区在构造上位于三肇凹陷与大庆长垣葡萄花构造交界处,紧邻三肇主体生烃凹陷,油源条件优越,是致密油勘探的有利区。该区资料采用组合检波器接收方式,面元为 10m×20m,满覆盖次数为 288 次,最大炮检距为 4275m,纵横比为 0.5,为近年高精度采集的资料,总体上资料品质相对较高。在对该区扶余油层致密油勘探的水平井部署研究中发现,储层埋藏深度平均 1900m,叠置砂体厚度 5~7m,需要在垂向厚度 100m、地震双程反射时间 80ms 范围内 5 分油层组研究。常规叠前时间偏移不能做到 5 分解释,尤其是 F_1^1 小层底界面难以识别追踪。黏滞声学介质叠前时间偏移,见图 3-1-19(b),可以实现 5 分解释,F_1^1 小层厚度 10m,其底界面对应 T_2 标志层下第一个波峰,可横向追踪识别,且横向振幅与波形变化丰富。由大量的水平井部署研究实践可知,合理的 Q_e 是在成像剖面上能够识别追踪 F_1^1 小层底界面,Q_e 再小,就会破坏波组关系;Q_e 再大,则成像分辨率不够,F_1^1 小层底界面难以识别追踪。

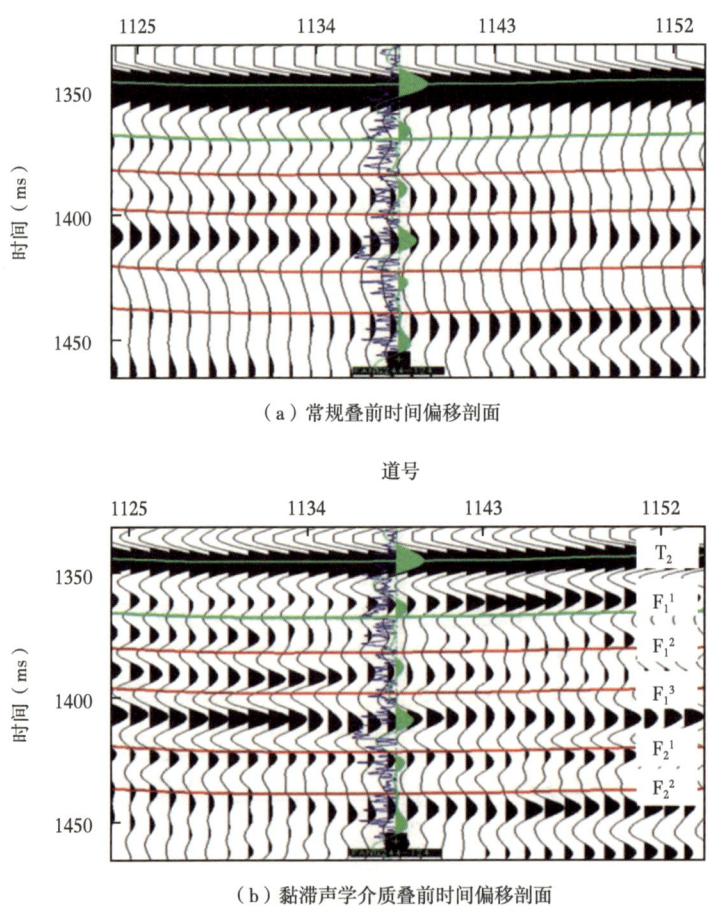

(a)常规叠前时间偏移剖面

(b)黏滞声学介质叠前时间偏移剖面

图 3-1-19 不同偏移方法剖面效果对比

图 3-1-19 给出了常规叠前时间偏移与黏滞声学介质叠前时间偏移的结果，其中绿色地震道为 F244-124 井的合成记录，蓝色曲线为伽马曲线，低伽马值对应砂岩发育段；粉色字符标出扶余油层 5 分解释的砂层组底界，F_1^1、F_1^2、F_1^3、F_2^1、F_2^2。图 3-1-19（b）为黏滞声学介质叠前时间偏移成果，成像分辨率提高，有效频带 8~95Hz，T_2 标志层的强反射特征清晰，与主频 48Hz 的合成记录相匹配，该方法对目的层反射 F_1^1 刻画上更为清晰，F_1^1 油层反射能够实现横向对比追踪，而常规偏移结果反射处于复波中难以实现追踪。扶余油层能够按 5 分解释追踪，而且对应各小层的同相轴的振幅与波形横向变化丰富，对应不同的岩性组合变化。图 3-1-19（a）和（b）的振幅纵横向相对变化一致，说明黏滞声学介质叠前时间偏移能够在保持振幅相对关系前提下提高地震垂向分辨率。

第二节 黏弹介质叠前深度偏移方法

偏移是地震资料处理中最重要的技术环节，工业化偏移通常分为时间偏移和深度偏移，时间偏移可描述地震波在介质中传播的运动学特征，深度偏移既可以描述地震波的运动学特征还可以较为精确地描述地震波的动力学特征，因此，深度偏移对于复杂构造或薄互层等特殊类型的成像对象具有更好的适用性、更好的保幅性和更高的保真度。针对薄互层成像中普遍存在的大地吸收衰减效应，为提高地震成像的分辨率，已发展了许多方法，包括谱白化反褶积、非稳态反褶积、反 Q 滤波和基于统计假设或测井资料的各类拓宽频带技术。谱白化以及各类拓频技术是通过引入地震记录以外的信息提升地震方法的分辨率，尽管可获得更高的视分辨率，但其可靠性尚待提高。此外，各类拓频技术使用的前提是地震记录的子波是不变的，因此即使应用该类技术，也必须首先补偿地震波的吸收衰减，实现地震子波的一致性。非稳态反褶积是针对黏性吸收导致的分辨率降低而发展的提高分辨率方法，有较坚实的基础。但非稳态反褶积在估计空变的非稳态子波上存在较多困难，这一方法一般不能同时实现频散校正。目前，非稳态反褶积仅在叠加剖面上能得到较好效果。稳定性和噪声放大是该方法实际应用中遇到的另一个问题。反 Q 滤波可同时应用于叠前地震资料和叠后的偏移叠加剖面。这一方法是从补偿地震波幅值的粘性吸收出发，具有坚实的物理基础。但就用于叠前地震资料的反 Q 滤波而言，它忽略了地震波传播路径对幅值衰减的影响，实际上仅在均匀 Q 值情况下是准确的；叠后资料的反 Q 滤波可处理层状 Q 值模型情况，但由于叠加过程已将不同传播路径，即已将存在不同程度吸收衰减的幅值相叠加，这一处理不能完全消除吸收衰减的影响。稳定性和噪声放大也是这一方法实际应用中遇到的一个问题。

提高地震成像分辨率的关键是恢复高频成分，当勘探对象复杂或面对薄互层的时候，介质速度存在横向变化、地层呈现陡倾角，黏弹性叠前时间偏移方法中，基于均方根速度的走时计算算法难以实现正确的反射波偏移成像，所得到的断层、断点的横向位置也与真实构造存在一些差异，基于等效 Q 值模型描述介质对地震波传播的吸收效应也存在误差，黏弹性叠前时间偏移技术已不能满足针对这类复杂勘探目标开展提高分辨率的需求。而黏弹性叠前深度偏移方法基于地层的层速度与层 Q 值考虑地震波传播和吸收衰减过程，它既能在偏移成像过程中恢复地震波传播被衰减的高频成分，又能较好地考虑地震波在复杂构造中的实际传播路径，实现准确的偏移归位，从而在地下介质存在较强的速度横向变化时也能提高地震成像的分辨率。将时间域的黏弹性偏移技术推进到深度域，可实现处理更广泛的地质目标，但必须要较好地解决几个方面的问题：首先是层Q模型的建立问题，这是制约这一技术工业应用的关键障碍。由于深度域地层层Q建模需利用地震信号的随频率变化的幅值，因此很难采用类似于深度域层速度建模的方法进行层Q值建模。其次，黏弹性叠前深度偏移过程中的噪声压制问题。黏弹性叠前深度偏移过程中，在对有效高频信号进行补偿的同时，也将放大高频噪声，尤其是对于陆上地震数据，若处理不当，则会极大地降低偏移成像的信噪比，反而不能实现提高分辨率的目标。第三，黏弹性叠前深度偏移的计算效率问题。类似于黏弹性叠前时间偏移技术，黏弹性叠前深度偏移也需要大量计算资源，此外，与后者相比较，黏弹性叠前深度偏移中涉及的走时计算与存储也是制约其计算效率的重要因素。

一、黏弹介质叠前深度偏移理论基础

假设地震波中传播时动能跟势能是完全相互转化的，那么这种介质就被称为完全弹性介质。事实上，地震波在地层中传播时，不仅产生能量的耗散导致接收到的振幅衰减，还会伴随相位畸变，这种地下介质被称之为黏弹性介质。在粘弹性介质中，当地震波传播时，除了动能跟势能相互转化外，一部分能量因为质点间的相互摩擦而转变为热能，在宏观上就表现为随着地震波的传播，振幅能量在衰减，直至消耗殆尽。吸收衰减的存在会导致地震波能量损失；幅值的衰减对地震波的不同频率成分是不同的，频率越高，衰减就越强，这导致主频向低频移动，频带变窄，分辨率严重下降。

黏弹性介质的吸收衰减机理一般有两种定性的解释。一种是弹性后效理论。当地下介质在外力作用下时，介质内部就会发生形变，当外力消失后，形变的部位并不能完全恢复原样，也就是存在一定的剩余应变，宏观上介质就表现为一定的粘滞性。这些剩余应变会消耗部分弹性能量，使地震波表现出吸收衰减的特点。第二种解释便是内摩擦理论。地下介质晶体间存在缺陷结构，当地震波传播时，应变或者应力会导致这些缺陷结构发生不可逆的变化，另外晶粒之间由于非弹性接触而做功。在黏弹性介质中，动能与势能的转化是不完全的，一部分能量会因为摩擦而以热能形式消耗掉。地下介质都具有黏弹性特点，可以用不同的参数去描述黏弹性介质吸收衰减的特性。

黏弹性吸收衰减既与外力的作用大小及时间长短相关，又与地下介质岩石本身的性质有关。岩石的吸收特性比较复杂，不仅不同岩石吸收特性不同，即使同一种岩石，也会随着地震波频率，应变振幅，地层压力，地层温度，流体饱和度等物理量的变化而变化。地震波在地下介质中传播时，地层的吸收性质及影响因素具有以下九个规律：第一，岩石的吸收性质从地表到地球深部变化范围很大，纵波与横波的吸收特性不同，纵波的吸收衰减要弱于横波；第二，各类地震波的吸收与频率密切相关，随频率增大而增大，接近线性关系；第三，岩石的吸收性质与地震波的传播速度呈负相关，速度越高，吸收越弱，速度越低，吸收越强；第四，岩石的吸收与岩石的状态和内部结构相关，矿物颗粒和粒度对吸收性质影响不大，地层的静压力随深度的增大而增大，岩石的结构将变紧密，吸收减小，而如果压力过大而引起岩石的结构破裂，吸收将会增大；第五，在固液气多相介质中，气体对地震波的吸收最强，固体最弱；第六，岩石种类不同，吸收性质不同，一般来说，灰质岩较小，砂岩较大，泥岩介于二者之间；第七，岩石的吸收与埋藏深度有关，埋藏越深，吸收越弱；第八，震源附近，波动振幅很强，应变加大，颗粒间内摩擦作用加强，吸收较强烈；第九，温度与空隙中流体的性质也对岩石的吸收具有影响。

1. 品质因子 Q 建立方法

品质因子 Q 是地震波在一个周期内振幅能量与传播过程中耗散能量的比值，它是岩石的一种固有特性，又称为内摩擦或耗散因子，可以表示为：

$$\frac{1}{Q} = \frac{1}{2\pi} \frac{\Delta E}{E} \tag{3-2-1}$$

式中，E 是处于最大应力和应变状态下的弹性能，而 ΔE 是在谐波激励下每振动一个周期的能量耗散。在线性黏性介质中，应力和应变之间的关系在频率域用下式表达：

$$\sigma(\omega) = M(\omega)\varepsilon(\omega) \tag{3-2-2}$$

其中
$$M(\omega) = M_R + iM_I$$

式中，$\sigma(\omega)$ 为对黏性介质施加的应力，$\varepsilon(\omega)$ 为相应的应变，$M(\omega)$ 为与频率有关的复体积模量，M_R 和 M_I 分别为体积模量的实部与虚部，于是定义品质因子 Q：

$$Q(\omega) = \frac{M_R}{M_I} = \frac{1}{\tan[\phi(\omega)]} \tag{3-2-3}$$

式中，$\phi(\omega)$ 是 $M(\omega)$ 的应变滞后相位角。由于上式一定满足因果关系，则 $M(\omega)$ 的实部和虚部必须满足因果条件，在数学上可以用 Kramers-Kronig 关系进行表达。于是在给定 $Q(\omega)$ 的情况下，$M(\omega)$ 必然唯一存在。由于地震波的能量正比于振幅的平方，于是可得：

$$\frac{1}{Q} = \frac{1}{2\pi}\frac{\Delta E}{E} = \frac{1}{2\pi}\frac{A_0^2 - A^2}{A_0^2} = \frac{1}{2\pi}\left[1 - \left(\frac{A}{A_0}\right)^2\right] = \frac{1}{2\pi}(1 - e^{-2\delta}) \approx \frac{\delta}{\pi} \tag{3-2-4}$$

$$\frac{1}{Q} \approx \frac{2\alpha}{k} = \frac{\alpha v}{\pi f} = \frac{\alpha \lambda}{\pi} \tag{3-2-5}$$

根据对数衰减率，吸收系数和品质因子之间的关系，可以得出三者之间的关系为：

$$\frac{1}{Q} \approx \frac{\delta}{\pi} = \frac{\alpha v}{\pi f} \tag{3-2-6}$$

在实际数据处理中，常假定 Q 与频率无关或弱变化，这便是恒 Q 模型，在地震学观测频率范围内（0.001~100Hz），Q 值可以近似看做常数，引入复速度与实速度表达式：

$$\frac{1}{c(\omega)} = \frac{1}{v_r(\omega)}\left(1 - \frac{j}{2Q}\right) \tag{3-2-7}$$

$$v_r(\omega) = v_r(\omega_c)\left[1 + \frac{1}{\pi Q}\ln\left(\frac{\omega}{\omega_c}\right)\right] \tag{3-2-8}$$

式中，ω 是角频率，ω_c 是高截频，当频率趋向于 ω_c 时，实速度将趋近于常值；在此，我们用主频 ω_0 来代替高截频 ω_c，原因在于主频对应的实速度恰是我们通过速度估计方法可以得到的。做如下代换，得：

$$v_r(\omega) = v_r(\omega_0)\frac{1 + [1/(\pi Q)]\ln(\omega/\omega_c)}{1 + [1/(\pi Q)]\ln(\omega_0/\omega_c)} \approx \frac{v_r(\omega_0)}{1 - [1/(\pi Q)]\ln(\omega/\omega_0)} \tag{3-2-9}$$

将式（3-2-9）代入式（3-2-7）得

$$\frac{1}{c(\omega)} = \frac{1}{v}\left(1 - \frac{j}{2Q}\right)\left[1 - \frac{1}{\pi Q}\ln\left(\frac{\omega}{\omega_0}\right)\right] \tag{3-2-10}$$

式中，v 为我们常规的偏移速度，ω_0 为主频，Q 代表与频率无关的恒 Q 值，$c(\omega)$ 为复相速度。

2. 深度域射线路径相关层 Q 模型建立方法

反射地震资料深度域层 Q 值模型建立的基础，是经过黏弹性叠前时间偏移验证过的时间域等效 Q 值模型，该方法最大的优势可以高效建模同时在成像尺度 Q 值合理，流程如下：

第一，常 Q 扫描。通过目标工区的叠前地震数据和预先设定的地层等效 Q 值序列计算所述地层等效 Q 值序列对应的粘弹性叠前时间偏移剖面集合和常规叠前时间偏移剖面。

第二，定义目标线等效 Q 拾取。拾取目标线的目标 CDP 处不同时窗处的物理合规地层等效 Q 值，基于所述目标 CDP 处所有时间采样的等效 Q 值，应用公式

$$\begin{cases} Q_{\text{int }T}(x,y,t_i) = \mathrm{d}t/[t_i \times \mathrm{d}t/Q_{\text{eff}}(x,y,t_i) - t_{i-1} \times \mathrm{d}t/Q_{\text{eff}}(x,y,t_{i-1})] \\ t_i/Q_{\text{eff}}(x,y,t_i) - t_{i-1}/Q_{\text{eff}}(x,y,t_{i-1}) > 0 \end{cases} \tag{3-2-11}$$

得到所述目标 CDP 处所有时间采样的时间域的层 Q 值；其中，$Q_{\text{eff}}(x,y,t_i)$ 为所述目标 CDP 处所有时间采样的等效 Q 值，(x,y) 为 CDP 的横向坐标，$i=1, 2, \cdots, N_T$ 为时间深度方向的样点编号，$\mathrm{d}t$ 为时间深度方向采样率。

第三，层速度模型射线映射时间域层速度。利用已知的深度域层速度模型，沿所述目标工区的平面 x 方向和 y 方向间隔设定间距沿深度方向激发垂直于工区平面的多条成像射线，对于激发位置为 (x',y') 的成像射线，利用射线追踪方法求取成像射线的走时从而

得到该成像射线在深度域的射线轨迹(x_{it}, y_{it}, z_{it})和相应走时(x_{it}, y_{it}, t_{it})，it=0, 1, 2, $\cdots$, nt，并对所有的it取值范围it=0, 1, 2, $\cdots$, nt进行循环，位置为(x', y', t_{it})的时间域层速度值可从深度域层速度模型的(x_{it}, y_{it}, z_{it})位置处获取。然后，按照预先设定的间隔遍历所有成像射线并对得到的时间域层速度值进行插值平滑，即可得到时间域层速度模型。

第四，Q和速度拟合。利用得到的层Q值序列及其与步骤三得到的时间域层速度模型中对应位置处的层速度值建立目标工区时间域层Q值与层速度值之间的伴随关系。利用目标CDP处所有时间采样的层Q值$Q_{\text{int} T_i}$和从获得的时间域层速度模型中读取的对应$Q_{\text{int} T_i}$同样位置处的层速度值$v_{\text{int} T_i}$，基于岩石物理研究揭示的层速度值$v_{\text{int} T_i}$与层Q值$Q_{\text{int} T_i}$之间的关系式：$Q_{\text{int} T_i}=e^b v_{\text{int} T_i}^k$。可由最小二乘方法求解下式$\ln Q_{\text{int} T_i}=b+k\ln v_{\text{int} T_i}$中的常数$b$和$k$。以$\ln(Q_{\text{int} T_i})$为纵坐标变量，$\ln(v_{\text{int} T_i})$为横坐标变量，基于目标CDP处所有时间采样处层$Q$值$Q_{\text{int} T_i}$和从时间域层速度模型中读取的对应$Q_{\text{int} T_i}$同样位置处的层速度值$v_{\text{int} T_i}$施画散点图，以上述得到的常数$k$和$b$作为斜率和截距施画直线，观察所述直线对所述散点图中所有点的拟合情况，必要时人机交互调整所述直线的斜率和截距或者删除散点图中存在异常值的点，使所述直线成为散点图中所有点的最佳拟合直线，并记录最终直线对应的斜率。

第五，时间域层Q建模。利用上几步得到的时间域层速度模型、层Q值和时间域层速度值与层Q值的关系，通过公式$Q_{\text{int} T}(x, y, t)=e^{bl} v_{\text{int} T}(x, y, t)^{kl}$计算初始时间域层$Q$值模型，其中，$v_{\text{int} T}(x, y, t)$为步骤（4）提供的时间域层速度模型，$Q_{\text{int} T}(x, y, t)$为得到的初始时间域层$Q$值模型。通过公式$m_i = Q_{\text{int} T_i}/Q_{\text{int} T}(x, y, t)$计算所述目标工区中各个所述CDP处所有时间采样的修正系数，并对所述目标工区中除所述目标CDP以外的区域，按照预设间隔添加修正系数为1.0的样点，其中，$Q_{\text{int} T_i}$为层Q值序列，$Q_{\text{int} T}(x, y, t)$为该层$Q$值序列处对应位置层速度与层$Q$值伴随关系计算出的层$Q$值，$i$=1, 2, $\cdots$, k，k为目标工区中所述目标CDP处所有时间采样个数，对所述目标工区的修正系数进行插值平滑，得到三维修正系数体$M(x, y, t)$，可得到所述目标工区的时间域层Q值模型：

$$M(x,y,t) \cdot Q_{\text{int} T}(x,y,t) \tag{3-2-12}$$

第六，射线转换深度域Q模型。利用已知的深度域层速度模型，沿目标工区平面x方向和y方向间隔设定间距沿深度方向激发垂直于目标工区平面的成像射线，对于激发位置为(x', y')的成像射线，利用射线追踪方法求取成像射线走时得到所述射线在深度域的射线轨迹(x_{it}, y_{it}, z_{it})和相应走时(x_{it}, y_{it}, t_{it})，it=0, 1, 2, $\cdots$, nt，对所有的it取值范围it=0, 1, 2, $\cdots$, nt进行循环，所有成像射线进行上述操作并插值平滑，即得到深度域层Q值模型$Q_{\text{int} D}(x, y, z)$。

本书基于反射地震资料的深度域层Q值模型建立流程可以看出，一方面，黏弹性叠前时间偏移所得到的等效Q值模型是深度域层Q值模型建模的基础，而时间域等效Q值建模已经基于上期项目中QPSTM软件系统得到推广应用，这也为这一深度域建模流程的便利实现和有效应用建立了基础；另一方面，本方法提出的物理合规等效Q值拾取规则也是深度域层Q建模得以实现的关键。

二、基于三角剖分的波前面重建法走时表计算

基于深度域平滑速度场的三维走时高效计算，是 Kirchhoff 型叠前深度偏移技术的关键，准确的走时计算不仅对于得到高质量的深度偏移结果至关重要，还直接影响振幅等权系数的计算。使用深度域层速度计算炮检点到成像点的走时也是叠前深度偏移方法与时间偏移方法的主要区别所在。目前，世界上的绝大多数陆上检波器采集的地震数据和海上拖缆采集的地震数据仍使用 Kirchhoff 深度偏移进行偏移成像和速度反演。在 Kirchhoff 型偏移计算中，应用偏移成像空间网格来刻画地下介质空间，每个网格点上赋予一个速度值，并对应一个散射点。网格点的离散程度取决于成像的横向分辨率要求，通常这个网格间距在 5~25m 之间。Kirchhoff 型偏移将记录到的地震数据的振幅沿着绕射轨迹进行叠加得到偏移后的振幅。如果可以得到正确的走时，叠加后的偏移结果在空间上与地质体是对应的。为了节约存储和提高使用走时信息的效率，走时计算通常在更稀疏的网格上进行，然后在偏移过程中对其进行插值，得到较密网格（例如和偏移成像的速度网格相同的网格）上的走时信息。

对于三维叠前深度偏移方法，走时的计算效率是考虑的首要因素。应用有限差分方法求解程函方程（eikonal equation，当使用 WKB 理论来近似波动方程时在波动传播问题中碰到的非线性偏微分方程）获得走时是最常用且高效的方法，主要问题是当构造复杂时不能较好地刻画多值走时。波前重建类方法可较好地考虑多值走时问题。在这类方法中，射线是以场的形式（波前面）进行传播，而非利用单射线进行射线追踪，这是波前类方法相较于传统射线追踪方法的最大优势，这一射线追踪方法可以克服传统射线方法存在阴影区的问题。在波前向前传播的过程中，射线密度会在下一时刻波前传播前进行评估，当射线密度小于某一预先设定值时，会通过插值形成新的射线继续传播。在由射线和波前组成的不规则网格单元中，走时和其他待计算的属性通过临近的射线和波前上的值进行插值。基于上述波前重建方法的特性，波前重建类方法被认为是最适合 Kirchhoff 叠前深度偏移的走时计算方法。在本项目研究中，基于波前重建法构建的吸收衰减介质中的运动学射线追踪方程组为：

$$\frac{\mathrm{d}x_i}{\mathrm{d}\tau} = v^2 p_i \qquad (3\text{-}2\text{-}13)$$

$$\frac{\mathrm{d}p_i}{\mathrm{d}\tau} = -\frac{1}{v}\frac{\partial v}{\partial x_i} \qquad (3\text{-}2\text{-}14)$$

式中，x_i 为位置坐标分量，v 为速度矢量，p_i 为慢度矢量的分量。

波前重建法射线追踪可在计算过程中对每一时间步长得到的波前进行分析，通过插入一些新射线来保证射线追踪过程中稳定合理的射线密度，从而克服了常规射线追踪方法存在阴影区的问题。波前面三角形网格剖分在描述和拆分波前面时更加准确有效，而且不需太多的网格数目，从而提高了射线追踪的精度和效率。三角剖分波前重建的理论基础是

波前重建法在射线追踪过程中,可以依据设定的条件插入一些新的射线来保证一定的射线密度,避免阴影区的存在。如图 3-2-1 所示,波前上的三角网格单元由相邻几条射线来确定,如果射线间距离太大或射线间的角度差异太大的时候,就内插进一些新的射线。而传统射线追踪是从一开始就设定了一组不同角度的射线,在射线传播过程中容易导致射线密度不足,从而出现阴影区,导致走时计算存在较大误差。图 3-2-1 和图 3-2-2 分别给出了二维和三维情形下波前重建法空间网格拆分单元示意图;图 3-2-3 给出了三角网格化的波前示意图;图 3-2-4 给出了基于波前面三角形网格剖分的波前重建法射线追踪流程示意图。

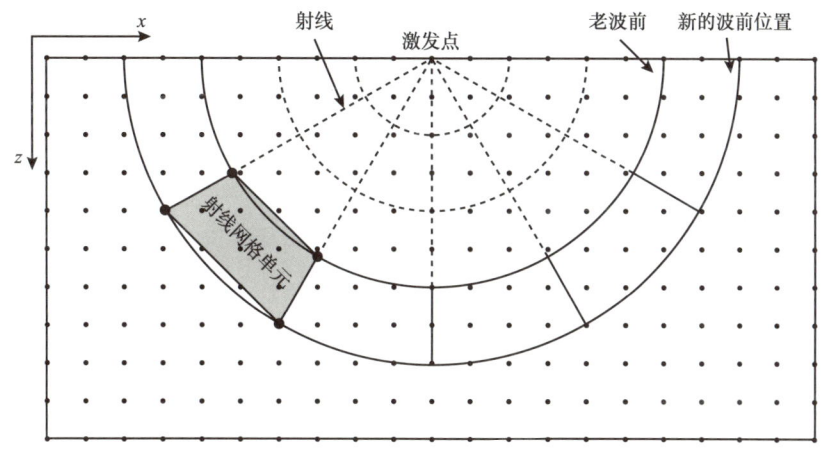

图 3-2-1 波前重建法空间网格拆分单元示意图

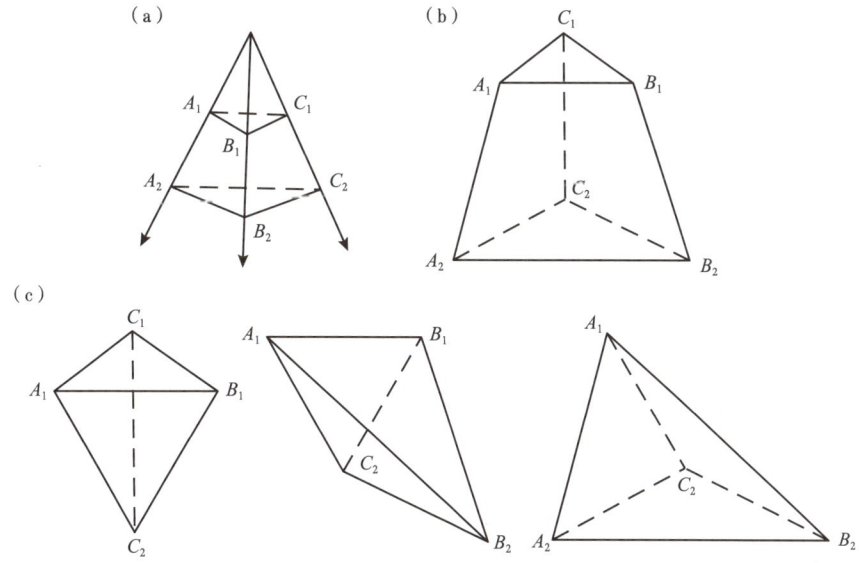

图 3-2-2 波前重建法空间网格拆分单元示意图

图 3-2-3　三角网格化的波前示意图

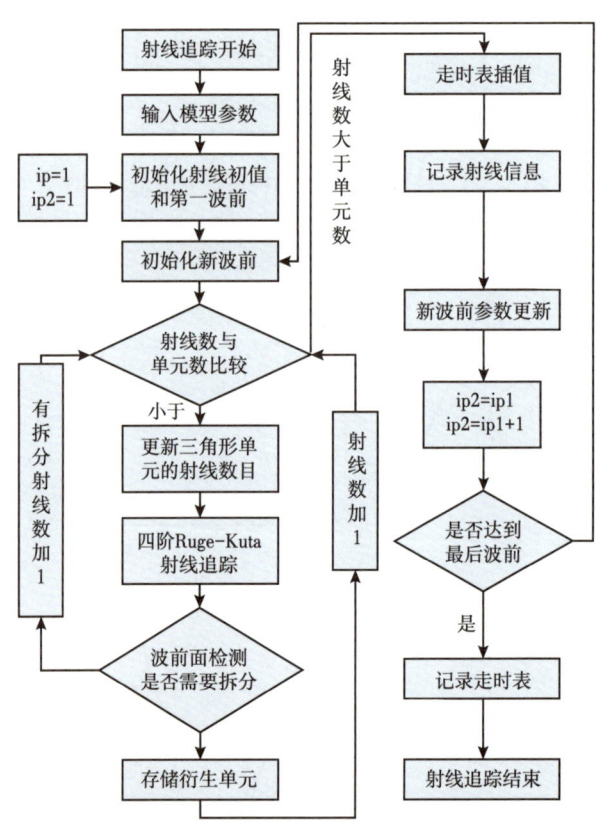

图 3-2-4　基于波前面三角形网格剖分的波前重建法射线追踪流程

本书论述的基于三角剖分的波前重建方法，可以看成是以束的形式进行射线追踪，并用波前来控制射线的弥散的一种实用、稳健的走时计算方法，该方法包括以下几个关键步骤：(1)构造初始波前；(2)从源位置以不同出射角沿射线传播波前；(3)判断射线传播的边界（到达边界则停止传播）；(4)估计接收点位置；(5)插值波前面上的点，当射线密度（射线间节点距离到达预设值后构造新的射线，增加波前面三角形）；(6)基于新的射线生成新的波前，作为下一个时刻新的波前。

基于三角剖分的波前重建中，由震源向各个方向发出射线，这些射线上走时都为 τ 的点构成了该时刻的波前面。然后追踪所有射线在下一时刻 $\tau+\Delta\tau$ 的位置，得到该时刻的波前面，依此类推，直到射线将整个区域覆盖。网格点处的波场值（走时、几何扩散、对应的射线参数等）通过在射线单元内部插值得到，射线单元由三个射线段和两个相邻时间的波前面构成。为了保证地下模型结点走时的精确性，必须保证整个模型中合理的射线覆盖率。射线追踪从初始震源开始，对于初始震源来说，射线密集度是一定的，随着波前面的传播和扩散，射线间距将会越来越大，于是出现了插值的必要性。插值的一个标准是临近两条射线间的距离，不得超过预先规定的限度。如果超过了此限度，就必须根据这两条临近射线的坐标和慢度来计算得出位于该波前面上的新的射线，以使射线场保持适当的密度。这一新的射线产生规则保证了即使在射线几何扩散很大的区域，通过插值得到的波场的精度也能得到保障。

波前在传播过程中会不断发生变化，图 3-2-5 给出了三角网格化的波前球面示意图。波前由许多三角网格单元组成，每一个三角网格单元由相邻的节点/射线确定。需要指出的是，在某一时刻相邻的三条射线传播到下一时刻时就不一定是相邻的射线了。如果射线间距离太大或角度差异太大，需插入新的射线，那么相应地就要增加新的三角网格单元。另外，当一条射线传播到模型边界或超过预定的最大旅行时的时候，就对该射线停止继续追踪，并删除对应的三角形网格单元。

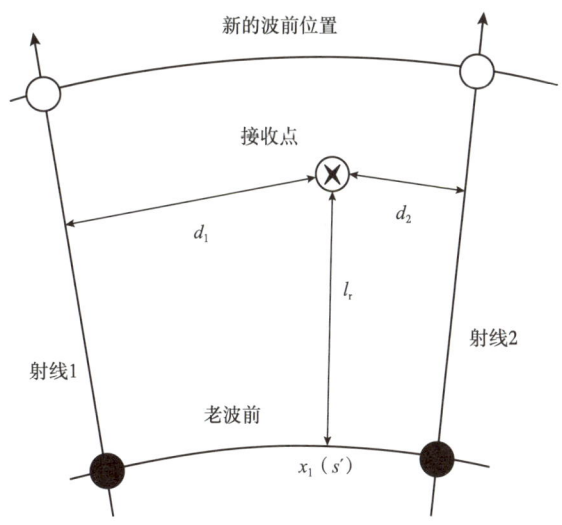

图 3-2-5　单元中某点插值示意图

三角剖分波前重建中新增射线插值影响走时计算精度，在动力学射线追踪过程中，不但可以得到射线路径和走时信息，而且同时可以得到波前曲率、曲率半径、走时场、等效 Q 值等更高阶的信息，在波前重建法射线追踪过程中利用这些信息，就能够准确、快速地计算波前面的位置，从而准确、快速地计算新增补射线的起始点。图 3-2-6 是考虑动力学波前曲率因素的增补射线起始点位置的示意图。设有相邻的两条射线 Ω_1 和 Ω_2，在 D_{max} 时刻的波前面为 AB，在 $\tau+\Delta\tau$ 时刻的波前面为 $A'B'$。当距离 $\overline{A'B'}$ 大小超过一定的阈值 D_{max} 时，就在射线 Ω_1 和 Ω_2 之间通过插值生成新的射线 Ω_3。为保证射线的均匀分布，将新射线的起点选择为弧 AB 的中点 D，设 C 为线段 AB 的中点。射线 Ω_1 在 A 点的方向矢量为 $n_1=(px_1,\ pz_1)$，曲率半径为 r_1；射线 Ω_2 在 B 点的方向矢量为 $n_2=(px_2,\ pz_2)$，曲率半径为 r_2。下面介绍利用动力学射线追踪所得到的信息求新射线 Ω_3 的起始点位置以及初始方向的过程。

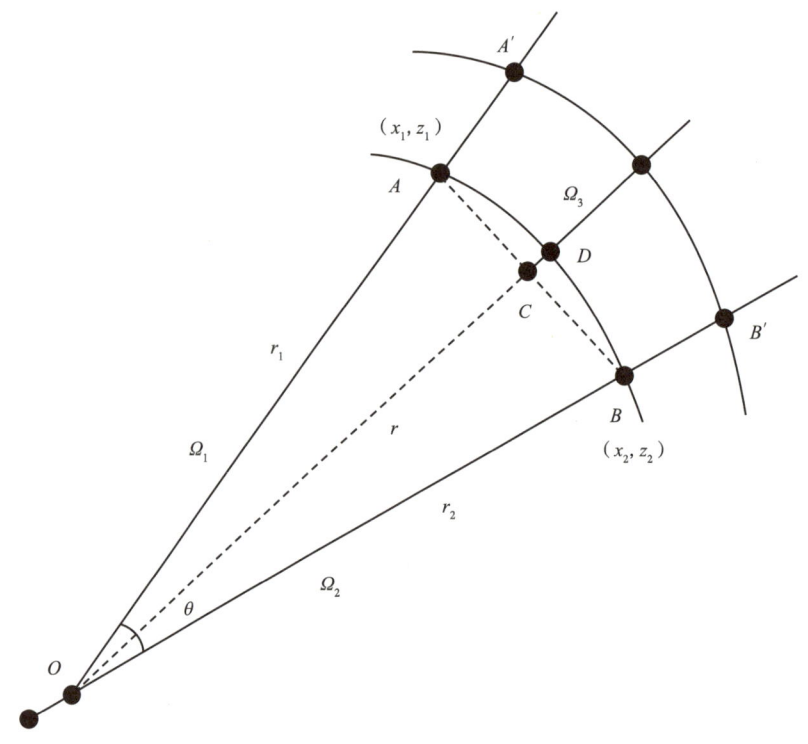

图 3-2-6 新增射线插值算法示意图

设两条射线 Ω_1 和 Ω_2 的反向延长线相交于点 O，由于这两条射线紧密相邻，可以认为其波前曲率十分接近，即 $r_1 \approx r_2$，则这两条射线之间的夹角 θ 为：

$$\cos\theta = \frac{n_1 \cdot n_2}{|n_1| \cdot |n_2|} = \frac{px_1 px_2 + pz_1 pz_2}{\sqrt{px_1^2 + pz_1^2} \cdot \sqrt{px_2^2 + pz_2^2}} \quad (3\text{-}2\text{-}15)$$

设 C 点的坐标和方向矢量分别 (x_c, z_c) 和 (px_0, pz_0)，(px_0, pz_0) 即为新增加射线 Ω_3 的初始方向矢量，其中：

$$x_c = \frac{x_1 + x_2}{2}, z_c = \frac{z_1 + z_2}{2} \quad (3\text{-}2\text{-}16)$$

$$p_{x0} = \frac{p_{x1} + p_{x2}}{2}, p_{z0} = \frac{p_{z1} + p_{z2}}{2} \quad (3\text{-}2\text{-}17)$$

新增加射线 Ω_3 在 τ 时刻波前曲率为 $r = \frac{r_1 + r_2}{2}$，从图 3-2-6 中可知 $OC = r\cos\frac{\theta}{2}$，则：

$$CD = r - r\cos\frac{\theta}{2} = r\left(1 - \cos\frac{\theta}{2}\right) \quad (3\text{-}2\text{-}18)$$

已知道 C 点坐标、方向矢量和 CD 的长度，可求出新增加射线 Ω_3 的起点 D 点的坐标，将方向矢量归一化，即令：

$$(p'_{x0}, p'_{z0}) = \left(\frac{p_{x0}}{\sqrt{p_{x0}^2 + p_{z0}^2}}, \frac{p_{z0}}{\sqrt{p_{x0}^2 + p_{z0}^2}}\right) \quad (3\text{-}2\text{-}19)$$

则 $\Delta x = CD \cdot p'_{x0}$，$\Delta z = CD \cdot p'_{z0}$，从而得到新增加射线 Ω_3 的起点 D 点的坐标为：$x_d = x_c + \Delta x$，$z_d = z_c + \Delta z$，初始方向矢量为 (p'_{x0}, p'_{z0})。图 3-2-7 给出一个具有三个倾斜界面的理论速度模型，图 3-2-8 展示了基于这一层速度模型利用波前重建方法得到的走时以及波前加射线分布叠合显示图。

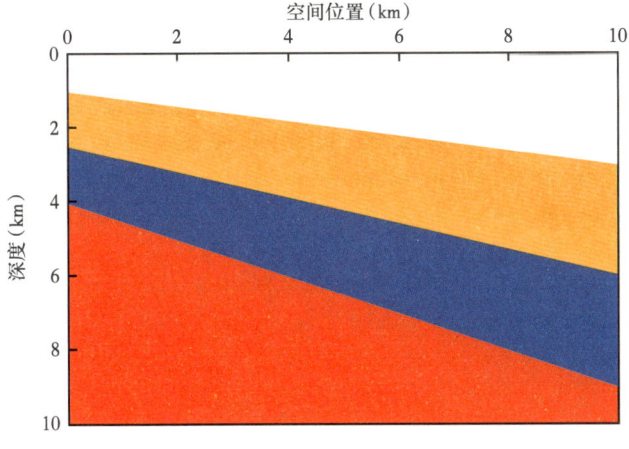

图 3-2-7 理论速度模型

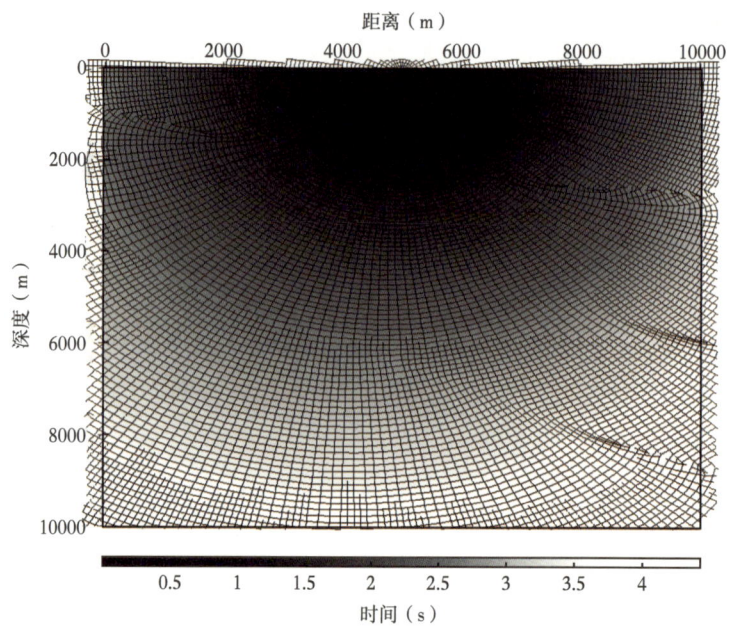

图 3-2-8　计算走时与波前加射线分布叠合显示

三、海量走时信息高效优化存储解决方案

通过基于三角剖分的波前重建获取三维走时信息，为描述介质对地震波的吸收效应，解决海量走时信息的优化存储和高效调用，引入了复走时的概念：

$$\tau^* = \sum \Delta t_i + j \sum \frac{\Delta t_i}{q_i} \quad (3\text{-}2\text{-}20)$$

式中，对于复走时的实部 $\sum \Delta t_i$，应用波前重建法得到，而复走时的虚部，即 $\sum \frac{\Delta t_i}{q_i}$ 是在其实部求取过程中，将深度域层 Q 值模型引入计算得到的。为了提高复走时求取过程中插值计算的精度，项目并非存储或者计算如式（3-2-19）所示的复走时的实部与虚部，而是引入射线相关等效慢度和射线相关等效 Q 值进行存储和计算：

$$E_K = \frac{\sum_{i=1}^{m} \Delta \tau_{K_i}}{r_K} = \frac{\sum_{i=1}^{m} \Delta \tau_{K_i}}{\sqrt{(x-x_K)^2 + (y-y_K)^2 + z^2}} \quad (3\text{-}2\text{-}21)$$

$$Q_{\text{eff}_K} = \frac{1}{\sum_{i=1}^{m} \Delta \tau_{K_i}} \sum_{i=i}^{m} \frac{\Delta \tau_{K_i}}{q_{K_i}} \quad (3\text{-}2\text{-}22)$$

式中，K 为 S 或 G，代表炮点或检波点射线路径相关等效慢度和等效 Q 值。将复走时的实部转化为射线路径相关等效慢度、将复走时的虚部转化为射线路径相关等效 Q 值进行存储和计算带来的益处显而易见：后者是更为平滑的参数场，有利于优化存储的实施，另一方面，可在插值过程中利用较低阶插值算法即可获得较高插值精度。图 3-2-9 给出走时场与射线路径相关慢度场对比；图 3-2-10 给出走时场与 Q 场与射线路径相关等效 Q 值场对比，射线路径相关慢度场以及射线路径相关等效 Q 值场更为平滑。

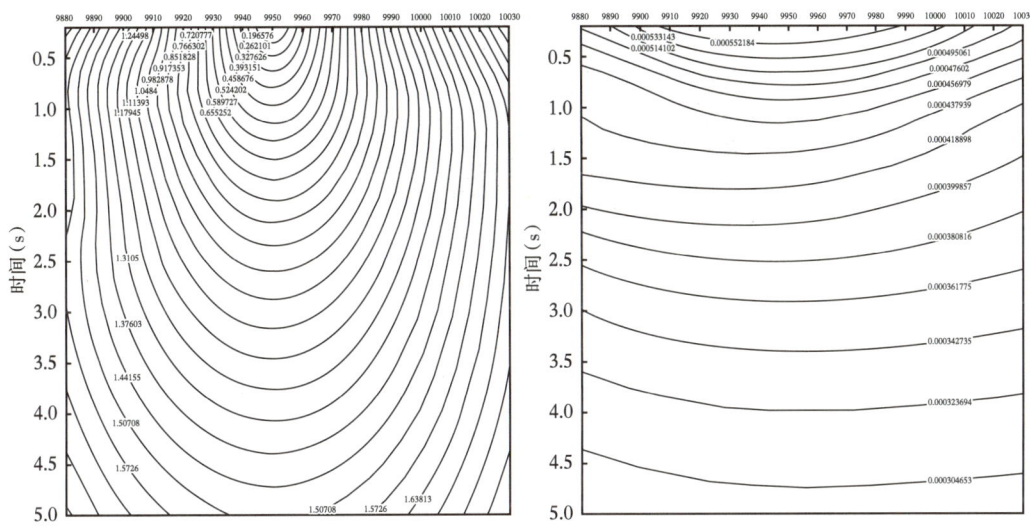

图 3-2-9　走时场与射线路径相关慢度场对比

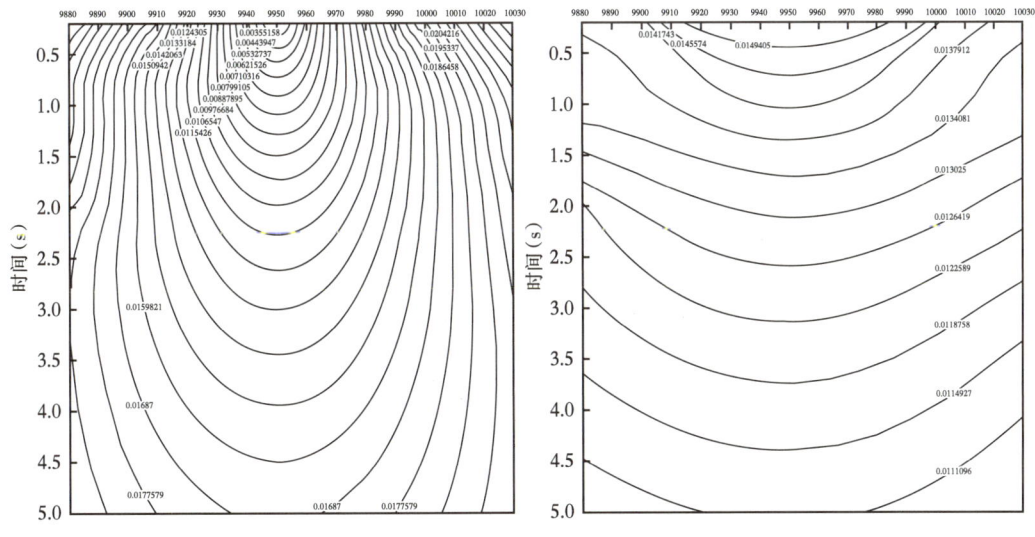

图 3-2-10　走时场与射线路径相关等效 Q 值场对比

复走时表在计算时是按照炮为索引来计算的，即整个工区设置若干个炮点，对于每一炮点计算其走时，图 3-2-11 给出自某一炮点激发计算得到的走时数据体。

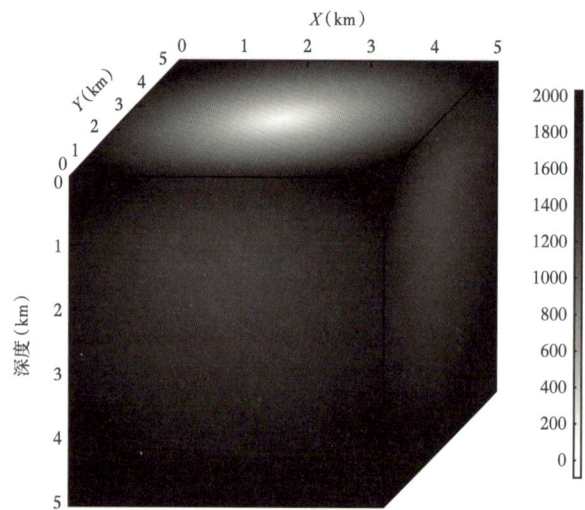

图 3-2-11　某一炮点计算得到的走时数据体

偏移计算时需要各炮点到某一成像点的走时，图 3-2-12 给出了某工区 10000m 深处某典型成像点的走时曲面，若已知炮点和检波点坐标，就可从这个曲面上插值得到炮点和检波点到成像点的走时。所谓走时表就是对每个成像点，存储一个这样的二维数组，由此可见，走时表的存储量是相当大的。解决方案如下：首先，在偏移过程中应用射线相关慢度和射线相关等效 Q 值表代替复走时表的存储，比较图 3-2-12 与图 3-2-13 可以看出，慢度曲面较走时曲面更平缓，这在大幅提高插值精度的同时也为优化存储策略的实施提供了有利条件。

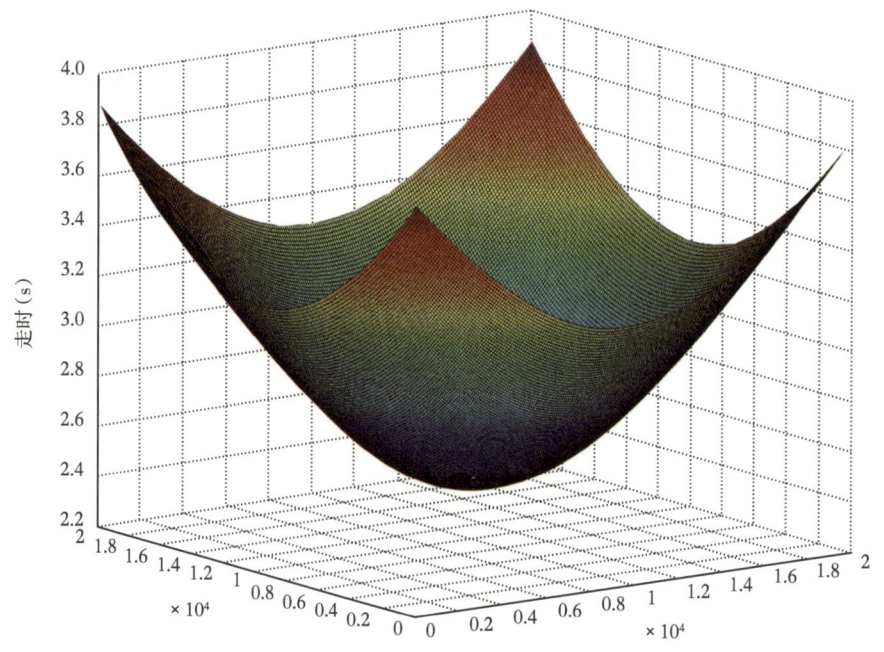

图 3-2-12　某工区 10000m 深处某典型成像点的走时曲面

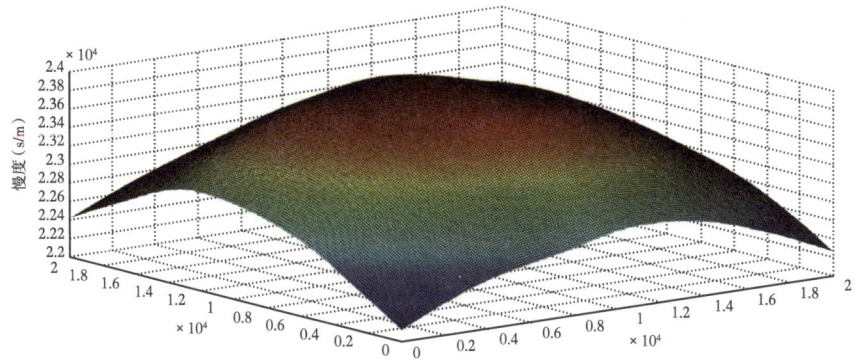

图 3-2-13　某工区 10000m 深处该典型成像点的慢度曲面

走时（慢度表）优化存储方案如下：第一，抽取每个成像点在偏移孔径范围内的所有炮点到该成像点的走时，假设共有 $nx*ny$ 炮，形成一个二维数阵；第二，基于最小二乘原理，在该区域内用 $mx*my$（$mx<nx/2$，$my<ny/2$）个走时逼近上述数阵；第三，基于第二步得到的 $mx*my$ 个走时，利用线性插值得到对应原始炮位置的走时，并求得它和原始值的差，当差的绝对值大于 1ms 的炮个数大于孔径内总炮数的 1% 时，增加 mx，my，回到第二步，直至差的绝对值大于 1ms 的炮个数小于孔径内总炮数的 1%。

图 3-2-14 给出了某成像点慢度表优化存储示意图。图中，蓝色圆点为成像点在地表投影，黑色 X 号代表原始炮点位置，红色圆点为慢度表压缩所取的点位置，慢度表压缩就是基于最小二乘原理，应用红色圆点处的慢度逼近黑色 X 号处的慢度，降低成像慢度

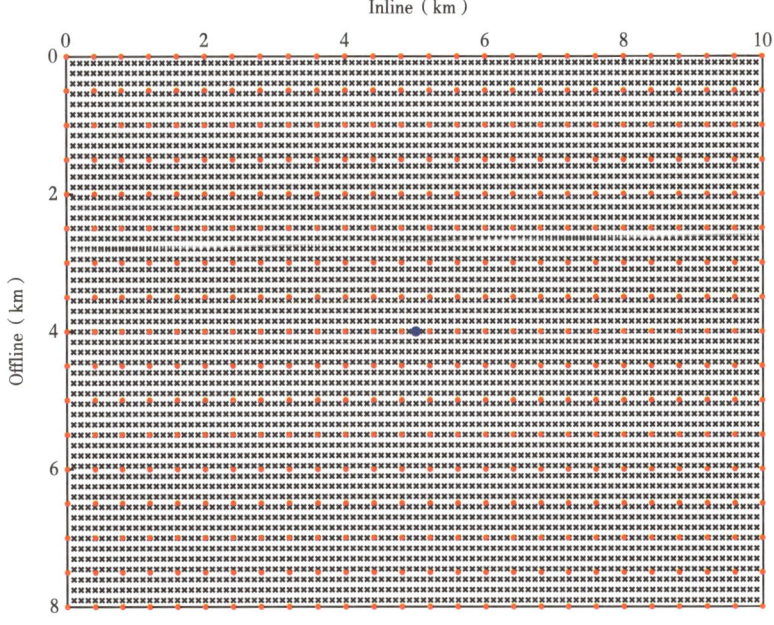

图 3-2-14　慢度表优化存储示意图

表对 GPU 存储的需求。图 3-2-15 给出了某成像点压缩前的走时（慢度）表，其慢度总数为 101×101 个，图 3-2-16 给出了该成像点压缩后的走时（慢度）表，其慢度总数为 35×35 个，压缩率为 12%。图 3-2-17 进一步给出了该成像点压缩前后走时差示意图，其中走时差大于 1ms 的点小于总点数的 1%，且多分布于偏移孔径的边缘区域。

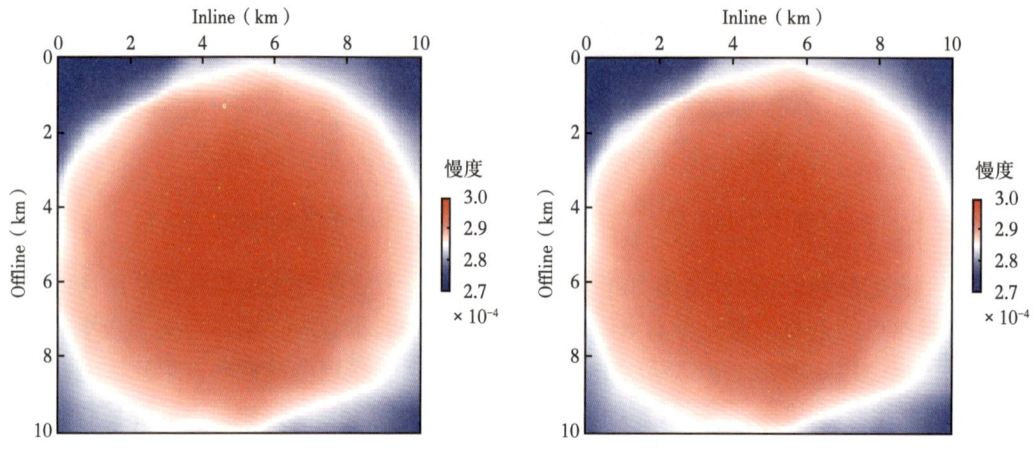

图 3-2-15　某成像点压缩前的慢度表　　　　图 3-2-16　某成像点压缩后慢度表

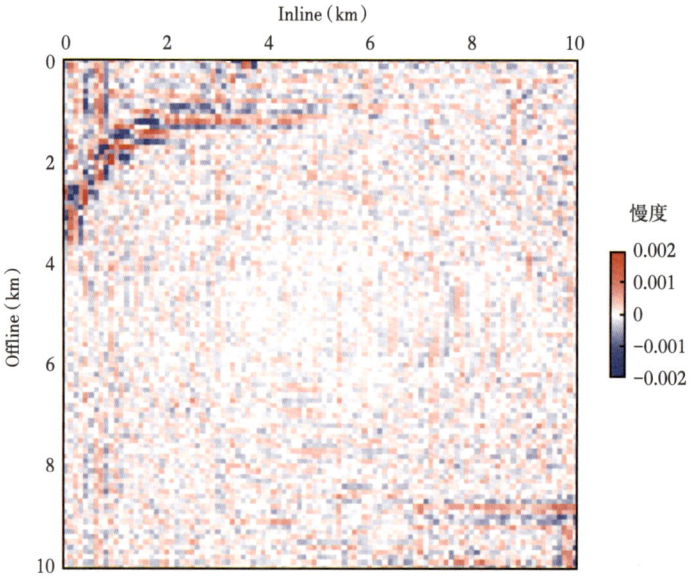

图 3-2-17　压缩前后走时差大于 1ms 的点小于总点数的 1%

四、深度域稳相偏移实现方法

为了达到最优孔径叠加进而压制介质吸收补偿引起的偏移噪声，在深度域成像的相关研究中，采用倾角道集技术，通过构造深度域的沿测线方向和垂直于测线方向的部分叠加道集，从而在倾角道集上可以直观展示对成像有贡献的菲涅耳带和菲涅耳带外的噪声。然而，在深度偏移中倾角的概念比较复杂，因为在深度偏移中走时表的求取利用的是射线追踪，当速度体存在横向差异的时候射线发生弯曲，对应的射线角度也发生变化，此处倾角的概念就是瞬时入射射线和瞬时反射射线所夹的法线夹角所决定的平面的倾角，这种倾角的求取需要基于成像点处周围点的走时构造出走时梯度方向，这一走时梯度方向即为射线方向，继而再求取反射面角度，这种方法得到的倾角波动性较大，对走时表的光滑程度要求很高，稍微不光滑的走时面都会导致射线角度的分裂，即相邻的角度差别很大，这对于倾角道集这种用以划分菲涅耳带和非菲涅耳带而言非常不利，因为它会使得本来连续位置求取的倾角差别很大，不利于菲涅耳带的拾取和筛选。因此，项目采用更为直接的简单几何关系所构建的倾角关系，而非瞬时倾角，也就是说，我们在求入射射线和反射射线的时候，不再用等时面梯度方向，而是直接利用炮点成像点、检波点成像点所构成的简单的三角形，然后利用和时间偏移一致的求解公式得到该成像位置的倾角。这种简化对于倾角道集而言已经足够，因为倾角道集的目的就是要区分对成像有贡献的菲涅耳带和对于成像没有贡献的信号，用简单倾角会造成所生成的深度域倾角道集存在一定程度的扭曲，但是不会影响其本质关系，而且这种简单几何关系倾角不存在射线角度分裂的情形，增加了倾角道集技术的鲁棒性。

这一深度域倾角的处理方式也可以从另一个角度予以解释。如图 3-2-18 所示，假设 E_s，E_g 为炮检点 S、G 到成像点 I 的慢度，$E_s = \dfrac{t_s}{r_s}$，$E_g = \dfrac{t_g}{r_g}$，其中，t_s，t_g 为炮检点 S、G 到成像点 I 的走时；r_s，r_g 为炮检点 S、G 到成像点 I 的距离。深度域准确倾角的计算公式为：

$$\begin{cases} \tan\theta_x = -\dfrac{\dfrac{\partial E_s}{\partial x}r_s + E_s\dfrac{\partial r_s}{\partial x} + \dfrac{\partial E_g}{\partial x}r_g + E_g\dfrac{\partial r_g}{\partial x}}{\dfrac{\partial E_s}{\partial z}r_s + E_s\dfrac{\partial r_s}{\partial z} + \dfrac{\partial E_g}{\partial z}r_g + E_g\dfrac{\partial r_g}{\partial z}} \\ \tan\theta_y = -\dfrac{\dfrac{\partial E_s}{\partial y}r_s + E_s\dfrac{\partial r_s}{\partial y} + \dfrac{\partial E_g}{\partial y}r_g + E_g\dfrac{\partial r_g}{\partial y}}{\dfrac{\partial E_s}{\partial z}r_s + E_s\dfrac{\partial r_s}{\partial z} + \dfrac{\partial E_g}{\partial z}r_g + E_g\dfrac{\partial r_g}{\partial z}} \end{cases} \quad (3\text{-}2\text{-}23)$$

假设慢度一阶导为零，式（3-2-23）的深度域倾角计算公式即可简化为时间域类似形式：

$$\begin{cases} \tan\theta_x = -\dfrac{\dfrac{\partial r_s}{\partial x} + \dfrac{\partial r_g}{\partial x}}{\dfrac{\partial r_s}{\partial z} + \dfrac{\partial r_g}{\partial z}} = -\dfrac{(x-x_s)r_g + (x-x_g)r_s}{z(r_s+r_g)} \\ \tan\theta_y = -\dfrac{\dfrac{\partial r_s}{\partial y} + \dfrac{\partial r_g}{\partial y}}{\dfrac{\partial r_s}{\partial z} + \dfrac{\partial r_g}{\partial z}} = -\dfrac{(y-y_s)r_g + (y-y_g)r_s}{z(r_s+r_g)} \end{cases} \quad (3\text{-}2\text{-}24)$$

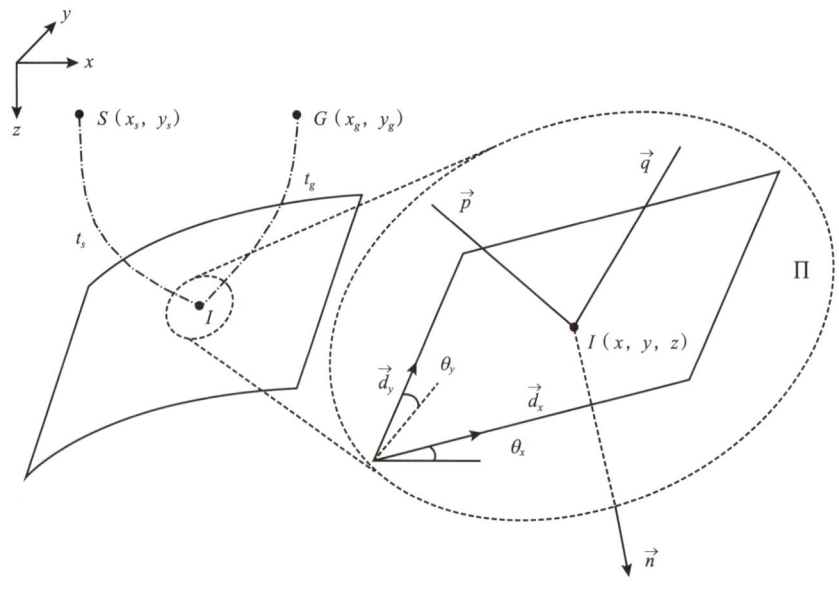

图 3-2-18　倾角道集示意图

这一倾角可称为稳倾角或拟倾角，将深度域倾角道集简化为稳倾角的计算方式后，这一倾角道集即可变为与时间域倾角道集相似的形式，相应地，深度域的倾角人机交互拾取，也可利用时间域倾角人机交互拾取软件模块来实现。

在三维叠前深度偏移倾角域偏移道集中，由于常规偏移实际是倾角域偏移道集沿倾角方向的叠加，因此从叠加的角度来看，这个顶点就是稳相点，而顶点的邻域就是菲涅耳带。在利用上节方法得到准确的菲涅耳带后即可在叠前深度偏移中计算中，通过计算拟成像反射界面的倾角，来判断该偏移结果是否参与叠加计算，从而实现基于菲涅耳带的偏移叠加。这样，就可以避免常规偏移采用单一孔径出现的对某些构造合适，对另外一些构造不合适的问题，实际上是实现了时变空变的最优孔径，从而获得更高信噪比的偏移结果。下面讨论三维倾角域稳相偏移的流程，可分为如下三步：

第一步，选取典型测线作为目标线，在叠前深度偏移的过程中直接生成一对一维倾角域偏移道集 $[I(x,y,z,\theta_x), I(x,y,z,\theta_y)]$。

第二步，在三维数据的一维倾角道集 $[I(x,y,z,\theta_x), I(x,y,z,\theta_y)]$ 上通过人机交互拾取目标线目标 CDP 处合理的菲涅耳带，基于目标线目标 CDP 处得到的菲涅耳带对整个成像空间进行插值，得到每一个成像点的菲涅耳带边界。

第三步，通过偏移孔径筛选出某一地震道的成像有效区域，然后在该区域里，对于输入地震道，判断每一个成像位置两个方向的倾角正切值 $\tan\theta_x$、$\tan\theta_y$ 是否在 X 方向和 Y 方向所控制的菲涅耳带边界 $\tan\theta_x^{(1)}$、$\tan\theta_x^{(2)}$、$\tan\theta_y^{(1)}$、$\tan\theta_y^{(2)}$ 内，数学表达为：

$$\begin{cases} \tan\theta_x^{(1)} < \tan\theta_x < \tan\theta_x^{(2)} \\ \tan\theta_y^{(1)} < \tan\theta_y < \tan\theta_y^{(2)} \end{cases} \quad (3-2-25)$$

若所计算倾角在该成像点菲涅耳带内，则参预偏移叠加计算。实际的菲涅耳带为一个椭圆，简化为一个简单的矩形区域来约束菲涅耳带的边界。另外，在实际成像时，如果在菲涅耳带的的边界处直接截断，会导致成像产生高频的截断噪声，所以对于该控制矩形区域，我们不能直接截断，而是引入一个平滑过渡带，即在矩形区域的边界上，向外扩展一段小区域用以控制该区域的系数从 0 逐渐变化到 1，由于该衰减系数会在成像过程中大量用到，常规而言使用半个周期的正弦函数，但是对于我们采用的 GPU 环境而言正弦函数的计算复杂度要高，需要多个数学运算，而且 GPU 不能采用表驱动，所以更换为 $y=1-0.9x^2$ 函数，其中 $x\in(0,1)$，衰减系数如图 3-2-19 所示，得到最终的菲涅耳带及衰减区域如图 3-2-20 所示。

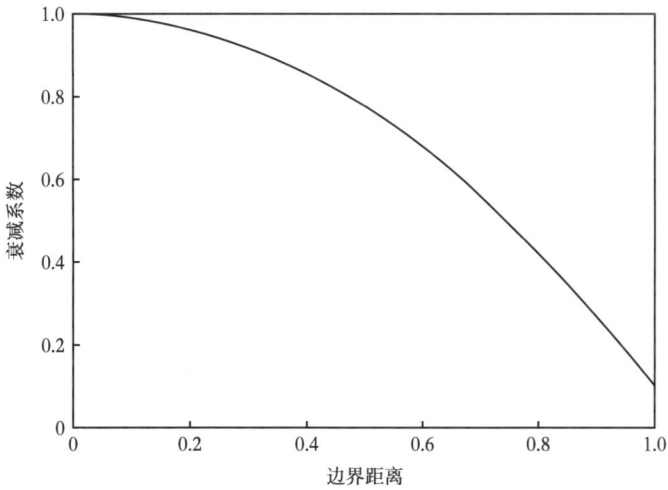

图 3-2-19　倾角道集菲涅耳带边界衰减系数示意图

图 3-2-20　菲涅耳带和衰减区域示意图

可保证仅是菲涅耳带内的结果参与偏移成像,既可避免常规偏移中采用较小的偏移孔径导致的陡倾角构造不能正确成像,又可避免采用过大的偏移孔径带来的偏移噪音问题,实现基于菲涅耳带的最优孔径成像。

黏弹性叠前深度偏移的工业化实现,若将单个地震道看作是仅有一个接收道的单炮记录,则在黏弹性介质中,炮域偏移的反传波场可表示为:

$$P^U(x,y,\omega,z) = F(\omega)\frac{\omega}{2\pi}\exp\left(-j\frac{\pi}{2}\right)\frac{\tau_g z}{r_g^3}\exp\left\{j\omega\tau_g\left[1-\frac{1}{\pi Q_g}\ln\left(\frac{\omega}{\omega_0}\right)\right]\right\}\exp\left(\frac{\omega\tau_g}{2Q_g}\right) \quad (3-2-26)$$

式(3-2-26)中,x,y,z 为成像点的三维坐标,τ_g 是自成像点沿射线路径至检波点的走时,这一走时与常规叠前深度偏移计算中的走时是相同的,$F(\omega)$ 是频率域的地震道,r_g 为成像点到检波点的直线距离,Q_g 为本项目研究新引入的检波点处射线路径相关的等效 Q 值,其计算是与走时表正演计算的射线路径相联系的:

$$\frac{1}{Q_g} = \frac{1}{\sum_{i=1}^{n}\Delta t_i}\sum_{i=1}^{n}\frac{\Delta t_i}{q_i} = \frac{1}{\tau_g}\sum_{i=1}^{n}\frac{\Delta t_i}{q_i} \quad (3-2-27)$$

式(3-2-27)中 Δt_i 是射线传播路径上各层介质所用单程旅行时,q_i 为该层介质的层 Q 值,n 是射线传播路径上含的层数,$\tau_g = \sum_{i=1}^{n}\Delta t_i$ 为上文所述的成像点沿射线路径至检波点的走时,描述了地震波沿射线路径自成像点至检波点的吸收衰减效应,炮域偏移下行波场为:

$$P^D(x,y,\omega,z) = S(\omega)\frac{\omega}{2\pi}\exp\left(j\frac{\pi}{2}\right)\frac{\tau_s z}{r_s^3}\exp\left\{-j\omega\tau_s\left[1-\frac{1}{\pi Q_{r\text{-}eff}}\ln\left(\frac{\omega}{\omega_0}\right)\right]\right\}\exp\left(-\frac{\omega\tau_s}{2Q_{r\text{-}eff}}\right)$$

$$(3-2-28)$$

式中,τ_s 是自炮点沿射线路径至成像点的走时,这一走时与常规叠前深度偏移计算中的走时也是相同的,r_s 为炮点到成像点的直线距离,$S(\omega)$ 是震源信号的傅立叶变换,Q_s 为炮点处射线路径相关的等效 Q 值:

$$\frac{1}{Q_s} = \frac{1}{\sum_{i=1}^{n}\Delta t_i}\sum_{i=1}^{n}\frac{\Delta t_i}{Q_i} = \frac{1}{\tau_s}\sum_{i=1}^{n}\frac{\Delta t_i}{Q_i} \quad (3-2-29)$$

由式(3-2-26)和式(3-2-28)可知,下行波场(即正传)幅值发生衰减,而反传波场幅值变为增加,实际上无法知道准确的 $S(\omega)$,而现行处理流程中的反褶积处理,可以认为已剔除了 $S(\omega)[\omega/(2\pi)]\exp(j\pi/2)$ 这些有关震源子波的影响。因此忽略震源子波的影响,应用反褶积成像条件,可得单道数据的成像结果(即脉冲响应)为:

$$I(x,y,z) = \frac{\tau_g r_s^3}{\tau_s r_g^3} \int F_n(\omega) \omega \exp\left(-j\frac{\pi}{2}\right) \exp\left[j\omega(\tau_s + \tau_g) - \left(\frac{\tau_s}{Q_s} + \frac{\tau_g}{Q_g}\right)\frac{\ln(\omega/\omega_0)}{\pi}\right]$$
$$\exp\left\{\frac{\omega}{2}\left(\frac{\tau_s}{Q_s} + \frac{\tau_g}{Q_g}\right)\right\} d\omega \tag{3-2-30}$$

其中，$\frac{\tau_g r_s^3}{\tau_s r_g^3}$ 是成像权系数，补偿球面扩散影响，将所有地震道的成像结果按偏移距大小进行分选和累加，即可得到三维成像空间的偏移结果。

五、黏弹介质叠前深度偏移应用效果实例

黏弹性介质叠前深度偏移经过研发、模型试算、实际地震数据（徐深1井区）测试取得良好的效果，经过6年不断完善迭代升级，推广面积为8740.5km²，新处理成果较已有商业软件处理成果深层频带平均展宽10Hz以上，分辨率提高、薄互层识别能力明显提高，为复杂构造区精细勘探提供了高品质地震处理成果，应用实例如下：

1. 黏弹介质叠前深度偏移在松北外围小断陷勘探中的应用

松辽盆地北部庙台子凹陷经过二维地震勘探和区域性预探井验证，具备良好的生储盖组合和良好的勘探前景，深层沙河子组存在一个时期的火山岩侵入，深层火山岩储层是勘探前景乐观的目标。2019年初大庆油田在庙台子凹陷部署了满覆盖面积为200km²的单只检波器接收高密度三维地震资料采集，一次处理成果信噪比极低，经过叠后去噪后的PSDM成果深层分辨率较低，基底界面不清楚，沙河子组内部火山岩钻探目标成像质量无法满足井位部署的地质需求。采用稳相控制的黏弹性介质叠前深度偏移对研究区地震资料进行重新处理，图3-2-21是利用商业软件完成的叠前深度偏移剖面，完成偏移处理后还利用叠后反褶积进行了拓频处理，最终处理成果沙河子组频带范围是6~75Hz，但是过井位置地震剖面分辨率不高，火山岩边界刻画不清楚，火山期次无法通过地震剖面划分清楚。沉积时期的地层同下覆基底地层边界不清楚，局部沙河子内部第四级层序之间接触关系交代不清楚，沙河子内部断层不清晰，断点不干脆。

图3-2-22是基于稳相控制的黏弹性介质叠前深度偏移QPSDM成果剖面，偏移后未进行提频处理，偏移后成果剖面频带为6~87Hz，比商业软件PSDM拓频后的成果频带展宽12Hz。深层沙河子组分辨率提高，信噪比并未降低，预探井位置的火山岩钻探目标刻画清晰，火山期次可以被划分清楚，深层断层更清晰，断点干脆，沙河子组内第四级层序的接触关系交代更明确，有利于精确构造解释和地震储层预测。

2. 黏弹介质叠前深度偏移在安达凹陷致密气开发中的应用

在松辽盆地北部安达凹陷，以研究区的时间域RMS速度模型（图3-2-23）完成叠前时间偏移，生成倾角道集用于拾取稳相偏移孔径，通过Q值扫描和Q值拾取，经过速度—Q值拟合得到时间域等效Q模型（图3-2-25），再利用基于射线路径追踪的方法将时间域等效Q场转换成为深度域层Q模型（图3-2-26），将深度域速度模型（图3-2-24）其用于黏滞声学介质叠前深度偏移。

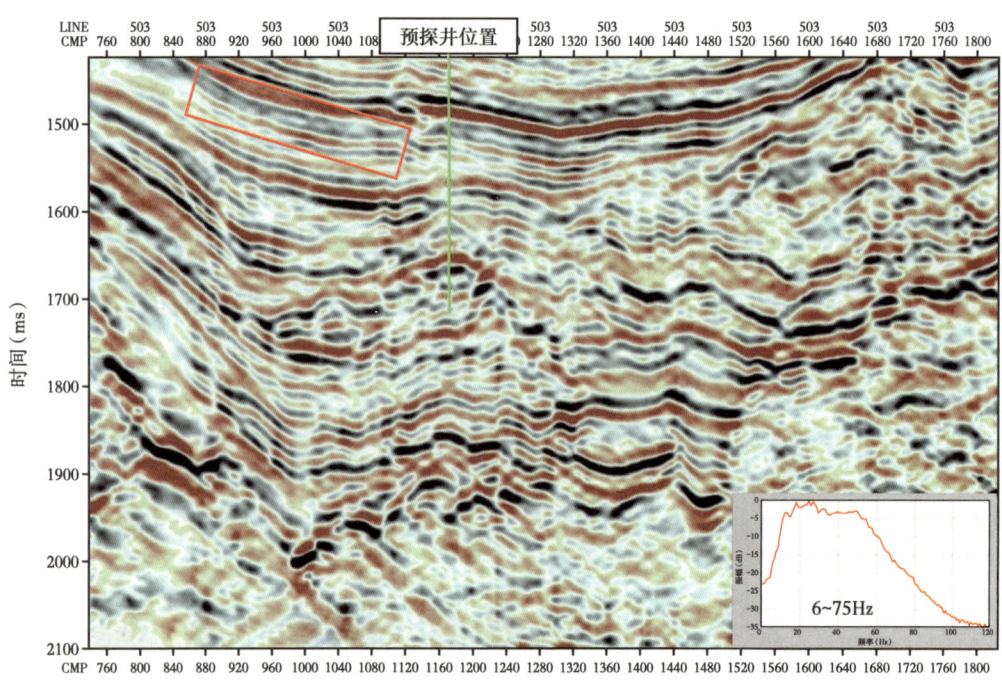

图 3-2-21　商业软件 PSDM 成果剖面及频谱

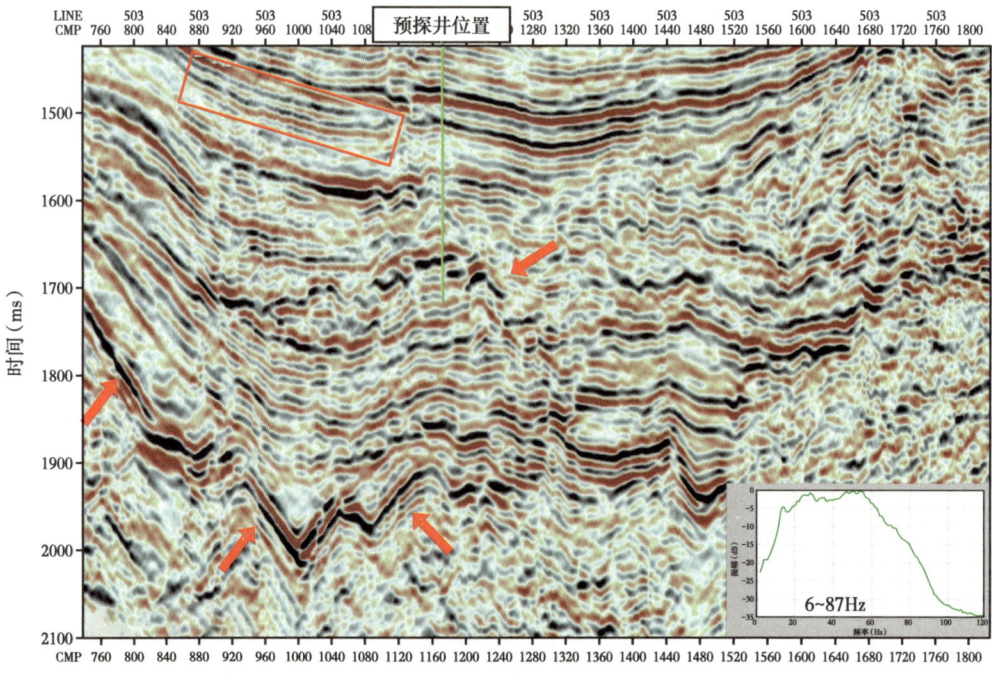

图 3-2-22　稳相黏弹深度偏成果剖面及频谱

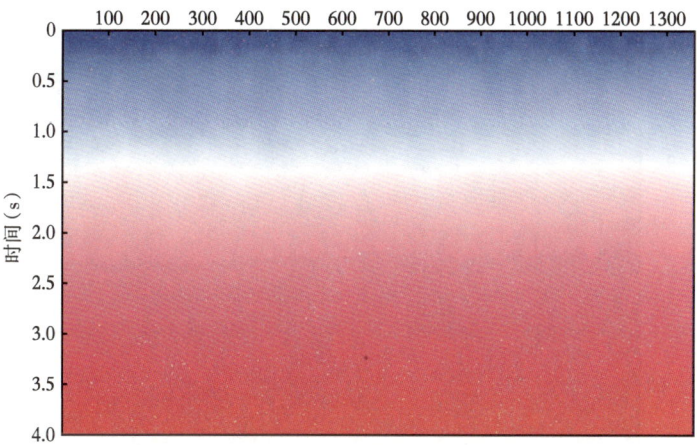

图 3-2-23　时间域 RMS 速度模型剖面

图 3-2-24　深度域层速度模型剖面

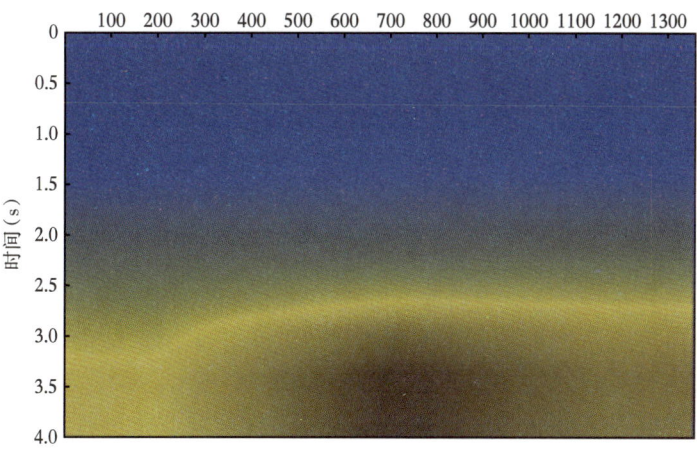

图 3-2-25　时间域等效 Q 模型剖面

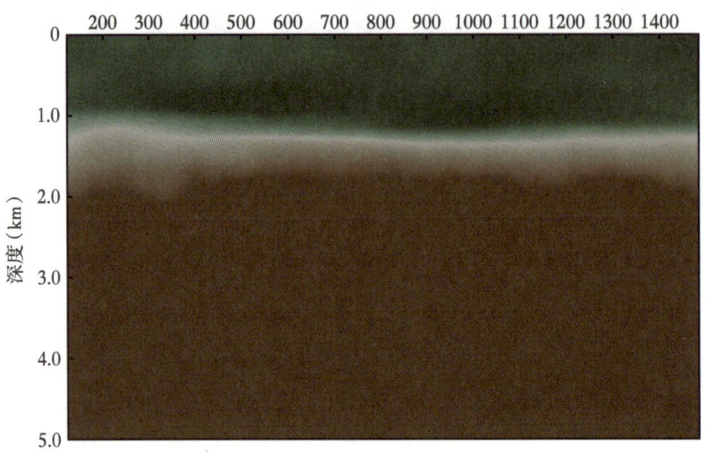

图 3-2-26　深度域层 Q 模型剖面

通过新老成果剖面对比和频谱分析对比，老成果是 RTM 技术处理得到的，深层沙河子频带宽度是 6~62Hz，剖面波阻关系自然，各频率成分分布合理，见图 3-2-27。

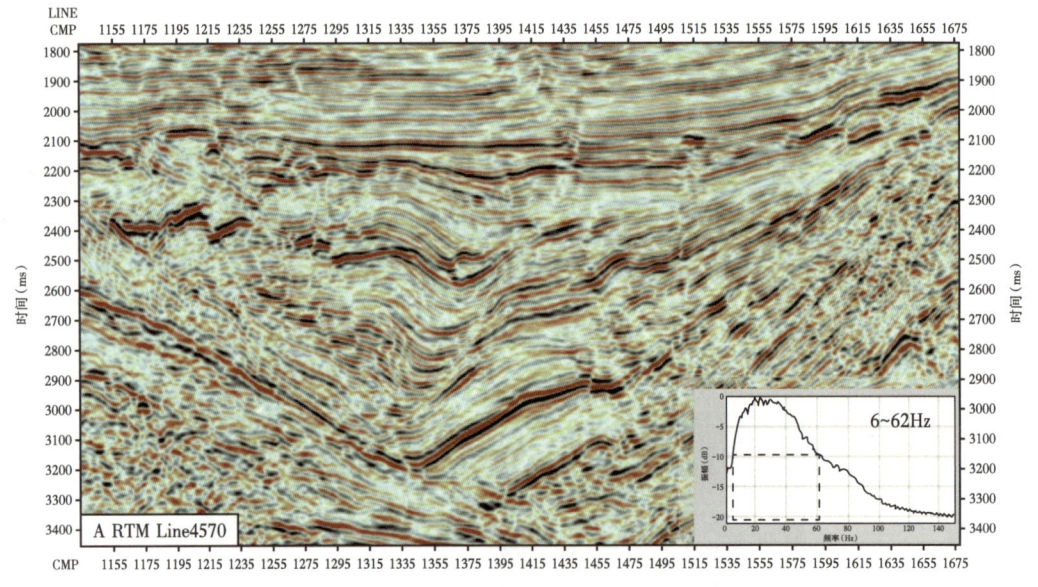

图 3-2-27　老成果 RTM 地震处理成果剖面

经过商业软件全方位角度域叠前深度偏移处理得到的剖面（图 3-2-28）可见，大的层组界面清晰，组段界面清楚，控陷断裂刻画清楚，由于采用了镜像加权叠加技术，全方位角度域深度偏地震剖面的信噪比较高，但频带范围只有 6~58Hz，而且低频成分在全部频率成分中占比很高，导致这样的处理成果无法进行深层非常规气目标精细解释和层序细分。

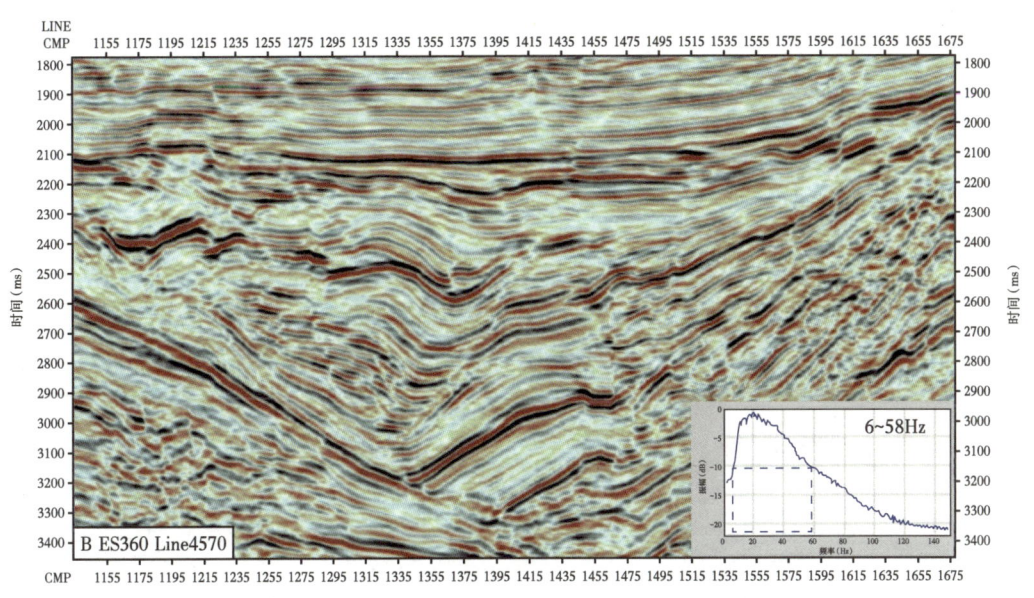

图 3-2-28　全方位角度域处理成果剖面（经过镜像加权叠加处理）

经过黏滞声学介质叠前深度偏移技术处理的剖面（图 3-2-29）深层沙河子组频带可以达到 6~78Hz，比全方位角度域处理成果频带展宽 20Hz，深层分辨率最高，陡倾角构造成像最连续清晰，断层面是最清楚的。

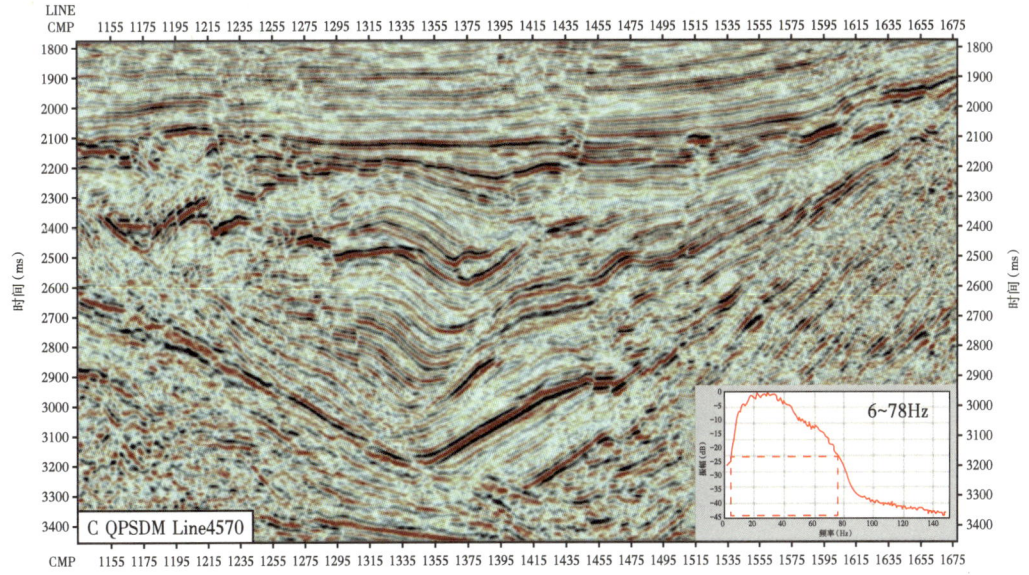

图 3-2-29　黏滞声学介质叠前深度偏移成果剖面

以上三个用于对比的剖面图 3-2-27 至图 3-2-29，都是采用相同的深度域速度模型偏移得到的，通过过井位置的过井剖面局部放大对比可以看到（图 3-2-30），全方位角度域深度偏移层序组段界面清楚，层序内部由于分辨率低无法划分四级层序。黏弹性介质叠前深度偏移成果剖面比老成果剖面增加了高频同相轴，沙河子组内部四级层序界面清楚，便于解释追踪，由于黏弹深度偏移成果分辨率和信噪比都非常高，断层清晰，可以为深层非常规气快速部署开发提供地震成果支持。

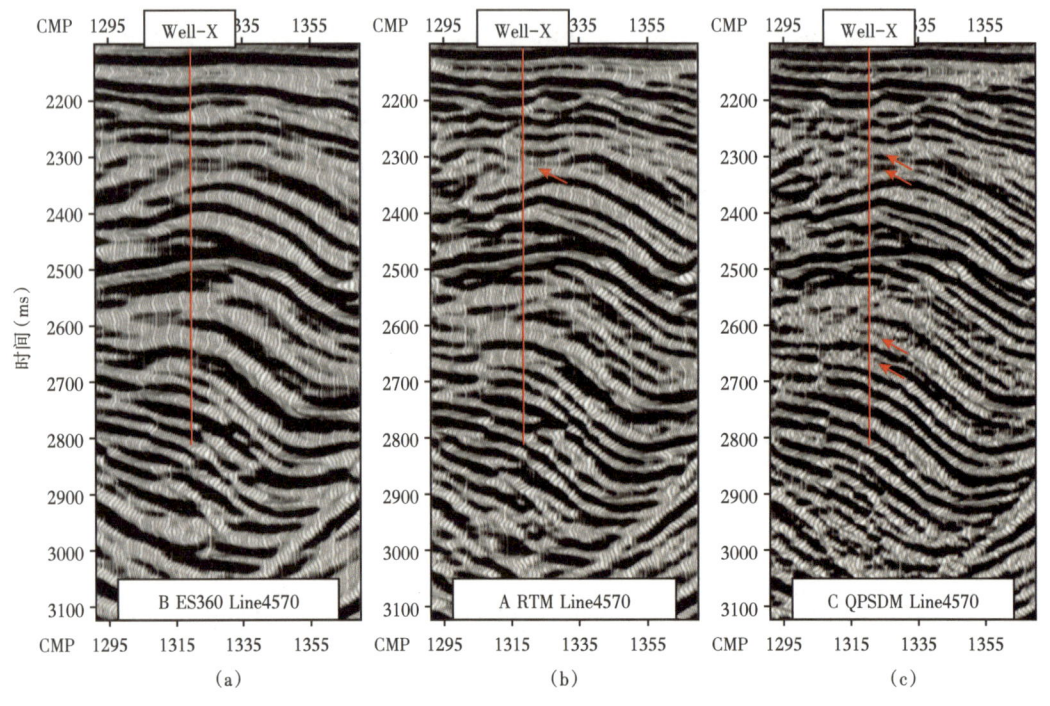

图 3-2-30　新老处理成果过井位置放大对比

（a）老成果 RTM 剖面；（b）全方位角度域镜像加权叠加剖面；（c）黏滞声学介质叠前深度偏移处理剖面

3. 叠前深度中全深度域建模及其应用效果

叠前深度偏移算法精度的提高对深度域速度模型也提出了越来越高的要求，通常速度建模需要对采集数据的充分认识，建模原理的精通，构造解释、地质模式、测井等多专业的掌握，对建模人员知识面及经验要求高，是解释性处理技术，需要充分考虑近地表、高速层、地质构造等全深度域的信息。传统的全深层速度建模方法往往把近地表建模和中深层建模分开进行，并通过插值、融合等主观性较大的方法融合初至走时层析近地表模型和常规中深层速度模型，这种方式复杂并且建立的速度模型不能较好地保持地震资料的走时特征。需要建立一种综合性的数据域初至波走时与成像域反射波走时联合层析复杂地表浅中深层速度建模方法。在联合层析速度反演过程中会存在解的非唯一性问题，通过深入地分析层析反演中正则化的本质意义，建立构造特征正则化方法，进一步完善了联合层析的实现流程及策略。经过实际资料的处理应用，这种数据域初至走时与成像域反射走时联合层析浅中深层速度建模技术避免了常规建模方法中浅层速度模型与中深层速度模型的融合问题，较好地解决了传统成像域反射层析对近地表模型的不可控更新问题，整体提升了深度域浅中深层速度模型的建模精度，同时结合地质、测井等多信息的约束，为波动方程类高精度偏移算法提供高质量的速度，一定程度上提高松辽盆地中浅层薄窄河道的识别能力及深层复杂构造的成像精度。

全深度域一体化速度建模包含俩大部分，首先是数据驱动的网格层析类技术，采用初至波和反射波联合层析兼顾浅层及高速层速度整体变化，第二部分是多信息约束速度建模，综合地质构造、测井等信息建立精度较高的速度模型。整体速度建模流程如图3-2-31所示。

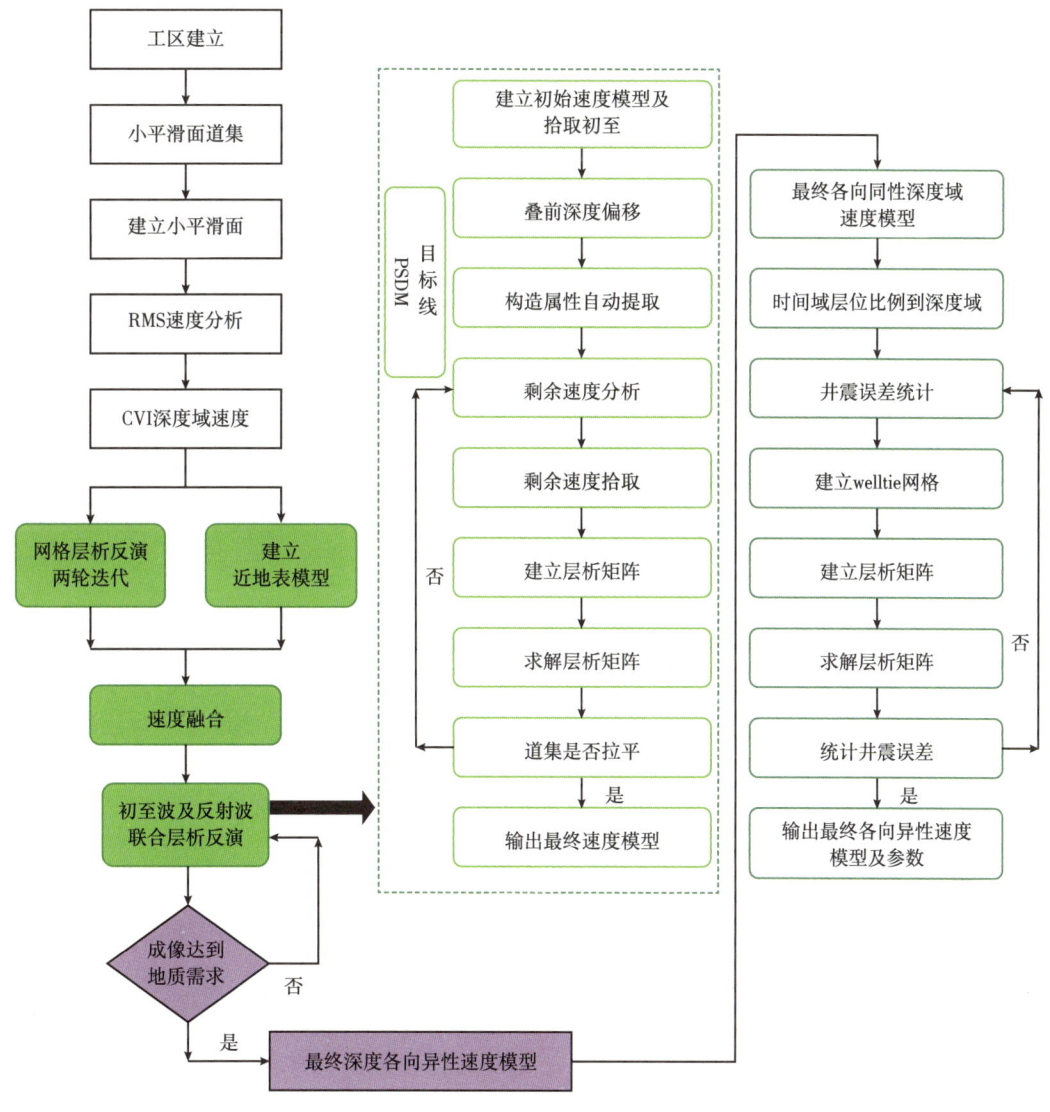

图 3-2-31　全深度域速度建模技术流程

速度建模过程首先考虑的是速度起始面及偏移面的选择，松辽盆地地表起伏相对较小，一定程度上可以实现真地表处理，图3-2-32为建立的地表小平滑面（黑线为地表面，黄线为小平滑面），静校正高频量的求取、速度建模以及偏移均以该面为基准，在此平滑面基础上进行静校正高低频分离并应用高频量，在此单炮基础上进行初至拾取作为旅行时层析的输入信息，建立的初始浅层速度。

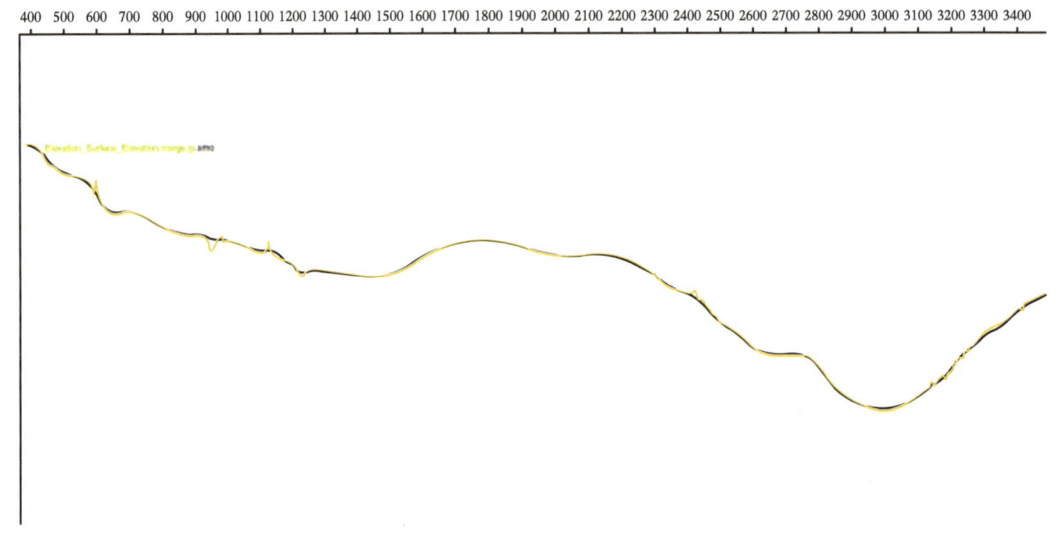

图 3-2-32　偏移小平滑面建立

通过时间域均方根速度建立初始深度域速度，初始模型基础上进行折射波反射波层析提高浅层速度模型精度，图3-2-33是初始速度模型及折射波反射波联合层析速度模型叠前深度偏移对比，对比看出，经过浅层与高速层精细优化，浅层整体成像效果得到较好的改善。

初至波和反射波联合层析的基础上，利用VSP、测井资料、层位、断层等进行多信息约束建模，获得精细的各向异性速度场和参数场，提高目的层成像精度。图3-2-34（a）为建立的层控和断控模型，速度更新过程跨过明显的阻抗界面，提高网格层析精度，图3-2-34（b）为VSP速度与井旁地震速度对比，结合图3-2-34（c）构造连续体建立图3-2-34（d）多信息约束加权系数，最终建立高精度速度模型如图3-2-35（b）所示。经过联合建模，叠前深度偏移剖面成像精度提高，断裂及断裂下伏地层归位更准确，如图3-2-36所示。

黏弹介质叠前深度偏移首先需要建立深度域Q场，首先提取ZVSP数据下行波信息，并拾取初至，如图3-2-37（a）所示，利用谱比法求取井点处Q值，然后根据经验公式建立井点处ZVSP Q与井点处速度的关系如图3-2-37（b）所示，将该关系外推到整个工区，建立Q体，如图3-2-37（c）所示。常规叠前深度偏移及粘弹介质叠前深度偏移效果如图3-2-38所示，整体成像分辨率及精度得到较大提高。

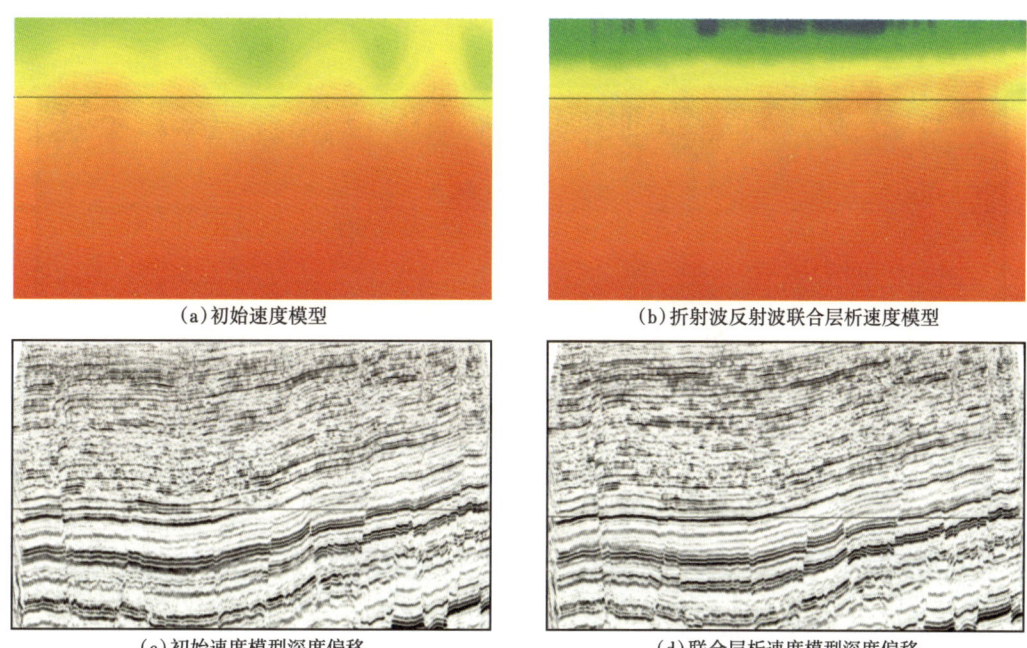

图 3-2-33 折射波反射波联合层析速度建模前后叠前深度偏移对比

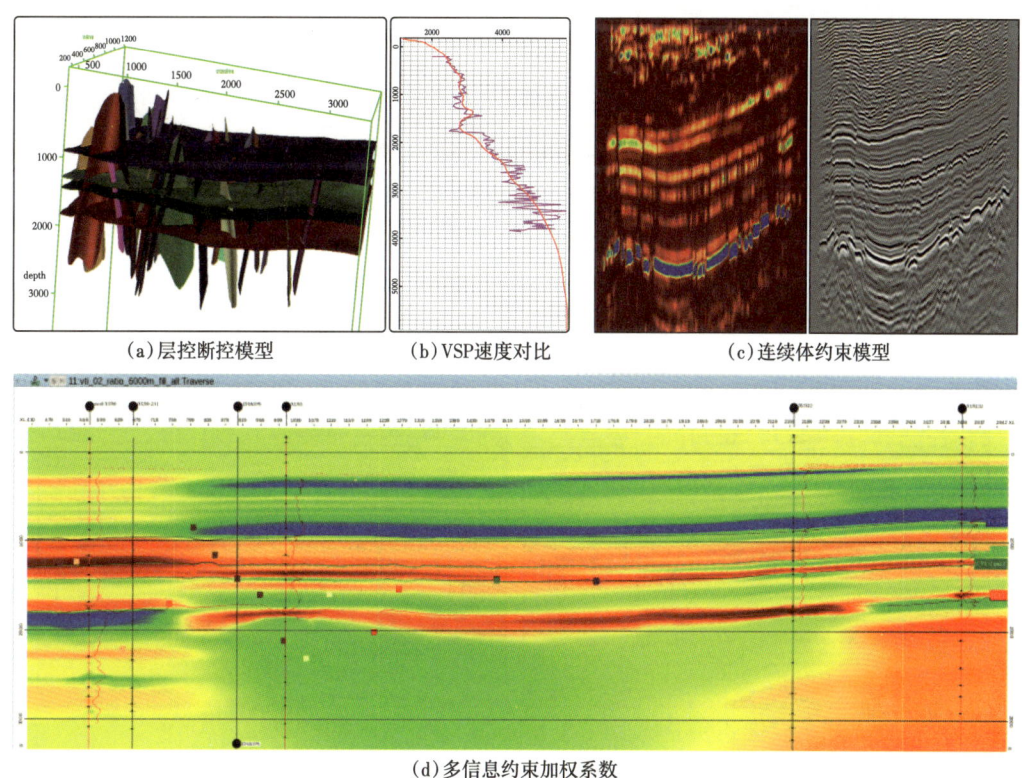

图 3-2-34 多信息约束速度模型建立过程

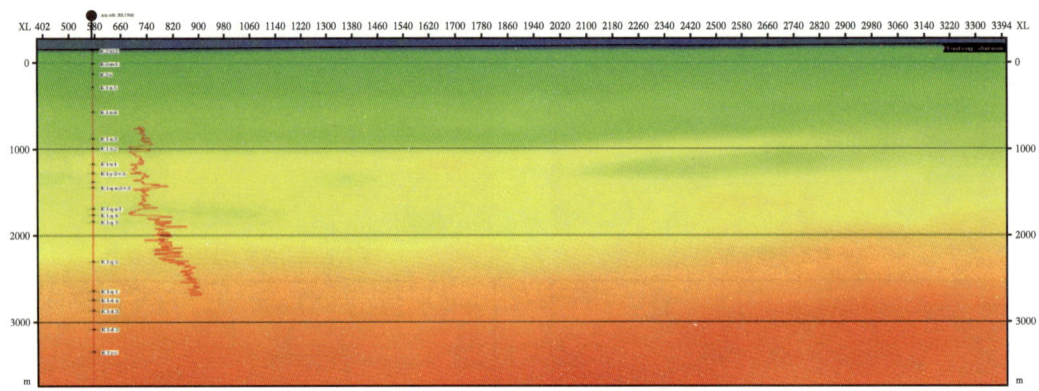

(a)多信息约束前速度模型

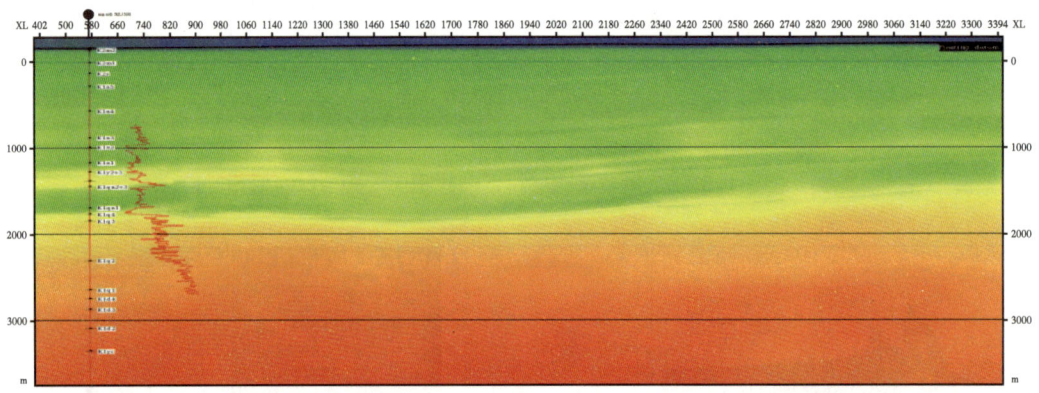

(b)多信息约束后速度模型

图 3-2-35　多信息约束前后速度模型

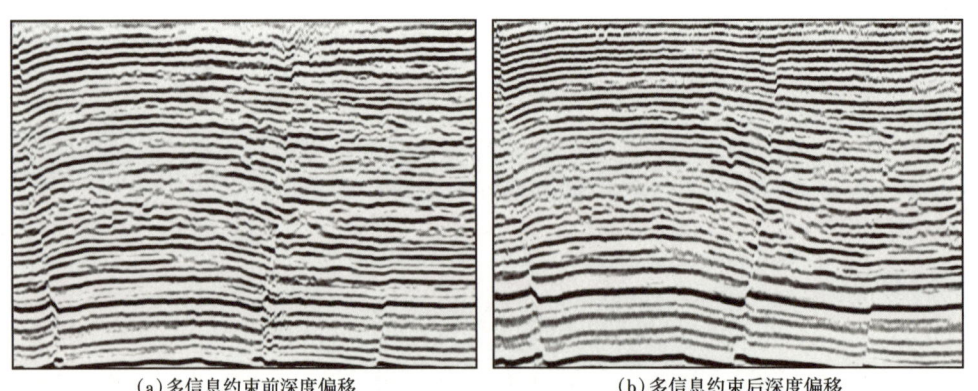

(a)多信息约束前深度偏移　　　　　　　　(b)多信息约束后深度偏移

图 3-2-36　多信息约束前后速度模型叠前深度偏移对比

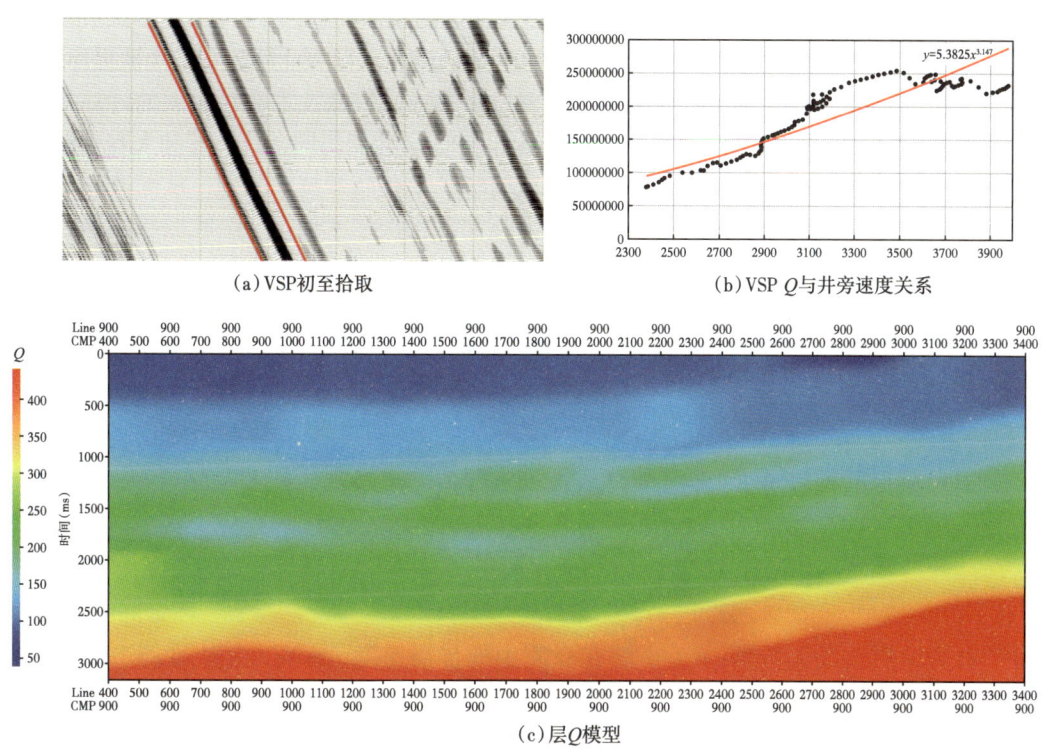

图 3-2-37　层 Q 模型建立过程

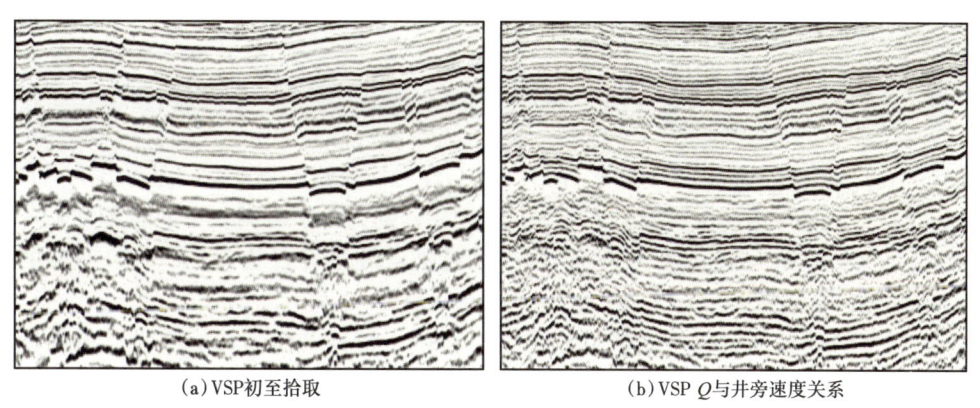

(a) VSP 初至拾取　　　　　　　　(b) VSP Q 与井旁速度关系

图 3-2-38　常规叠前深度偏移及黏弹介质叠前深度偏移效果对比

第三节　各向异性逆时偏移方法

逆时成像技术在现行高精度地震成像技术系列中,是理论较为成熟、成像最为精确的技术之一。与叠前克希霍夫深度成像技术和单程波地震深度成像技术相比,逆时成像技术具有以下主要优点:(1)对地震波动方程的近似较少;(2)能够解决多值走时问题;(3)适合于任意陡倾角及速度在横纵向变化较为剧烈等情况下的成像问题;(4)可实现多次波、回转反射波等通常被认为是干扰波类型波场的准确成像。然而,自20世纪80年代被提出以来,该技术并没有得到充分重视和广泛应用,主要原因是逆时成像技术存在庞大的计算量和巨大的存储量等瓶颈问题。近二十年来,随着CPU/GPU高性能协同并行计算和大容量磁盘的并行快速存储等技术的飞速发展,较大程度地缓解了上述瓶颈技术问题,从而改善了逆时成像技术的工业化应用现状。大庆油田紧跟国际前沿物探技术动态,瞄准国际成像技术热点,2014年开始组织科研力量进行逆时成像技术的研发及工业化应用的立项研究,攻关形成了适合各向同性、各向异性VTI/TTI三种地球介质16阶精度的逆时成像及配套技术系列,在大庆探区重点勘探领域陆相地震资料进行规模推广应用,取得了显著的地质效果。

一、各向异性介质16阶高精度逆时成像核心算法技术

先以最简单的各向同性介质三维地震波动方程为例,其数学表达式为:

$$\frac{\partial^2 P}{\partial t^2} = v^2 \left\{ \frac{\partial^2 P}{\partial x^2} + \frac{\partial^2 P}{\partial y^2} + \frac{\partial^2 P}{\partial z^2} \right\} \tag{3-3-1}$$

式中,P为地震波场无量纲;v为声波在介质中的传播速度,m/s;t为时间,s;x,y,z分别代表3个空间方向坐标。

地震波逆时偏移包含2个波场传播过程:用最小时间推算最大时间的震源波场正向传播过程,用最大时间推算最小时间的检波点波场逆时延拓过程,具体公式为:

$$P^{n+1} = 2P^n - P^{n-1} + Q + f_{\text{source}}(x_0, y_0, z_0, t) \tag{3-3-2}$$

$$P^{n-1} = 2P^n - P^{n+1} + Q + f_{\text{record}}(x_1, y_1, z_1, t) \tag{3-3-3}$$

式中,x_0,y_0,z_0为震源的三维空间坐标;x_1,y_2,z_3为检波器的三维空间坐标;t为时间,s;$n=0,1,2,\cdots,N$;N为总采样点数;P^{n+1},P^n,P^{n-1}分别为下一时刻、当前时刻和上一时刻的波场;f_{source}为震源函数;f_{record}为地震记录(即检波点波场);Q为式(3-3-1)右端的高阶有限差分近似计算公式。

在上述逆时偏移的每一个地震波场传播过程中,根据正演模拟的稳定性条件计算的时间步长通常较小,由时间离散引起的数值误差也较小,因此,时间导数项通常采用2阶精度的有限差分法进行数值离散。而空间导数项主要受计算机内存等因素的限制,需要用有限空间来解决无限空间的问题,因此采用高阶有限差分可以最大程度地减小空间导数与解析解之间的误差。根据地震波场数值模拟中差分近似的各向异性分析表明,在获得相同计算精度的前提下,空间高阶有限差分近似可以允许更大的空间步长,从而可以减小计算量,这对于实际资料逆时偏移网格的优选具有重要的指导意义。为满足不同类型地震资料的成像应用需求,采用时间2阶、空间最高16阶精度的有限差分方法来构建逆时偏移核心算法,并采用GPU/CPU协同并行加速的方式进行实际三维地震资料的逆时成像处理,式(3-3-2)和式(3-3-3)中Q的16阶精度有限差分近似计算公式如下:

$$Q = \left(\frac{v\Delta t}{\Delta x}\right)^2 \begin{pmatrix} -3.0548441 \times P_0^n + 1.777778 \times \left(P_{x,1}^n + P_{x,-1}^n\right) - 0.31111111 \times \left(P_{x,2}^n + P_{x,-2}^n\right) \\ +0.075420875 \times \left(P_{x,3}^n + P_{x,-3}^n\right) - 0.017676768 \times \left(P_{x,4}^n + P_{x,-4}^n\right) \\ +0.0034809635 \times \left(P_{x,5}^n + P_{x,-5}^n\right) - 0.00051800052 \times \left(P_{x,6}^n + P_{x,-6}^n\right) \\ +0.000050742908 \times \left(P_{x,7}^n + P_{x,-7}^n\right) - 0.000002428127 \times \left(P_{x,8}^n + P_{x,-8}^n\right) \end{pmatrix} +$$

$$\left(\frac{v\Delta t}{\Delta y}\right)^2 \begin{pmatrix} -3.0548441 \times P_0^n + 1.777778 \times \left(P_{y,1}^n + P_{y,-1}^n\right) - 0.31111111 \times \left(P_{y,2}^n + P_{y,-2}^n\right) \\ +0.075420875 \times \left(P_{y,3}^n + P_{y,-3}^n\right) - 0.017676768 \times \left(P_{y,4}^n + P_{y,-4}^n\right) \\ +0.0034809635 \times \left(P_{y,5}^n + P_{y,-5}^n\right) - 0.00051800052 \times \left(P_{y,6}^n + P_{y,-6}^n\right) \\ +0.000050742908 \times \left(P_{y,7}^n + P_{y,-7}^n\right) - 0.000002428127 \times \left(P_{y,8}^n + P_{y,-8}^n\right) \end{pmatrix} + \quad (3\text{-}3\text{-}4)$$

$$\left(\frac{v\Delta t}{\Delta z}\right)^2 \begin{pmatrix} -3.0548441 \times P_0^n + 1.777778 \times \left(P_{z,1}^n + P_{z,-1}^n\right) - 0.31111111 \times \left(P_{z,2}^n + P_{z,-2}^n\right) \\ +0.075420875 \times \left(P_{z,3}^n + P_{z,-3}^n\right) - 0.017676768 \times \left(P_{z,4}^n + P_{z,-4}^n\right) \\ +0.0034809635 \times \left(P_{z,5}^n + P_{z,-5}^n\right) - 0.00051800052 \times \left(P_{z,6}^n + P_{z,-6}^n\right) \\ +0.000050742908 \times \left(P_{z,7}^n + P_{z,-7}^n\right) - 0.000002428127 \times \left(P_{z,8}^n + P_{z,-8}^n\right) \end{pmatrix}$$

式中，Δt 为时间步长，s；Δx，Δy，Δz 分别为空间 x，y，z 等3个方向的网格大小，m；P_i 中的下标 i 分别为空间样点偏离差分中心点的距离，m；P_0 为差分中心点的波场值。

对地球介质中的任何一点，如果地震波的传播速度存在垂直的对称轴，且在水平面上沿各个方向传播的速度相同的介质被称为水平各向异性（VTI）介质，如图3-3-1（a）所示。对地球介质中的任何一点，如果地震波的传播速度存在倾斜的对称轴，且在对称轴垂直的面上沿各个方向速度相同，这种介质被称为倾斜各向异性（TTI）介质［图3-3-1（b）］。当倾斜各向异性TTI介质的对称轴为垂直时，就变为水平各向异性（VTI）介质，因此，水平各向异性VTI介质是倾斜各向异性TTI介质的一个特例。

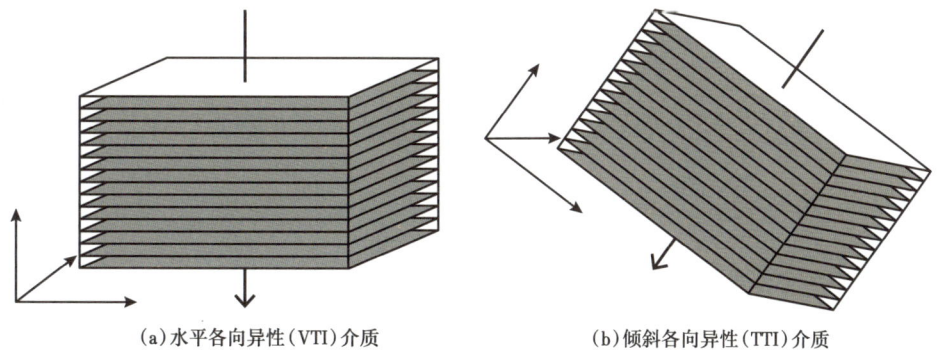

(a) 水平各向异性（VTI）介质　　　　(b) 倾斜各向异性（TTI）介质

图3-3-1　两种各向异性地球介质示意图

以全局坐标系(x, y)为例,先构建VTI介质地震波动方程,具体建立过程如下:

(1)根据牛顿第二定律,可得如下公式:

$$\frac{\partial v_x}{\partial t} = \frac{1}{\rho}\frac{\partial \sigma_H}{\partial x}, \frac{\partial v_y}{\partial t} = \frac{1}{\rho}\frac{\partial \sigma_H}{\partial y}, \frac{\partial v_z}{\partial t} = \frac{1}{\rho}\frac{\partial \sigma_V}{\partial z} \quad (3\text{-}3\text{-}5)$$

式中,v_x、v_y和v_z为质点振动速度,σ_H和σ_V为水平向和垂直向的应力。

(2)根据胡克定律,并将切应力置为零,可得如下公式:

$$\begin{pmatrix} \sigma_{11} \\ \sigma_{22} \\ \sigma_{33} \\ \sigma_{23} \\ \sigma_{13} \\ \sigma_{12} \end{pmatrix} = \rho v_p^2 \begin{pmatrix} 1+2\varepsilon & 1+2\varepsilon & \sqrt{1+2\delta} & 0 & 0 & 0 \\ 1+2\varepsilon & 1+2\varepsilon & \sqrt{1+2\delta} & 0 & 0 & 0 \\ \sqrt{1+2\delta} & \sqrt{1+2\delta} & 1 & 0 & 0 & 0 \\ 0 & 0 & 0 & 0 & 0 & 0 \\ 0 & 0 & 0 & 0 & 0 & 0 \\ 0 & 0 & 0 & 0 & 0 & 0 \end{pmatrix} \begin{pmatrix} \varepsilon_{11} \\ \varepsilon_{22} \\ \varepsilon_{33} \\ \varepsilon_{23} \\ \varepsilon_{13} \\ \varepsilon_{12} \end{pmatrix} \quad (3\text{-}3\text{-}6)$$

式中,ε和δ为表征各向异性程度的两个参数,v_p为声波分量在地球介质垂直方向的传播速度,σ_{xy}和ε_{xy}(x=1,2,3;y=1,2,3)为应力和应变在Cartesian Coordinates中的张量表达。同时根据VTI介质的对称性,可得$\sigma_{11}=\sigma_{22}=\sigma_H$,$\sigma_{33}=\sigma_V$。

(3)根据斯奈尔方程,可得如下公式:

$$\frac{\partial \varepsilon_{11}}{\partial t} = \frac{\partial v_x}{\partial x}, \frac{\partial \varepsilon_{22}}{\partial t} = \frac{\partial v_y}{\partial y}, \frac{\partial \varepsilon_{33}}{\partial t} = \frac{\partial v_z}{\partial z} \quad (3\text{-}3\text{-}7)$$

整理式(3-3-6)、式(3-3-7)可得:

$$\begin{aligned} \frac{\partial \sigma_H}{\partial t} &= \rho v_p^2 \left[(1+2\varepsilon)\left(\frac{\partial v_x}{\partial x} + \frac{\partial v_y}{\partial y}\right) + \sqrt{1+2\delta}\frac{\partial v_z}{\partial z} \right] \\ \frac{\partial \sigma_V}{\partial t} &= \rho v_p^2 \left[\sqrt{1+2\delta}\left(\frac{\partial v_x}{\partial x} + \frac{\partial v_y}{\partial y}\right) + \frac{\partial v_z}{\partial z} \right] \end{aligned} \quad (3\text{-}3\text{-}8)$$

将式(3-3-5)代入式(3-3-8),得到VTI介质地震波动方程的表达式:

$$\begin{aligned} \frac{\partial^2 \sigma_H}{\partial t^2} &= v_p^2 \left\{ (1+2\varepsilon)\left[\frac{\partial^2 \sigma_H}{\partial x^2} + \frac{\partial^2 \sigma_H}{\partial y^2}\right] + \sqrt{1+2\delta}\frac{\partial^2 \sigma_V}{\partial z^2} \right\} \\ \frac{\partial^2 \sigma_V}{\partial t^2} &= v_p^2 \left\{ \sqrt{1+2\delta}\left[\frac{\partial^2 \sigma_H}{\partial x^2} + \frac{\partial^2 \sigma_H}{\partial y^2}\right] + \frac{\partial^2 \sigma_V}{\partial z^2} \right\} \end{aligned} \quad (3\text{-}3\text{-}9)$$

在局部坐标系(X, Y)下,倾斜各向异性TTI介质可以用水平各向异性VTI来通过全局坐标系旋转得到,具体公式如下:

$$\frac{\partial^2 \sigma_H}{\partial t^2} = v_p^2 \left\{ (1+2\varepsilon) \left[\frac{\partial^2 \sigma_H}{\partial X^2} + \frac{\partial^2 \sigma_H}{\partial Y^2} \right] + \sqrt{1+2\delta} \frac{\partial^2 \sigma_V}{\partial Z^2} \right\}$$
$$\frac{\partial^2 \sigma_V}{\partial t^2} = v_p^2 \left\{ \sqrt{1+2\delta} \left[\frac{\partial^2 \sigma_H}{\partial X^2} + \frac{\partial^2 \sigma_H}{\partial Y^2} \right] + \frac{\partial^2 \sigma_V}{\partial Z^2} \right\}$$
（3-3-10）

$$\begin{cases} \dfrac{\partial^2}{\partial X^2} = \cos^2\varphi\cos^2\theta \dfrac{\partial^2}{\partial x^2} + \sin^2\varphi\cos^2\theta \dfrac{\partial^2}{\partial y^2} + \sin^2\theta \dfrac{\partial^2}{\partial z^2} \\ \qquad - 2\sin\varphi\cos\theta\sin\theta \dfrac{\partial^2}{\partial y\partial z} - 2\cos\varphi\cos\theta\sin\theta \dfrac{\partial^2}{\partial x\partial z} + 2\cos\varphi\sin\varphi\cos^2\theta \dfrac{\partial^2}{\partial x\partial y} \\ \dfrac{\partial^2}{\partial Y^2} = \sin^2\varphi \dfrac{\partial^2}{\partial x^2} + \cos^2\varphi \dfrac{\partial^2}{\partial y^2} - 2\cos\varphi\sin\varphi \dfrac{\partial^2}{\partial x\partial y} \\ \dfrac{\partial^2}{\partial Z^2} = \cos^2\varphi\sin^2\theta \dfrac{\partial^2}{\partial x^2} + \sin^2\varphi\sin^2\theta \dfrac{\partial^2}{\partial y^2} + \cos^2\theta \dfrac{\partial^2}{\partial z^2} \\ \qquad + 2\sin\varphi\cos\theta\sin\theta \dfrac{\partial^2}{\partial y\partial z} + 2\cos\varphi\cos\theta\sin\theta \dfrac{\partial^2}{\partial x\partial z} + 2\cos\varphi\sin\varphi\sin^2\theta \dfrac{\partial^2}{\partial x\partial y} \end{cases}$$
（3-3-11）

式中，θ 为 TTI 对称轴的倾角；φ 为 TTI 对称轴的方位角；$\dfrac{\partial^2}{\partial x^2}$，$\dfrac{\partial^2}{\partial y^2}$，$\dfrac{\partial^2}{\partial z^2}$，$\dfrac{\partial^2}{\partial x\partial z}$，$\dfrac{\partial^2}{\partial x\partial y}$，$\dfrac{\partial^2}{\partial y\partial z}$ 为二阶空间导数项。

在数值离散化时，需要将局部坐标系统下的各个二阶空间导数项在全局坐标系（也就是有限差分坐标系）进行离散计算，具体离散数值计算公式详见本节式（3-3-4）。

在逆时偏移过程中，需要用有限的数值计算空间来模拟无限的空间问题时，必然引入人工截断边界的问题。这里选用褶积 PML 吸收边界条件（Convolutional PML）来消除由人工截断边界引入的边界反射能量问题。与常规一阶声波偏微分方程构建方法不同，以各向同性介质三维地震波动方程［式（3-3-1）］为例，其中的二阶导数需要 2 次应用褶积 PML 吸收边界条件，即采用 2 次复数域下的拉伸变换处理，即将公式 $\tilde{x} = x + \dfrac{1}{j\omega+\alpha}\int_0^x \sigma(s)\,\mathrm{d}s$ 变换为 $\dfrac{\partial}{\partial x} \Rightarrow \dfrac{\partial}{\partial \tilde{x}} = \left[1 + \dfrac{\sigma(x)}{j\omega+\alpha}\right]\dfrac{\partial}{\partial x}$，再变换回到时间域。

以 x 方向二阶导数为例，其具体推导过程如下：

$$\frac{\partial^2}{\partial \tilde{x}^2}P = \frac{\partial}{\partial \tilde{x}}\left(\frac{\partial}{\partial \tilde{x}}P\right) = \frac{\partial}{\partial \tilde{x}}\left(\frac{\partial}{\partial x}P + \psi\right) = \frac{\partial}{\partial x}\left(\frac{\partial}{\partial x}P + \psi\right) + \zeta = \frac{\partial^2}{\partial x^2}P + \frac{\partial}{\partial x}\psi + \zeta$$
$$\psi^n = a\psi^{n-1} + b\left(\frac{\partial}{\partial x}P\right)^n,\quad \zeta^n = a\zeta^{n-1} + b\left(\frac{\partial^2}{\partial x^2}P + \frac{\partial}{\partial x}\psi\right)^n$$
（3-3-12）
$$a = \exp(-(\sigma(x)+\alpha)\Delta t),\quad b = \frac{\sigma(x)}{\sigma(x)+\alpha}(a-1),\quad \sigma(x) = c_1 c d^3(x)$$

式中，$d(x)$ 为 PML 层厚度（网格点数）；c 为常数；c_1 为用户可调参数（经测试，c_1 一般取 1~8 的实数，其数值越大，吸收效果越好（$\alpha=0$ 时，也可以取得较好的边界吸收效果）。

以均匀介质模型为例，分析了有限差分阶数对波场模拟快照精度的影响。图 3-3-2（a）~图 3-3-2（d）的差分阶数依次为 2 阶、4 阶、8 阶和 16 阶。分析可知，差分阶数为 2 时，数值频散现象最为严重；当差分阶数提高到 4 阶时，数值频散现象有所减弱；当差分阶数提高到 8 阶时，数值频散现象得到有效压制；当差分阶数提高到 16 阶时，波场快照的数值计算精度最高，不同频率成分的相速度基本一致，初至波能量更加集中。由此可见，在计算网格、频率等参数一定情况下，差分阶数越高，成像精度也越高。

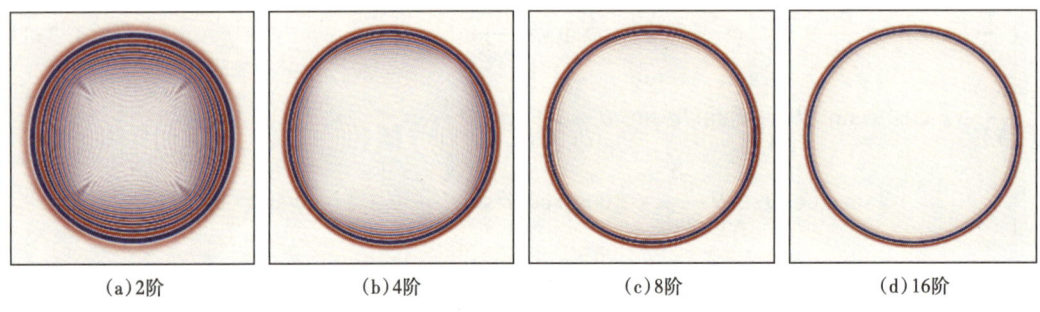

(a) 2 阶　　　(b) 4 阶　　　(c) 8 阶　　　(d) 16 阶

图 3-3-2　不同差分阶数对波场正演模拟精度的影响

以 Marmousi 模型为例，分析了有限差分阶数对逆时成像结果的影响。图 3-3-3（a）和图 3-3-3（b）分别为 2 阶差分和 16 阶差分情况下的 Marmousi 模型逆时偏移结果。分析可知，当采用 2 阶差分精度时，由于不同频率成分的波场其传播的相速度不一致，导致其在波场正演和逆时延拓过程中均引入了较强的数值频散能量，最终模糊了复杂断块区域的构造特征，信噪比被降低；而当采用 16 阶差分精度时，由数值频散引入的噪声能量得到了有效压制，信噪比得到提高。由此可见，通过提高有限差分阶数，可以有效提高逆时成像结果的可信度和准确性，具体的差分阶数需要根据逆时成像处理的网格、速度以及 GPU 程序设计的难易程度等因素综合确定。

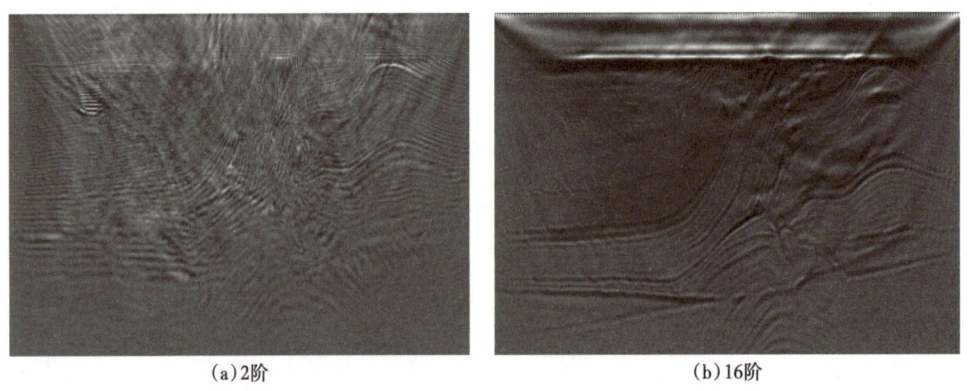

(a) 2 阶　　　　　　　　　　(b) 16 阶

图 3-3-3　不同差分阶数对 Marmousi 模型逆时成像结果的影响

以层状介质波场快照为例,分析了 PML 厚度对波场模拟快照精度的影响。图 3-3-4(a)和图 3-3-4(b)的 PML 吸收层厚度分别为 3 个网格点和 10 个网格点。分析可知,当 PML 厚度较小时,其边界反射能量较强,与有效波场能量混叠;而当 PML 厚度增加到一定程度时,可以有效削弱或消除边界反射,提高计算结果的精度。

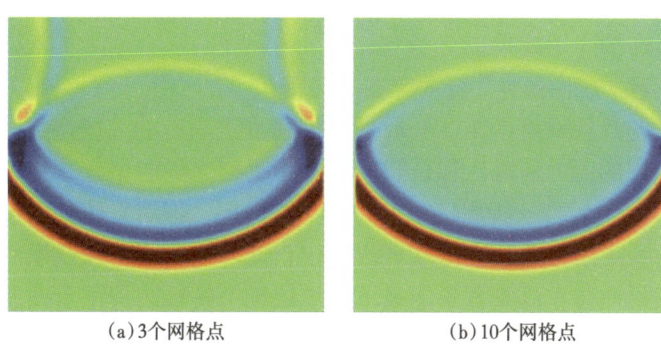

(a)3 个网格点　　　　　　　　(b)10 个网格点

图 3-3-4　不同 PML 厚度对波场正演模拟精度的影响

图 3-3-5(a)和图 3-3-5(b)代表 PML 吸收层厚度分别为 3 个网格点和 10 个网格点情况下的 Marmousi 模型逆时偏移结果。分析可知,当 PML 厚度较小时,在波场正演和逆时延拓过程中均增加了由人为截断边界引入的虚假反射波场,最终严重干扰了有效模拟区域的逆时成像效果;而当 PML 厚度较大时,人为截断边界引入的噪声能量就得到有效压制,信噪比得到提高。由此可见,通过增加 PML 厚度,可以有效提高逆时成像结果的可信度和准确性,这里的 PML 厚度所占网格点数越多,占用的计算时间也越长,因此,具体的 PML 厚度需要根据逆时成像精度要求、GPU 程序设计的难易程度、生产任务周期等因素综合确定。

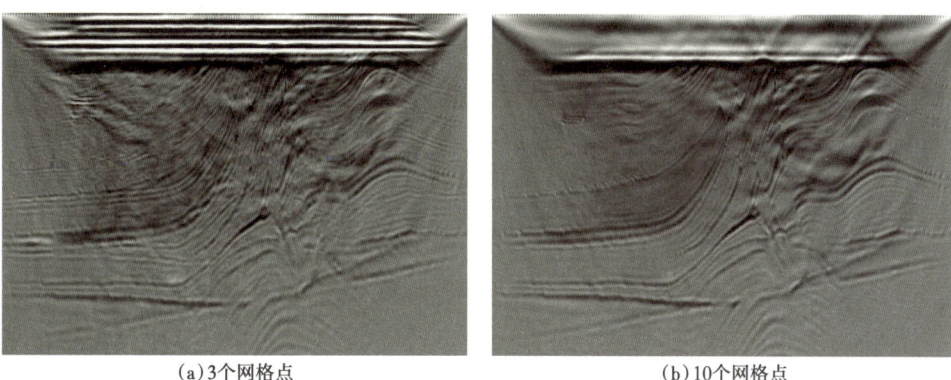

(a)3 个网格点　　　　　　　　(b)10 个网格点

图 3-3-5　不同 PML 厚度对 Marmousi 模型逆时成像结果的影响

二、基于行波分离的各向异性介质逆时偏移成像条件

各向同性、各向异性(VTI/TTI)介质均是倾斜对称轴各向异性介质 TTI 介质的一般形

式。TTI介质逆时偏移包括震源波场正向传播、检波点波场逆时延拓和前两种波场沿着传播路径应用"成像条件"技术实现地质目标的准确成像，其中"成像条件"技术是逆时成像三大关键环节之一。针对常规逆时偏移"成像条件"技术存在的背景能量干扰问题，研发建立了基于行波分离的适合TTI介质的波印亭矢量和希尔伯特变换分离的两种上、下行波波场"成像条件"技术，并推广应用实际资料逆时成像处理中，显著改善了逆时偏移成像品质，取得了较好的应用效果。

1. 常规逆时偏移"成像条件"技术存在的问题

低频、强能量的背景噪声是TTI介质逆时偏移方法固有的波场特征，它的存在较大程度地影响了逆时成像剖面的信噪比和分辨率。低频噪声是逆时偏移在波场延拓和成像计算过程中沿着传播路径产生的，通常归结为由内反射引起，但对具体的内反射形成机理并不清楚。同时因低频噪声最终叠加在深度域数据中，此时也称为低波数噪声。目前通常采用拉普拉斯算子来恢复掩盖在低频背景能量下的地层细节特征，但由于残差剖面含有效信号较多，同时处理结果对噪声敏感，因此保幅性较差。

理论上，将入射波和对应的反射波在任意空间位置做相关叠加成像就可以得到反射界面的像，如果把入射波和对应的反射波波场按传播方向进行分解，并根据它们的入射和反射关系分别进行成像就可以改善成像效果。但是由于波场的方向分解存在一定的困难，同时也没有精确的方法确定入射和反射关系，因此常规逆时偏移采用传统的相关成像条件，即将入射波场（不管什么方向）和反射波场（无论什么方向）统一作相关叠加，并根据相关加强和不相关削弱的原理，把众多单炮成像结果叠加起来获得最终的逆时偏移成像结果。

传统相关逆时成像条件的优点是方法简单易实现，处理结果稳定，但也叠加了逆时偏移固有的强能量背景噪声。使用传统相关成像条件时，虽然保证了入射波和对应反射波相关成像，同时让一些本来不应该相关叠加的波也参与了成像，从而导致了背景噪声的产生。

2. 基于坡印廷矢量分离的上、下行波波场"成像条件"技术

为了有效压制逆时偏移固有的低频噪声，在相关成像条件应用前，引入了坡印廷矢量的方法，对震源波场和检波点逆时延拓波场均实现了上、下、左、右行波的波场分离处理，并对分离出的波场进行优选，并在角度域进行加权，最终实现了低频噪声的相对保幅压制处理。

1）方法原理

根据Yoon等采用坡印廷矢量来确定波前面的法线方向，即地震波场的传播方向，其计算公式为 $\bar{I} = \nabla P \dfrac{\partial P}{\partial t} P$。于是可以根据坡印廷矢量的波场特征，在地震波场传播过程中实现上行波P_{up}、下行波P_{down}、左行波P_{left}和右行波P_{right}的波场分离，同时存在关系式$P = P_{up} + P_{down}$，且该计算过程简单、准确、易实现。现定义炮点和检波点波场的坡印廷矢量分别为$\bar{I}_s$和$\bar{I}_r$，再根据余弦定理，求得炮点和检波点波场波前传播方向之间的夹角θ，其计算公式为 $\theta = \arccos\left(\bar{I}_s \cdot \bar{I}_r / \left(\left|\bar{I}_s\right| \times \left|\bar{I}_r\right|\right)\right)$，最终得到波场入射到地层界面与界面法线的夹

角为 $\beta = \theta/2$。

常规相关法逆时偏移"成像条件"的计算公式为：

$$\mathrm{Image}1 = \int_t P_s \cdot P_r \quad (3\text{-}3\text{-}13)$$

式中，P_s 和 P_r 分别代表炮点波场和检波点波场。当引入地层界面反射角度的余弦函数作为炮点和检波点延拓波场的权函数时，式（3-3-13）可以进一步修改为

$$\mathrm{Image}2 = \int_{t,\beta} \cos(\beta) \cdot P_s \cdot P_r \quad (3\text{-}3\text{-}14)$$

上述处理方式是有效的，其原因是低频噪声主要分布于大角度区域（90°附近），采用余弦函数形式的权函数可以有效衰减该角度区域的低频偏移噪声。同时，基于逆时偏移脉冲响应分析认为，地震逆时偏移低波数背景噪声主要是由不相关的炮点和检波点波场验证传播路径进行互相关成像形成的，因此，文中基于波印廷矢量将炮、检点波场分别实现上行波和下行波的行波波场分离，即 $P = P_u + P_d$，其中下标 u 和 d 分别代表上行波和下行波，使式（3-3-13）变为：

$$\mathrm{Image}1 = \left\langle \int_t P_{s,u} \cdot P_{r,u} + \int_t P_{s,u} \cdot P_{r,d} + \int_t P_{s,d} \cdot P_{r,u} + \int_t P_{s,d} \cdot P_{r,d} \right\rangle \quad (3\text{-}3\text{-}15)$$

接着，对分离出的行波分量进行两两互相关成像，根据成像效果优选行波分量，得到最终改进后的逆时成像条件，其公式为：

$$\mathrm{Image}2 = \left\langle \int_t P_{s,u} \cdot P_{r,u} + \int_t P_{s,d} \cdot P_{r,d} \right\rangle \quad (3\text{-}3\text{-}16)$$

基于逆时偏移角道集特征分析认为，偏移噪声主要集中于角道集的高角度区域，于是文中进一步引入地层反射角度 β 的余弦函数 $\cos(\beta)$ 作为逆时成像条件的权系数，实现对高角度区域波场能量的有效衰减，低角度区域能量得到有效保持，最终得到改进后的逆时成像条件，其公式为：

$$\mathrm{Image}3 = \left\langle \int_{t,\beta} \cos(\beta) P_{s,u} \cdot P_{r,u} + \int_{t,\beta} \cos(\beta) P_{s,d} \cdot P_{r,d} \right\rangle \quad (3\text{-}3\text{-}17)$$

2）理论模型试验

通过理论模型的系统测试验证了式（3-3-17）的准确有效性。以图 3-3-6 所示的复杂理论模型为例，模型尺度大小为 2km×1km，横纵向空间步长均为 5m。模型最小速度为 2000m/s，最大速度为 3500m/s。模型密度为常数，值为 $1.1×10^3 \mathrm{kg/m^3}$。采用最大频率为 80Hz 的雷克子波作为震源，在模型地表最左侧布置震源，炮间距为 5m，共激发 80 炮，模

拟记录长度为 1.5s，时间步长为 0.5ms，满足数值计算所需的稳定性条件。检波器布置于整个地表，检波器间距为 5m，一共 400 个检波器。

图 3-3-6　复杂介质速度模型

图 3-3-7（a）为 0.2s 时刻的地震波全波场，分析可知，由于理论模型含有不同倾斜界面且速度变化较大，使得地震波场响应较为复杂，无法对上行波和下行波波场进行有效识别和归类。图 3-3-7（b）为 0.2s 时刻的坡印廷矢量波场，根据坡印廷矢量的数值正负特征可以实现上行波和下行波波场的自动识别和分离。图 3-3-7（c）和图 3-3-7（d）分别为图 3-3-7（a）基于坡印廷矢量方向行波波场分离后的上行波波场和下行波波场。分析可知，基于坡印廷矢量直接进行方向行波波场分离效果不佳，存在因波峰波谷位置行波方向无法确定而引入的"奇点噪声"问题，为此，采用基于扩散滤波方法对奇点噪声数据进行修复重建［图 3-3-7（e）和（f）］，处理后的波场同相轴波形过渡自然无畸变，这验证了基于波印亭矢量分离的上、下行波波场"成像条件"技术在复杂介质方向行波分离处理的准确有效性。

接着对采集到的 80 炮正演模拟单炮记录，开展基于方向行波波场分离的逆时成像试验，并提取共成像点角度道集和共成像点偏移距道集研究。其中，逆时偏移共成像点角道集的角度间隔为 2°，角度范围为 0°~90°，因此，每个角道集共含有 45 道记录，共成像点偏移距道集是按照模型观测顺序进行抽取，每个道集共含有 80 个成像地震道（按照从模型左侧第 1 炮开始，对每一炮成像数据体中抽取同一位置 1 个成像地震道的顺序排序）。图 3-3-8（a）为采用常规相关法逆时成像条件的偏移叠加结果，图 3-3-8（b）为图 3-3-8（a）对应的逆时偏移共成像点角度道集；图 3-3-8（c）为图 3-3-8（a）对应的逆时偏移共成像点偏移距道集；图 3-3-8（d）为采用优化逆时成像条件对应的偏移结果；图 3-3-8（e）为图 3-3-8（d）对应的逆时偏移共成像点角度道集；图 3-3-8（f）为图 3-3-8（d）对应的逆时偏移共成像点偏移距道集。分析图 3-3-8（a）至图 3-3-8（c）可知，逆时偏移成像低波数背景噪声较为严重，在共成像点偏移距道集上噪声规律性不强，无法进行噪声压制处理。而分析图 3-3-8（d）至图 3-3-8（f）可知，在共成像点角度道集上低波数背景噪声分布具有一定的规律性，此干扰能量主要集中在高角度区域。通过应用行波分离成像条件和基于坡印廷矢量计算的地层反射角度的余弦函数作为逆时成像条件的权系数后，逆时偏移低波数背景噪声得到了较大程度压制，地层细节刻画更加清晰，逆时成像结果的信噪比得到显著提高，成像结果更加可靠。

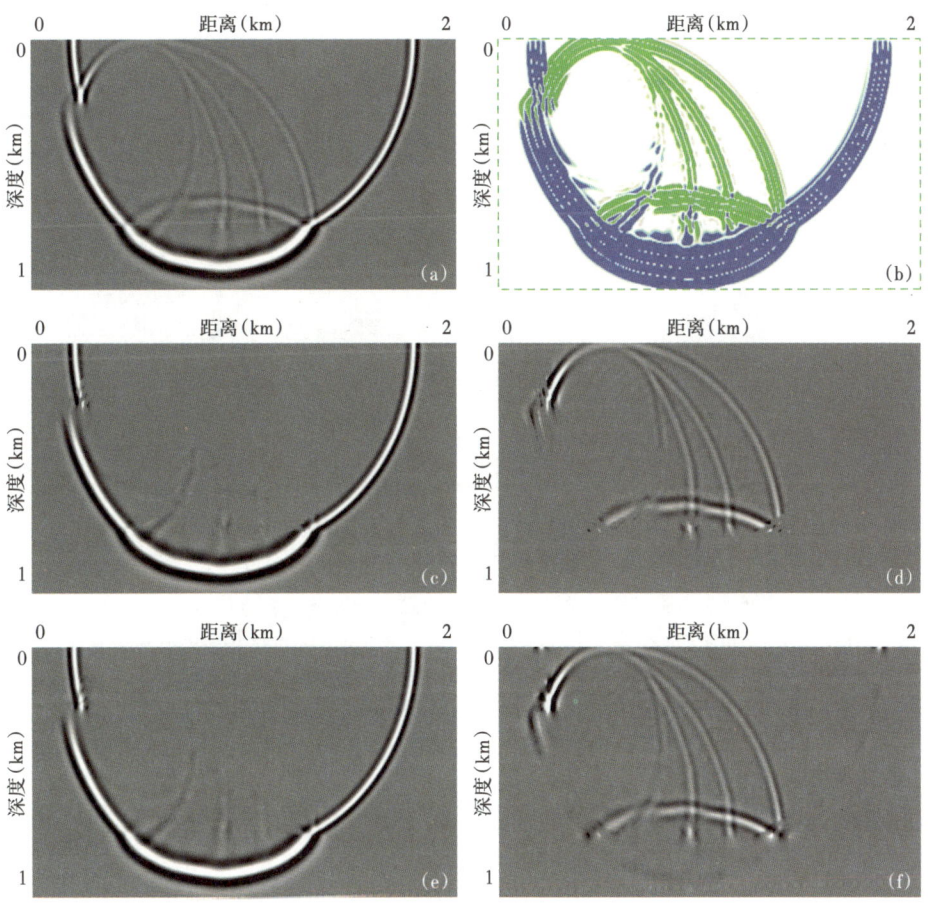

图 3-3-7　基于波印廷矢量的上下行波分离处理

（a）为全波场；（b）为图（a）对应的波印廷矢量；（c）为基于图（b）分离出的下行波波场；（d）为基于图（b）分离出的上行波波场；（e）为图（c）数据修复后的下行波波场；（f）为图（d）数据修复后的上行波波场

3. 基于希尔伯特变换分离的上、下行波波场"成像条件"技术

基于希尔伯特变换的行波分离方法与基于波印廷矢量的分离效果基本类似，但其基于希尔伯特变换处理，不需要保存炮检点分离的波场，从而能大大降低了复杂度，减小了GPU 内部的存储量，提高了逆时成像效率，因此采用基于希尔伯特变换的行波分离方法的上、下行波波场"成像条件"技术，实现实际资料倾斜对称轴各向异性介质（TTI）逆时偏移处理。

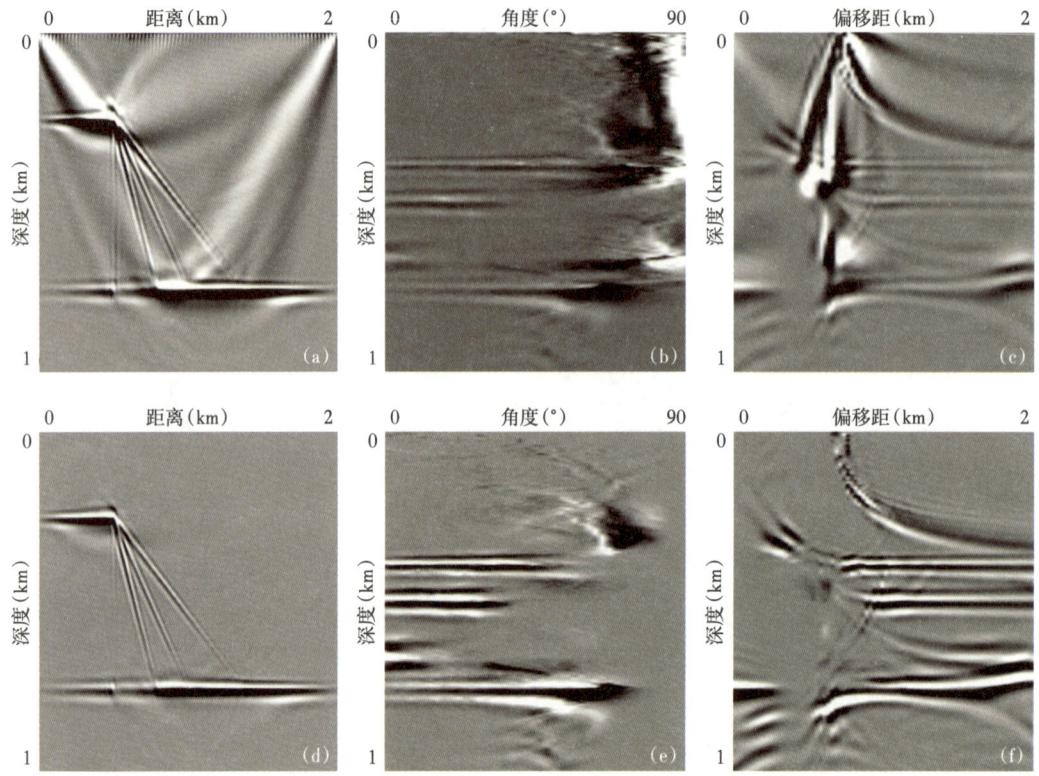

图 3-3-8 不同逆时成像条件对应的成像结果及其共成像点道集

(a) 为采用常规相关法逆时成像条件对应的偏移结果；(b) 为图 (a) 对应的逆时偏移角度域共成像点道集；(c) 为图 (a) 对应的逆时偏移偏移距域共成像点道集；(d) 为采用优化逆时成像条件对应的偏移结果；(e) 为图 (d) 对应的角度域共成像点道集；(f) 为图 (d) 对应的逆时偏移偏移距域共成像点道集

1) 方法原理

基于希尔伯特变换的行波分离的叠前逆时成像条件是在波场正演和逆时延拓过程中均将炮检点的全波场分解为上下行传播的单程波场：$S=S_++S_-$ 和 $R=R_++R_-$，其中，S 代表震源波场，R 代表检波点波场，下标 + 代表下行波场，下标 − 代表上行波场。根据常规互相关逆时成像条件，其逆时成像结果计算公式为：

$$I = \int_t S_+ \cdot R_+ + \int_t S_- \cdot R_+ + \int_t S_+ \cdot R_- + \int_t S_- \cdot R_- = I_1 + I_2 + I_3 + I_4 \quad (3\text{-}3\text{-}18)$$

式中，I_3 代表震源下行波场和检波点上行波场的互相关结果，其等价于单程波深度偏移；I_2 代表震源上行波场和检波点下行波场的互相关结果；I_1 代表震源下行波场和检波点下行波场的互相关结果；I_4 代表震源上行波场和检波点上行波场的互相关结果。其中，I_1 和 I_4 包含分别代表了沿着射线路径震源波场一侧和检波点波场一侧的成像结果，这 2 个波场成像分量只对逆时成像结果的低频噪声有贡献，需要将其去除，仅保留有效成像波场 I_2 和 I_3，从而达到压制低频噪声和提高逆时成像精度的目的。

2）理论模型试验

为了消除和减弱该背景噪声，本项目采用了基于行波分离的高端逆时成像条件，它在入射波和反射波做相关成像前，先对入射波和反射波分别作上下行波的波场分解，并区分物理上不该做相关成像的部分，并把它们排除在成像结果之外。这样就消弱并避免了低频逆时背景噪声的形成和影响。

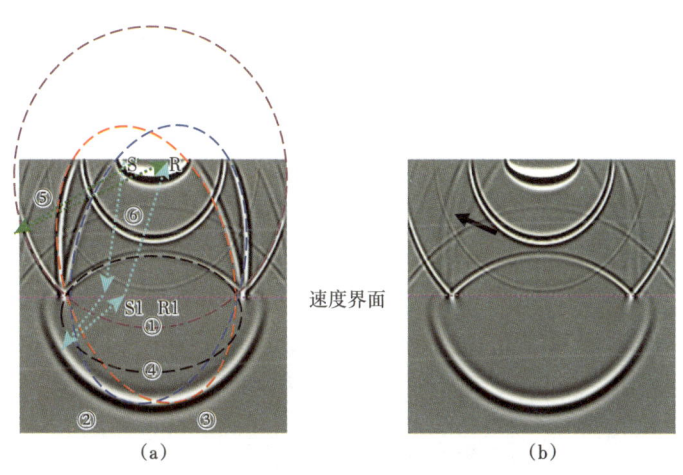

图 3-3-9　不同逆时成像条件的有偏移距逆时偏移脉冲响应
（a）为常规相关逆时成像条件；（b）为基于希尔伯特变换分离的上、下行波波场"成像条件"

图 3-3-9（a）与图 3-3-9（b）除了逆时成像条件存在差异外，其他计算参数、数据和速度模型均相同。其中 S1 和 R1 分别为震源 S 和检波点 R 位置在速度分界面上的投影。为了便于说明低频噪声的来源，在图 3-3-9（a）中增加了 4 条椭圆型曲线（有偏移距逆时偏移的脉冲响应为椭圆形），通过分析这些椭圆型曲线特征可知：①为以震源 S 和检波点 R 位置为焦点的椭圆曲线；②为以震源投影 S1 和检波点 R 位置为焦点的椭圆曲线；③为以震源 S 和检波点投影 R1 位置为焦点的椭圆曲线；④为以震源投影 S1 和检波点投影 R1 位置为焦点的椭圆曲线。由此可见，震源和检波点位置及其在速度分界面的投影点形成了复杂的脉冲响应特征，其中以震源 S 和检波点 R 位置为焦点的椭圆曲线①是真正有效的逆时偏移脉冲响应，而其他的椭圆曲线②~④均是产生低频噪声的主要原因，它们是同向传播波场沿传播路径相关运算形成。另外，⑤为震源点 S 到上层介质波前面再到达检波点 R 的传播路径，⑥为震源点 S 到下层介质波前面再达到检波点 R 的传播路径，通过测量计算可知，地震波在沿着传播路径⑤和路径⑥的旅行时间相同，这说明椭圆曲线①在传播至下层不同速度大小的介质时发生了折射，从而改变了脉冲响应波前面的形状。在正演模拟和逆时延拓部分均采用一维希尔伯特变换消除上行反射波能量后［图 3-3-9（b）］，椭圆曲线②和③上的波场成像能量已得到有效的衰减，但椭圆曲线④上的波场能量未能实现有效压制。

采用上述两种逆时成像条件对国际标准的 2D TTI 介质进行逆时偏移和拉普拉斯算子算子噪声压制（图 3-3-10）。在采用常规的相关成像条件的剖面里，低频背景能量较强

[图 3-3-10（a）]，特别是浅层更为严重，地层细节特征被掩盖，而在采用上下行波分离成像条件的剖面中［图 3-3-10（b）］，浅层低频噪声能量得到明显压制，但仍存在一定能量的低频噪声，这主要是由于图 3-3-10（a）中的椭圆曲线④能量未被有效压制造成的，且其分布范围主要集中于速度分界面附近，分界面的波阻抗差越大，该残留波场的能量也越强。再经扩散滤波低频噪声压制处理，采用常规的相关成像条件的剖面中［图 3-3-10（c）］，岩丘边界顶部存在不收敛的虚假波场，且同相轴较粗，同时剖面里还存在一定能量的干扰噪声；而在采用上下行波分离高端成像条件的剖面中［图 3-3-10（d）］，上述的这些现象均得到有效压制，且同相轴更精细，信噪比更高。由此可知，在成像过程中和成像结果上针对性地压制形成低频背景噪声的波场是提高逆时成像精度的重要手段。

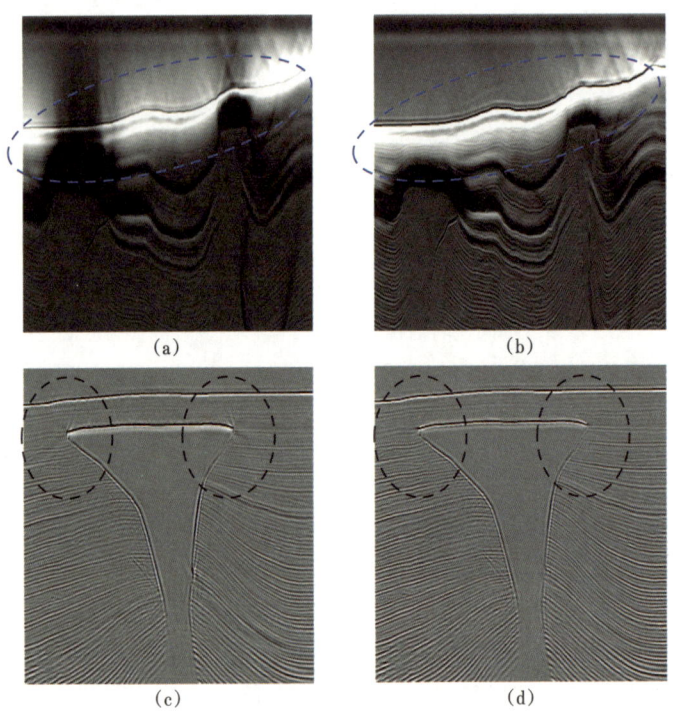

图 3-3-10　不同成像条件的 TTI 介质逆时偏移剖面及其去噪结果
（a）和（c）为常规相关逆时成像条件；（b）和（d）为上下行波分离逆时成像条件

4. 逆时偏移"成像条件"技术在松辽盆地实际资料的应用效果分析

以松辽盆地 SZ 工区为例，其近地表条件较为简单，高分辨率、高精度地震成像是该区处理的难点。该工区采用基于构造约束的网格层析速度建模方法建立深度域速度模型，同时采用适合逆时偏移的地震资料预处理技术得到高保真的共炮点道集。该工区成像面元为 25m×25m，深度域速度模型中最小速度为 1851m/s，最大速度为 6534m/s，根据数值频散关系和输入数据频谱分析，优选逆时偏移最大偏移频率为 66Hz，分别应用常规相关法逆时成像条件和基于希尔伯特变换分离的上、下行波波场"成像条件"技术进行高精度逆时成像处理，并应用 CPU/GPU 协同高性能集群并行计算技术加速逆时偏移处理，缩短处理周期。

图3-3-11（a）和图3-3-11（b）分别为实际地震资料应用常规相关法逆时成像条件技术和基于希尔伯特变换分离的上、下行波波场"成像条件"技术后的逆时偏移叠加结果（在相同数值范围显示对比，仅成像条件的差异）。分析图3-3-11（a）可知，由于逆时偏移低波数背景噪声的存在，地层细节成像不清楚，掩盖了有效的地层反射信号，而应用基于行波分离法逆时成像条件后［图3-3-11（b）］，成像结果中的地层细节刻画更加清楚、能量一致性更好，同时波数谱中低波数能量得到了有效压制，波数谱带宽得到展宽，由此验证了基于行波分离法逆时成像条件具有更高的成像精度，能够在逆时成像过程中有效压制低波数背景噪声，恢复有效地震反射细节，提高成像分辨率和信噪比。

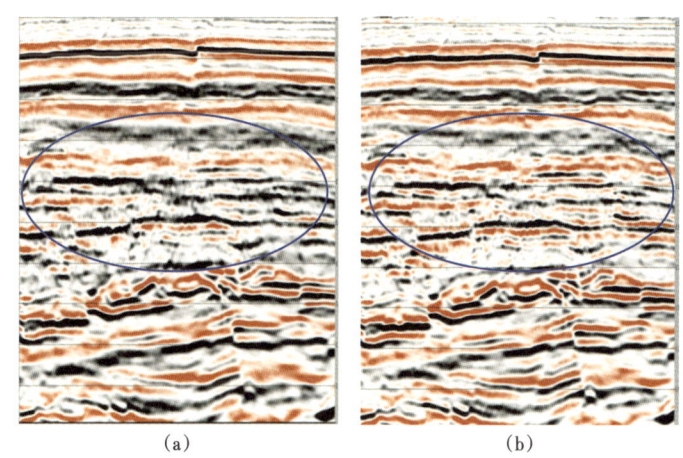

图3-3-11　不同成像条件的逆时偏移剖面对比

（a）为常规相关法逆时成像条件技术后的成像结果；（b）为应用基于希尔伯特变换分离的上、下行波波场"成像条件"技术后的逆时成像结果

三、逆时偏移扩散滤波噪声压制技术

逆时偏移区别于其他成像方法的显著特征在于存在较强能量的低波数背景噪声，这是该成像方法固有的问题，采用基于行波分离的TTI介质逆时偏移"成像条件"技术后，这种背景噪声在成像过程中已得到了一定程度的衰减，但仍存在较强能量的残留噪声能量掩盖了有效地震反射波场的细节特征。国际上普遍采用的拉普拉斯算子可以显著压制背景噪声，但其结果的保幅性较差，去除的噪声信号里存在较强能量的有效信号，同时还存在较强能量的高频噪声，因此对噪声干扰较为敏感。

为此，从热力学领域引入了扩散滤波方法来压制残余的强能量背景噪声。Perona和Malik首次提出了用于热力学传导的扩散滤波方程，即PM方程：

$$\frac{\partial U}{\partial t} = \text{div}\left(g(\|\nabla U\|) \cdot \nabla U\right), \ U|_{t=0} = U_0 \qquad (3\text{-}3\text{-}19)$$

式中，t 为扩散时间，div 为散度算子，∇ 是梯度算子，$g(\cdot)$ 是扩散函数，为一个有界非负的递减函数，U 为 t 时刻的扩散滤波结果，其中 U_0 为 $t=0$ 时刻的原始数据，即扩散滤波迭代计算的初始条件。

为了将式（3-3-19）应用于低频逆时噪声压制处理，对扩散滤波方程进行简化。令扩散函数为某一常数 g_0，此时有 $\frac{\partial U}{\partial t} = g_0 \nabla^2 U$，然后进行有限差分离散化，得到如下公式：

$$U_{i,j,k}^{n+1} = U_{i,j,k}^n + \frac{g_0 \Delta t}{\Delta x^2}\left(U_{i+1,j,k}^n - 2U_{i,j,k}^n + U_{i-1,j,k}^n\right)$$
$$+ \frac{g_0 \Delta t}{\Delta y^2}\left(U_{i,j+1,k}^n - 2U_{i,j,k}^n + U_{i,j-1,k}^n\right) \quad (n=0,1,\cdots,N) \quad (3\text{-}3\text{-}20)$$
$$+ \frac{g_0 \Delta t}{\Delta z^2}\left(U_{i,j,k+1}^n - 2U_{i,j,k}^n + U_{i,j,k-1}^n\right)$$

式（3-3-20）为离散型三维扩散滤波方程，其中，i 和 Δx 分别为 x 方向的离散网格节点号和网格步长，j 和 Δy 分别为 y 方向的离散网格节点号和网格步长，k 和 Δz 分别为 z 方向的离散网格节点号和网格步长，n 和 Δt 分别为时间 t 方向的离散网格节点和离散步长，N 为扩散滤波迭代次数。

对式（3-3-20）作进一步简化，令空间步长 $\Delta x = \Delta y = \Delta z$ 和方程系数 $\frac{g_0 \Delta t}{\Delta x^2} = 0.1$，忽略空间网格和时间网格步长及扩散滤波系数的影响，得到：

$$U_{i,j,k}^{n+1} = U_{i,j,k}^n + 0.1 \times \left(U_{i+1,j,k}^n + U_{i-1,j,k}^n + U_{i,j+1,k}^n + U_{i,j-1,k}^n + U_{i,j,k+1}^n + U_{i,j,k-1}^n - 6U_{i,j,k}^n\right) \quad (3\text{-}3\text{-}21)$$

式中，仅有一个控制参数，即扩散滤波迭代次数 N。现定义经扩散滤波 N 次迭代后的信号变为 U_N，原始信号为 U_0，两者的差为 $U_{err}=U_0-U_N$。经扩散滤波后的信号 U_N 是在原始信号 U_0 基础上进行平滑处理，主要反映原始信号的低频分量，即低频背景噪声，而残差信号 U_{err} 主要反映原始信号的高频分量，即掩盖在低频背景噪声之下的有效地层细节信息。

为了进一步验证文中方法在深度域地震资料中的应用效果，以 Marmousi 模型[图 3-3-12（a）]为例开展研究。模型总大小为 3400m×1400m，空间网格大小为 5m，最小速度为 1028m/s，最大速度为 4670m/s，密度均为 1g/cm³。采用最大频率为 80Hz 的零相位 Ricker 子波在地表激发，时间步长为 0.2ms，满足计算所需的稳定性条件。采用 16 阶的高精度交错网格有限差分法，保证正演模拟结果具有较高的数值模拟精度。在边界处采用内外侧镶边处理的 PML 吸收边界条件，保证有效模拟区域的信噪比。在整个地表布置检波器（共 680 个检波器），道间距 5m，单炮记录接收时间为 2s。炮间距为 20m，共采集得到 171 个共炮点道集，并对合成的炮集记录采用相关型叠前逆时成像条件进行叠前逆时深度偏移处理。对最终的逆时偏移叠加剖面进行相对保幅的扩散滤波低频逆时噪声的压制处理。

对比图 3-3-12（a）和图 3-3-12（b）可知，叠前逆时成像剖面与速度模型具有较好的可比性，且成像结果准确可靠。由于采用相关法叠前逆时成像条件，逆时偏移剖面上存在较强能量的低频背景噪声，掩盖了地层的细节特征。

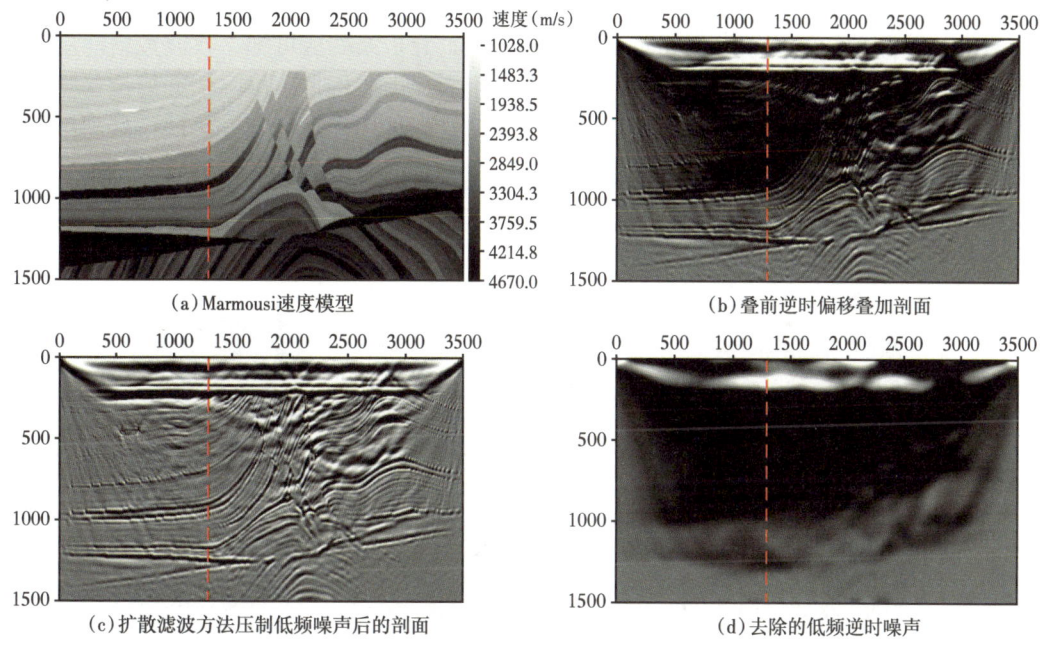

图 3-3-12　Marmousi 模型叠前逆时偏移及其低频噪声压制

为此，我们采用逆时偏移扩散滤波方法来削弱或消除这种低频偏移噪声［图 3-3-12（c）］，在最终的逆时偏移剖面上的低频偏移噪声得到了有效压制，地层细节特征刻画得更加清晰。而去除的低频噪声剖面上［图 3-3-12（d）］主要以低频背景趋势能量为主，可见扩散滤波方法具有较好的低频噪声压制效果。图 3-3-13 为 1250m 位置处的低频噪声压制前（蓝色）和压制后（绿色）以及残差（粉红色，低频噪声）的波形曲线。

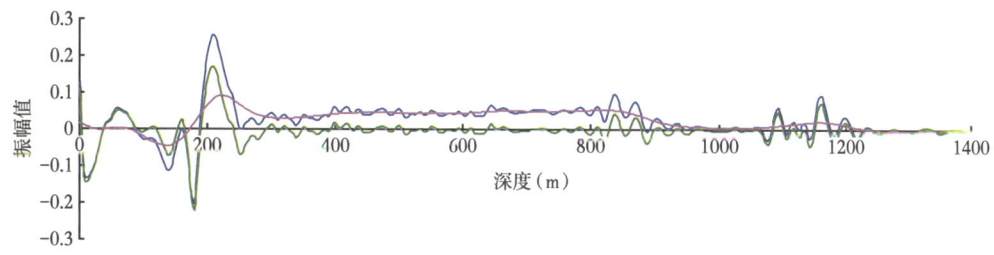

图 3-3-13　1250 m 位置处逆时偏移噪声压制前后及其残差波形曲线对比

分析可知，扩散滤波方法具有相对保幅的低频逆时噪声压制效果，在去除低频逆时背景噪声的同时，逆时偏移剖面的地震波组特征得到了较好的保持。由此可见，扩散滤波方法可以实现低波数噪声相对保幅压制，提高了后续地震属性分析的可靠性。

以贝中研究区块为例，对比了国际普遍采用的拉普拉斯算子去噪结果和扩散滤波低波数噪声去噪结果。分析图 3-3-14 可知，去噪前的逆时偏移结果已应用基于行波分离的 TTI 介质逆时偏移"成像条件"技术，可见仍存在较强能量的背景噪声，掩盖了有效地层

163

反射波场信息，其波数谱中低波数能量较强。而采用拉普拉斯算子后，背景噪声能量得到大幅衰减，陡倾角特征清晰，但是地层特征较模糊，分析波数谱可知，其波数谱能量分散于高波数位置，其特征与去噪前的原始数据差异很大，由此可见，国际标准的拉普拉斯方法保幅性较差，且对于该地区信噪比低情况不适用。而采用扩散滤波方法进行处理后，有效地层反射信号得到有效恢复，同时波数谱特征仅在低波数能量位置得到有效衰减，其他位置基本得到保持，由此验证了本项目逆时偏移低波数背景噪声方法的准确有效性和实用性，并推广应用于大庆探区15个地震工区，均取得了较好的应用效果。

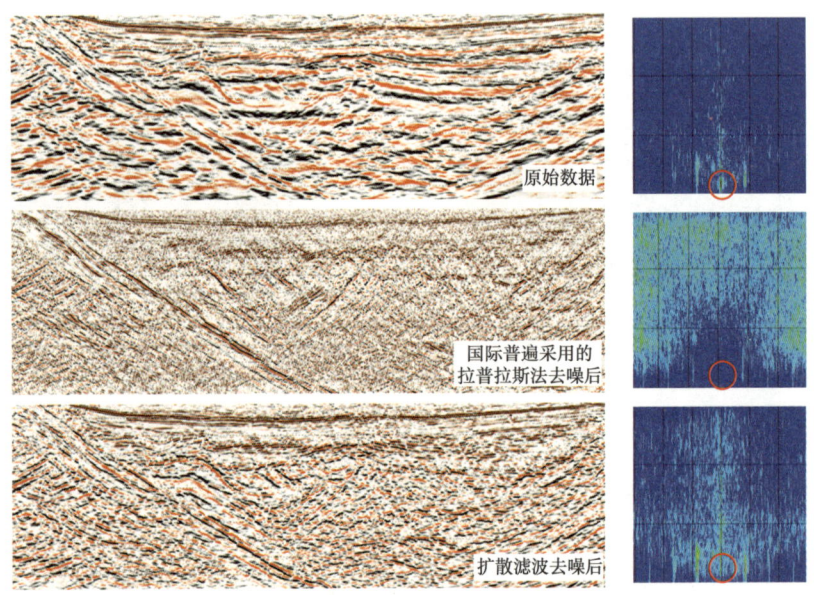

图 3-3-14　拉普拉斯方法和扩散滤波方法应用效果对比及波数谱

四、共成像点道集（CIG）全局优化自动聚焦技术

逆时成像方法虽然在理论上完备、算法精度高，预期能够比常规单程波方法、克希霍夫成像方法等取得更好的应用效果，但在实际陆地/海洋地震资料应用表明，逆时偏移方法对速度模型最为敏感，因此对速度模型的精度要求比其他成像方法更高。在实际地震资料应用也发现，在相同速度模型等条件下，逆时成像技术通常可以获得比常规深度成像方法更好的复杂构造成像效果，但是分辨率和信噪比通常较低。

逆时偏移处理通常选择在单炮成像体上作角度切除后或者在共成像点道集上作切除后再进行叠加，其计算公式可表示为：

$$I(z) = \sum_s I_s(z), \quad s = 1, 2, 3, \cdots, S \quad (3\text{-}3\text{-}22)$$

式中，$I(z)$ 代表工区内所有炮数据的叠加结果，$I_s(z)$ 代表某一炮的逆时偏移结果，s 代表总炮数。这里通过切除能够一定程度上提高逆时偏移的成像质量，并削弱或消除偏移假象，但仍难以满足精细地质目标刻画的需求。

针对逆时偏移处理结果存在的分辨率和信噪比偏低问题，基于海量的逆时偏移单炮偏移数据体，先提取CIG超道集，然后再制作分方位角/偏移距的CIG道集（蜗牛道集），然后再应用CIG全局优化自动聚焦技术，最终提高成像结果的分辨率和信噪比，并实现推广应用。

为了进一步改善逆时成像质量，在制作的逆时偏移共成像点道集上进行成像道集的优化处理。该方法对同一个共成像点道集内的各地震道相加或平均处理，获得信噪比较高的叠加地震道，这种方法通常能够有效地衰减随机噪声，并放大道集内的相干信号能量，于是可将该地震道作为模型道，其计算公式为：

$$b_i(z) = \frac{1}{N}\sum_{j=1}^{N} a_{i,j}(z), \quad i = (1,2,3,\cdots,M) \quad (3\text{-}3\text{-}23)$$

式中，N 为 CIG 道集内的道数，M 代表深度方向的采样点个数，同时采用随速度变化的空变时窗进行分析，$a_{i,j}(z)$ 为代表 CIG 道集内第 j 道深度 z 方向第 i 个采样点的振幅值。从而构建如下的共成像点道集优化加权叠加计算公式：

$$c_i(z) = \sum_{j=1}^{N} \overline{w}_{i,j} a_{i,j}(z), \quad i = (1,2,3,\cdots,M) \quad (3\text{-}3\text{-}24)$$

式中，$\overline{w}_{i,j}$ 代表第 j 道上深度 z 方向第 i 个采样点的加权系数，并作归一化处理。

为了得到加权系数 $\overline{w}_{i,j}$，采用由局部归一化互相关方法构建的相似系数作为优化叠加的权值 $w_{i,j}$，其计算公式为：

$$w_{i,j} = \frac{\sum_{j=z-k/2}^{z+k/2} b_i a_{i,j}}{\sqrt{\sum_{j=z-k/2}^{z+k/2} b_i^2 \sum_{j=z-k/2}^{z+k/2} a_{i,j}^2}} \quad (3\text{-}3\text{-}25)$$

式中，k 为分析时窗长度。

为了避免不相干的地震波场信息参与到最终的优化叠加处理，需要根据门槛值对相似系数 $w_{i,j}$ 进行筛选，其计算公式为：

$$\overline{w}_{i,j} = \begin{cases} w_{i,j} - \varepsilon, & w_{i,j} > \varepsilon \\ 0, & w_{i,j} \leqslant \varepsilon \end{cases} \quad (3\text{-}3\text{-}26)$$

式中，ε 为门槛值，其值通常可选为 0，即让不相干或者相干系数为 0 的波场不参与最终的逆时偏移加权叠加处理。

于是，联合式（3-3-24）到式（3-3-26），实现地震波逆时偏移CIG道集的优化叠加处理。

以理论模型（图3-3-15）为例，常规逆时偏移处理结果存在一定的低频逆时噪声，于是将扩散滤波处理后逆时偏移结果与逆时偏移聚焦优化处理后的结果进行对比。分析可

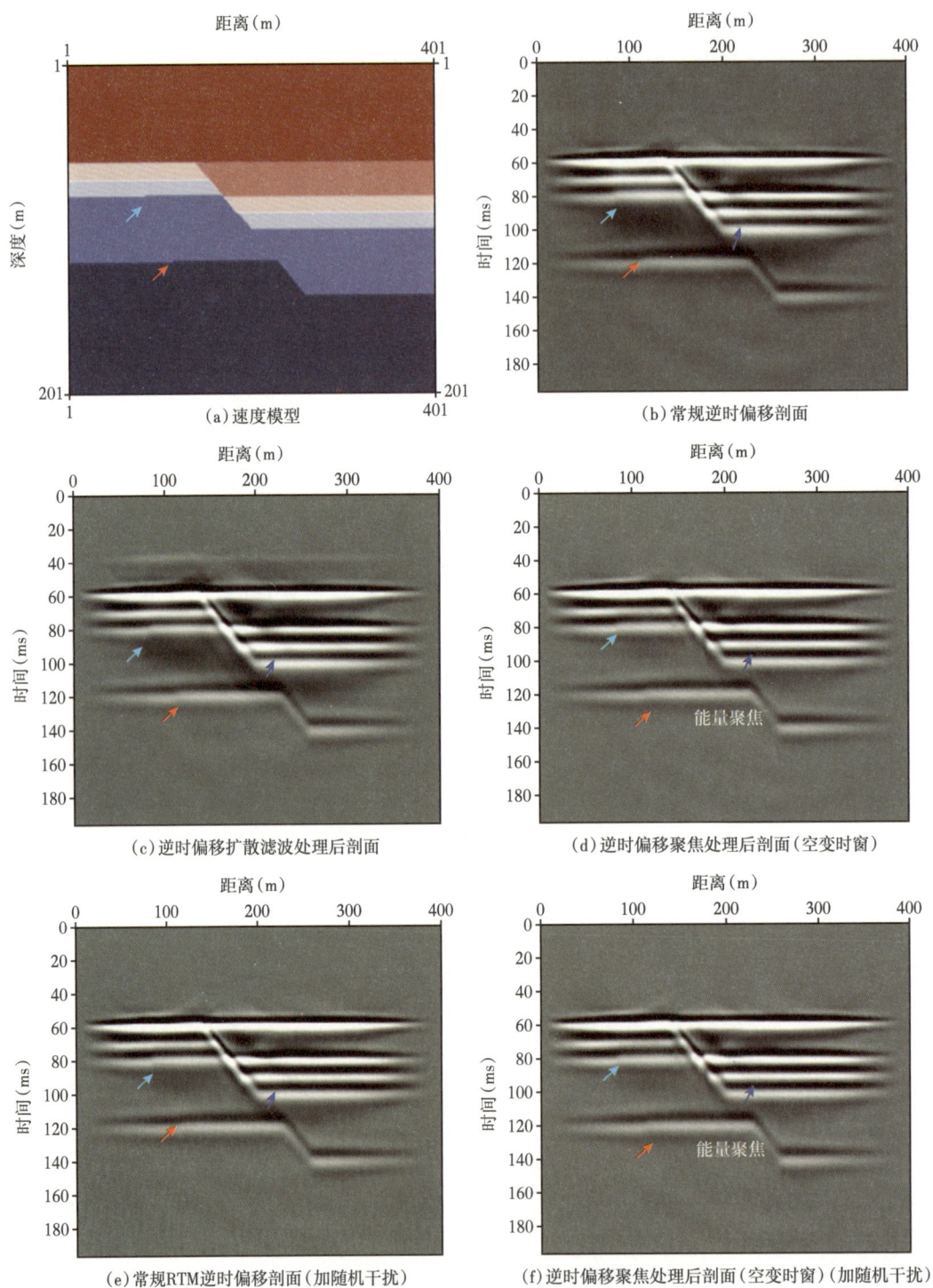

图 3-3-15 逆时偏移 CIG 道集聚焦处理模型验证

知,同相轴能量更加聚焦,波组特征得到保持,小断点特征依然得到有效保持,界面刻画清晰,没有引入虚假干扰波场。当加入50%的随机噪声后,聚焦处理后结果与常规逆时偏移结果具有较好的可比性,因此,共成像点道集(CIG)全局优化自动聚焦技术受随机干扰影响较小,受模型道的质量、道集的拉平程度以及分析时窗的综合影响较大。

以塔东古城西工区逆时偏移应用为例,常规逆时偏移叠加剖面分辨率和信噪比较低,地层细节刻画不够清晰[图3-3-16(a)],而应用共成像点道集(CIG)全局优化自动聚焦技术处理后,低频噪声得到了有效压制,串珠状溶洞地震波场响应特征得到了有效保持,层间信息刻画更加清晰,横纵向分辨率得到提高[图3-3-16(b)],有利于后续的高精度地震解释处理。

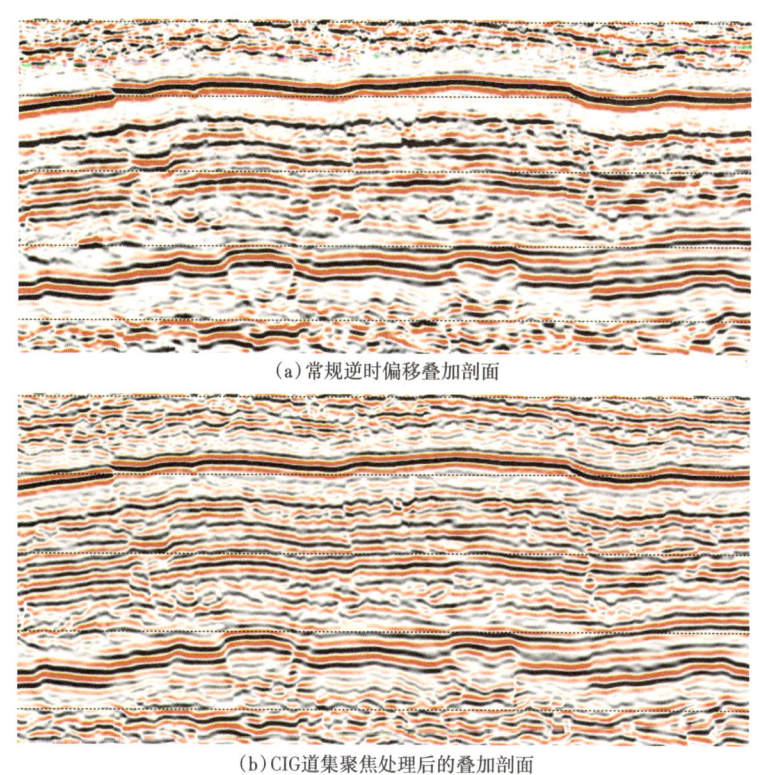

(a)常规逆时偏移叠加剖面

(b)CIG道集聚焦处理后的叠加剖面

图3-3-16 共成像点道集(CIG)全局优化自动聚焦技术应用前和后剖面对比

五、应用实例

为了进一步说明16阶高精度各向异性逆时成像技术在陆地资料的应用效果,以大庆探区2个工区地震资料为例进行应用效果分析。

图3-3-17(a)为大庆探区S工区常规相关法逆时成像剖面,图3-3-17(b)为大庆探区S工区采用常规相关法逆时成像剖面和综合优化改进后的高精度逆时成像剖面。分析图3-3-17可知,两种逆时成像技术均能实现火山岩地层的准确成像,但常规相关法逆时

成像剖面信噪比偏低，细节刻画不清晰，而采用改进后的高精度逆时成像技术，其成像结果在火山岩内部地层反射特征、边缘刻画以及地层连续性等细节方面成像效果更好，且信噪比更高。

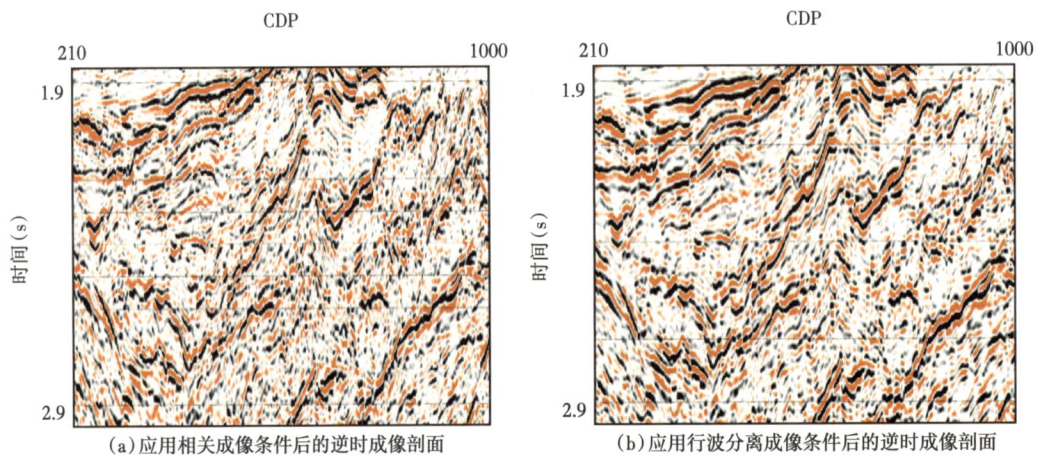

图 3-3-17　大庆探区 S 工区不同逆时偏移方法的应用效果对比

图 3-3-18（a）为大庆探区 H 工区克希霍夫叠前深度成像剖面，图 3-3-18（b）为大庆探区 H 工区改进的高精度逆时成像技术的成像结果。分析图 3-3-18 可知，两种地震成像技术也能实现了复杂构造地层的准确成像，但克希霍夫叠前深度成像技术的成像结果在复杂构造区存在较强的划弧噪声，地层细节被掩盖，同时信噪比较低，干扰能量较强，而采用改进的高精度逆时成像技术后，其成像结果在相同位置处的地层成像更清晰，信噪比更高。

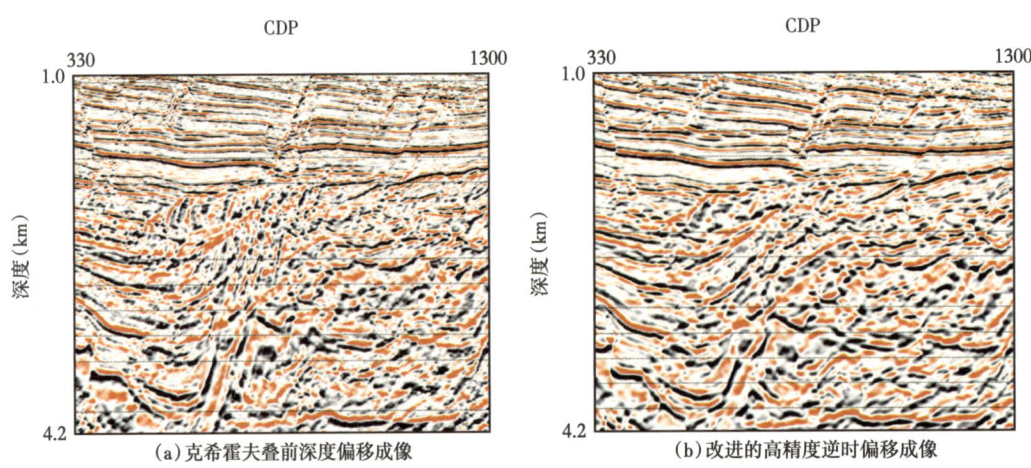

图 3-3-18　大庆探区 H 工区不同成像方法应用效果对比

综上分析表明，在复杂构造、复杂波场条件下，改进的高精度逆时成像技术展示出较为明显的成像应用效果。同时近十年随着高性能计算技术、海量数据并行存储技术等的快速发展，逆时成像技术可以满足宽频高精度成像应用需求，同时随着算力和算法的不断改进，逆时成像技术的应用领域将从复杂构造研究往储层研究方向发展，因此将有更大的应用发展空间。

第四节　技术展望

随着勘探进程不断深入，我们面临的油气目标日益复杂，在大庆油田常规和非常规资源勘探的重点领域，保幅高分辨率处理和宽频地震成像仍有诸多问题需要进一步研究，相对保持振幅和波形特征的高分辨率处理是地震勘探的保证和前提，提高分辨率是永远地震处理追求的目标。基于目前已有地震资料，需要进一步开展相对保幅提高地震分辨率技术攻关，探索研究全波形反演速度建模、叠前高精度成像、人工智能和深度学习等新方法技术，以支撑大庆探区油气资源的整体评价、规模储量经济有效动用。

一、结合人工智能和深度学习高分辨率技术

进入21世纪，随着计算机技术和互联网应用的发展，人工智能算法得到快速发展和应用，当前，机器学习、深度学习等是各领域应用研究的热点，这些算法和技术在地震处理领域得应用也受到高度关注；由于陆地"两宽一高"采集单炮接收道数超过万道，数据量以 TB 计算，由此带来的处理人工工作量和处理周期压力越来越大，为了提高处理工作效率和成果质量，在处理过程中需要人工干预的环节，如初至波拾取、去燥、速度谱拾取等对于机器学习和深度学习的应用需求推动了高效人工智能方法的研究和应用，也为高分辨率处理应用提供了新的技术途径。国内外多家油气公司和服务商都已推出商业化软件产品，例如，康菲石油公司实现了海洋资料不规则采集条件下的压缩感知数据重构，东方地球物理公司在单炮数据初至波拾取，速度分析及速度谱拾取，特定类型噪音识别和压制等环节开发了应用模块。

1. 压缩感知（CS）数据重构技术

压缩感知（CS）是近年来提出的一项技术，在医学成像、合成孔径雷达、地震资料采集恢复等多个领域有了广泛应用；它是一种新型的信号采样理论，是在信号具有稀疏性或可压缩性的假定下，通过线性投影的方法直接采集信号中少数"精挑细选"的数据（这些数据是包含了信号全部信息的压缩数据），相当于将经典的基于 Shannon-Nyquist 采样理论的信号采样转变为对信号中的信息采样，然后再通过解一个欠定的优化问题由压缩数据重构出原始信号。在压缩感知中，对信号的采样不再取决于信号的带宽，而是取决于信息在信号中的结构与内容。压缩感知实现思路流程是先选取一个函数对，可以是正反傅里叶变换、正反小波变换、正反曲波变换等，将输入数据进行正变换，挑选出强能量部分进行反变换，回到原始数据域，与原始数据相减，对相减结果继续进行正变换，重复迭代上述过程，当相减的残差的 L1 范数或者 L2 范数小于特定值，则认为结果收敛，正反变换两边

的结果即为运算结果。某种意义上，压缩感知也是一种稀疏反演技术。

压缩感知在地震采集处理解释过程中逐渐收到关注，并得到应用，在地震是数据采集、处理中可以对不规则采集和数据缺失的部位进行数据重构，恢复缺失信息，进而提高处理质量（图3-4-1）。

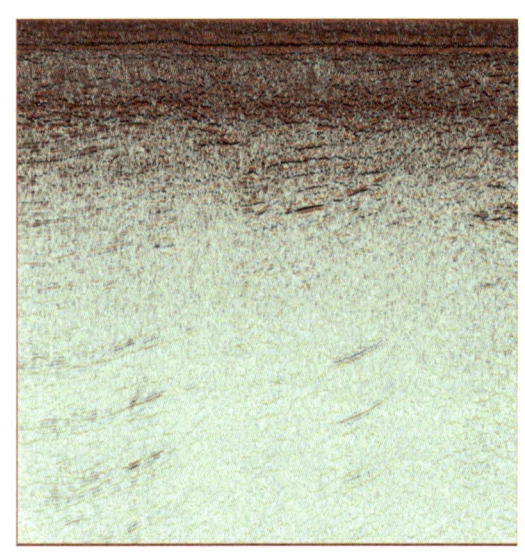 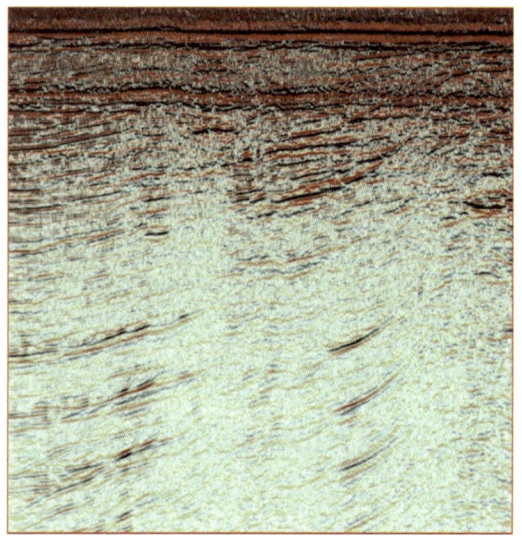

图3-4-1　非规则采集叠前偏移结果压缩感知重构后叠前偏移结果（据康菲公司，2017）

2. 人工智能和深度学习处理技术

人工智能和深度学习处理技术主要是以提高地震资料处理精度和处理工作效率为出发点，在智能化初至拾取、智能化去噪、智能化速度建模等方面具有较好应用前景。

随着勘探节奏加快，常规地震处理技术精度不足、效率低下问题凸显。大力发展智能化地震处理技术，在去噪、初至拾取等方面进展显著。研发三维智能化深度残差网络架构噪声压制技术，在塔里木等探区叠前资料处理中见到实效，去噪效率提升80倍；研发智能化初至拾取技术，通过复杂黄土塬地震数据、海量可控震源地震数据进行测试，初至拾取准确率从46%提高到95%，效率提升10倍以上，显著提高地震勘探节奏和成效。智能化地震处理技术目前仍处于发展阶段，是地震处理技术的长期发展趋势，将有效提高构造成像精度和工作效率。

1）智能化初至波拾取技术

初至拾取是近地表静校正处理的重要步骤之一。随着采集密度的不断提高，地震数据量不断增加，迫切需要发展新的方法解决大数据量的初至自动拾取问题。基于深度学习的初至自动拾取方法效率较高，利用U-Net网络模型实现的低信噪比单炮初至拾取，综合利用地震数据中不同特征信息，完成训练和单炮预测。在塔里木等探区叠前资料处理中得到应用，去噪效率提升80倍；通过复杂黄土塬地震数据、海量可控震源地震数据测试，初至拾取准确率从46%提高到95%，效率提升10倍以上，显著提高地震勘探节奏和成效（图3-4-2）。

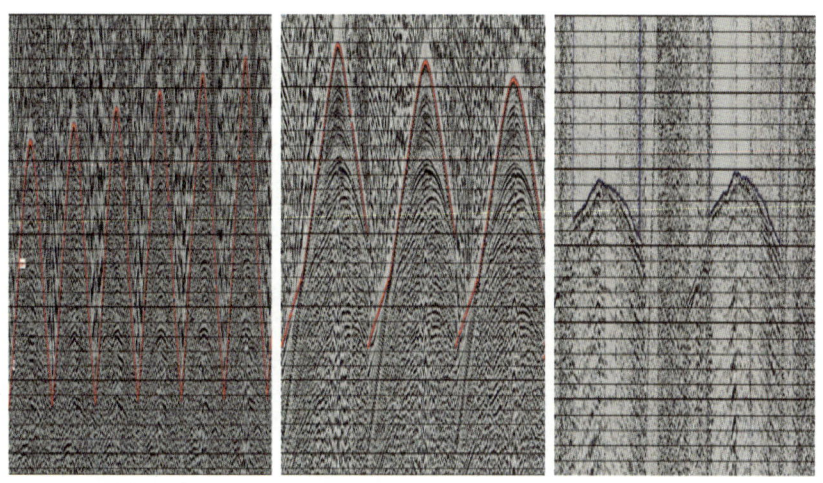

图 3-4-2　深度学习初至拾取（据东方地球物理公司，2021）

2）智能化噪声压制技术

基于地震有效信息约束的无监督噪声衰减方法，将地震数据有效的先验信息加入去噪及特征信号提取问题，可有效降低智能地震信号处理中对训练样本的依赖，也可以明显降低去噪方法的人为因素影响，推动地震数据处理的自动化程度（图 3-4-3）。

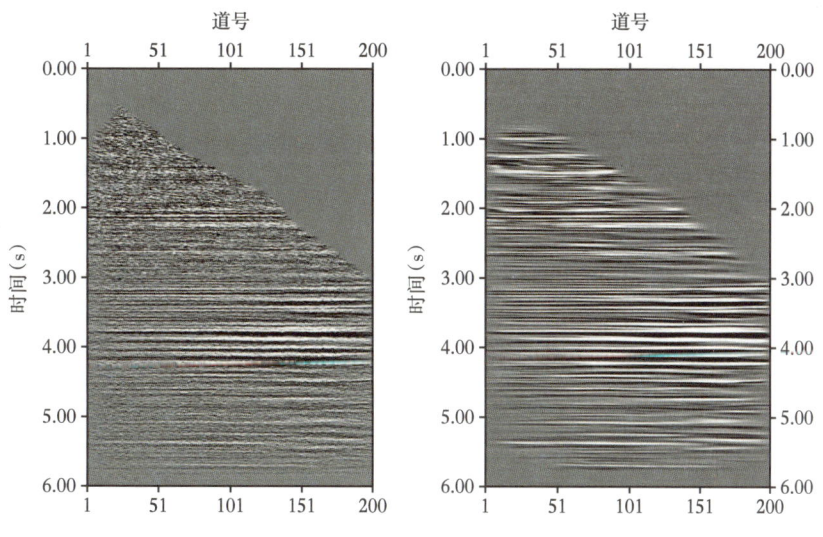

图 3-4-3　基于地震有效信息约束的无监督去噪前后对比

3）智能化速度自动拾取技术

地震速度分析是一项费时费力的工作，应用自动速度拾取功能后仍存在质量控制和人工修改问题。通过全连接神经网络模型构建三维空间函数来描述地震速度的空间变化，将成像剖面作为空间横向约束加入新的深度学习网络，使用更多的标签进行网络训练，提高了速度拾取的准确率与空间一致性，使用训练模型较好地逼近了地震叠加速度空间分布，构建速度模型用于叠加或偏移处理，得到满意的速度拾取和叠加结果（图3-4-4至图3-4-6），同时，自动拾取和建模获得的速度模型较人工拾取和修改工作效率显著提高。

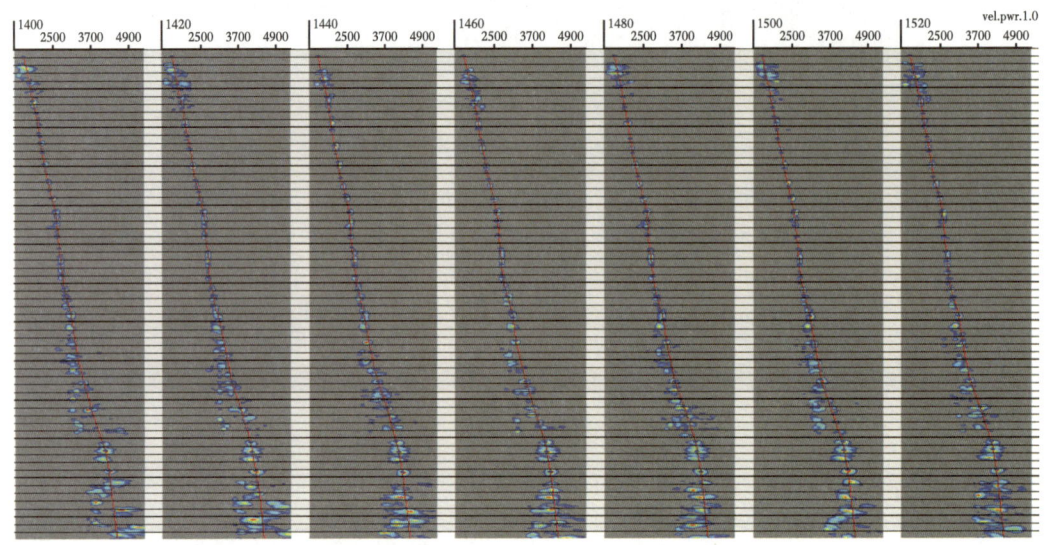

图3-4-4　智能速度拾取结果（据东方地球物理公司，2021）

图3-4-5　人工交互速度解释的叠加（据东方地球物理公司，2021）

二、基于最小二乘偏移和全波形反演的高分辨率技术展望

1. 最小二乘偏移（LSM）技术

最小二乘偏移（LSM）是一种基于反演的成像技术手段，也是目前提高成像精度和分辨率的重要手段之一。常规的偏移方法是基于正演模拟算子的共轭转置（图3-4-7）而不是它的逆，等价于子波的自相关，使得成像结果受偏移假像、不均匀的照明的影响。最小二乘偏移（LSM）则是对正演模拟算子的逆的近似，因而能减轻上述问题，从而提高成像结果的分辨率。

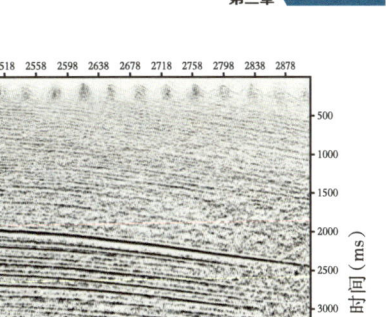

图 3-4-6　智能速度解释的叠加（据东方地球物理公司，2021）

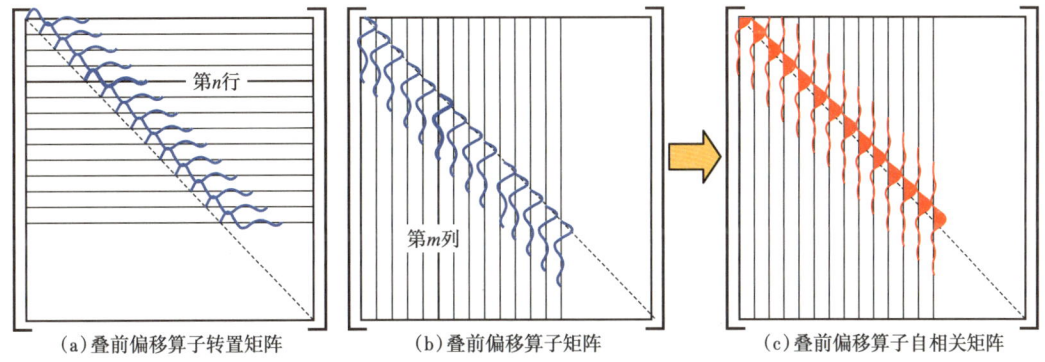

(a) 叠前偏移算子转置矩阵　　(b) 叠前偏移算子矩阵　　(c) 叠前偏移算子自相关矩阵

图 3-4-7　常规叠前偏移算子矩阵及转置矩阵

最小二乘偏移（LSM）的优势有：提高成像分辨率；减少观测不规则、采样稀疏、孔径不足时的偏移假象，改善成像聚焦；补偿吸收衰减、几何扩散、各向异性等引起的振幅问题，提高成像保幅性。

最小二乘偏移（LSM）技术显著增强了成像的照明度和分辨率，成像较少受串音干扰，并改善了波数成分，振幅更加均衡，取得较好的断层构造落实效果。使用基于双域相移的偏移和反偏移算法，将最小二乘（LSM）和稀疏反演相结合，成像分辨率、频谱带宽都得到改善，还可以重新设计观测系统，降低每次迭代偏移和反偏移的震源数目，从而降低计算成本。单次迭代最小二乘深度偏移计算量小于目前常规的迭代最小二乘偏移方法（常规迭代 LSM 的计算量约为常规偏移的 $2N+1$ 倍（N 为迭代次数）。

最小二乘法偏移实现如图 3-4-8 所示，将原始数据（d_{obs}）进行偏移，得到第一轮成像结果，将成像结果反偏移，得到模型数据（m），将原始数据（d_{obs}）与反偏移数据 m 相减得到残差数据，当残差数据大于 ε 时，将残差数据偏移，偏移结果更新到成像结果（Image）上，为一轮迭代。如此迭代多轮，当残差值小于指定的 ε 时，判断成像结果收敛，得到最终的最小二乘偏移成像结果（图 3-4-9）。

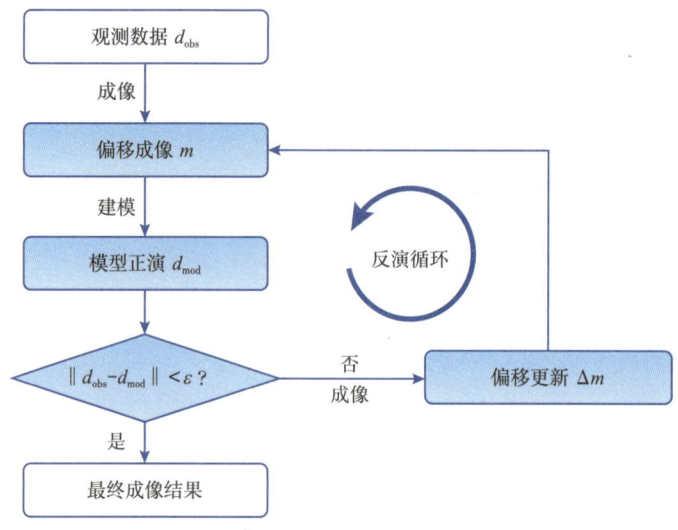

图 3-4-8 最小二乘实现流程示意图

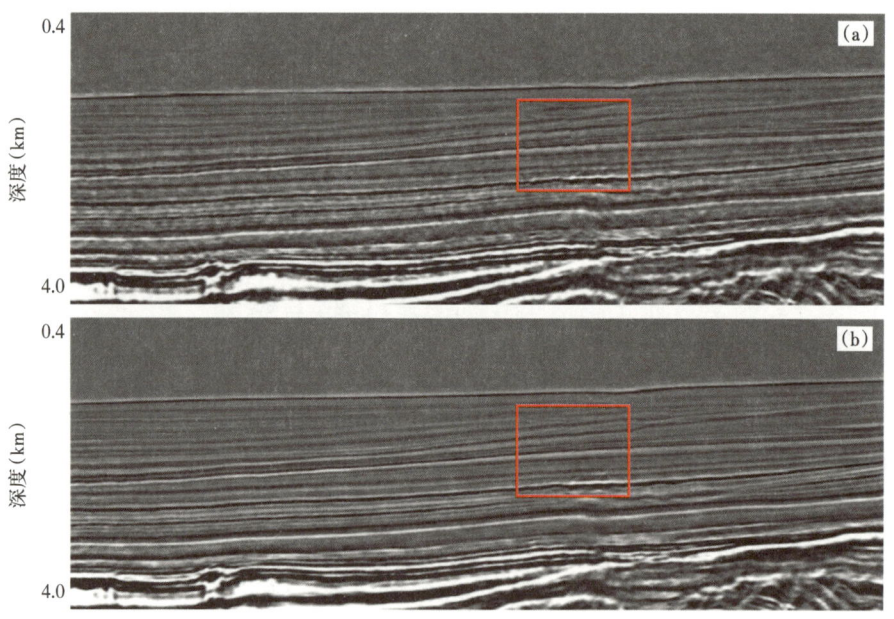

图 3-4-9 常规偏移结果（a）和最小二乘偏移结果（b）

最小二乘偏移（LSM）在实用化过程中还存在一些限制因素。一是最小二乘迭代过程计算量太大，达到全波形反演级别的计算量，需要进行提升效率的研究。二是 LSM 偏移约束条件的选取困难，目前仍然没有统一的结论。

最小二乘偏移（LSM）发展趋势是在成像效果与计算效率间找到平衡。主要有两条路径：利用高效求解 Hessian 矩阵逆方法代替多次迭代法；LSM 偏移与高效偏移算子相结合，在实现高精度成像的同时兼顾效率实用性。而最小二乘偏移（LSM）与其它偏移方法的结合，成为近年来最引人注目的进展，如最小二乘逆时偏移。

2. 全波形反演（FWI）技术

全波形反演（FWI）技术基于波动理论，相对于射线理论的走时层析能够更准确地描述地震波在地下介质中的传播规律，是目前地球物理领域建模精度最高的方法之一。

1）常规全波形反演（FWI）技术

全波形反演（FWI）是高分辨率重构地下结构的一类重要方法，该方法的核心思想是借助地震波形包含的丰富信息，利用观测到的数据和模拟数据的最优匹配进行地下介质模型的重构（图3-4-10）。常规的全波形反演（FWI）的不适定性及目标泛函的高度非线性导致全波形反演（FWI）具有多局部极值，给问题的求解带来了挑战。

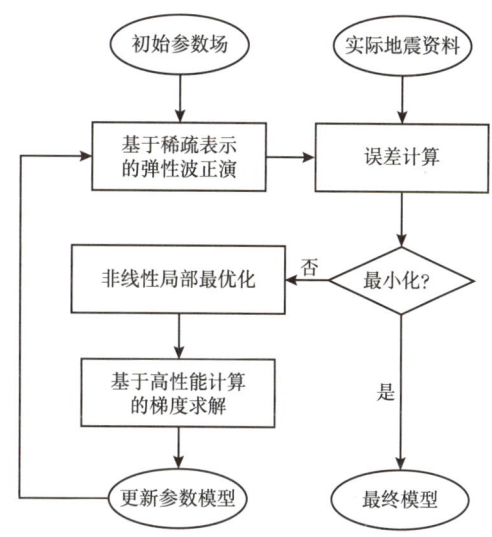

图3-4-10 全波形反演技术流程

全波形反演（FWI）的关键要素是一个高效的正演模拟引擎和一种有效估计梯度和Hessian算子的局部微分方法。然而，由于初始模型的精度有限、缺乏低频成分、存在噪声以及对波动物理复杂性的近似建模，局部优化并不能阻止失配函数收敛到局部最小。通过纳入参数空间的逐步短波长，实现不同层次多尺度策略的设计，以解决FWI的非线性和不适定性。合成和实际数据案例研究解决重建各种参数，从v_p和v_s到密度、各向异性和衰减。FWI技术实现规模化应用还存在诸多挑战：（1）建立具有自动流程的和/或记录低频信息的初始模型；（2）定义新的最小化准则来降低FWI对振幅误差的敏感性，并在估计多个参数类时提高FWI的鲁棒性；（3）通过数据压缩技术提高了计算效率，使其具有可行性。

全波形反演（FWI）利用地震资料的运动学和动力学特征，对提高成像精度和储层预测可靠性具有重要意义，获得广泛的研究，并在海上、陆上取得较好应用成果（图3-4-11）。全波形反演是一种利用迭代的线性化反演方法进行求解的强非线性反演，具有计算效率低与局部极值高风险性的特点。其成功应用主要依赖于长偏移距、低频信息丰富、采集系统规则、高信噪比的优质地震数据，精确的初始速度，准确的子波估计等关键信息。

2）基于深度学习的全波形反演（FWI）技术

随着计算机软硬件技术不断发展，机器学习和深度学习方法在诸多领域得以发挥作用，全波形反演的物理过程与深度学习和机器学习的过程相似，也比较容易实现基于循环神经网络（RNN）的全波形反演（FWI）实现了模型正演和误差梯度反向传播的机制。

由于全波形反演的实现过程与神经网络的训练过程是相对应的，而声波模型的正演与时间序列相关，一个具有时序相关性的循环神经网络可用于构造全波形反演算法，再利用深度学习中的优化算法来求解非线性反问题，计算目标函数的值并最小化模拟数据与观测数据的误差。

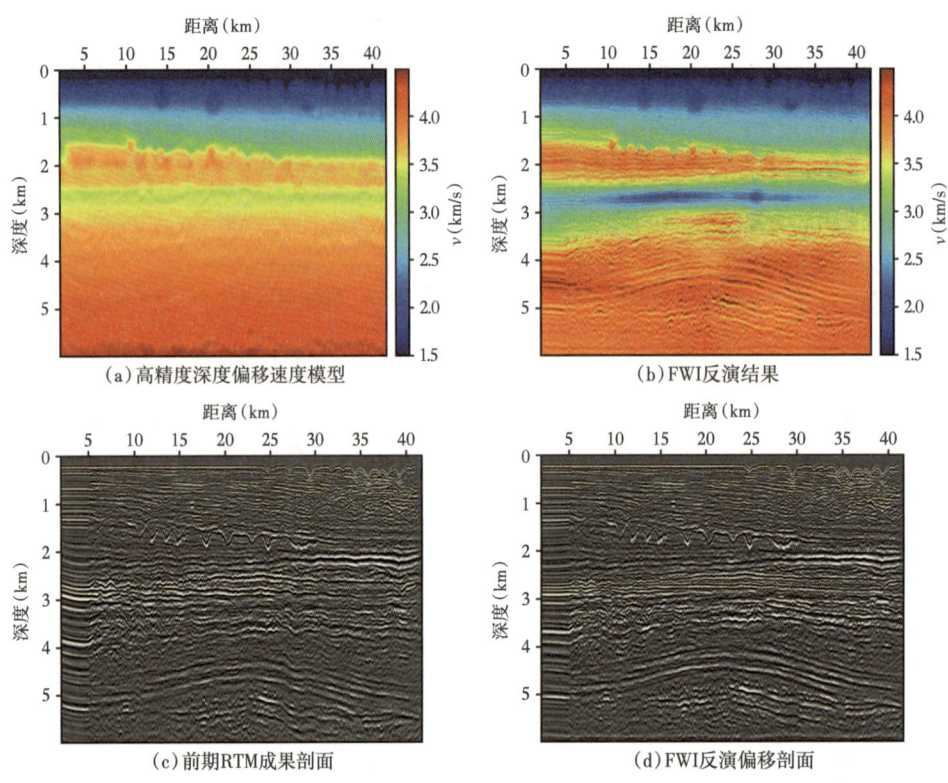

图 3-4-11　全波形反演结果对比

循环神经网络可对具有序列特性的问题进行建模，如自然语言处理、语音与文本识别、实时翻译等。根据 RNN 的结构特性可以知道，网络会对前面时刻产生的状态量进行记忆存储，并用于生成当前时刻的输出，具有短期记忆能力。RNN 通过循环计算得到重复的单元结构，这些重复结构通常对应于一个事件链，这使得网络具有参数共享性，能够高效地存储信息，并且在一定程度上学习序列数据的非线性特征。RNN 由输入层、循环层和输出层构成，循环单元之间链式相连，其网络结构示意图如图 3-4-12 所示，其中，右边是左边按照时间序列展开的计算图。

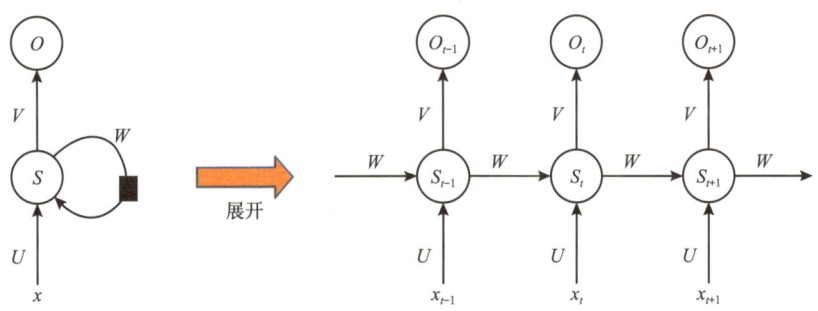

图 3-4-12　RNN 结构图

使用神经网络进行 FWI 过程中,由于自动微分可用于自动求取速度梯度,因此可使用不同类型的损失函数。

采用 Adam 优化算法进行反演,与真实模型对比,用线性正变换来衡量真实数据与模拟数据之间差异的方法重构出了比较完整的速度结构,其反演效果是最好的。由于在模型边界处反射信息较少,故反演模型的边界构造信息较模糊。

全波形反演(FWI)已经在海洋地震资料中实用化,陆上地震资料的应用主要还以浅、中层为主。全波形反演(FWI)还需解决近地表问题,噪声干扰等问题。需要继续研究的技术难点有:初始模型建立、子波估计、缺失低频和长偏移距数据的 FWI、避免局部最小陷阱、快速全局寻优、提高计算效率等。

随着人工智能和深度学习应用研究的不断深入,智能化去噪、智能化高精度速度建模等关键技术逐步成熟并实现规模化应用,地震资料处理技术将向着基于全方位、真振幅处理新技术、人工智能辨识、智能化处理以及面向地质目标的高精度成像处理发展(图 3-4-13)。

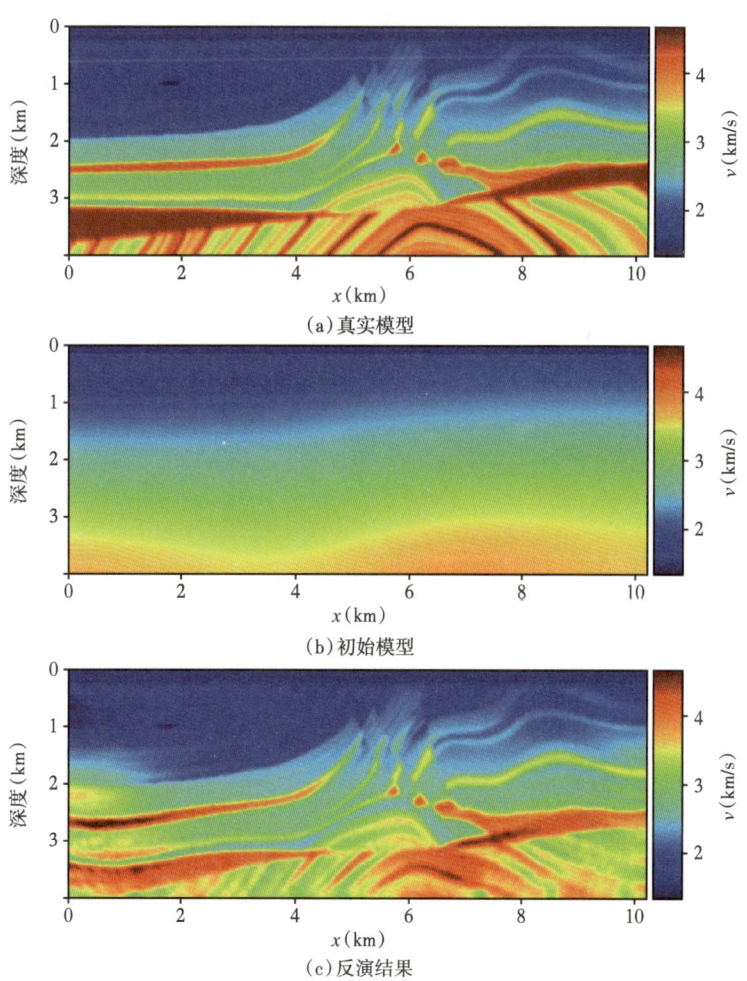

图 3-4-13 Marmousi 速度模型基于深度学习的全波形反演结果

参考文献

Cavalca M, Fletcher R, Riedel M, 2013. Q-compensation in complex media—Ray-based and wavefield extrapolation approaches. 83th Annual International Meeting[J]. SEG, Expanded Abstracts, 3831-3835.

Koren Z, 2011. Ravve I.Full-azimuth subsurface angle domain wavefield decomposition and imaging Part I. Directional and reflection image gathers[J]. Geophysics, 76: 1-13.

Leidenfrost A, Ettrich D, Gajewski D, 1999. Comparison of six different methods for calculating traveltimes[J]. Geophysical Prospecting, 47: 269-297.

Mittet R, Sollie R, Hokstak K, 1995. Prestack depth migration with compensation for absorption and dispersion[J]. Geophysics, 60: 1485-1494.

Schneider W A, 1978. Integral formulation for migration in two and three dimensions[J]. Geophysics, 43: 49-76.

Vinje V, Iversen E, Gjoystdal H, 1993. Traveltime and amplitude estimation using wavefront construction[J]. Geophysics, 58, 7157-1766.

Wang J, Liu W, Zhang J F, 2017. Building a heterogeneous Q model: an approach using surface reflection data[J]. Journal of Seismic Exploration, 26: 293-310.

Xie Y, Xin K, Sun J, et al., 2009. 3D prestack depth migration with compensation for frequency dependent absorption and dispersion. 79th Annual International Meeting[J]. SEG, Expanded Abstracts: 2919-2922.

Xu J, Liu W, Wang J, et al., 2018. An efficient implementation of 3D high-resolution imaging for large-scale seismic data with GPU/CPU heterogeneous parallel computing[J]. Computers & Geosciences, 111: 272-282.

Zhang J F, Wapenaar K, 2002. Wavefield extrapolation and prestack depth migration in anelastic inhomogeneous media[J]. Geophysical Prospecting, 50: 629-643.

Zhang J F, Li Z W, Liu L N, et al., High-resolution imaging: An approach by incorporating stationary-phase implementation into deabsorption prestack time migration[J]. Geophysics, 2016, 81(5): 317-331.

Zhang J F, Wu J Z, LiX Y, 2013. Compensation for absorption and dispersion in prestack migration: An effective Q approach[J]. Geophysics, 78: 1-14.

Zhu T, Harris J M, 2014. Biondi B. Q-compensated reverse-time migration[J]. Geophysics, 79: 77-87.

第四章　薄互层地震沉积学解释技术

地震沉积学是在地震地层学和层序地层学的基础上发展起来的地质学与地球物理学相互交叉的学科。它的形成和发展与 20 世纪 70 年代三维地震勘探技术的发明及随后的广泛应用具有密切的关系。1998 年，曾洪流等人提出了地震沉积学的概念，近年来已成为一种广泛采用的地震地质综合解释方法。其基本思路是：针对某一地层单元对地震数据体进行 90° 相位转换和分频处理，然后切出地层切片（即顶底层约束的等比例切片，认为是等时的），根据等时地层切片上地震属性的变化分析地震相，继而开展沉积岩相解释。地震数据体 90° 相位转换、地层切片和分频解释是地震沉积学中的三项主要技术，关键是地层切片要具有相对等时性。

松辽盆地扶杨油层以陆相河流—三角洲沉积体系为主，砂体厚度薄，横向变化快，地震响应复杂。大部分地震反射连续性差，反射层结构及产状变化大，空间分布非常不稳定，在细分层序单元内（一般是四级或四级以上层序）利用地层切片进行属性提取与分析存在穿时现象，地震沉积学方法在陆相沉积地层中应用有局限性。

广义上讲，地震沉积学是一门应用地球物理与沉积学相融合的交叉学科，它以地震技术为手段，将地球物理与沉积学结合起来，优势互补，并对各自所得到的信息相互印证、互动反馈及综合分析，从而实现对地下地质准确全面的认识。

根据上述研究思路，针对松辽盆地陆相薄互层沉积特征，发展完善地震沉积学方法，形成了陆相地震沉积学砂体识别与沉积微相解释技术。在井震联合精细标定的基础上，开展河流相地层小层对比，最大程度保证了层序对比的等时性；采用基于参考标准层层拉平精细地震层位解释，大大提高了四级层序界面的解释精度；在最佳时窗地震子体内提取和优选有效地震属性，开展井震联合地震沉积微相解释，精细刻画砂体分布实现了真正意义上的大比例尺沉积微相工业制图。下面以大庆长垣高台子地区为例，介绍方法的实现过程。本章分为两节：第一节为地震沉积学解释方法，即三级、四级层序的地震层位解释方法；第二节为薄互层储层定性预测，重点讲述针对不同地质条件下的薄互层岩性油藏地震属性分析方法和沉积微相解释。

第一节　地震沉积学解释方法

在松辽盆地致密油领域，除了扶余油层顶面即泉头组顶面是一个连续稳定的地震同相轴以外，其他三级和四级层序都没有稳定的地震反射特征。扶余油层内部，虽然地层厚度比较稳定，但受河流相薄互层地质条件影响，地震同相轴扭动、不连续，横向上能量变化大。高台子油层内部与扶余油层内部相似，地震同相轴连续性相对较差。为了满足生产需求，在层序地层学理论指导下，发展了岩性层位解释方法。

一、井震联合高分辨率层序地层对比

钻井与地震联合高分辨率层序对比与划分是以高分辨层序地层学理论为依据，以岩心精细描述、钻井资料为基础，确定出单井的中、长期基准面旋回类型及其组合关系，通过单井层序的划分和地震层序界面的识别，分别建立单井层序划分方案、连井层序格架和地震层序划分方案，并通过合成记录井震精细标定，通过由点到线、由线到面、再由面到域的层序地层学研究思路，从而建立研究区扶杨油层的高分辨率层序地层格架。

在上述方法的指导下，采用沿基准面拉平的方法沿各井的青一段最大湖泛面拉平，在此基础上开展扶余油层层序对比划分。研究区扶余油层扶一油层组为一个三级层序，扶二和扶三油层组对应一个三级层序，其内部可以进一步划分为7个四级层序，分别为扶三油层组的扶三下、扶三上，扶二油层组的扶二下、扶二上和扶一油层组的扶一下、扶一中和扶一上（图4-1-1）。

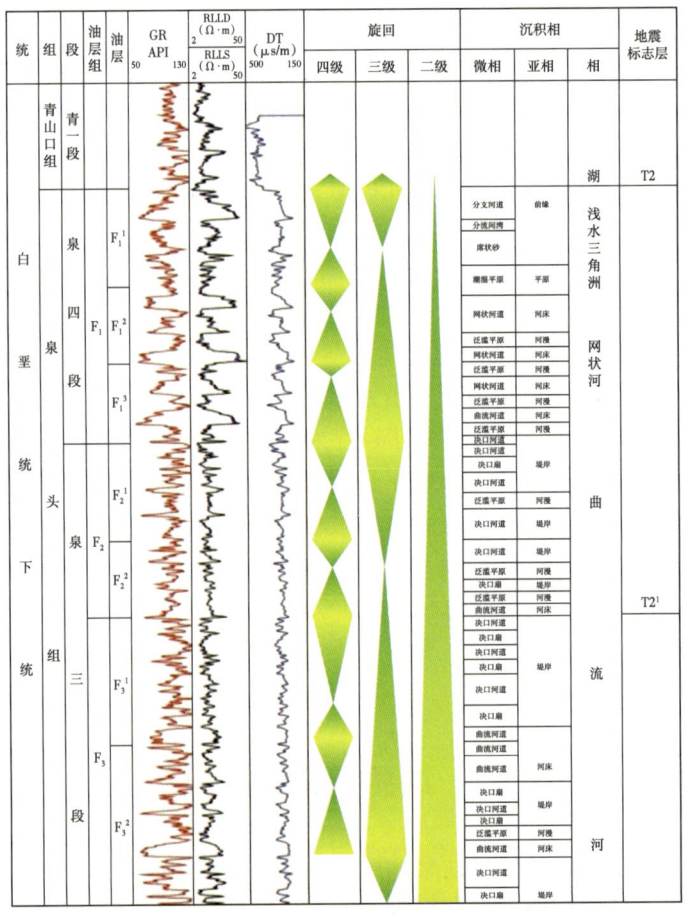

图 4-1-1　大庆长垣扶余油层层序地层综合柱状

地震标志层的选取在井震联合标定中至关重要。研究区白垩系青山口组的底界面（T_2）是全区最为广泛、稳定、连续分布的强反射界面，很容易识别，在声波测井曲线上位于一个由小到大的突变处的半幅点位置。在井震联合标定剖面上（图4-1-2、图4-1-3），可以看出各个四级层序界面基本上都有相对较为稳定的相位特征。其中T_2是泉四段顶界、青一段底界，对应的是一套稳定的烃源岩的底界，在地震剖面上表现为全区特别稳定的强反射波峰；扶一上油层组的底界（F_1^1）对应于T_2下断续的弱反射轴下面的波谷；扶一中油层组的底界（F_1^2）对应于T_2下第二套弱反射轴下面的波谷至波峰的转换点；扶一下油层组的底界（F_1^3）对应于T_2下第三套反射轴下面的波谷位置；扶二上油层组的底界（F_2^1）对应于T_2下第四套反射轴下面的波谷位置，或者由波谷至第五套同相轴之间的转换点；扶二下油层组的底界（F_2^2）对应于T_2下第五套反射轴下面的波谷位置。

通过井震联合高分辨率层序地层对比，各个四级层序界面都有各自相对比较稳定的可以追踪的地震界面，不存在地质分层在地震剖面上穿轴的现象。最终的井震联合标定结果不但是对层序地层对比结果的检验，为地震资料的界面解释赋予了地质涵义，同时也为接下来的层位解释工作奠定了非常好的前提条件。

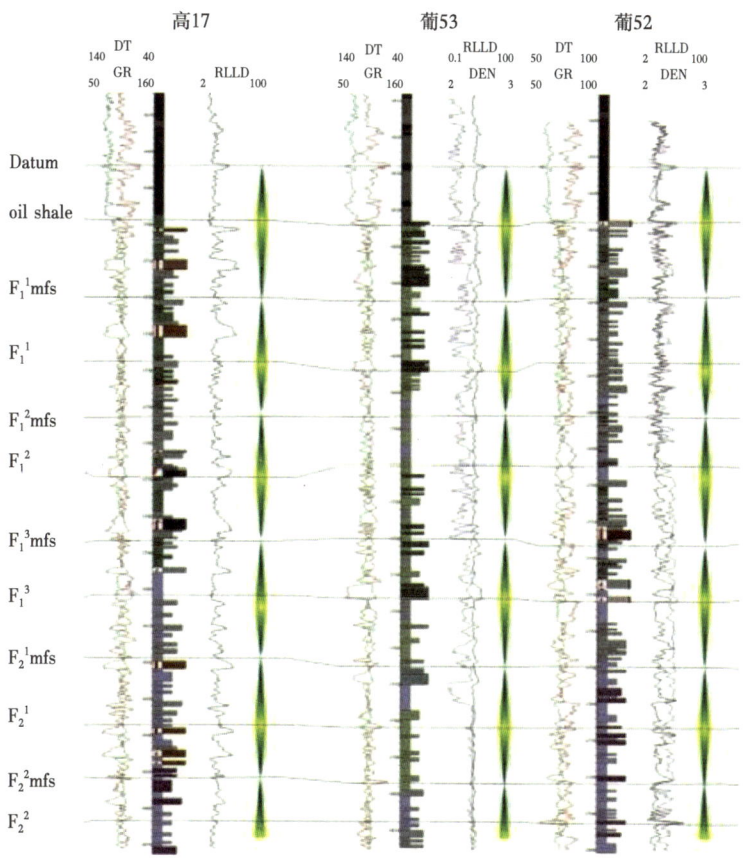

图4-1-2　高17-葡53-葡52连井层序地层对比剖面

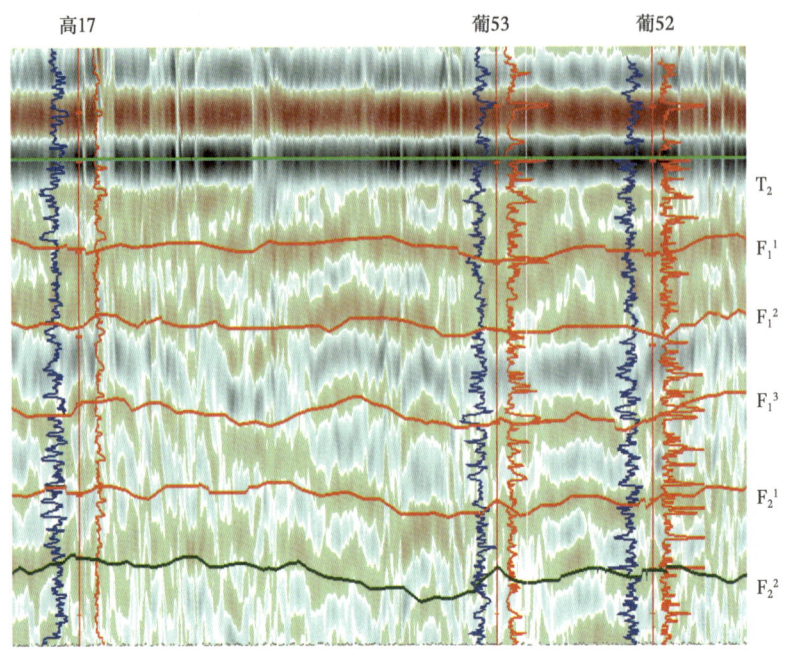

图 4-1-3　高 17-葡 53-葡 52 井震联合连井分层对比剖面

二、基于参考标准层拉平四级层序精细解释

在井震联合高分辨率层序地层对比和标定结果基础上，开展四级层序界面精细解释。井震结合标定使层序界面有了较好的一致性，但是扶余油层还有许多其他解释难点：一是扶余油层地层起伏较大；二是河道砂体薄而且窄，横向变化非常剧烈，地震反射同相轴横向变化也非常快；三是 T_2 附近断层十分发育，使界面形态复杂化。诸多因素都对层位解释造成了严重的干扰。为解决这些问题，采用了一种基于 T_2 参考标准层的拉平精细层位解释技术。这种解释方法的基础主要有以下几个方面。第一，T_2 为一个相当稳定的界面，为青一段泥岩的底界面，将 T_2 拉平相当于沿最大湖泛面拉平，具有合理的理论依据；第二，扶余油层所在地层泉头组三、四段沉积时期为盆地坳陷缓慢沉降期，沉积时地势很平坦，地层厚度变化较小，层拉平之后能够很好地恢复沉积古地貌；第三，通过构造演化研究发现，T_2 附近的断层几乎都是后期形成的断层，通过拉平消除断层的影响，提高层位解释的精度和效率是正确合理的做法。

图 4-1-4 是研究区的一条地震剖面，从剖面上可以看出构造倾角很大，断层非常发育，多数为高角度的正断层。由于断层和构造起伏的影响，T_2 以下层序界面追踪解释难度很大。图 4-1-5（a）是同一条剖面沿 T_2 拉平之后的剖面图（图 4-1-4 中方框内局部放大部分），可以明显看出，地层倾角陡、断层多的影响几乎不存在，大大降低了各个四级层序界面的解释难度。图 4-1-5（b）是解释之后回到未拉平状态下的剖面解释结果，解释效果比较理想。

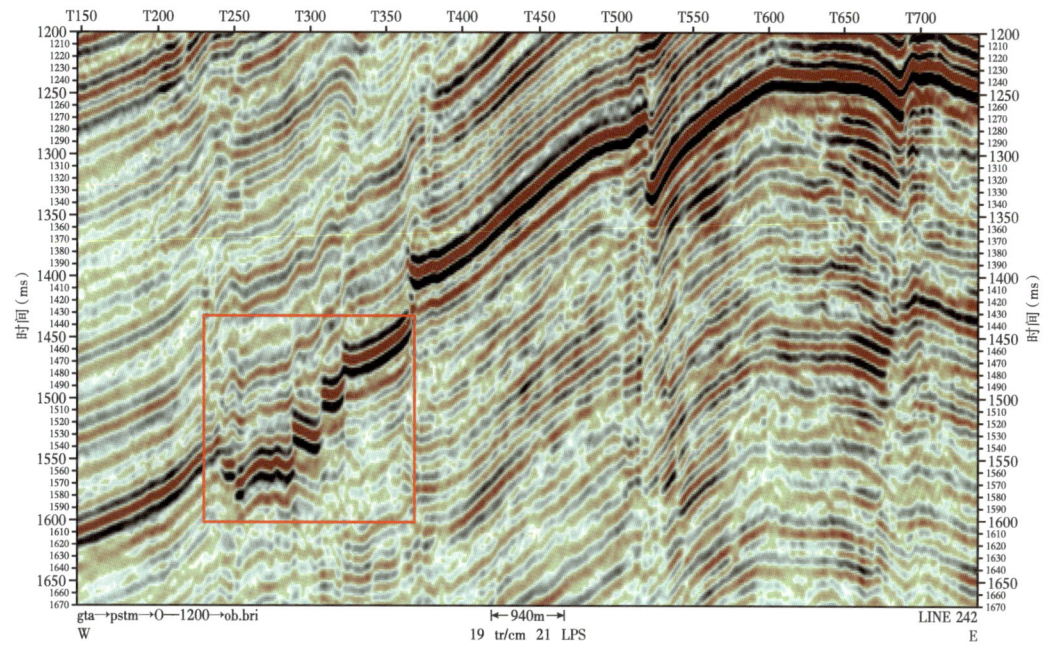

图 4-1-4 原始地震剖面

三、人工智能层位断层解释技术

随着大数据、人工智能特别是深度学习技术的发展，人类正在经历"第四次工业革命"，这是一次由物联网、大数据、机器人及人工智能等技术所驱动的社会生产方式变革，其特点是更大范围地替代脑力劳动。新一代人工智能的繁荣，犹如一棵枝叶繁茂的大树，服务于众多领域。石油物探行业是一个生产数据的高科技行业，同时也是一个劳动密集型的行业，智能化程度较低，面临许多挑战，"智能化技术＋产品＋行业"落地成为胜负关键。

地震勘探具有"高投资、高风险、高技术含量"等特点，必须以先进的物探装备、软件与技术作为支撑，且与信息技术密切相关。在目前加大国内油气勘探开发力度的战略背景下，国内地震勘探所面对的对象越来越复杂，向深地与深海延伸，复杂构造、隐蔽油气藏、致密储层越来越多，油气藏发现与精细描述越来越困难，老油田面临剩余油分布检测的复杂问题。AI 技术的发展，为解决地震勘探中诸多挑战带来了机遇。AI 技术的助力，成为行业发展的需求，也是数字化转型和智能化发展的必由之路。

近年来，深度学习算法在地震构造解释方面的应用快速发展，通过深度学习算法自动识别断层、圈闭、盐丘等，取得了显著的效果。运用深度学习方法进行断层识别和盐丘边界圈定是两个典型的应用方向。目前，断层自动拾取的研究方法基本都采用卷积神经网络，如 Pablo Guillen-Rondon 等提出用深度学习的卷积神经网络进行断层识别。基于卷积神经网络方法的断层识别可大幅提高断层连续性、分辨率，并明显减少干扰噪声。国内在地震层位解释技术上也取得了很大进步，一些新软件、新技术不断涌现，以东方物探为代表的人工智能解释技术形成了自主研发的软件并已经集成到 Geoeast 软件中，大大提高了解释速度，使地震解释人员从繁重的体力劳动中解脱出来。

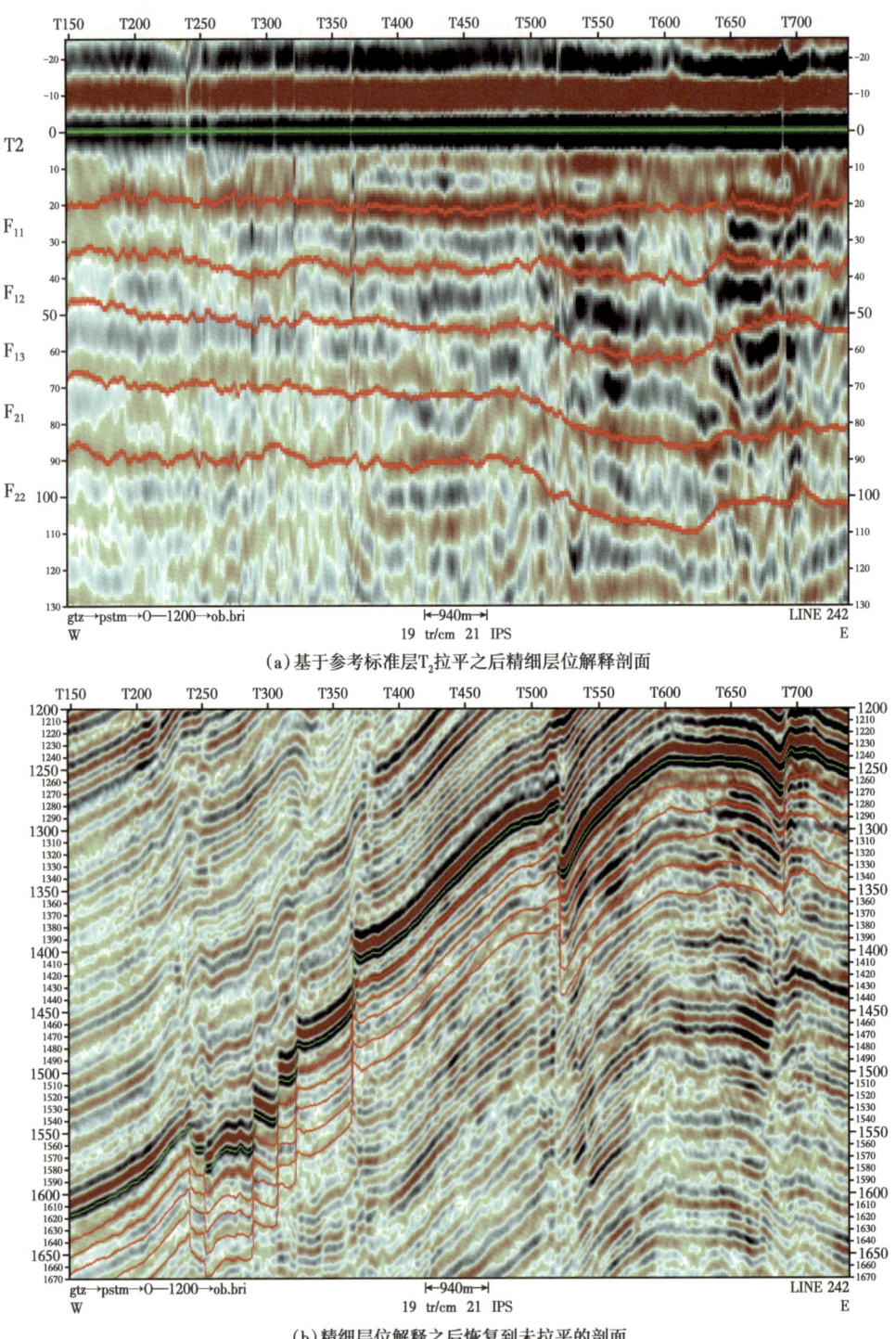

(a) 基于参考标准层T_2拉平之后精细层位解释剖面

(b) 精细层位解释之后恢复到未拉平的剖面

图 4-1-5　基于参考标准层的 T_2 拉平精细层位解释

1. 智能断层预测

断层解释是地震资料解释的重要环节,常规断层解释以解释人员人工为主要手段,对于微小或隐蔽断层而言,解释人员往往并不明确断层是否存在或者不明确断层的准确位置,因此需要通过属性来引导断层解释,效率偏低;传统属性类方法主要为相干、曲率等属性,一般作为辅助手段,精度及适用性受限,不能满足生产需求。比如目前效果最好的地震属性是 C3 相干以及体曲率技术,但它们的效果受参数选择的影响较大,且抗噪能力较差。现有的一些基于模型正演的深度学习断层预测技术由于样本不充分、与实际数据的匹配较差等原因,训练的深度学习模型在一些断裂系统解释上存在"偏差",特别是在断层两盘没有明显反射层位的地方,识别效果往往较差。因此智能解释断层识别的关键在于更加清楚地揭示各级断层所在的位置。近年来大量学者开展了智能断层识别方法的研究工作,取得了一定的成效。

东方物探经过研究和实践积累,一方面从"模型+数据驱动"的思想出发,基于正演模型与实际资料构建断层预测深度神经网络训练样本库;另一方面,搭建三维网络模型,同时引入局部注意力机制,实现了三维断层的高精度预测。

基于正演模型驱动的残差网络 3D 断层检测技术,以深度学习断层检测为基础,通过构建大量典型的断层模型构建样本标签库。同时,融合实际工区资料制作大量标签扩充样本,然后通过并行机制训练残差卷积神经网络模型,最后用训练好的模型对地震数据中的断层进行检测,最终实现了理论模型与实际数据综合的智能断层预测技术,如图 4-1-6 所示。

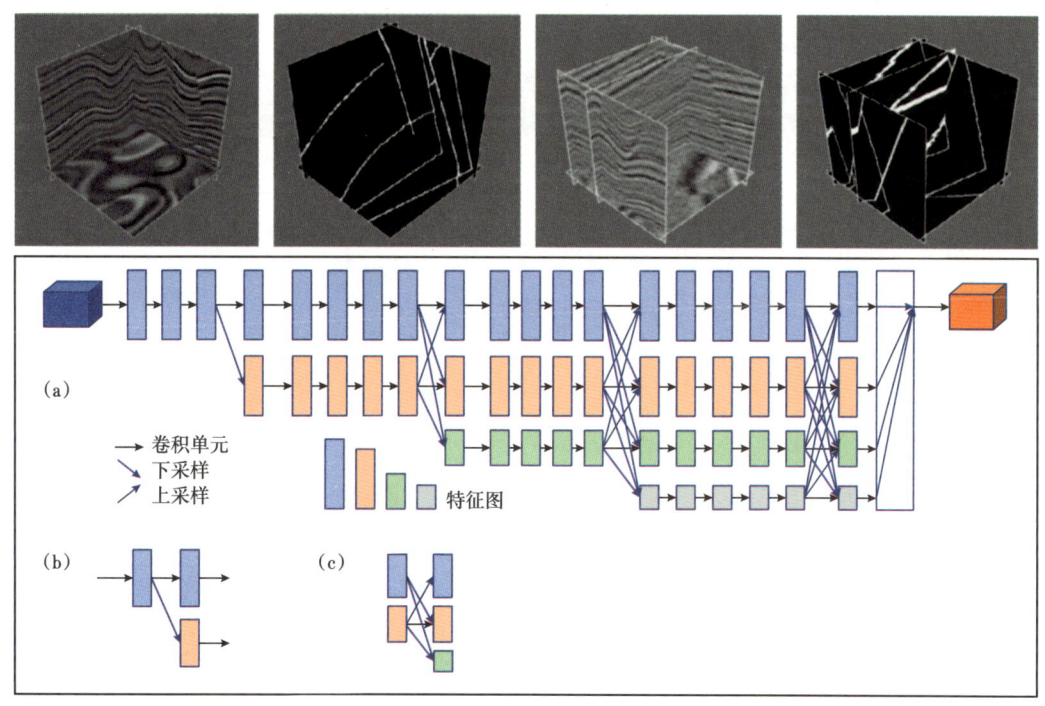

图 4-1-6 智能断层预测网络结构

2. 智能层位预测

地震层位追踪是地震资料解释最基础的工作，传统的地震层位追踪工作大多由人工来完成，但随着油气勘探的不断深入，地震资料数据也随之增多，人工解释的效率已经难以满足生产需求。目前现有技术和软件中自动追踪功能只能用于同相轴连续性比较好的层，对于低信噪比复杂目标层仍然无法取得较好的效果。人工解释的效率分非常低，需要耗费大量的时间和精力。传统自动算法，对于复杂构造情况容易出现"串层"，提高了对骨架剖面拾取的要求，同时需对自动算法结果进行调整和修正，大幅度降低了效率。现有的深度学习层位追踪技术基于端到端神经网络，将人工拾取的骨架层位作为标签进行训练和预测。这种做法在数据信噪比较高和构造较简单的地区能够取得良好的效果，但对于低信噪比，人工解释精度受限的情况往往无法得到满足生产需求的结果。

GeoEast 研发团队经过不断探索研究，提出了一种新的层位流程，能够大幅度提高深度神经网络进行层位解释的精度和适用性，流程结合了精细后处理环节，实现了产业化应用能力。

由于重点考虑中低信噪比资料的问题，采取了一系列的关键措施，首先通过概率化输出（而不是直接定位），以更好适应中低信噪比资料的自动追踪，同时可以减少对标签精度的依赖。同时通过条件随机场（CRF）建模以及整体路径规划策略，充分考虑道间的相关性，模仿类似于人工解释时的操作思路，有效减少异常点，智能层位拾取结果精度更高，层位趋势更加符合一般地质规律。

智能层位拾取的流程如下：首先通过卷积网络对地震数据进行特征提取，预测层位概率体，然后引入条件随机场建立道间模式对概率输出进行优化，最后通过全局路径优化实现层位追踪，并结合概率输出实现层位结果的精细化后处理，如图 4-1-7 所示。该方法与传统及现有深度学习方法相比，提高了层位解释效率与准确率，对复杂地质条件及低地震数据质量都有应用能力，为后续地质建模及储层预测提供可靠数据。

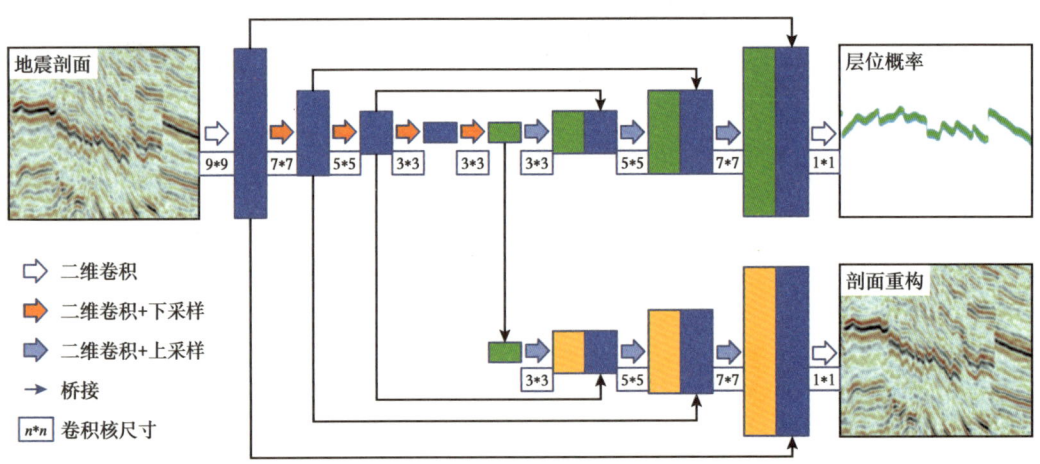

图 4-1-7 概率标签设计及深度网络结构

3. 智能解释应用效果

2020年，为满足页岩油整体地震解释、地质认识需要，开展齐家—古龙地区10000km² 超大连片构造解释工作。在连片处理数据基础上，针对齐家—古龙凹陷区构造稳定的特点，通过精细合成记录进行目标层层位标定及反射特征分析，建立可控制全区的多条横、纵向连井格架剖面进行井震统层。最后采用人工智能层位追踪技术、智能化断层解释等盆地级快速解释技术（图4-1-8），仅用三个月时间完成齐家—古龙地区10000km² 资料4个层位的解释，较常规解释效率提高2~3倍左右，解释成果及时支撑页岩油勘探开发井位部署及储量提交。

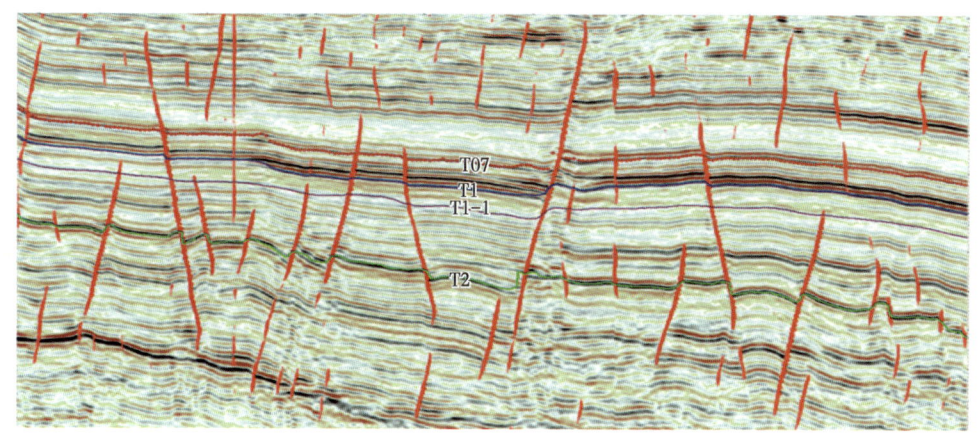

图4-1-8 人工智能断层、层位解释剖面

第二节 薄互层储层定性预测

薄互层储层定性预测是地震沉积学的核心内容。本节重点描述松辽盆地扶余油层地震属性的提取方法、地震属性与古地貌的关系、通过提高地震资料分辨率使地震属性更好的反映薄互层砂岩的分布特征，最后落实到用地震属性开展沉积相研究。

一、最佳时窗子体属性提取识别砂体

地震数据中隐含着丰富的地质信息，而这些信息是通过地震属性表现出来的。通常按照振幅类统计、频谱类统计、瞬时类统计、层序类统计和相关类统计进行地震属性的提取和分析。地震属性可以针对剖面、层位和体提取，这取决于研究需求。沿层属性最为常用同时也最具有实际意义，因为大多数地质研究以层位为单位。

地震属性提取的关键在于选择合理时窗。一般来说，时窗选取应该遵循以下原则：当目的层厚度较大时，准确追出顶底界面，并以顶底界面限定时窗，也可以内插层位进行属性提取；当目的层为薄层时，应以目的层顶界面为时窗上限，时窗长度尽可能地与目的层的时间厚度一致，目的层各种地质信息基本集中反映在目的层顶界面的地震响应中。

针对松辽薄互层砂体识别，实践证明最佳时窗子体属性提取方法较为有效。在精细层位标定解释基础上，以目的层为中心向上和向下开时窗，对时窗内的数据体（子体）进行剖面—平面联动扫描，以地质沉积规律、井点岩性等信息作为指导、验证，有地质目标显示的范围就是最佳时窗。在最佳时窗内提取最大峰值振幅属性，通过三维可视化属性雕刻，最终达到精细刻画河道砂体的目的（图4-2-1、图4-2-2）。

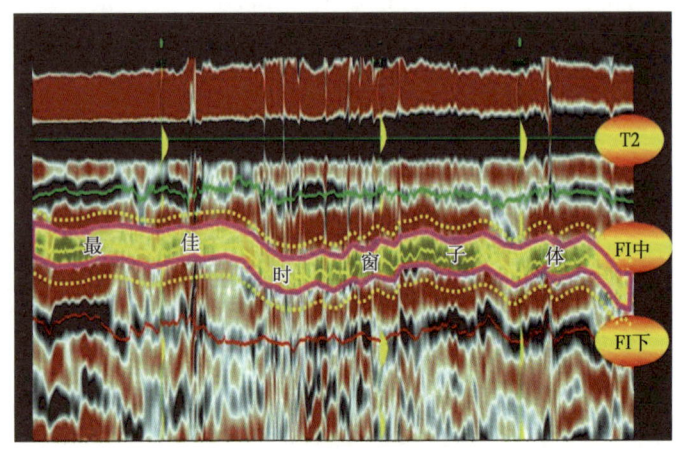

图 4-2-1　最佳时窗子体属性提取

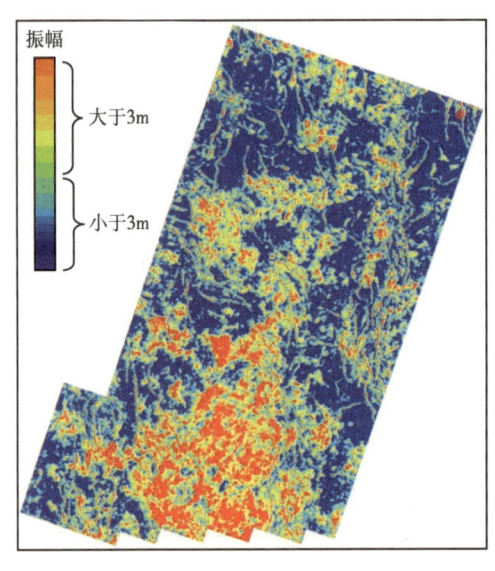

图 4-2-2　扶一中油层组最大峰值振幅预测砂体图

子体扫描确定最佳时窗，避免了时窗长度的不足和冗余。如果时窗过大，则包含了不必要的信息；时窗过小则可能导致部分有效成分丢失。最佳时窗内求取峰值振幅，实际上就是求取地质目标地震响应时窗内的最大振幅。之所以选择这种地震属性，是因为要预测的目标是小于 1/8 地震波长的薄砂体，理论模型表明，在小于 1/8 地震波长的范围内，地震振幅是随着砂体厚度的增加而变大的，理论上砂体越厚振幅越强。

最佳时窗子体属性提取砂体识别方法，克服了通常地震沉积学解释中地层切片可能的穿时问题，属性提取更具有地质意义。从图 4-2-2 预测结果看，砂体形态得到了清晰刻画，符合该区三角洲分流河道沉积认识，经钻井验证，厚度大于 3m 砂体符合率达到 78.6%。

二、相对古地貌恢复沉积演化分析

大庆长垣泉头组三、四段沉积时期地形平坦，没有大的坡降地形和沟谷地貌，河流的能量都很低。在这种远物源、低能量的河流相沉积环境下，河流总是在地形相对较低的地区流动。河流的下切能力相对较弱，对于低洼地带来说河流具有填平补齐作用。在填平补齐作用的过程中，河流体系就会发育河道亚相、堤岸亚相和河漫亚相的沉积产物，其中河道亚相应该是位置最低的区域。地震砂体预测结果是否符合这一地质沉积规律，下面通过相对古地貌恢复进行分析。

前面讲到 T_2 反射层为一个参考标准层，我们分析古地貌的方法是将 T_2 拉平（图 4-2-3）。沿 T_2 拉平之后，扶一中油层组沉积时的古地形基本清楚。E 点位于高台子工区的北部，F 点位于高台子工区的南部，从大体的构造高低趋势来看，高台子地区整体较为平坦，北部的古地形相对较高，南部相对较低，物源方向应该是北部物源。可以看出，古地形相对较低的部位反射振幅强（图中红箭头位置），表明沉积砂体较厚；而在古地形相对较高的部位，振幅较弱或无反射（图中黑箭头位置），表明砂体较薄，符合沉积填平补齐的特点。

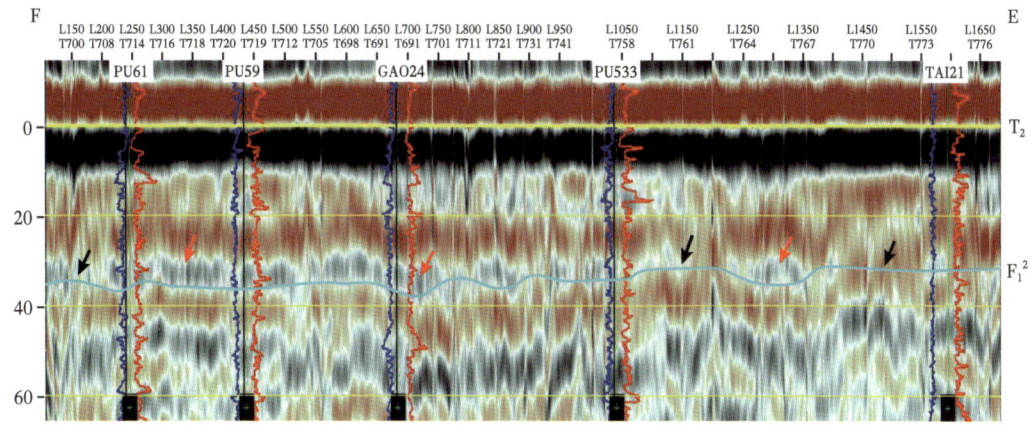

图 4-2-3　沿 T_2 拉平之后沉积古地形分析剖面图

为了分析全工区的沉积古地形，用扶一中油层组底界面深度减去 T_2 反射层深度，得到了扶一中油层组相对 T_2 的时间厚度分布图（图 4-2-4），图中时间厚度值大的区域（黄色调区域）为古地形相对较低的区域；时间厚度值小的区域（绿色、蓝色区域）为古地形相对较高的区域。对比图4-2-2与图4-2-4可以看出，地震砂体预测结果与古地形图有很好的对应关系，即古地形较低区域反射振幅强，砂岩较厚；古地形较高部位反射振幅弱，砂岩较薄。在工区的北部，中间有一条弯曲的低谷地带，在振幅图上表现为中强振幅条带，砂体较厚；工区南部，整体地势较低（以黄色的区域居多），对应的地震预测图上南部的振幅总体较强，表现为南部有非常好的河道砂体发育，河道分布较为广泛。高台子工区南部在扶一中油层组沉积时期，地势整体低洼，有可能是北部河道与南部河道的一个局部交汇区，决口扇和决口河道也有发育。

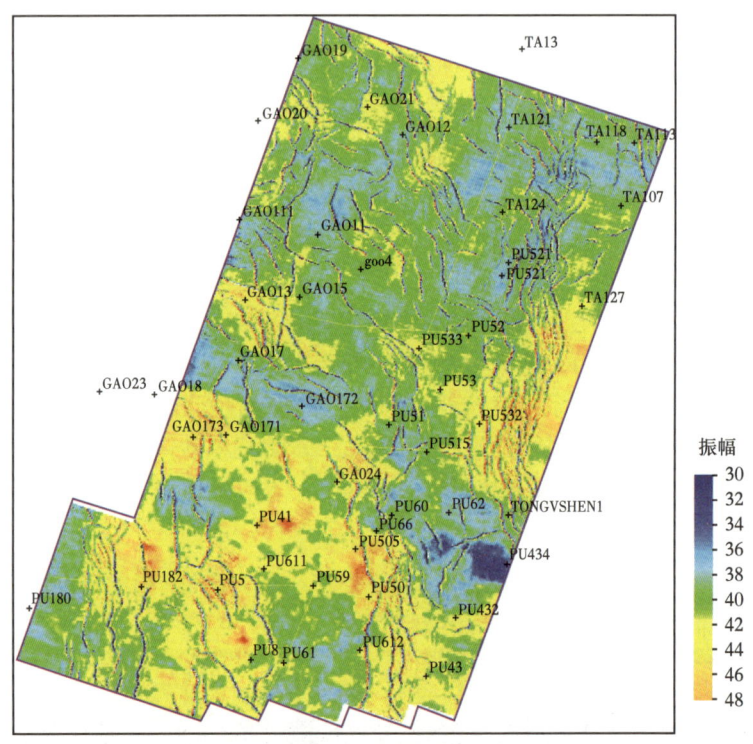

图4-2-4 扶一中油层沉积古地形分析图

上述分析证明了地震砂体预测的合理性，即河流沿着古地貌相对低区域流动，在古地形相对较低的部位是河道相对发育区，这为进一步井震结合沉积微相解释提供了依据。

三、基于匹配追踪小波的谱反演方法

提高地震资料分辨率一直是地震资料数字处理工作者的追求目标。高分辨率地震资料数据处理的关键环节就是压缩地震子波，或者去除地震波在地下传播过程中干涉、调谐等效应对地下地层的影响，拓宽有效地震信号的频带范围，特别是较为准确地拓宽高频成分。薄层的识别和厚度估计是当前地震石油勘探领域的主要研究方向。

早在1999年Partyka在发表的文章中提出应用时频分析方法计算薄层厚度，即为薄层陷频法，他认为少数几个反射系数谱不像是长时窗反射系数谱一样是白噪声，在频率域存在周期性的陷频规律，地震道的谱就是反射系数谱与子波谱的乘积，消去子波谱就能显示出陷频谱，从而进行薄层厚度的计算。2001年K.J.Marfurt提出用滑动时窗的频谱分析方法计算多种频率相关的属性进行储层厚度定性解释，对薄窄河道展布规律进行描述。

上述两种方法尝试利用频谱分解的结果来求取薄层厚度，但如果地震频带宽度不足以清晰识别谱峰和陷频变化规律时，谱分解对于分辨薄层还是存在困难，这也推动了新方法的发展，无需精确识别频宽内的波峰和波谷，即谱反演方法。宽带无约束频谱反演是建立在高精度谱分解基础上的一种反演处理方法，简称谱反演。在反演过程中仅对使用的地震资料进行处理，而无需井、地质模型等参与反演进程，最终输出为反射系数序列，分辨率非常高。

2005年Portniaguine和Castagna提出了一种叠后谱反演方法，来解决在小于调谐厚度时的薄层预测问题。这个方法更多地从地质上去考虑，而不是数学上的假设。其重点在于通过分频方法来获取局部频谱信息。这种谱反演或薄层系数反演方法最终输出的为反射系数序列，其视分辨率要远高于输入的地震数据，可以用来对薄储层进行精细的描述和刻画。并指出了该方法具有不需要任何先验模型、反射系数的数学假设、层位约束，也不需要井资料强制约束等优点，并可用来分辨小于调谐厚度的薄层。之后很多学者在谱反演方面做出很多研究成果。Puryear和Castagna（2008）对谱反演理论给出了详细的说明，主要包括Widess楔形模型理论，把反射系数序列分解成偶分量和奇分量，发展了一种新的谱反演算法。Satinder Chopra、John Castagna和Yong Xu（2009）由谱反演所得的反射系数算出了波阻抗剖面，并将其应用到了层厚的确定和地层学解释中。袁三一和王尚旭等（2009）提出了一种相对快速的谱反演系数反演混合技术，其采用求解的算法是Particle Swarm Optimization（PSO），粒子群算法和Levenberg‐Marquardt（L-M）。Kelyn Paola Castaño和Germán Ojeda（2010）采用遗传算法和模拟退火优化算法来求解Castagna教授的基于反射系数序列奇偶原理的谱反演目标函数，并指出遗传算法效果比模拟退火算法稍好。

1. 谱反演技术的理论基础

1）对Widess模型的探讨

1973年的薄层反射Widess模型认为地震分辨率的基本极限为$\lambda/8$，其中λ为波长。在模型中，时域内建设性子波的影响和振幅在$\lambda/4$达到最大值。波形和主频值会一直变化直到层薄至$\lambda/8$，而在该点处波形振幅值与地震子波导数基本一致。当层厚小于$\lambda/8$后，波形上就不会明显的变化，而振幅会逐渐减小，如图4-2-5所示。在该例中，振幅来源于楔形模型与30Hz雷克子波褶积后的结果。

从这个角度分析，在层厚小于$\lambda/8$后，就没有任何办法可以继续分析跟反射系数相关的振幅值与层厚变化之间的关系，这样$\lambda/8$也就成了时间域频谱分析时一个硬性的分辨能力截止值。更糟糕的是，在数据中含噪声以及随着子波的传播范围增大，这时$\lambda/4$与$\lambda/8$之间界限就很模糊，大部分时候实际分辨能力的极限值就是$\lambda/4$。在模型中，目标层围岩的阻抗值为常数，这是很关键的假设条件。

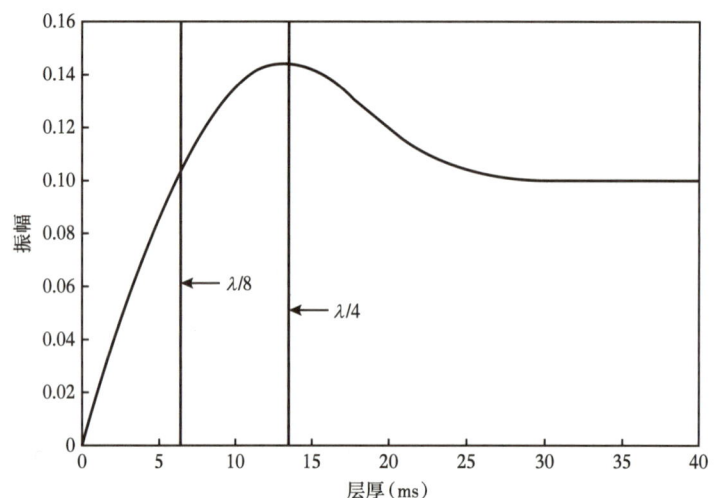

图 4-2-5　Widess 模型层厚与振幅之间的关系

在假设条件满足时 Widess 理论(1973)是成立的，但在实际中这样的假设条件很难得到保证，而反射率反演理论则是建立在预先假定 Widess 薄层反射模型中反射系数比具有连续性变化的基础上来实现的。任何一个反射系数对都可以分解为偶部和奇部，前者由振幅值和极性都相同的反射系数构成，后者中的反射系数则是振幅值相等，但极性相反，如 Castagna(2004)和 Chopra 等(2006)所述。

反射系数分解如图 4-2-6 所示。Widess 模型假设反射系数对为偶部形式，这种情况对于某些特定的岩性组合如砂岩嵌入在泥岩基质中是比较接近的。但是，对于薄层而言，这种假设可能出现最差的分辨率结果。在反射系数对中即使一个小的奇部分量都可以影响层的分辨能力，如奇部分量在层厚减薄至零过程中一直在产生积极的影响。与之相反的是，偶部分量则是产生破坏性的效果。因此，在层减薄至 0m 过程中噪声对奇部分量的分辨率影响更小一些(Tirado，2004)。

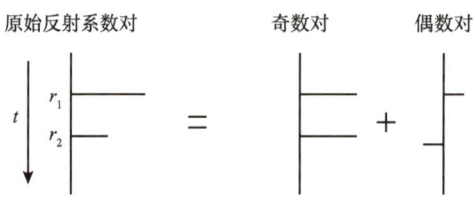

图 4-2-6　反射系数对的分解

为此利用 Chung 和 Lawton(1995)提出的方程计算了峰值频率和峰值振幅。图 4-2-7(a)表示随层减薄时由奇部、偶部形成的反射系数对模型峰值频率的变化情况。在模型结果中，随层减薄，总的峰值频率先随之增加，然后减小到子波的峰值频率，而不是 Widess

模型提出的减小到子波的导数值,随层减薄至零时总的峰值频率呈现重要而且连续的变化。如此类似,总的峰值振幅[图4-2-7(b)]并没有与Widess预测的那样在厚度为零时也为零。

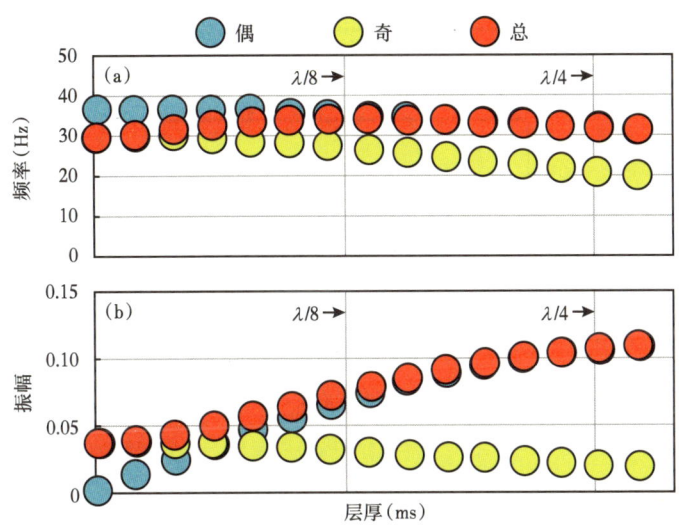

图4-2-7　普通模型层厚与频率(a)、振幅(b)响应变化之间的关系

由图4-2-7可以看出,在反射系数对中包含奇部分量时随地层厚度减薄至零,反射系数—振幅变化趋势与图4-2-5中所显示的Widess关系有很大的变化。目前并没有其他的振幅成图技术能够在小于Widess分辨率极限时挖掘出这么重要的信息,当然Widess模型假设的是值相等但极性相反的反射系数序列(即偶部形式)。这种层的顶底反射系数不相同的情况,对实际地震反射轴而言并不是例外而是常存在的,因此对于薄层振幅分析需要一种更为通用的方法。

2)谱反演方法

用带时窗傅里叶变换将几个反射率模型转换为谱反演所用的数据,然后采用复数谱分析方法来形成谱反演算法。这里描述的反射率反演算法定义给定厚度的地层其振幅谱的周期变化为常数,谱峰与陷波之间的距离正好为时间域地层厚度的倒数(Partyka等,1999;Marfurt和Kirlin,2001)。而地层厚度大致可以从具有高信噪比的窄带频率地震体中确定出来。为了佐证这个观点,注意在没有噪声时一个单层的整体反射频谱是可以利用三个频率点处对应的振幅重构出来的。

在时间域内一个脉冲对可以表达为(Marfurt和Kirlin,2001;图4-2-8):

$$g(t) = r_1 \delta(t - t_1) + r_2 \delta(t - t_1 - T) \quad (4-2-1)$$

式中,r_1为层顶部的反射系数,r_2为层底部反射系数,t为时间位置,t_1为顶部反射的时间位置,T为层厚度。

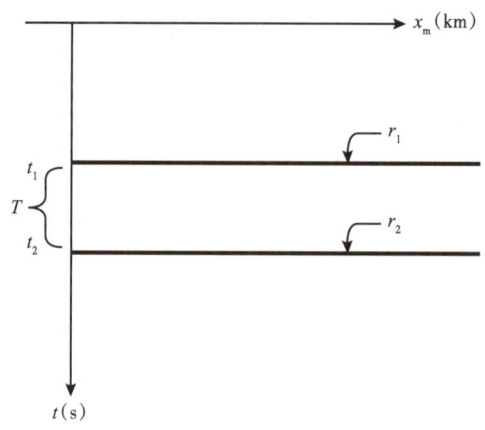

图 4-2-8　两层反射率模型（据 Marfurt 和 Kirlin，2001）

如果把分析点放在层的中间点位置，则会有：

$$g(t) = r_1 \delta\left(t - \frac{T}{2}\right) + r_2 \delta\left(t + \frac{T}{2}\right) \tag{4-2-2}$$

对式（4-2-2）进行傅里叶变换得到：

$$g(t,f) = r_1 \exp\left[-i2\pi f\left(t - \frac{T}{2}\right)\right] + r_2 \exp\left[-i2\pi f\left(t + \frac{T}{2}\right)\right] \tag{4-2-3}$$

式中，f 为频率，$g(f)$ 为复数谱。

利用三角相等法则可以对上式简化，其实部为：

$$\mathrm{Re}[g(f)] = (2r_e)\cos(\pi f T) \tag{4-2-4}$$

式中，r_e 为反射系数对中的奇部分量。

同理，复数谱的虚部可以表示为：

$$\mathrm{Im}[g(f)] = (2r_o)\sin(\pi f T) \tag{4-2-5}$$

式中，r_o 为反射系数对中的偶部分量。

图 4-2-9 为根据上两式得到的奇部和偶部分量的反射率谱，层厚度 T 取 10ms，反射系数 r_1 取 0.2，r_2 取 0.1。尽管奇部和偶部的谱上都有一样的陷波周期，但两者位置却相差了半个频谱周期。对于实部和虚部而言，在谱中的常数周期是与分析点的位置在层中间具有对称性有关的。这个位置是最佳位置，因为正好将反射系数对对称分开，而且消除了相位变化的影响。

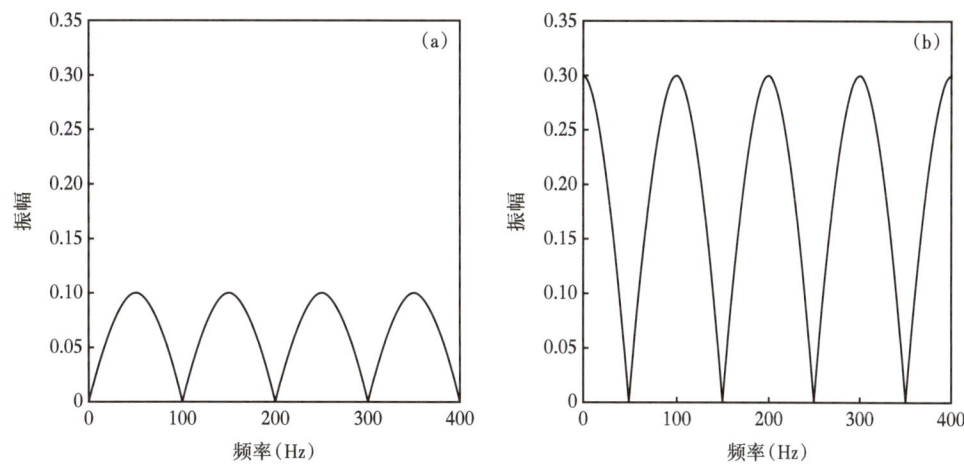

图 4-2-9 频率与振幅谱关系图

（a）为奇部分量结果，（b）为偶部分量结果。在该例中，奇部占优势，反射系数 r_1=0.2，r_2=0.1

为了保证在移动分析点远离层中点的同时保持频谱的常数周期性，计算了实部和虚部的模数，此时相位基本上无影响。实部和虚部时移后的谱可以表示为：

$$\text{Im}\left[e^{2i\pi f\Delta t}g(f)\right]=2r_o\sin(\pi fT)\cos(2\pi f\Delta t)+2r_e\cos(\pi fT)\sin(2\pi f\Delta t) \quad (4\text{-}2\text{-}6)$$

$$\text{Re}\left[e^{2i\pi f\Delta t}g(f)\right]=2r_e\cos(\pi fT)\cos(2\pi f\Delta t)-2r_o\sin(\pi fT)\sin(2\pi f\Delta t) \quad (4\text{-}2\text{-}7)$$

同时 $O(t,k)$ 可以表示为：

$$O(t,k)=G(f)\frac{dG(f)}{df}+2\pi Tk\sin(2\pi fT) \quad (4\text{-}2\text{-}8)$$

其中
$$k=r_e*r_e-r_o*r_o$$

式中，$G(f)$ 为振幅值，为频率的函数；$O(t,k)$ 为每个频率的价值函数。在价值函数 $O(t,k)$ 在分析频率范围内达到最小值时，就可以得到式（4-2-8）的求解。在每个采样频率处都存在一个求解值，这种方法的效果与在一定分析频宽内的信噪比有关（也就是说，具有高信噪比的资料其频率成分越多，反演结果越稳定和精确）。

研究发现，给定频宽范围内通过在两参数模型空间里搜寻物理意义上合理的模型参数 k 和 T 并将目标方程最小化后可以获取式（4-2-8）的全局最小值。尽管这么做很费事，而且对大多数复杂的情况不合实际，但全局搜寻的方法可以保证单层模型时避开局部的极小值影响。

剩余模型参数可以由下式确定：

$$r_{\mathrm{o}} = \sqrt{\frac{G(f)^2}{4} - k\cos^2(\pi f T)} \qquad (4\text{-}2\text{-}9)$$

$$r_{\mathrm{e}} = \sqrt{k + r_{\mathrm{o}}^2} \qquad (4\text{-}2\text{-}10)$$

$$t_1 = \frac{1}{2\mathrm{i}\pi f}\ln\left[\frac{g(t)}{r_1 + r_2 \mathrm{e}^{2\mathrm{i}\pi f T}}\right] \qquad (4\text{-}2\text{-}11)$$

式中，t_1 为层顶部反射轴 r_1 所在的时间位置，$g(f)$ 为反射系数对的复数谱。式（4-2-11）可以通过对方程（4-2-7）进行傅里叶变换来获得，同时求解 t_1。将计算得到的奇部和偶部序列重新组合后通过式（4-2-9）和式（4-2-10）可以获取反射系数 r_1 和 r_2，也就是图4-2-7所示的逆运算。因此，可以从初始的参数 k 和 T 直接计算出多层反射率模型的剩余组分。注意尽管在该算法求导时假设奇部反射率分量比偶部分量要大，但如果反过来其结论也是一样的。

3）正演模型验证

为了验证谱反演技术的适用性，应用正演模拟地震数据进行测试。图4-2-10（a）给出了正演模拟数据及其对应的谱反演反射系数剖面。正演模型由实际的测井声波阻抗曲线插值得到，正演子波采用宽频带通子波，子波频带为5/15~30/100Hz。图4-2-10（b）为进行谱反演提频后得到的反射系数剖面，具有极高的分辨率，但从图4-2-10（d）与之对应的反射系数频谱上可看到，高于100Hz以上的信号频谱出现振幅能量增大现象，而实际上原始地震资料高于100Hz以上的振幅能量很弱。这个正演实例表明，如果原始地震资料中高频信息缺失或者高频信息很弱，经过谱反演后得到的反射系数剖面的高频端信号有可能是不合理的。正如 Todorovic 等提到，谱反演体很大程度上受到高信噪比那部分地震数据的频宽控制。受到陆上地震资料信噪比以及采集信号频带限制（一般小于100Hz）影响，对谱反演处理后得到的反射系数体高频信息的使用要特别注意。因此，合理的做法应当是根据原始资料频宽以及地质需求，对反射系数体进行适当高切滤波或者与宽频子波褶积得到宽频地震资料，可用于后续的地震解释于储层预测。

图4-2-11为正演结果与谱反演宽频处理数据的对比。图4-2-11（a）和图4-2-11（c）分别为5/15~30/100Hz、5/15~70/100Hz的宽带子波制作的正演地震记录，正演中加入了10%随机噪声。图4-2-11（b）是对图4-2-11（a）进行谱反演得到反射系数剖面后，再使用70~100Hz低通滤波器进行高切滤波得到的谱反演宽频处理结果，并使其频谱特征与图4-2-11（c）的一致，通过对比可看出，谱反演宽频处理后的剖面反射特征与图4-2-11（c）的正演地震剖面具有很高的相似性，从而可证明谱反演宽频处理能有效提升高频信息，提高地震资料的纵向分辨率，使薄层弱反射能够得到进一步增强，有助于薄储层的识别。

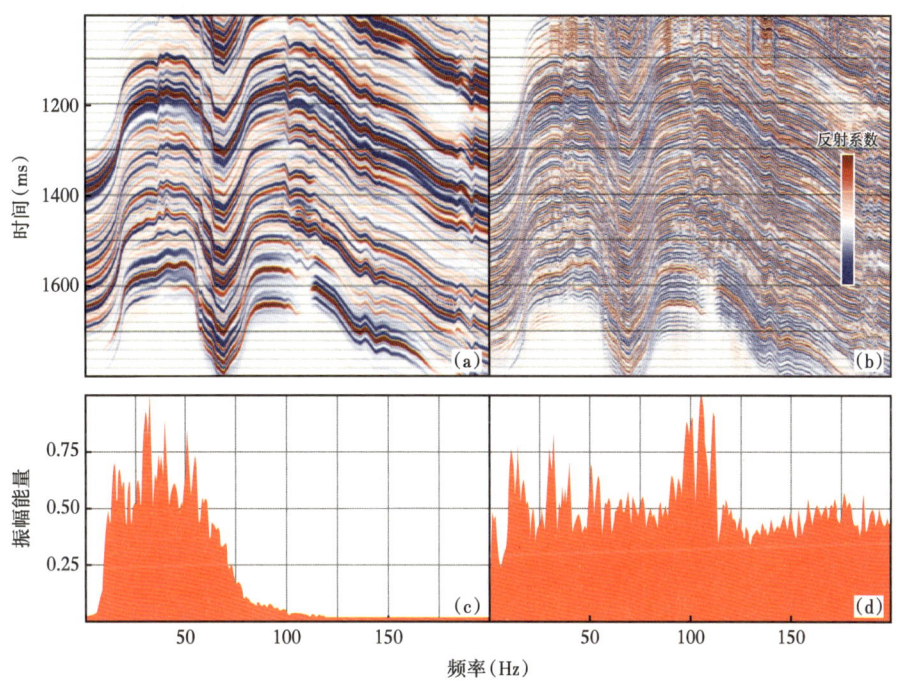

图 4-2-10　正演数据谱反演结果分析

（a）为正演模拟数据；（b）为图（a）经过谱反演得到的反射系数剖面；（c）为与（a）对应的频谱；（d）为与（b）对应的频谱

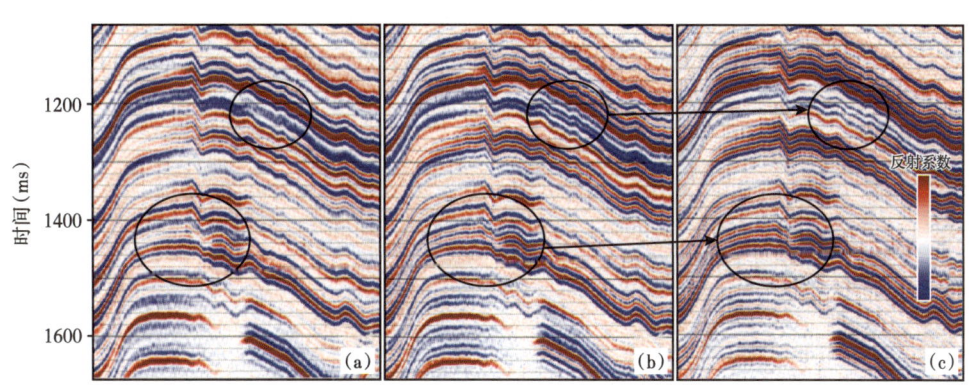

图 4-2-11　正演数据与谱反演结果对比

（a）为 5/15~30/100Hz 的宽带子波合成地震记录；（b）为与（a）对应的谱反演宽频处理；
（c）为 5/15~70/100Hz 的宽带子波合成地震记录

2. 地震数据预处理

原始地震资料的信噪比和分辨率都会影响谱反演处理的效果，当原始地震资料品质较差时，如噪声较重，谱反演处理后视分辨率会大大降低；原始数据有效频带较窄时，谱反演处理亦会受影响。因此，为了获得高质量的谱反演结果，输入的原始地震资料就需要有较高的品质。通常地震处理人员提供的地震数据已经过去噪、真振幅恢复（包括波前扩散能量补偿、地层吸收能量补偿、地表一致性补偿）、静校正（包括基准面校正、初至折射精校正、地表一致性剩余精校正）、反褶积、速度分析、偏移等保幅处理，但实际上有些地震资料仍然存在低信噪比情况，针对信噪比较低的地震资料，需要采用合适的压制噪音及信号增强方法进行预处理。图4-2-12为地震资料去噪前后的对比剖面，去噪后地震剖面随机噪音明显变少。

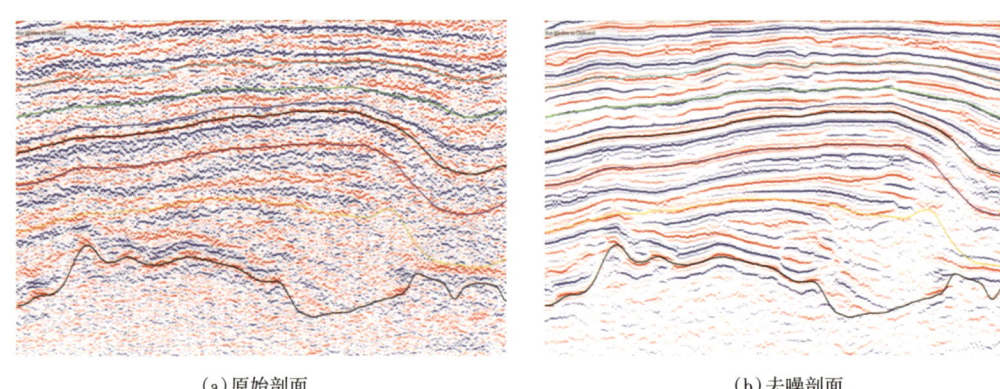

(a) 原始剖面　　　　　　　　　　　　　(b) 去噪剖面

图 4-2-12　地震资料去噪前后对比剖面

图 4-2-13 为应用去噪前后地震资料得到的谱反演反射系数剖面，经过去噪处理后得到的谱反演反射系数剖面地层界面更加清晰，从中可看出地震资料的信噪比对谱反演的结果影响很大。如果目的层段原始地震资料实际分辨率过低，频带宽度过窄，或者存在缺失低频的情况，建议对地震资料重新开展保幅处理后再进行谱反演提高分辨率处理。

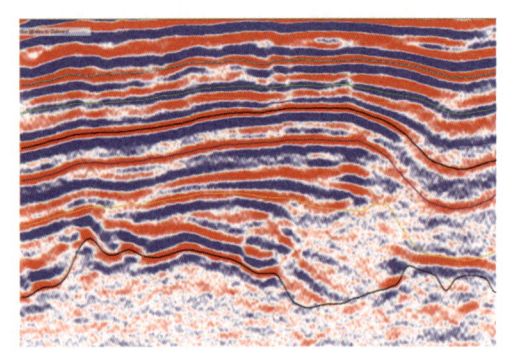 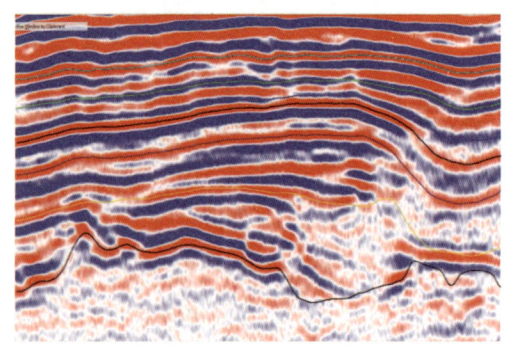

(a) 去噪前谱反演反射系数剖面　　　　　　(b) 去噪后谱反演反射系数剖面

图 4-2-13　地震资料去噪前后的谱反演反射系数对比剖面

3. 应用实例

研究区位于松辽盆地北部齐家地区，目的层为萨尔图油层萨零油组，沉积环境为滨浅湖相，整个地层总体上以黑色泥岩沉积为主，受北部物源影响，地层下部发育近南北向的重力流水道，水道砂岩以灰色粉砂岩为主，纵向上表现为"泥包砂"的沉积特征。水下分流河道窄小，部分钻井揭示纵向上多期河道叠合，河道砂岩测井上表现为高纵波阻抗、中低密度特征，在地震剖面上表现为短粗"牛眼"状、强振幅反射特征（图4-2-14），但受地震资料分辨率的限制，细分小层界面追踪较困难，部分河道边界刻画也不清楚。因此，可借助谱反演技术进行提高分辨率处理。

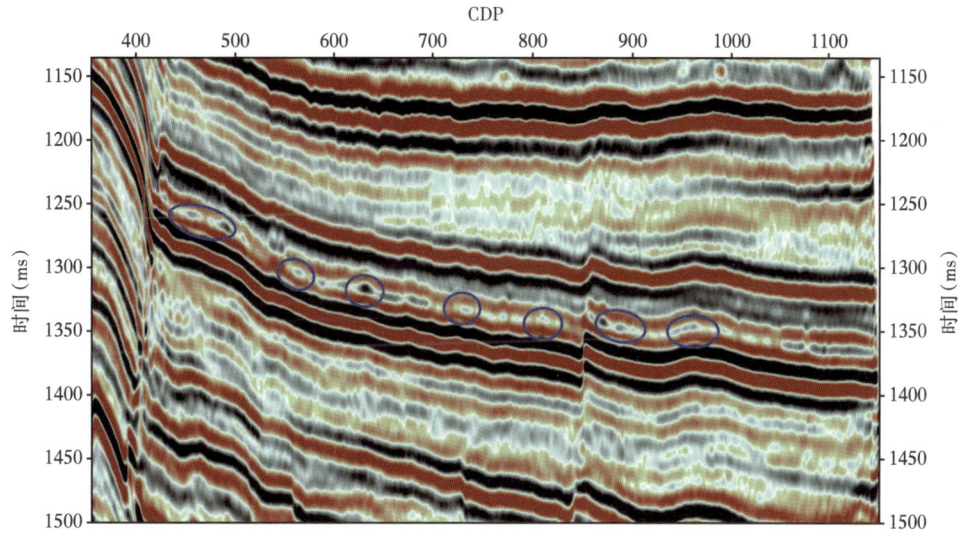

图 4-2-14　S0 河道地震剖面反射特征

研究区地震数据为叠前时间偏移处理的最新资料，信噪比相对较高，可直接进行谱反演处理。影响谱反演处理效果的最重要参数是子波的提取，由于地下子波复杂多变，无法求取出真实的子波，只能尽量逼近，因此，子波提取为整个谱反演处理中至关重要的一个环节，在子波提取时半子波长度对高频端信号的能量影响较大，需要进行参数测试确定。图 4-2-15 是原始地震数据频谱与不同半子波长度计算得到的反射系数体的频谱对比，图 4-2-15（a）是原始地震数据频谱，有效频宽为 10~70Hz，70Hz 以上振幅能量较弱。谱反演时半子波长度分别设置为 50ms、80ms、110ms 进行测试，由图 4-2-15（b）至（d）反射系数频谱可看出，随着半子波长度的增加，低频端信号得到有效保留，而超过 70Hz 以上的高频端信号能量逐渐增强，表明纵向分辨率也相应提高。由于在反射系数剖面上进行地层和岩性解释不直观，通常采用适当的宽频子波进行滤波后获得宽频数据体，再进行相应的构造解释与储层预测。

图 4-2-16 是原始地震与谱反演提频后得到的宽频数据地震对比剖面，从原始地震剖面上看，目的层萨零油组纵向分辨率低，地层接触关系不清晰（绿色箭头所指处），河道边界特征也不是很清楚；而宽频地震数据，地震剖面纵向分辨率明显提高（绿色箭头所指处），地层接触关系清晰，便于细分层序的精细解释，同时河道边界的剖面特征也非常清楚。

图 4-2-17 是原始地震与宽频地震数据目的层河道的平面振幅属性对比，原始地震平

面振幅属性识别河道边界只在北部清楚，南部不清楚，整体信噪比也较低，而应用宽频地震数据提取的平面振幅属性信噪比明显提高，整条河道边界及展布特征刻画都非常清楚。

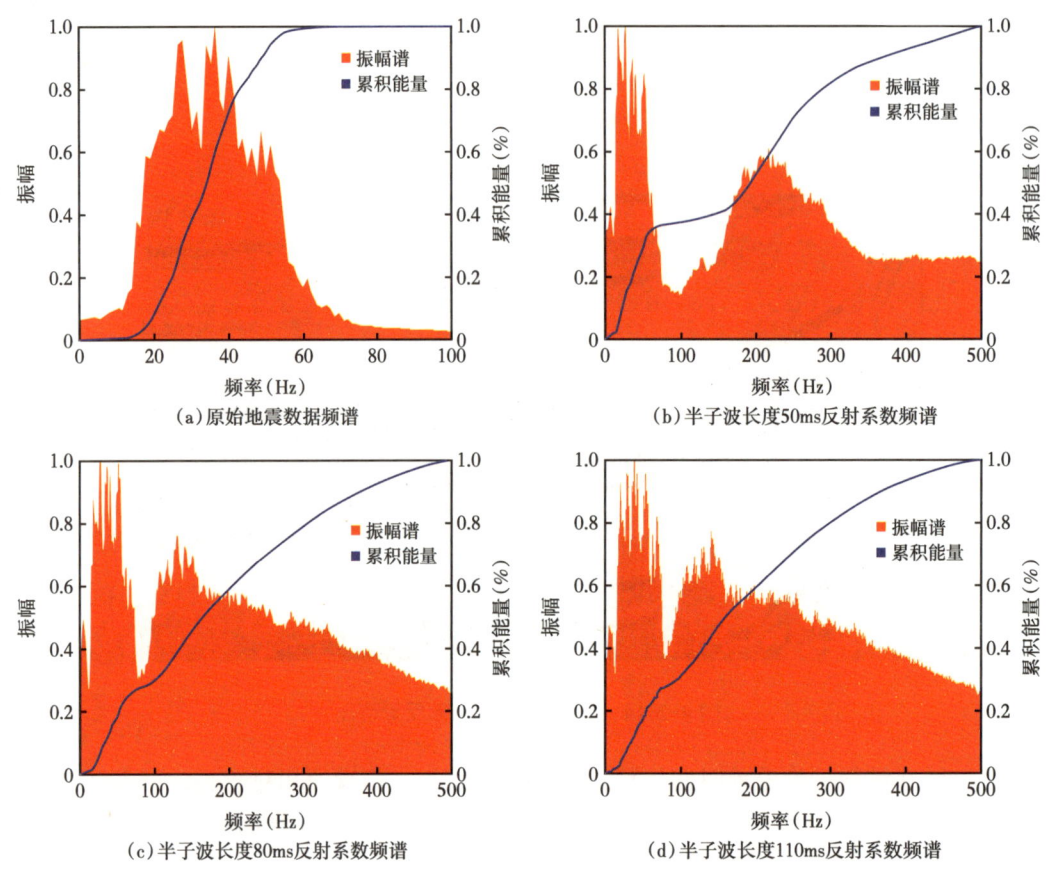

图 4-2-15　不同半子波长度计算得到的反射系数体的频谱对比

图 4-2-18 是原始地震与宽频地震数据的频谱对比，宽频地震数据较好地保留了原始数据的低频信息，同时对原始地震数据频谱 55~70Hz 范围内的振幅能量进行了有效的恢复，频宽较原始数据拓宽 15Hz 左右，从而拓展了高频信息，提高了地震数据的纵向分辨率。

四、基于地震属性的沉积微相解释

传统的沉积微相制图基本没有地震的约束，或者仅仅作为参考，主要是在单井沉积微相划分的基础之上，在物源分析等宏观地质规律的指导下开展沉积微相图的编制。然而，这种编图的精度受到很多因素的限制，比如井控密度、沉积相类型等因素都会直接影响编图精度，换句话说，这种传统的沉积微相编图方法井间部分很难控制而被模式化。在井距较大而且相变剧烈的河流相沉积地区，如果没有高精度的三维地震资料可以利用，那么沉积微相图就只能够作为区域沉积模式，谈不上大比例尺沉积微相制图，由于其预测能力较低，所以在精细勘探评价和岩性油藏识别研究中发挥的作用就受到很大限制。

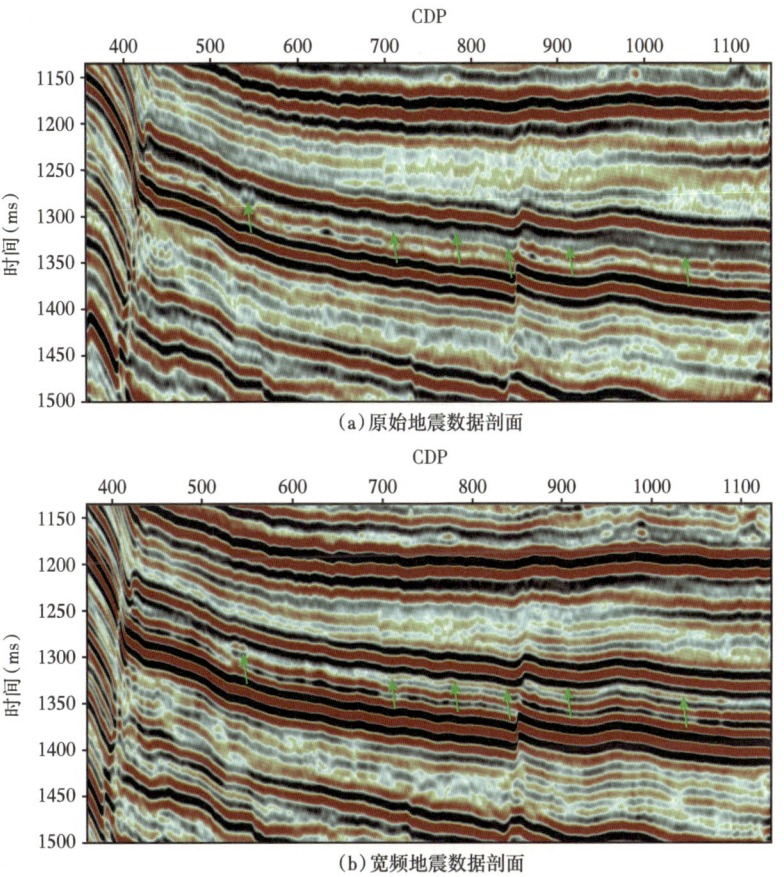

图 4-2-16 原始地震与谱反演处理后宽频数据对比地震剖面

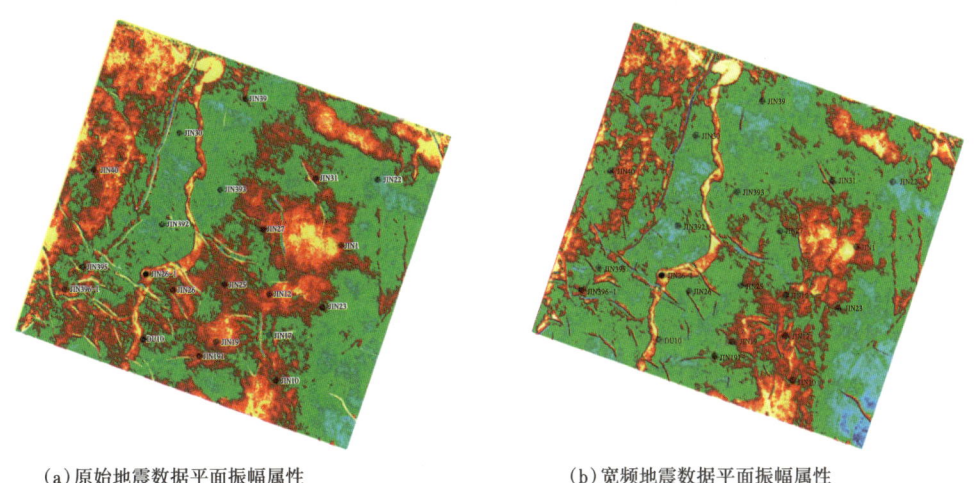

(a) 原始地震数据平面振幅属性　　　　　　(b) 宽频地震数据平面振幅属性

图 4-2-17 原始地震与谱反演处理后宽频数据平面振幅属性对比图

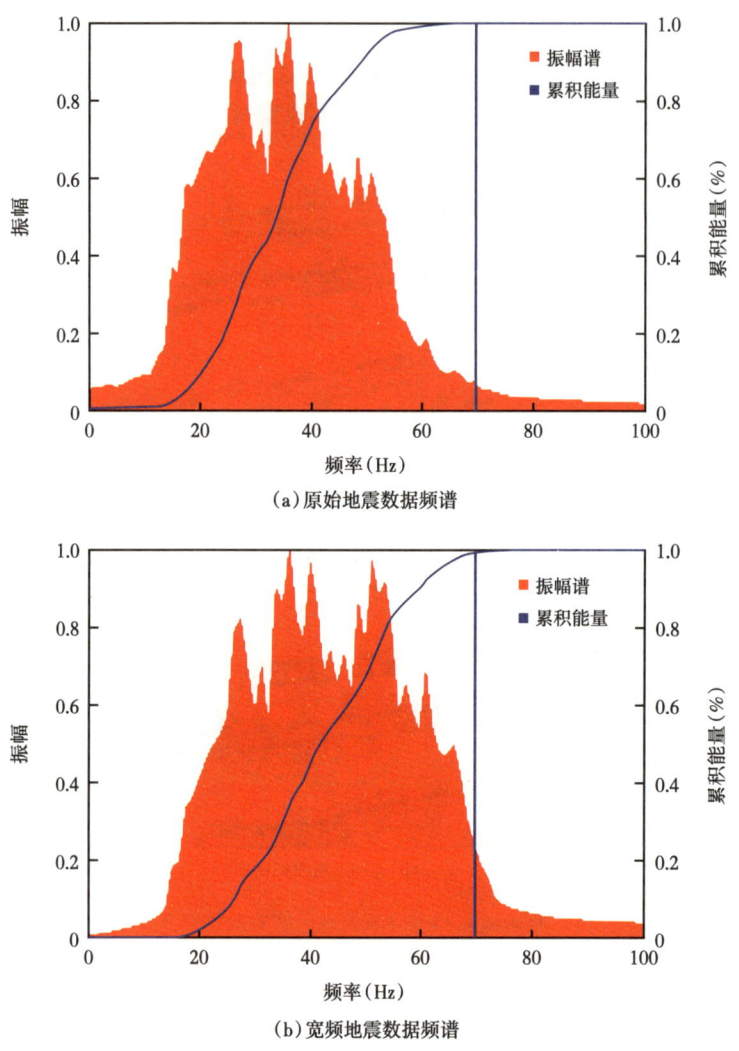

图 4-2-18 原始地震与宽频地震数据的频谱对比图

松辽盆地扶杨油层河道规模较小、宽度窄而且横向变化快，河道宽度多数小于 600m，多期叠加后宽度也仅在 1000m 左右。对于还处在勘探和评价阶段的多数地区，井距多数都在 2000m 以上，在任意两井点都发现了河道微相，这两点能否在空间上归属于同一条河流沉积或者说能否连在一起，没有地震资料在空间上的控制是无法确定的，井间几千米的区域内沉积微相分布存在多种可能。

对于地震属性砂体预测，由于河流相沉积岩性及其组合变化复杂，预测结果也存在多解性。对于高阻抗砂岩情况，出现强振幅的岩性组合可能是泥岩和较厚的粉砂岩或者细砂岩的组合，或可能是泥岩与较厚的过渡岩性的组合，也有可能是泥岩与多个相邻的薄砂层所形成的薄互层，还有可能是粉细砂岩与过渡岩性的组合。因此，振幅信息虽然能反映出砂岩，但是还存在多解性，这是地质条件的局限，需要井震结合进行校正。

地震高分辨率保幅处理和精细砂体预测成果为井震结合沉积微相大比例尺工业化制图提供了可能。高分辨率地震资料能够保证以中期旋回（四级层序，一般 30m 左右）为单元开展预测研究，细化了纵向研究单元；三维地震属性能够准确描述砂体的空间展布，提高了横向预测能力。以井点沉积微相为模式，依据地震属性砂体预测平面展布特征，井震信息优势互补、相互印证、综合分析，可以进一步提高井间砂体预测的准确度，确定河道等沉积微相的空间配置关系，实现真正意义上的大比例尺沉积微相工业制图。

图 4-2-19 是对图 4-2-2 综合解释得到的沉积微相图。解释过程充分结合了地质规律和单井沉积微相，对地震信息进行了合理的校正，降低了地震预测薄层砂岩的多解性，对地震属性赋予了地质沉积意义。这样解释所得到的沉积微相图具有等同或者高于地震属性的横向分辨能力，提高了井间砂体预测精度。

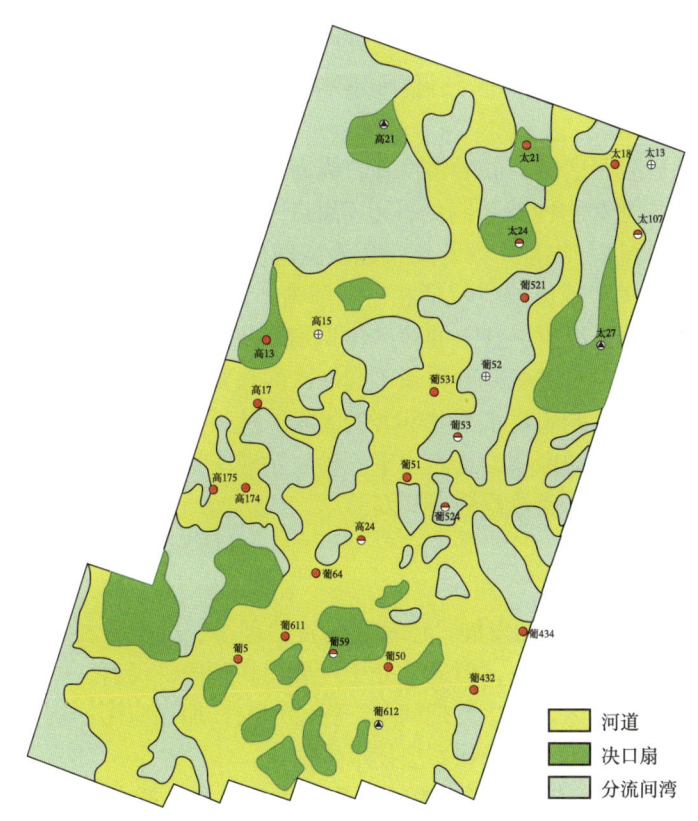

图 4-2-19　高台子地区扶一中油层组沉积微相图

第三节　技术展望

本章重点介绍了松辽盆地北部中浅层薄互层岩性油藏地震预测的最新理论、技术及应用效果，从国内外油田技术对标分析看，大庆油田薄互层岩性油藏预测技术目前处于世界先进水平，在中浅层常规油与致密油勘探开发中发挥了关键作用。随着勘探开发程度的不断深入，薄互层预测难度也越来越大，目前面对的薄互层岩性油藏主力单砂体厚度80%以上都以2~4m为主，对物探技术的挑战性更强，现有的储层预测技术还不能完全满足生产需求，需要发展更高精度的预测技术。本节重点阐述大庆油田薄互层岩性油藏勘探对物探的迫切需求、地震预测仍然存在的难点与挑战以及对未来储层预测技术发展的展望。

一、薄互层岩性油藏地震预测存在的难点与挑战

中浅层常规油藏规模小、油水关系复杂、分布零散、隐蔽性强，具有"一砂一藏"的成藏特点，需要结合高精度的储层预测成果进行精细的单油藏解剖。对物探的需求主要是利用有效技术手段提高井间单砂体的预测精度以及岩性圈闭边界的刻画精度，精细识别岩性圈闭以及复合圈闭，同时探索有效储层预测及烃类检测技术，优选有利圈闭。目前面临的难点与挑战主要是由于砂体薄（2~3m）且纵向以薄互层组合为主，砂泥岩纵波阻抗叠置比较严重，受薄互层干涉作用影响，砂体地震响应特征多变，现有的薄储层预测技术仍然不能较好的识别单砂体。

中浅层致密油砂岩厚度薄，储层物性差，纵向不集中，横向连通性差，砂体呈透镜状分布，油气聚集受岩性和物性双重制约，以"甜点"岩性油藏为主。对物探的需求是精细刻画"甜点"砂体的厚度、物性、发育规模以及空间展布。目前对于泥包砂型"甜点"，通过持续的地震技术攻关，地震响应特征相对较清晰，预测精度较高，已经进行规模开发，但对于受扶余油层顶面强反射屏蔽下的薄砂体识别以及下部地层的多层叠置砂体，虽然也进行过一些攻关探索，但对屏蔽薄砂体及不同期次的叠置砂体发育规模、空间展布方向等预测精度仍然较低，还不能满足水平井部署的需求。从近几年部分水平井钻探效果看，面临的更大挑战是有效储层的预测，虽然水平段砂岩钻遇率很高，但含油砂岩钻遇率低，多数井段钻遇干砂岩，无法实现效益勘探开发。

二、地震沉积学技术展望

地震沉积学经过20余年的发展，已经成为古地理学、沉积学和石油地质学研究的必要组成部分，受到人们高度关注，但还是处于发展提高阶段，尚有一些理论和技术问题处于探索之中。应该遵循目标导向，发现问题，探索理论，加强应用，实践认识再实践的研究思路，不断完善地震沉积学理论和方法技术体系。

地震沉积学（地震岩性学和地震地貌学）未来发展应该包括：地震沉积学理论和模型、地震岩性学方法、勘探地震沉积学（细粒、混积、深层、成岩相等）、开发地震沉积学/定量地震沉积学、地球物理反演方法和新技术等。

地震沉积学对研究复杂沉积层序中沉积砂体（尤其是薄层砂体）和地层岩性油气藏的价值，正在被越来越多的人所认同。松辽盆地推广地震沉积学对于陆相复杂储层研究有很重要的意义。近年来，随着非常规页岩油气和深层－超深层碎屑岩/碳酸盐岩油气勘探理论和实践的发展，地震沉积学又在页岩油气甜点预测、深层致密砂岩/碳酸盐岩储层分析、混积岩储层预测方面找到了突破口。

由于实际的地下介质是各向异性介质，不同方位的地震响应存在差异，因此传统的不考虑方位影响的解释技术很难对地下介质进行全面、准确的刻画。伴随着高密度宽方位地震资料的采集，对宽方位数据的 OVT 处理技术也得到了较快的发展，基于 OVT 处理可得到高品质五维叠前地震道集，进而可进行五维地震资料解释。与常规地震资料解释相比，基于 OVT 数据域的地震资料解释虽没有本质区别，但在目的和方法上有其独特之处。从目的角度来说，常规地震资料解释以构造和储层分析为主，而宽方位地震资料解释则是构造、储层和流体分析并重；从方法角度来看，由于宽方位地震资料具有更丰富的方位信息，因此宽方位地震解释是以 OVT 道集和方位各向异性分析为主构建地震解释技术及流程。

借助地震各向异性基本理论，利用宽方位地震资料方位各向异性信息，可更好地分析地震波在地下介质中传播的旅行时、速度、振幅、频率和相位等地震属性的方位差异性，识别地层的各向异性特征。利用 OVT 道集的方位各向异性地震属性可以进行包括构造解释、地层解释、岩性解释、流体解释、裂缝识别、地应力研究等在内的 OVT 域五维地震资料解释。利用多个炮检距的地震响应信息差异性可识别地层岩性和流体特征，利用多个方位地震响应信息差异性可识别地层的裂缝发育特征。伴随着 OVT 技术的广泛应用，如何充分挖掘五维地震资料中的地震信息，如何充分利用这些地震信息进行 OVT 数据域地震解释与储层预测是发挥宽方位地震勘探技术优势的关键。

随着"两宽一高"采集处理技术以及计算机技术的进步，储层预测技术也在不断发展，尤其是宽方位数据的推广应用，目前储层预测技术已经从叠后向叠前、从时间域向深度域、从三维向五维解释跨越，近几年人工智能储层预测技术也不断崭露头脚，物探新技术的发展应用将是降本增效、提高勘探效益的核心。

地震沉积学不仅可以有效分辨薄层砂体，而且可以在细粒沉积、混合沉积、深层储层和储层成岩相预测等方面发挥重要作用。

近年来，中国在非常规页岩油气资源勘探开发领域取得了突破性进展，尤其在鄂尔多斯盆地、四川盆地、准噶尔盆地、松辽盆地和渤海湾盆地均发现了巨量的富有机质细粒沉积物以及混合沉积。勘探实践表明，细粒（混积）沉积物油气储层（甜点）的分布主要受控于沉积相和细粒物质组成。地震沉积学与实验岩石物性研究相结合可预测细粒沉积物储层甜点（相对高有机碳、高脆性相带）的分布（Zeng 等，2017）。

松辽盆地深层分布有大量埋藏很深（3000~5000m）的古老碎屑岩。深埋储层预测是成功勘探开发油气资源的关键，目前面临的主要技术瓶颈是地震资料信噪比差、频率和分辨率低。地震沉积学地层切片可提高深层碎屑岩储层横向分辨能力，阐明沉积储层时空演化规律，指导油气精细勘探开发（Zeng 等，2018）。

目前，采用叠后地震资料开展了地震成岩相的地震沉积学研究，但仍处于探索阶段（Zeng 等，2018）。在地震成岩相研究中，叠后地震资料尚有些不足：（1）动校正拉伸会引起高频信息损失；（2）当地震资料存在 AVO 效应时，水平叠加会给出错误的振幅值；（3）叠加速度的不准确同样会影响地震高频信息。因此很有必要研究叠前地震技术，而利用叠前地震资料分辨储集层岩性、刻画储集空间和研究流体性质是未来需要加强研究的难题。随着计算机运算速度越来越快、存储量越来越大及新软件的出现，处理大数据量的地震资料将不再成为"瓶颈"，未来将会采用叠前地震资料反演开展地震成岩相研究，不断提高预测有利储层分布的精准程度。

在复杂含油气沉积盆地中，有些目标储层与非储层之间缺少足够的波阻抗差，难以利用常规纵波地震资料开展地震岩性学研究，并建立地震地貌与岩性特征之间关系。这就需要地质与专业地球物理人员密切合作，开发新的、可靠的地震反演方法、地震参数分析以及 AVO、横波地震资料应用新技术，来提高地震地貌现象解释的准确性，精细评价储层和预测流体分布。

先进的人工智能技术与地震沉积学结合，将会可靠表征地质作用过程和结果，指导油气资源勘探开发等，它的关键技术是深度学习。典型的深度学习算法包括置信网络、卷积神经网络和循环神经网络等。深度学习的优势在于用更多的数据或是更好的算法来提高学习算法的结果。特别是在当今大数据时代，深度学习比其他机器学习（ML）方法更有科学性（姚承宽，2018）。

在地球物理勘探领域，人工智能可应用于流体矿藏勘探领域中的地震数据处理与综合解释。利用人工智能技术可压制地震噪声和增强地震信号；在地震储层预测方面，深层神经网络、支持向量机（SVM）、卷积神经网络等方法被用于储层参数和油气特征智能提取与识别；在油气藏地质研究中，以机器学习为代表的数据分析新技术也有广泛的应用空间。油气藏地质研究是一项多学科、多信息、多技术的综合性研究，尤其是在开发地质研究中，从静态地质资料到不断增长的开发动态数据，如何实现海量数据分析和多学科数据分析，这是地震沉积学不断在学科交叉中解决油气藏地质问题面临的挑战，同时也是一个通过大数据驱动的多学科融合降低地震地质解释多解性的发展机遇。总之，以机器学习为代表的数据分析新技术在地震沉积学中大规模应用，将会展示其特有的技术优势。

从目前的技术发展来看，数据分析新技术在两个方面的研究中能够为地震沉积学研究提供技术支撑：一是实现油田勘探开发静态、动态大数据分析与地震沉积学解释的结合；二是敏感地震信息的优选与挖掘。因此在地震沉积学研究领域，积极推动人工智能技术应用和大数据分析是下阶段工作的重点。

参考文献

陈杨，张建新，黄灿，等，2019. 莺歌海盆地黄流组轴向重力流水道充填演化特征 [J]. 东北石油大学学报，43（6）：23-32，61.

董艳蕾，朱筱敏，胡廷惠，等，2011. 泌阳凹陷核三段地震沉积学研究 [J]. 地学前缘，18（2）：284-293.

黄捍东，曹学虎，罗群，2011. 地震沉积学在生物礁滩预测中的应用：以川东褶皱带建南—龙驹坝地区为例 [J]. 石油学报，32（4）：629-636.

李明，李飞，杨宗恒，等，2019. 基于地震沉积学原理的河道砂体精细刻画：以四川盆地龙岗地区沙溪庙组致密气藏为例 [J]. 天然气勘探与开发，42（2）：76-83.

李倩，狄帮让，魏建新，2017. 基于稀疏约束反演谱分解的缝洞储层叠后数据去噪应用效果分析 [J]. 石油物探，56（5）：684-693.

林畅松，施和生，李浩，等，2018. 南海北部珠江口盆地陆架边缘斜坡带层序结构和沉积演化及控制作用[J].地球科学,43(10):3407-3422.

林承焰,张宪国,董春梅,2007.地震沉积学及其初步应用[J].石油学报,28(2):69-71.

刘海,林承焰,张宪国,等,2018.黄骅坳陷孔店地区馆陶组地震沉积特征及沉积演化模式[J].中国矿业大学学报,47(3):534-547.

刘力辉,陈珊,倪长宽,2013.叠前有色反演技术在地震岩性学研究中的应用[J].石油物探,52(2):171-176.

罗泉源,焦祥燕,刘昆,等,2020.乐东—陵水凹陷梅山组海底扇识别及沉积模式[J].海洋地质与第四纪地质,40(2):90-99.

潘树新,刘化清,Zavala Carlos,等,2017.大型坳陷湖盆异重流成因的水道—湖底扇系统:以松辽盆地白垩系嫩江组一段为例[J].石油勘探与开发,44(6):860-870.

芮志锋,林畅松,郭佳,等,2019.珠江口盆地惠州地区珠江组砂体尖灭的地质—地球物理"逐级预测"方法[J].现代地质,33(9):1229-1240.

谈明轩,朱筱敏,刘强虎,等,2019.渤海沙垒田地区新近系明下段多河型地震地貌学特征[J].石油实验地质,41(3):411-419.

杨瑞召,赵争光,马彦龙,等,2013.利用谱蓝化和有色反演分辨薄煤层[J].天然气地球科学,24(1):156-161.

姚承宽,2018.人工智能在测绘地理信息行业中的应用[J].河北省科学院学报,35(4):66-70.

曾洪流,赵贤正,朱筱敏,等,2015.隐性前积浅水三角洲的地震沉积学特征:以饶阳凹陷肃宁地区为例[J].石油勘探与开发,42(5):566-576.

曾洪流,朱筱敏,朱如凯,等,2012.陆相坳陷型盆地地震沉积学研究规范[J].石油勘探与开发,39(3):295-304.

曾洪流,朱筱敏,朱如凯,等,2013.砂岩成岩相地震预测:以松辽盆地齐家凹陷青山口组为例[J].石油勘探与开发,40(3):266-274.

张宏,董宁,宁俊瑞,等,2010.利用地震地貌学刻画古喀斯特地貌[J].石油地球物理勘探,45(S1):125-129.

张进铎,2006.地震解释技术现状及发展趋势[J].地球物理进展,21(2):578-587.

第五章　薄互层储层地震反演技术

地震反演技术在薄互层储层预测中发挥着十分重要的作用。受地震资料分辨率限制，米级薄互层储层地震反演预测一直是世界级难题。从20世纪90年代兴起的测井约束稀疏脉冲反演、基于模型的反演到2000—2010年发展起来的谱反演、地质统计学反演，再到2010以后出现的稀疏层反演、叠前波形反演、压缩感知反演、人工智能反演等，薄储层地震反演技术不断向前发展，取得了长足的进步。大庆油田围绕薄互层岩性油气藏储层地震预测技术需求，采取引进吸收和自主研发相结合的方式，在薄互层储层反演技术上不断探索与应用，先后引进了地质统计学反演、基于匹配追踪小波变换的谱反演和波形指示反演，并自主创新研发了频率域薄互层波阻抗直接反演（Z反演）技术，在反演理论上均取得了重大创新，打破了国外地震反演技术的垄断。

综合应用地质统计学反演、波形指示反演等引进技术和自主研发的Z反演技术，目前大庆油田已经形成了针对不同地震地质特点的薄互层储层地震反演技术策略，建立了配套技术体系，储层预测精度不断提高，在油田勘探开发中发挥了重要作用。本章主要介绍大庆油田在薄互层储层预测中主要应用的几种反演技术。本章第一节主要阐述自主创新研发的Z反演技术基本原理和应用；第二节主要阐述地质统计学反演技术的基本原理及其在油田薄互层储层预测中的应用；第三节主要阐述波形指示反演技术的基本原理及其在油田薄互层储层预测中的应用；第四节主要介绍叠前波形反演技术的研究探索与初步应用；第五节对目前薄互层储层地震反演技术还存在的问题以及未来技术发展方向进行展望。

第一节　薄互层波阻抗直接反演（Z反演）技术

一、传统反演理论存在问题

杨文采院士（1996，2001）曾指出："BG理论的一个不足之处，是未能从运动方程和本构方程本身出发来提出反演问题"。现有反演软件主要获得两类反演结果：一类称为确定性的解，解比较可靠，纵向分辨率低，不能满足薄储层描述需要，另一类称为地质统计学反演结果，纵向分辨率高，但结果具有不确定性，软件求得上百个这样的可能性（称为多个实现），这些解可综合为概率体，让地质师和油藏工程师困惑不解的是，地下的储层本是客观的唯一的存在，反演的地下波阻抗怎么成了不确定的结果？深究其原因，是20世纪70年代由美国地球物理学家Backus和数学家Gilbert提出的地球物理反演基础理论，该理论认为，地震反演结果的不确定性（多个解都是可能的、合理的），不是反演理论的缺陷和反演算法的缺陷造成的，而是由于地震数据本身的缺陷造成的（如观测角度不足、高频吸收和随机噪声影响）。

Z反演从地震反演的基础理论上有创新，是对传统地球物理反演BG理论的修正改进。BG反演理论在地球物理反演中一直占有统治地位，它是美国地球物理学家Backus和数学家Gilbert于1967—1970年从重、磁、电、震中抽象出来的统一的泛函方程：

$$d = GM + \Delta d \tag{5-1-1}$$

式中，d为观测数据，G为算子矩阵，M为地质模型，Δd为观测数据d的误差。

BG理论认为，若正演结果GM与实际观测数据d不符合，原因在于观测数据存在误差Δd，或者模型M不准确，而不可能来自算子矩阵G。在重、磁、电反演中，这种描述是适合的，因为在重、磁、电反演中，作用于地质模型的矩阵是一个三维积分算子，理论上无误差。但对于地震波阻抗反演来说，算子矩阵G是由地震子波构成的算子矩阵，我们知道，地震子波不但有误差，而且有时误差很大。这就是说，若地震正演结果GM与地震记录d不符合，原因可能是自模型M不准确，也可能是地震记录中含有噪声Δd，更可能是地震子波组成的算子矩阵G引起的。所以，绝大多数情况下，声波测井合成地震记录与井旁道不吻合，两者在波形上的有很大差异，这明显不是地震随机加性噪声引起的，也不是加性随机噪声能够消除的，井旁道与声波合成地震记录不吻合的原因主要来自算子矩阵G，因为井上地质模型M是已知的，相对准确的。

这个实践和分析说明，基于统一的泛函方程描述的地球物理反演基础理论BG反演理论公式（5-1-1）并不完全适合用来描述地震波阻抗反演。

二、薄互层波阻抗反演理论与方法

由于实际地震勘探数据是窄频带的，反演求解的反射系数是宽频带的，所以对于地震反演来说，由这种不完备且存在随机噪声的输入数据求取地下介质物性参数的变化，其数学表达式必然是严重不适定的病态方程。Z反演求解的数学模型与确定性反演不同，在薄互层的情况下，地震反射并不适合用稀疏脉冲来描述，而各层面的反射系数也不可能是随机分布的，每一层的顶和底的反射系数都是有关联的。在薄互层的沉积情况下，顶界面和底界面的反射系数近似成对的出现，所以Z反演求解的是层状波阻抗模型，比较符合薄互层地质情况，降低了反演方程的条件数，也就是减少了反演的多解性，反演结果更可靠。

在原始的地震记录中，也就是在原始单炮地震记录上，的确存在大量的加性的随机噪声，因为风吹草动等各种环境噪声与地震反射信号同属于振动激励源信号，其加在一起被地震检波器检测到，输送到地震仪并被记录下来，因为随机噪声没有经过地下的反射过程，也就没有经过地震子波的卷积过程，是直接到达地震检波器的，所以原始单炮记录用BG理论的泛函方程（5-1-1）来描述，是合理的。

现代的地震信号的采集和处理技术与BG理论提出的20世纪70年代已大相径庭，现在普遍采用三维地震观测技术，宽方位角、高覆盖次数的观测方式，信号处理中应用了多种先进的去噪技术，反褶积技术和波动方程偏移技术，叠后地震反演所用的成果数据，加性随机噪声几乎被完全衰减，但地震信号处理过程中，各种褶积算子、反假频算子、偏移算子都具有一定的延续长度，各种算子的综合作用结果也体现在了地震子波中，所以，偏移后的地震记录，地震子波中存在卷积类干扰，导致地震子波更加复杂化了，这是井旁地震记录与声波测井合成的地震记录不吻合的重要原因。

偏移后的地震记录并非自激自收，是由多个入射角叠加构成的，相当于存在一个等效的入射角，而声波测井的合成地震记录属于自激自收的，所以合成记录与井旁道就会存在偏差，Z反演算法考虑并消除了这个偏差，就提高了合成记录与井旁地震道的相似程度。因此，在井点上，Z反演的结果与测井的声波阻抗就比较符合。现有反演算法中，合成记录与井旁地震道相似度低，在井点上的反演结果就不正确，只是用模型约束，掩盖了这个事实。

在现有反演软件中，子波的相位常常被忽略，而在Z反演算法中，使用了稳定的相位分析与计算方法，保证了地震子波相位的准确性。

充分考虑了反演目的层数据边界对反演的影响，Z反演通过精确解释振幅过零点，并将振幅过零点作为反演的开始和结束的界面，不仅数据的截断误差小，而且在后续傅里叶变换中引起吉普斯效应最小，保证了地震高频信息的精度。通过交互选择反演效果最好的顶底界面，本质上，就是选择了比较完整的地震子波，避免了子波的截断问题。

在BG理论求解泛函方程的过程中，若观测数据与正演结果的误差主要是随机噪声的影响，那么这种误差是不能消除的，也就是反演得不到分辨率高并且误差小的反演结果。在这样的在反问题求解中，只能构造出一种广义的解估计，要对各种可能的解估计进行评价，评价解估计的准则只好在分辨本领和精度之间取合理的折衷，而不是实测和计算数据之间的拟合差最小。Z反演理论中，认为随机加性噪声很小，那么通过改进地震子波的求解精度，实测和计算数据之间的拟合差最小化的过程，就是获得分辨率本领和高精度解的反演过程。

三、模型验证与实际资料验证

软件经过了以下地质条件下的理论模型验证，包括SEG的Mamousi模型（图5-1-1）、薄互层模型（图5-1-2）、强反射界面T2屏蔽模型的反演验证，表明在砂泥岩波阻抗差达到25%，地震有效频带在6~80Hz的条件下，能够比较可靠地反演出2~3m厚的砂层。

葡34试验区9口水平井做了砂岩统计，符合率达90.4%（图5-1-3），永乐区块10口开发井砂岩符合率平均88%。在开发地震区块北一区断东区块试验表明，用一口已知井，可以预测周围22口井的砂岩，厚度大于1m砂岩平均符合率85%以上。需要说明的是，该技术在局部区域应用效果好，适用于重点目标区且标志井的井震标定效果好的情况下，支持水平井轨迹设计及随钻跟踪评价。

四、应用效果分析

2014—2015年在大庆油田多个区块探井部署中与国外反演软件进行对比和验证，并通过了油田公司了技术鉴定，确定为2016—2017年油田公司新技术推广，要求油田公司探井和油藏评价井都必须使用,在肇平 15 井区、芳 198-133 井区等 11 个区块推广,配合优选直井目标 5 个,水平井目标 2 个,评价水平井目标 11 个,水平井随钻跟踪 6 口。经 30 个地震区块 20 余口水平井,50 余口直井的验证,Z 反演分辨率比现有确定性反演算法提高一倍,预测精度高于地质统计学反演算法。

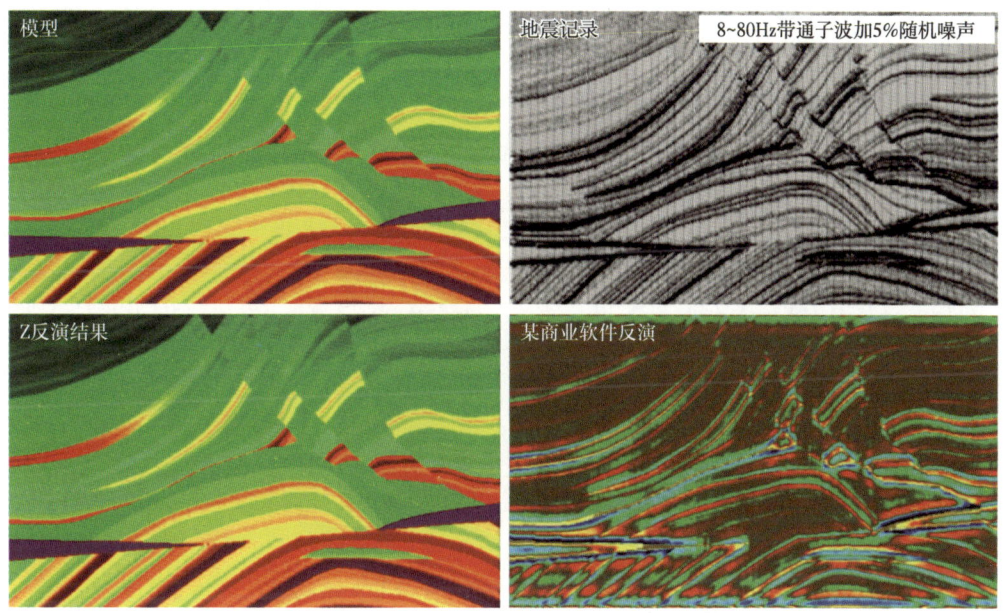

图 5-1-1　Mamousi 模型 Z 反演效果评价

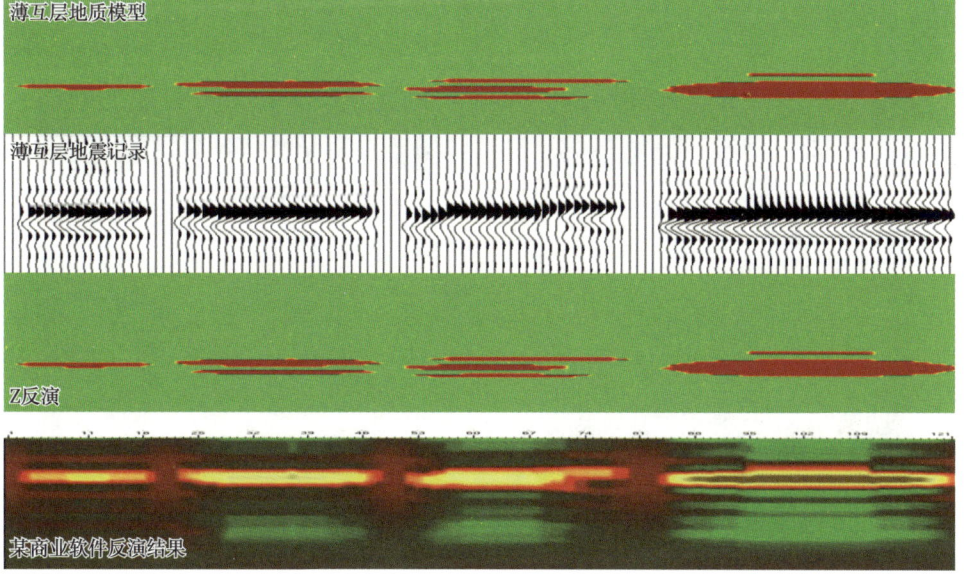

图 5-1-2　薄互层模型 Z 反演效果评价

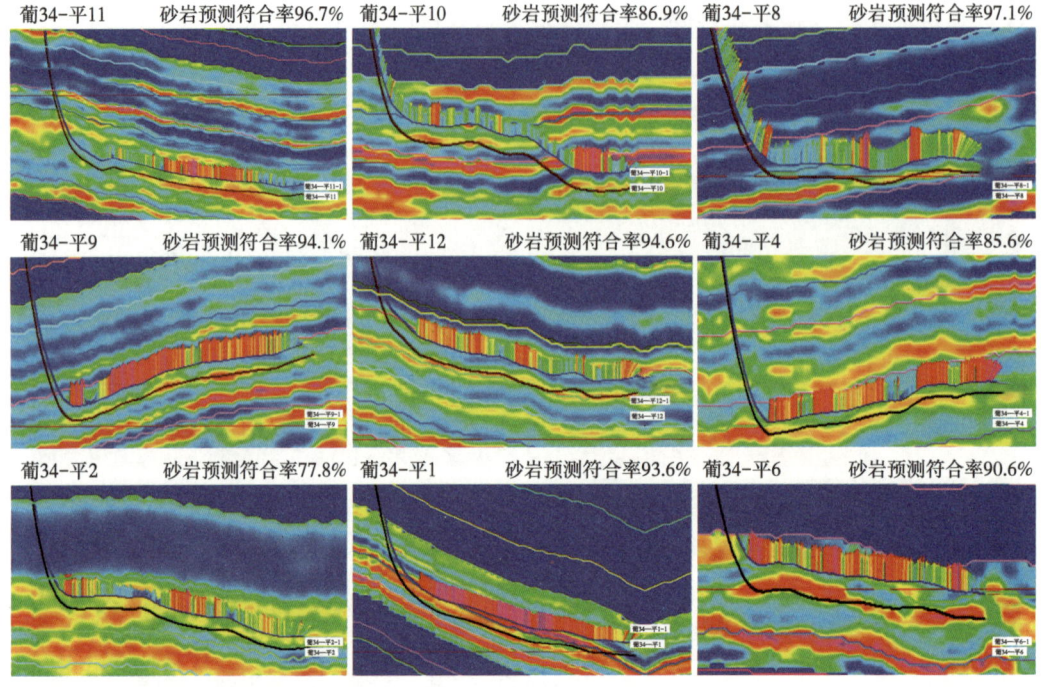

图 5-1-3 葡 34 试验区 9 口水平井后验评价

2016 年 11 月,在大庆肇平 20 井实钻地质导向过程中,及时准确判断出钻头深度和入靶点,钻进过程中准确判断出上出层,并及时给出调整建议,全水平段砂岩钻遇率 98.9%(图 5-1-4 和图 5-1-5)。图 5-1-4 给出了实钻情况:2016 年 11 月 28 日,钻头深度到达设深度计,未钻遇 A 靶点砂岩,停钻。Z 反演分析认为,已经钻遇的 F112 层位置与 Z 反演

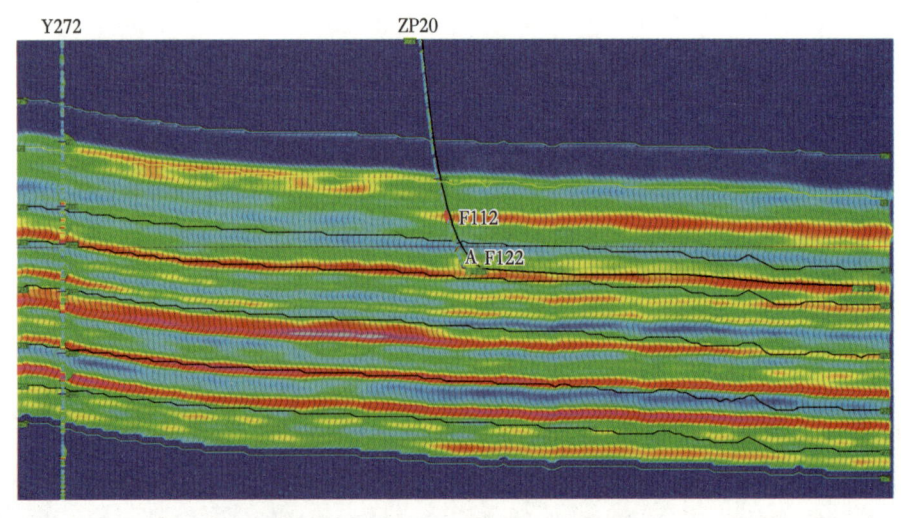

图 5-1-4 依据 Z 反演进行入靶点判断

结果吻合，证实了 Z 反演结果及时深标定可靠，将钻头深度投到 Z 反演上，钻头落在 F122 砂体上方 1.5ms，依据 Y272 的时深关系计算出钻头离目的层还有 3m，建议向下钻进，并提示此处储层变差，应注意现场资料分析，判断入靶，建议被采纳后，准确入靶。图 5-1-5 为预测与实测对比，水平段长 1260m，砂岩 1246m，含油砂岩 1206m，砂岩钻遇率 98.9%，含油砂岩钻遇率 95.7%，预测与实钻吻合较好。

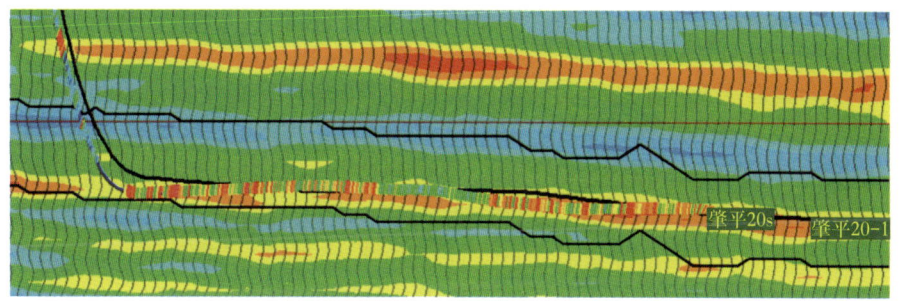

图 5-1-5　Z 反演波阻抗剖面与随钻 GR 测井曲线比较

第二节　地质统计学反演方法与应用效果

随着油田勘探开发工作不断深入，对储层预测的精度要求也越来越高，传统的常规地震反演方法已无法满足高精度储层预测的需求。为了更精细地描述勘探目标的分布，地质统计学反演应运而生，它最早是由 Matheron 于 1962 年提出的一种数学地质方法，1992 年后 Bortoli、Haas 分别将其应用到地震处理、地震反演解释中。随后，国内外石油勘探人员对地质统计学反演进行了深入研究并应用于实际生产中，近年来该方法在薄储层的非均质性和空间展布预测方面取得了较好的应用效果。特别是随着勘探目标逐渐由构造油气藏向岩性隐蔽油气藏转变，地质统计学反演在储层勘探预测中的优势越来越明显。

地质统计学反演是目前地震反演中较为先进的方法，它通过统计学将地震、地质和测井等多元信息完美结合，有效地提高反演分辨率，能够得到横向与纵向分辨率均较高的反演结果，提高对薄储层的识别能力，为油气勘探与开发提供更多的有利信息，在地震储层预测中应用广泛，许多商业软件也陆续开发了该项技术，其中 Jason 软件地质统计学反演方法的研究与应用已走在前列。但受制于对计算机硬件要求和算法本身的复杂性，主要以叠后地质统计学反演为主，近年来随着计算机技术及叠前反演的快速发展，叠前地质统计学反演逐渐出现在地震储层预测中并发挥重要作用。

一、地质统计学基本原理

地质统计学反演是一种将地震反演和随机模拟技术相结合的反演方法，充分融合地质、测井、地震等多尺度信息，将地震岩性体、测井曲线、概率密度函数及变差函数等信息相结合，产生一系列满足各项软硬性约束条件的弹性参数体、岩相体及岩相概率体等。反演过程中既考虑了地震数据横向密集和地质信息丰富的特点，又兼顾了测井数据在垂向分辨率上的优势，以地震反演为初始模型，在井点处忠实于井数据，井间则忠实于原始地震数据的变化，建立定量的弹性参数三维模型进行储层横向预测，从而获得高分辨率的地球物理参数，提供更符合地下地质情况的储层信息。由于地质统计学反演提供了大量超过地震数据带宽的细节内容，同时趋势又和地震数据完全相同，这就使基于现代岩溶理论的定性波形解释和定量化的储层解释之间得到了一个完美的平衡。

地质统计学反演的核心是贝叶斯判别理论与马尔科夫链蒙特卡罗算法（Markov Chain Monte Carlo，MCMC），贝叶斯判别理论能够根据输入多尺度数据（地震、测井）与地质先验信息，综合其概率密度函数得到储集体发育的后验概率分布函数，即获得多种概率的空间交集（可理解为所求取的储集体空间分布规律）。由于岩相与其属性参数并非一一映射关系，反演结果的求解会异常复杂，这使得贝叶斯判别理论在实践中的应用受到限制。马尔科夫链蒙特卡罗算法（MCMC）为利用贝叶斯判别理论求取后验概率分布函数提供了解决方案，该方法为启发式反演算法，是在贝叶斯理论框架下，通过计算机模拟的蒙特卡罗方法，将马尔科夫链过程引入蒙特卡罗模拟中，以构建马尔科夫链来拟合岩相类型与属性参数间的空间相关性。其基本思想是通过重复抽样，建立一个平稳分布为所求后验分布的马尔科夫链，得到后验分布的样本，基于这些样本再做各种统计推断。马尔科夫链蒙特卡洛算法可以根据实际的概率分布得到统计意义上正确的随机样点分布，该计算过程是通过与优化算法（如变化梯度法）类似的增量调整方式实现全局优化求解，更加适用于岩性模拟或者后续的协模拟，因为它同时考虑了地震和地质统计信息，计算过程更加严格，是近年来广泛应用的统计计算方法。MCMC方法优势在于，它依托贝叶斯框架，利用先验信息，模拟获取后验概率分布，使得最终反演结果不再是单一解，而是通过概率分布的形式表示，提高反演精度。

地质统计学反演实现过程主要分为两部分，首先，通过对测井资料和地质信息进行分析，获得概率密度函数和变差函数；其次，根据概率分布函数（PDF）、变差函数模拟在地震约束下，利用复杂的MCMC方法获得统计意义上正确的样点集，即根据概率分布函数能够得到何种类型的结果，内置的地震反演引擎保证了在地震数据有效带宽范围内，这些模拟结果至少和确定性反演的结果一样精确。依据"信息协同"的方式，地质统计学反演结果是以明确的、在合适位置处具有尖锐边缘的岩性体以及更多的细节来重现一个真实的油藏。

从概率统计的角度，任何反演问题可以看成是一种贝叶斯估计问题，在已有观测信息下不断的更新先验知识，得到问题的解。一般性的公式描述为：

$$P_{\text{post}}(m) \propto P_{\text{data}}[d-f(m)] \cdot P_{\text{prior}}(m) \quad (5\text{-}2\text{-}1)$$

式中，m是待估计的参数空间；$P_{\text{post}}(m)$是后验概率密度函数；$P_{\text{prior}}(m)$是先验概率密度函数；$P_{\text{data}}[d-f(m)]$是似然概率函数，用来测量观测数据与计算数据的匹配程度。地震正演过程定义为：

$$d=f(m)+n \quad (5\text{-}2\text{-}2)$$

式中，d是地震数据；$f(m)$为正演算子；n为噪声。

类似于式(5-2-1),在贝叶斯理论框架下,构建后验概率密度分布

$$P(m_{\text{elastic}}, m_{\text{litho}}) \propto P(s|m_{\text{elastic}}) \cdot P(m_{\text{elastic}}|v_{\text{elastic}}, w_{\text{elastic}}, m_{\text{litho}}) \cdot P(m_{\text{litho}}|v_{\text{litho}}, w_{\text{litho}}) \quad (5\text{-}2\text{-}3)$$

式中,m_{elastic} 代表弹性参数模型,弹性参数为纵波阻抗、横波阻抗和密度;m_{litho} 代表岩性或岩相模型;s 为地震叠前道集或者多个部分叠加数据体;$P(s|m_{\text{elastic}})$ 是似然概率函数,代表地下介质弹性参数模型 m_{elastic} 下地震道集数据的概率,是测量 m_{elastic} 下合成道集数据与观测地震道集数据的匹配度,由地震数据的信噪比控制;$P(m_{\text{elastic}}|v_{\text{elastic}}, w_{\text{elastic}}, m_{\text{litho}})$ 是弹性参数的先验 PDF,v_{elastic} 弹性参数的变差函数,w_{elastic} 代表弹性参数测井曲线(传递到后验概率体现出弹性参数测井曲线的无偏约束);$P(m_{\text{litho}}|v_{\text{litho}}, w_{\text{litho}})$ 是岩相的先验 PDF,v_{litho} 为岩相的变差函数,w_{litho} 代表岩性测井曲线(传递到后验概率体现出岩性曲线的无偏约束)。

采用褶积模型正演合成数据,利用 Zoeppritz 方程的 Fatti 近似公式求取反射系数:

$$R(\theta) = (1+\tan^2\theta)R_p - 8\gamma^2\sin^2\theta R_s + (4\gamma^2\sin^2\theta - \tan^2\theta)R_d \quad (5\text{-}2\text{-}4)$$

式中,$R(\theta)$ 为不同入射角 θ 的反射系数;γ 是界面两侧纵横波速度的均值;R_p、R_s、R_d 分别是纵波阻抗、横波阻抗和密度反射系数。

式(5-2-3)的概率分布极其复杂,不能解析求解,可通过 MCMC 方法进行概率评价。MCMC 方法通常用于解决多峰、多维复杂贝叶斯判别问题,该方法对贝叶斯推理中的后验概率分布进行抽样,通过抽取收敛于贝叶斯后验分布的随机样本,再对这些样品进行统计,来间接得到后验分布的一些性质。

MCMC 方法中,核心的是马尔科夫链的构建,以确定样本点接受或拒绝的转移概率。MCMC 反演算法的基本步骤是:(1)利用岩性先验 PDF 得到岩性的先验实现;(2)采用弹性参数的先验条件 PDF 得到弹性参数的实现;(3)利用弹性参数模型计算合成地震记录;(4)根据 Metropolis-Hastings 准则接受或拒绝岩性和弹性参数的实现。MCMC 算法能避免局部最小化并有效的解决了全局优化求解的问题,此外,MCMC 算法具有快速收敛能力,通过不断迭代,使得 MC 链最终收敛于未知参数的后验 PDF。

二、地质统计学反演核心参数分析

地质统计学反演核心参数主要包括反演前准备工作、地质统计学特征参数分析及不确定性分析等。

1. 反演前工作准备

在地质统计学反演之前需要完成高质量的岩石物理分析及确定性地震反演,要完成这两部分工作,还需要先对研究区测井曲线做环境校正及标准化处理,消除异常值、随机噪声、环境影响和系统误差,为反演提供单井可靠、多井间稳定的测井曲线;同时合理准确的初始模型,可以提高反演结果精度,建模过程中,需要充分利用层位与断层数据,保证地层框架模型的准确性和合理性。

地震岩石物理分析是联系储层属性参数(岩性、物性等)和地震属性参数(阻抗、泊松比等)的纽带与桥梁,也是地震地质综合研究的基础。对于致密油气储层而言,由于不

同岩性、不同物性状况、不同流体充填情况对应的地球物理异常特征差异较小，岩石物理分析的重要性更为凸显。通过岩石物理分析，明确致密油储层弹性参数规律、地震反射特征，获得的认识对甜点地震预测的可行性及方法优选、反演刻度等定量地震解释十分重要，是开展甜点目标地震预测的基础。通常，在岩石物理建模和敏感参数分析基础上，建立目的层储层的地震岩石物理解释图版，明确地震岩相或储层的弹性参数特征，指导地震反演储层解释。岩石物理解释图版具有明确的地质信息和地震信息，作为地震定量解释的基石在常规油气和非常规气油储层预测中有着十分广泛的应用。

图 5-2-1 为高台子油层岩石物理解释图版，从图中可看出储层参数对弹性参数的影响规律，其中岩性变化对弹性参数影响最大。砂泥岩纵波阻抗有一定的叠置，但砂岩纵波阻抗整体大于泥岩，地震剖面地震反射特征主要反映岩性组合变化。纵波阻抗与纵横波速度比双参数可识别不同类型岩相，表明利用叠前反演有利于甜点地震预测。

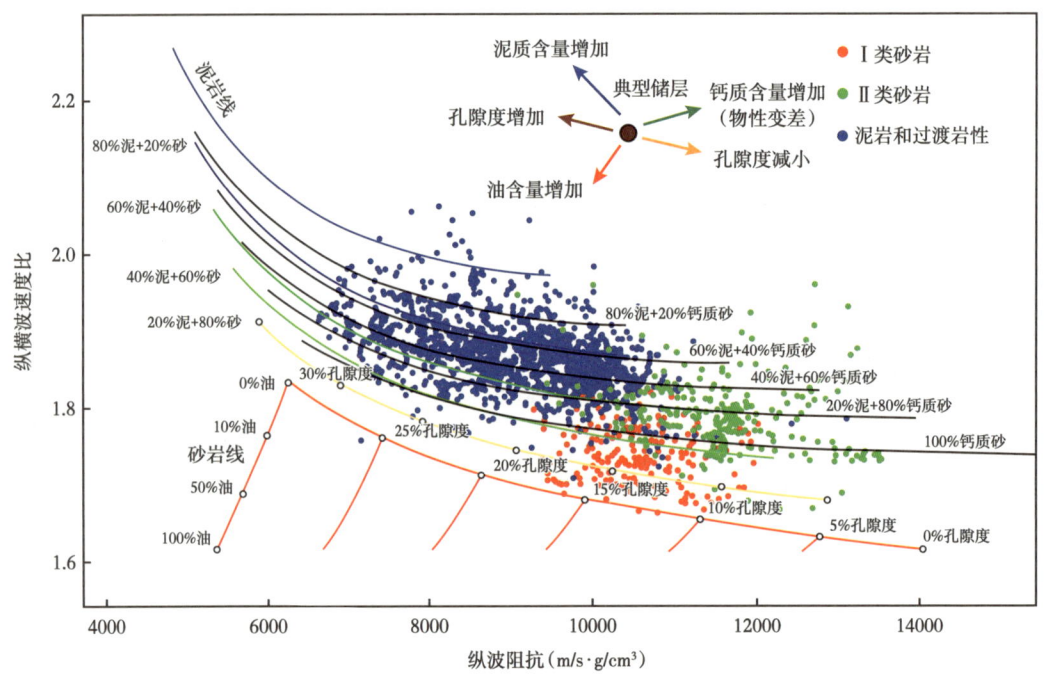

图 5-2-1　高台子油层地震岩石物理解释图版

好的确定性反演结果可以为地质统计学反演提供一个好的研究基础，是开展地质统计学反演的先决条件之一。确定性反演过程中对原始地震数据、测井、地质解释等资料的质控是保证获得好的地质统计学反演结果的根本，是地质统计学反演结果横向预测准确度的参照物，利用确定性反演结果对目标区岩性平面展布、垂向比例等有一个总体上正确的把握。对于反演结果可靠性的检测，主要通过已知井和盲井反演结果与测井数据的比较来进行。图 5-2-2 为叠前同时反演剖面图，从图上可以直观看到纵波阻抗与纵横波速度比预测情况，纵向变化及横向趋势与井数据基本一致，说明确定性反演结果是可靠的，为下一步高分辨率地质统计学反演奠定了可靠的基础。

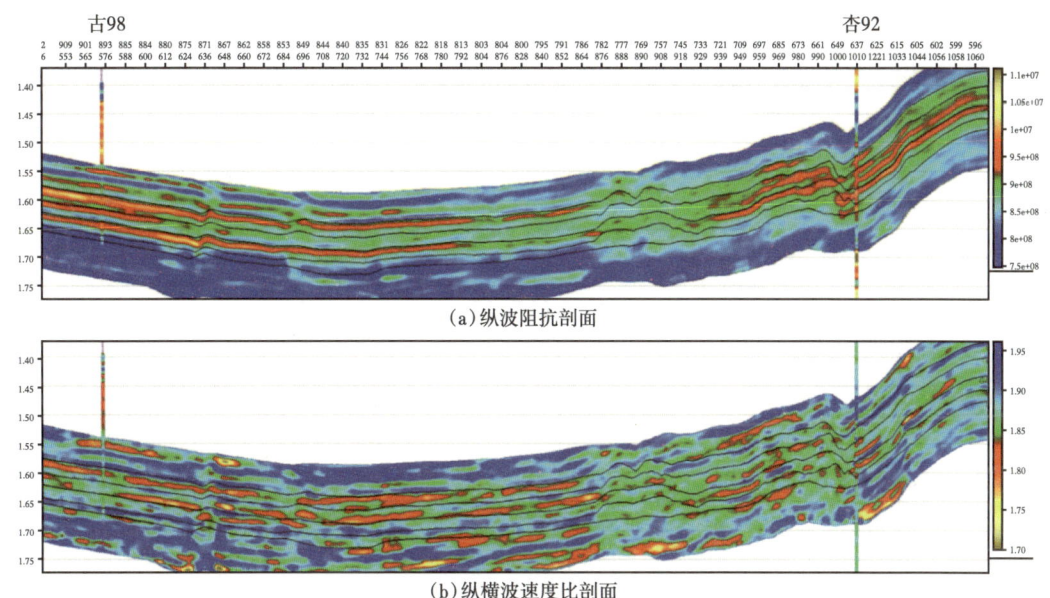

图 5-2-2 高台子油层确定性反演结果

2. 概率密度分布函数

概率密度分布函数（probability distribution function）是表征某一属性在空间的概率分布情况的函数，在地质统计学中，主要表示特定岩性对应的弹性参数概率分布情况。一般需要对数据进行正态变换，利用高斯、对数高斯等子区间、常数分布等一个和多个组合类型来描述。通过概率密度函数分析，了解砂泥岩波阻抗、密度等弹性参数概率分布情况，控制反演过程中不同岩性弹性参数模拟情况。

对目的层段的测井数据样本点进行直方图统计并且进行函数拟合即可得到某一属性的概率密度函数，它可以描述特定岩性对应的弹性、物性属性值的概率分布可能性与分布区间以及相应的地质沉积特征。离散属性的概率密度分布函数一般从岩性曲线统计的百分比或确定性反演的岩性概率体中统计获得。弹性属性的概率密度函数可以从测井曲线拟合获得。图 5-2-3 为英 47 井区青一段砂泥纵波阻抗直方图及概率密度函数，从拟合的概率密度分布函数可以看出，目的层砂泥岩阻抗基本呈正态分布，纵波阻抗可以较好地区别砂泥岩。

3. 变差函数

变差函数（variograms）是区域化变量空间变异性的一种度量，是横向和纵向地质特征的结构和尺度，反映了储层在三维空间的变化特征，是一个三维空间的函数，表征了储层的空间各向异性。其中变程是变差函数达到某一稳定值时的空间距离，可反映区域化变量的载体在某个方向的平均尺度，也能表示预测储层在某个方向上的延伸尺度，从而达到实现预测储层规模的目的。结合地震资料，变程可以认为包括地震数据的主测线方向 X、联络测线方向 Y 以及纵向的 Z 方向。纵向变程一般反映储层垂向厚度，其取值大小影响反演纵向分辨率；横向变程反映了储层在横向上的展布规律，其不同方向取值大小反映储层空间上的各向异性，长轴方向代表储层的延伸方向，短轴方向代表储层展宽方向。在对储层厚度进行分析时，长轴代表物源方向，而在剖面分析时，长轴与短轴的比例关系则与剖面上储层的宽厚比相一致。

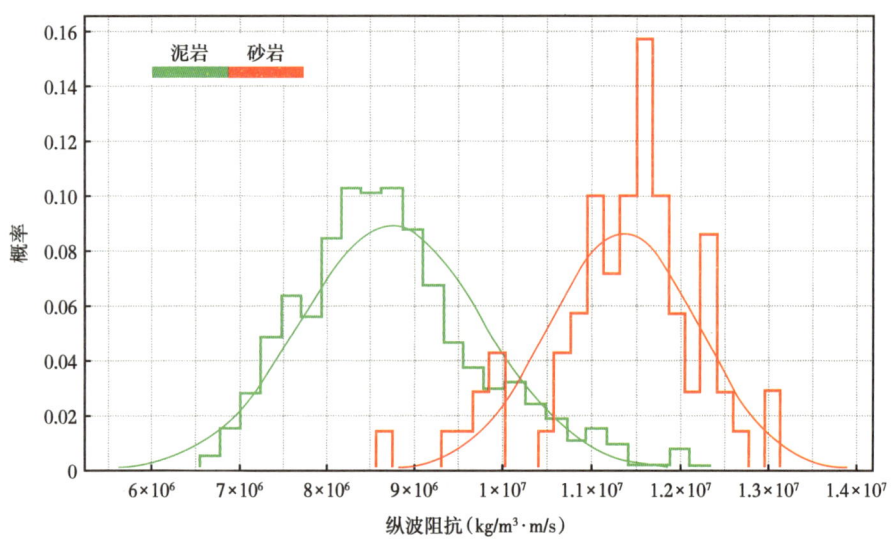

图 5-2-3　英 54 工区青一段砂泥岩纵波阻抗概率密度分布

变差函数的横向变程求取主要有两种方式，一种是结合地质情况统计井上的储层厚度信息，根据经验公式计算横向变程，但该方法采样点少，一般不采用；第二种是基于前期地震属性分析或确定性反演储层预测结果，提取目的层平面属性获得横向变程，同时结合地质认识，进行岩性地质规模和分布分析，最后选择合适变程，该方法精度相对较高。纵向变程主要由井上统计的储层厚度信息来求取，由于井点数据垂向上采样密集，能够满足纵向变程求取精度，如图 5-2-4 所示。在分析纵横向变程时，要根据不同研究区情况选择不同纵横向变程。

变差函数的类型主要有指数型和高斯型，或两者按照一定比例分配权重综合利用，进行空间数据分析，以达到实验和理论变差函数的最佳拟合。指数型变差函数反映两之间相关性快速降低，常用于模拟突变性质强的数据，如弹性属性，模拟结果不平滑、变化很快。高斯型变差函数常用于模拟非常连续的数据，如离散属性，模拟结果较平滑、变化很慢。变差函数类型的选取对模拟结果影响很大，实际工作中需要结合沉积类型和储层分布规模等来选定变差函数类型。

4. 不确定性分析

与确定性反演只产生一个具有一定地震分辨率的单一最佳预测结果不一样，地质统计学反演结果是多个等概率实现，这些实现结果受测井数据、地震数据、地质统计学参数的约束，但由于地震记录为带限信号（缺低频），反演方程一般是欠定的，同时随机模拟开始时，可以沿任一随机路径进行，不同的随机路径得到不同的实现结果，所以反演结果

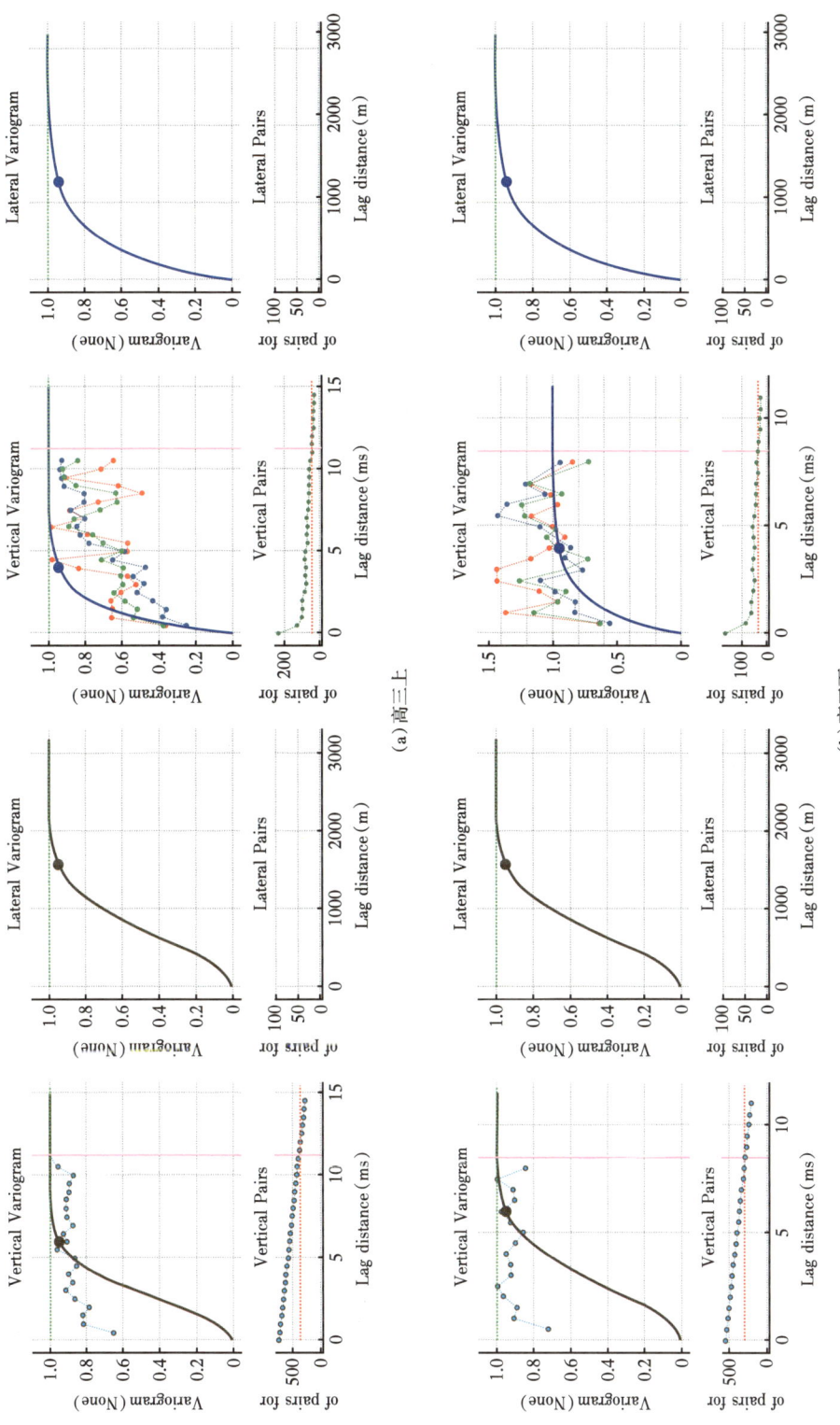

图 5-2-4 高台子油层纵向变程地质统计分析

预测不可避免存在多解性。地质统计学反演每个结果，在井点处与井完全吻合，满足地震的横向特征，但其中的每一个实现也存在一定的不确定性，不同实现之间的差异可以反映随机性和地下地质的非均质性。差异越大说明地下地质非均质性越强，也可以用不同实现的差异，对反演结果的风险进行评价，这一点对于水平井勘探来说意义更大。为了降低地质统计学反演结果的不确定性，需要对多个实现作为概率性事件进行统计，将统计后得出的储层分布结果作为具有一定概率性事件进行分析，这就要求在反演时获得尽量多的样本点，才能使统计结果更接近地下真实地质情况。

图 5-2-5 展示了 50 个实现的平均纵波阻抗结果，以及第 11 个、33 个和第 40 个实现，各实现趋势基本一致但细节仍有不同。图中可看到，50 个实现平均后，可得到多次模拟结果的整体趋势，但纵向分辨率较单个实现有所降低。在实际应用中，地质统计学反演结果设计水平井目标不能以单个实现作为依据，应对产生的多个实现进行综合统计后加以应用，同时以概率的形式确定最佳水平井轨迹。在现场跟踪及钻后分析评价时，可以在不同实现结果中，挑选出最符合地质实际情况的实现作为最优结果，指导水平井钻探和压裂方案设计。

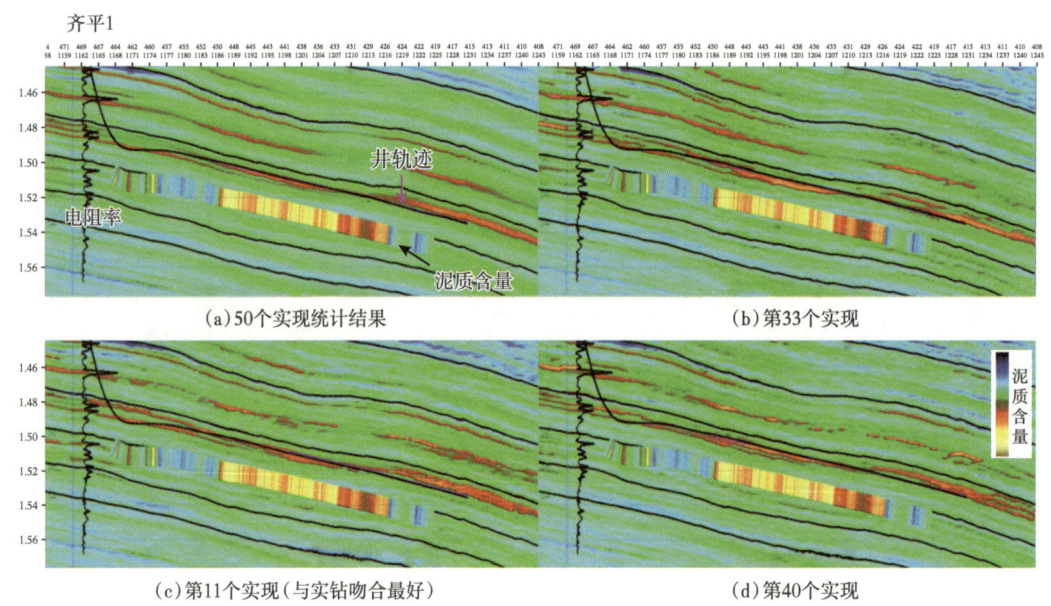

图 5-2-5 地质统计学反演多个实现对比剖面

5. 地质统计学反演基本流程

地质统计学反演本质上是一种基于模型的反演方法，通过给定的地质认识、测井解释等先验信息，随机生成初始的储层参数模型，在此基础上正演得到模拟地震道，并对模拟地震道与实际地震数据间的差异再对储层参数模型修正，通过非线性最优化求解的方法不断迭代计算，直到合成地震道与原始地震数据匹配良好，使反演得到的储层参数模型同时满足地震数据与输入先验信息，最终得到多个等概率的实现。

地质统计学反演具体流程如图 5-2-6 所示，整个工作流程在三维数据体内进行迭代，其中 MCMC 算法保证了每个网格节点的扰动是随机的，而模型和地震数据的匹配是全局优化的，最终使得反演结果具有极高的纵向分辨率，横向趋势又和地震数据完全相同。反演过程中除了上面提到的核心参数之外，地震数据质量、测井曲线标准化、层位标定、子波提取、低频模型建立等同样影响地质统计学反演结果，需要谨慎对待。特别是地震资料的品质对反演的最终结果有着重要的影响，尤其是叠前地质统计学反演，地震道集的保幅性、地震波形特征的细微变化都可能对反演结果产生较大影响，因此需要更高品质地震资料来实现储层精细刻画。

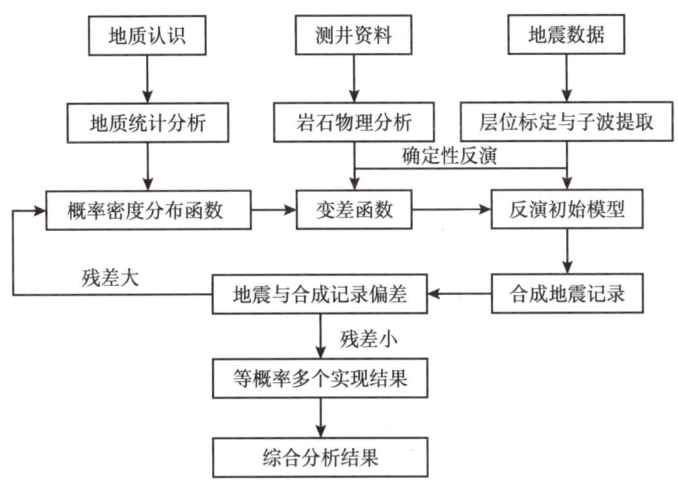

图 5-2-6　地质统计学反演流程图

三、地质统计学反演应用效果

按照输入的原始地震数据类型，地质统计学反演可分为叠后地质统计学反演和叠前地质统计学反演。叠后地质统计学反演适用于纵波阻抗可较好区分储层的区域，叠前地质统计学反演适用于储层纵波阻抗叠置严重，但横波、密度或纵横波速度比等参数具有较好区分能力的区域，在实际工作中，需要先通过岩石物理分析明确储层敏感参数，然后选择合适的反演方法。叠前地质统计学反演相对于叠后地质统计学反演，能够得到更多储层信息，可以获得纵波阻抗、横波阻抗、密度、纵横波速度比、杨氏模量、泊松比、脆性指数等参数，更好地揭示地下储层的岩性、物性、含油气性等展布情况。但因为叠前地质统计学反演输入的地震数据是叠前道集数据，对地震资料的品质特别是保幅保真处理方面要求更高，而且由于叠前地质统计学反演计算量大，在实际应用过程中受到一定限制。

1. 叠后地质统计学反演应用效果

研究区位于古龙西侧带英 54 工区，工区处于三角洲前缘、半深湖-深湖沉积环境，古水流来自西部，沉积砂体受坡折带控制，湖底扇发育于扇三角洲前端。青山口组沉积了大段暗色泥岩，经过青一段大规模水进之后，高台子油层沉积时期进入水退阶段，但由于本区位于沉降中心，因此该时期水位依然较高。高台子地层为黑灰、灰黑色泥岩与灰色粉砂岩、细砂岩，绿灰色泥质粉砂岩、粉砂质泥岩呈互层；局部含较多介形虫化石及黄铁矿团块。青一段岩性以灰黑色泥岩为主，夹介形虫泥岩、深灰色粉砂质泥岩、浅灰色钙质粉砂岩，体现了该时期水体相对较深，为还原环境。

研究区内砂岩分布广泛，厚度变化快，储层物性较好，具有西厚东薄、向东快速减薄直至尖灭的特点，单砂体厚度一般在 0.8~8m，小于 2m 单砂体占 57%，2~4m 单砂体占 26%。砂岩纵向上表现为多套单砂体组合，主要集中发育在高四及青一段下部，岩石物理特征表现为纵波阻抗可以较好区分岩性，砂岩具有中高阻抗特征（图 5-2-3），在地震剖面上主要表现为强反射特征，如图 5-2-7 所示。受地震资料频率限制，常规地震属性及确定性反演可以识别大套砂岩组合段，但无法区分单砂岩，需要通过开展叠后地质统计学反演提高薄层识别能力。

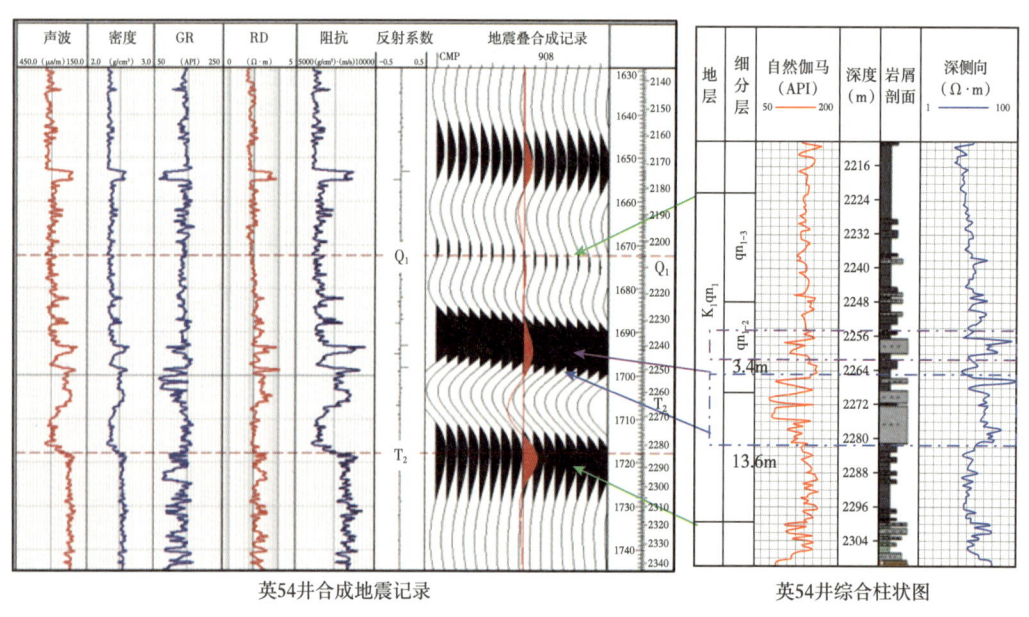

图 5-2-7 英 54 井地震特征分析

通过对工区内实钻井进行地质统计学统计分析之后，获得各岩性概率密度分布函数（PDF）分布，除地层格架的建立，同样需要对岩性比例、纵向变程、水平变程、信噪比等控制反演的主要参数进行测试分析。岩性比例由井资料分层统计得到，纵向变程通过地质统计分析得到，离散属性（岩性）和连续属性（纵波阻抗）纵向变程为 2ms（相当于 3m 左右），但是考虑到研究区储层薄（小于 2m），需要更小的纵向变程测试。由于研究区井分布比较稀疏，水平变程难以确定，主要依靠属性和确定性反演分析储层分布规模和地质认识基础上，测试不同水平变程反演结果。信噪比是控制反演合成记录和实际地震数据的相关程度，主要依据确定性反演质控中的信噪比分析，在此基础上测试不同信噪比反演结果。根据实际地质情况和确定性反演结果，图 5-2-8 列出了研究区测试参数的具体取值范围，最终选取信噪比 12db、垂向变程 2ms（相当于 3m）、水平变程 1200m 开展叠后地质统计学反演。

主控参数			优化参数
水平变程(m)	垂向变程(ms)	信噪比	
600	2	12	
1200	2	12	1200m
1600	2	12	
1200	2	12	
1200	3	12	2ms
1200	1	12	
1200	3	10	
1200	3	12	12dB
1200	3	14	

图 5-2-8　地质统计学反演参数测试分析

图 5-2-9 为研究区内一条连井线叠后确定性反演与地质统计学反演对比剖面，上图为确定性反演结果，从反演剖面能看到，砂体主要发育在高四下部及青一段下部，与地质认识一致，但反演分辨率较低，无法识别砂体期次；下图为地质统计学反演结果，从反演剖面可以看到，高四下部及青一段下部砂体发育趋势与确定性反演结果一致，但薄砂层分辨率明显提高，能清楚看到砂岩组合段内更多细节，较好反映砂体空间展布特征，为勘探开发井位部署提供更多有利信息。

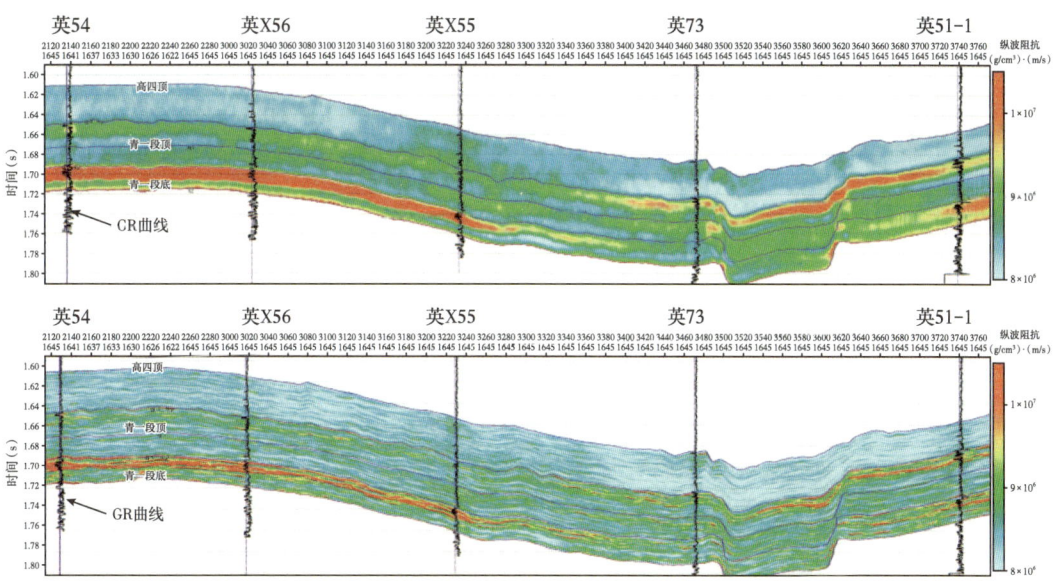

图 5-2-9　叠后确定性纵波阻抗反演（上）与叠后地质统计学纵波阻抗反演（下）剖面

叠后地质统计学反演在参数测试过程中，反演结果的预测性测试也很重要，对反演结果的预测性测试主要有两种方法质控：一是盲井检查，反演过程中预留一部分井作为盲井，测试反演结果与盲井吻合度，如果吻合不好，则说明反演结果预测性不强，需要重新优化参数；二是无井约束反演，所有井都不参与反演（但参与统计分析），如果反演结果与有井约束反演结果差异很大，则说明反演预测性较差，反之，如果无井约束反演与有井约束反演趋势一致，反演结果在井点处及井间都吻合较好，则说明反演结果具有较好的预测性，参数选择是可靠的。图 5-2-10 是工区内一条连井线无井约束反演结果与有井约束反演结果对比剖面，从对比剖面可以看到，无井约束反演结果对砂体的刻画与有井约束反演结果整体趋势一致，虽然在井点处稍有差别，但不影响岩性展布特征，同时也验证反演过程中输入参数的正确性。

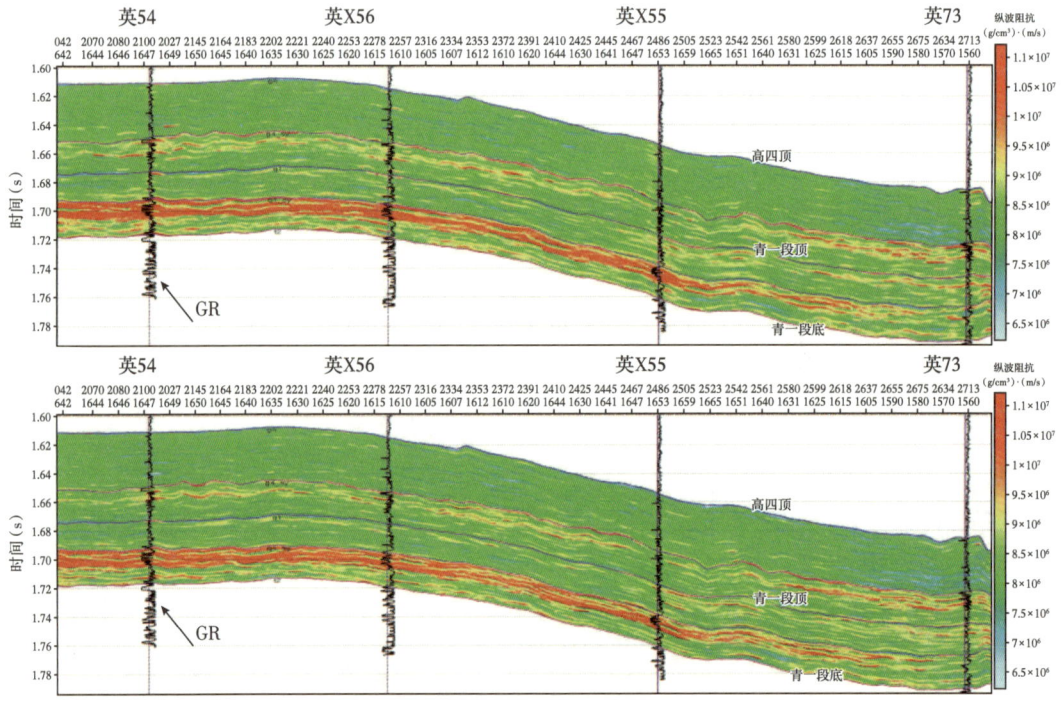

图 5-2-10 叠后地质统计学反演（上）与无井约束地质统计学反演（下）剖面

在地质统计学反演工作完成以后，还需要对最终反演结果进行质控来检验结果的准确性，最基本的方法就是利用后验井检查反演结果与钻井实际资料吻合程度。图 5-2-11 为工区内 6 口后验井反演剖面，通过反演剖面可以看到，高四与青一段下部多套薄砂体组合关系刻画较清楚，6 口后验井周围砂体分布与钻井数据基本吻合，反演结果能较好预测井间储层分布。钻井验证结果表明地质统计学反演结果可以预测大部分发育规模较大的砂体，并且对于大多数薄层砂体也能有较好的反映，预测精度可以达到 2~4m 左右。

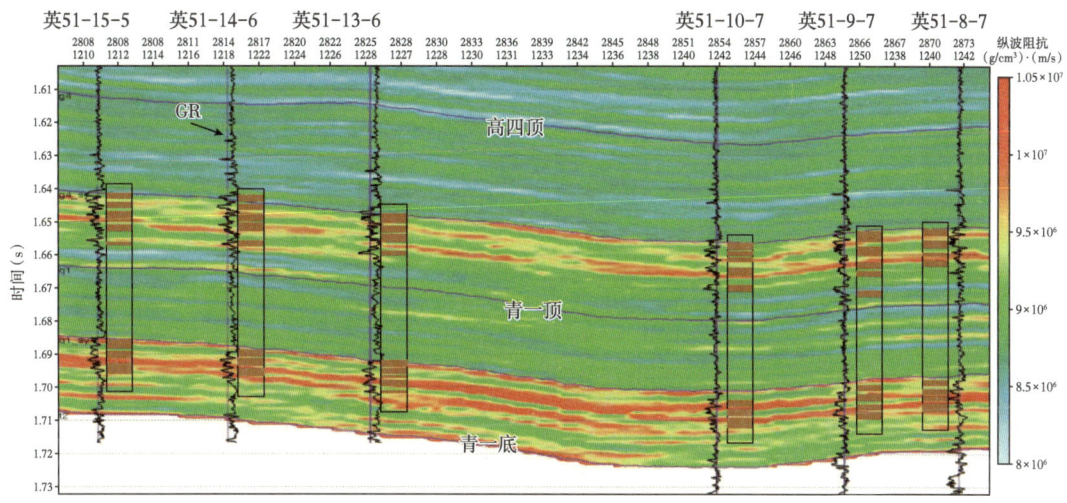

图 5-2-11 后验井叠后地质统计学反演剖面

2. 叠前地质统计学反演应用效果

研究区为齐家地区金28工区，源内致密油发育在高台子油层，处于三角洲前缘亚相和前三角洲亚相，沉积砂体分别为河口坝、远砂坝、席状砂为主，砂岩层数多，单砂体薄，平面上呈席状和透镜状大面积错迭连片分布。致密油储层岩性主要为粉砂岩，其次为含泥粉砂岩、含钙粉砂岩、含介形虫粉砂岩。岩性对含油性控制作用明显：粉砂岩普遍含油，含泥含钙重的储层含油性相对较差，物性条件控制储层砂体的含油性。物性差，为低孔、特低渗储层，孔隙度一般为6%~14%，平均9.9%；渗透率一般为0.01~0.5mD，平均0.38mD。油浸粉砂岩孔隙度一般大于10%，油斑粉砂岩一般大于8%，油迹粉砂岩一般为3%~8%。

依据图5-2-12中的源内致密油高台子油层地震岩石物理分析，定义三种地震岩相，即Ⅰ类砂岩、Ⅱ类砂岩和泥岩。如图5-2-5所示，第三道为地质储层评价，第四道砂岩、泥岩，第五道Ⅰ类砂岩、Ⅱ类砂岩和泥岩。利用测井泥质含量和孔隙度，Ⅰ类砂岩设定为孔隙度大于8%且泥质含量小于40%，Ⅱ类砂岩定义孔隙度小于8%且泥质含量小于40%，泥岩泥质含量大于40%。从岩石物理分析可知，Ⅰ类和Ⅱ类储层较薄且纵波阻抗具有一定叠置（图5-2-1），需要开展叠前地质统计学反演。

为了得到更加精确的反演结果，需要对叠前道集进行振幅补偿、去噪、提频等优化处理，得到高品质叠前道集。图5-2-13为叠前道集优化前后对比剖面，左边为原始地震道集，右边为优化处理后地震道集，从对比剖面可以看出，经过优化处理后的叠前道集品质明显提高，AVO响应特征明显，利用该道集作为叠前弹性参数反演的输入资料可以得到更加精确的反演结果，同时结合岩石物理分析建立的地球物理模型，可实现储层定量预测。对优化处理后的叠前道集进行分角度叠加，增加叠加体数量可以提高AVO反演算法的稳定性，但势必会同时减小单个叠加体的覆盖次数，从而降低叠加体的信噪比，影响反演质量。因此对不同品质的地震数据，合理选择叠加体个数十分必要。根据工区实际情况，为保证反演的稳定性，研究区使用了3个叠加体作为叠前反演的输入。

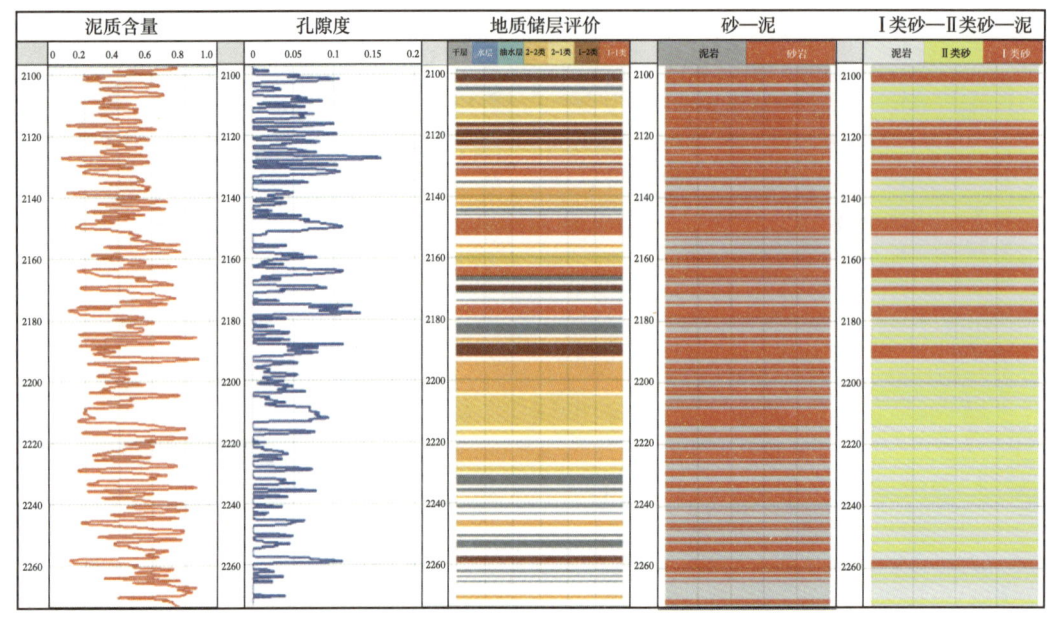

图 5-2-12 岩性定义图

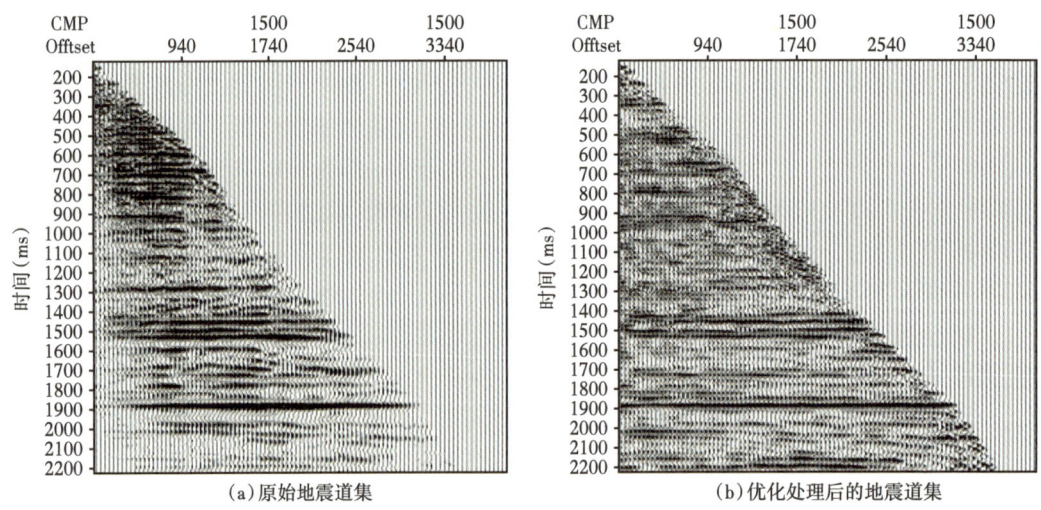

(a) 原始地震道集　　　　　　　　　　　　(b) 优化处理后的地震道集

图 5-2-13 叠前道集优化处理效果

本区变差函数的横向变程主要由岩相与叠前确定性反演所得的波阻抗体获得，横向变程变差函数类型是高斯（岩性）和指数（连续变量）类型。纵向变程变差函数主要由井上数据求取。通过测试，选取垂向变程为 2ms（相当于 3m）、水平变程为 2400m。对于水平变程选取 2400m，虽然比常用要大，但其具有一定地质意义，因为砂体处于稳定三角洲外前缘沉积环境，连井小层对比一般可以连续追踪 2~3km。图 5-2-14 比较了研究区连井叠前确定性反演和叠前地质统计学反演结果，从对比剖面可看到，叠前确定性反演弹性参数纵向分辨率10~15m；叠前地质统计学反演在保持地震横向分辨率的同时，明显提高弹性参数纵向分辨率，可达到3~5m，适应水平井设计和跟踪评价需求。

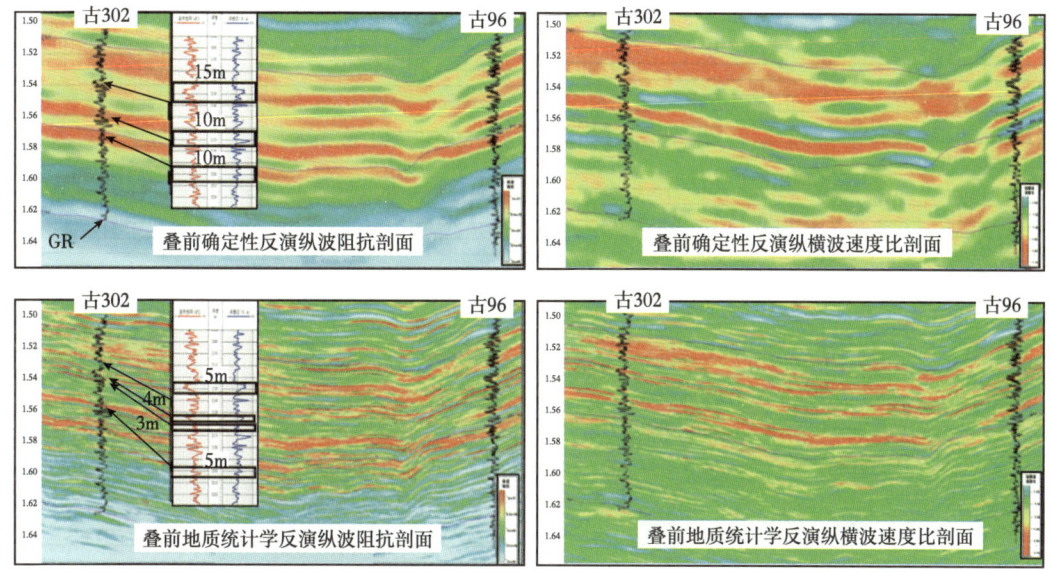

图 5-2-14 叠前确定性反演和叠前地质统计学反演结果对比剖面

对于反演结果的分析，后验井评价更能评定反演效果。图 5-2-15 给出了过金斜 18 井叠前地质统计学反演剖面，该井为后验井，四个剖面分别是地震剖面、纵波阻抗、纵横波

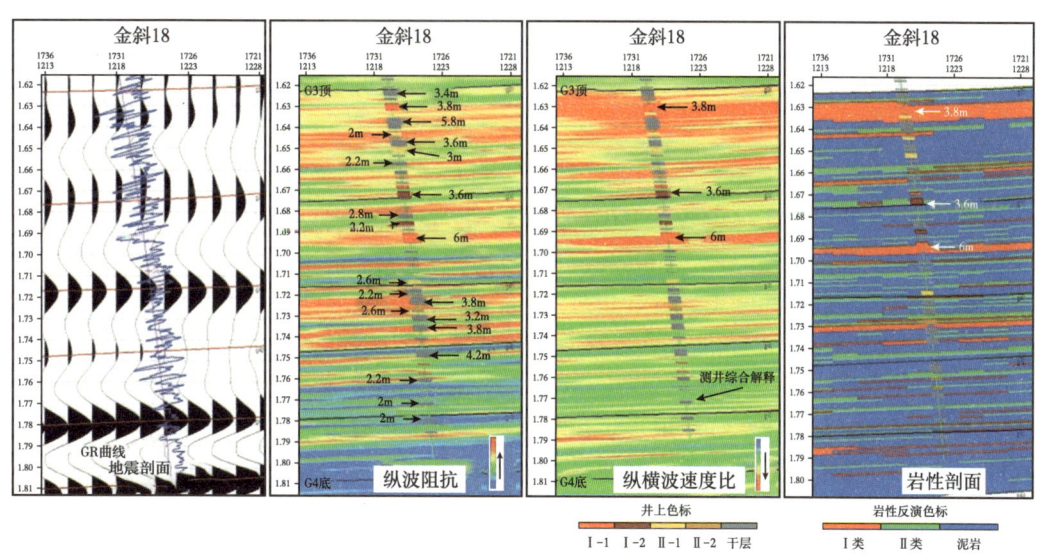

图 5-2-15 后验井金斜 18 叠前地质统计学反演效果分析

速度比及岩相反演剖面。与地震剖面相比，叠前地质统计学反演剖面纵向分辨率得到了较大程度的提高，这对薄储层预测，特别是水平井设计和随钻地震地质导向是十分有益的。从岩相剖面上看，叠前地质统计学反演对 3m 以上砂层预测符合率较高，对主力的"甜点"层（Ⅰ类储层或Ⅰ类砂岩）也有较好的预测效果。

对于反演的岩相剖面，在应用时可作为重要的参考分析数据体，进行水平井的设计，并且可用于Ⅰ类及Ⅱ类砂岩的平面成图，进行"甜点"有利区的预测。通过叠前地质统计学反演获取的纵波阻抗和纵横波速度比数据体，依据地震岩石物理定量解释图版（图 5-2-1），利用体雕刻技术，得到某一层段内Ⅰ类砂岩和Ⅱ类砂岩的累积厚度相对发育的预测。图 5-2-16 显示了Ⅰ类砂岩和Ⅰ类+Ⅱ类砂岩有利区预测（色标为时间厚度），预测结果符合地质认识。

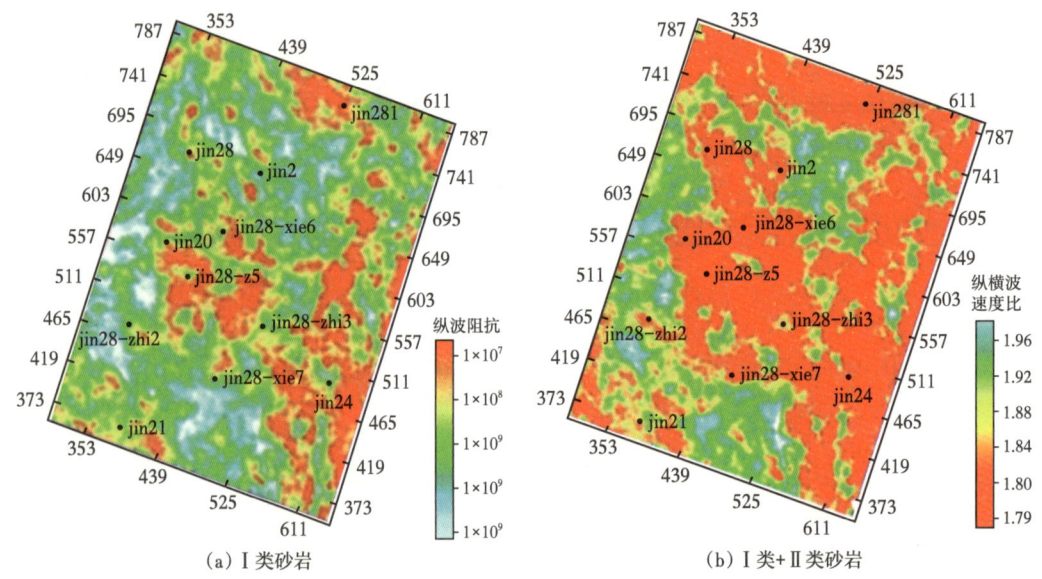

(a) Ⅰ类砂岩　　　　　　　　　(b) Ⅰ类+Ⅱ类砂岩

图 5-2-16　金 28 工区金 28 井区储层预测图

常规地震反演受限于地震频带宽度的影响，很难精确刻画薄储层发育情况，而地质统计学反演可获得高分辨率弹性参数，是薄储层预测的有效手段，对于薄互层储层刻画起着决定性的作用，有利于更好地设计井位。利用预测的模型优化水平井轨迹的设计，利用高分辨率的储层预测结果指导现场随钻数据解释和地震地质导向，如图 5-2-17 所示，下图为支撑部署的水平井叠前地质统计学反演岩相剖面，该井水平段进尺 1230m，砂岩及油层钻遇率分别为 100% 和 99%，地震预测与水平井实钻有着良好的符合。整体上，在支撑致密油勘探中，部署实施的直井和水平井均取得了良好钻探效果，水平井油砂钻遇率平均 95% 以上，通过多段压裂改造后，试油初期产量为 4.6~32t/d，平均产量为 17.6t/d，与周边直井平均产量相比，平均提产倍数 10 倍。水平井的成功带动了区块致密油控制储量的升级。

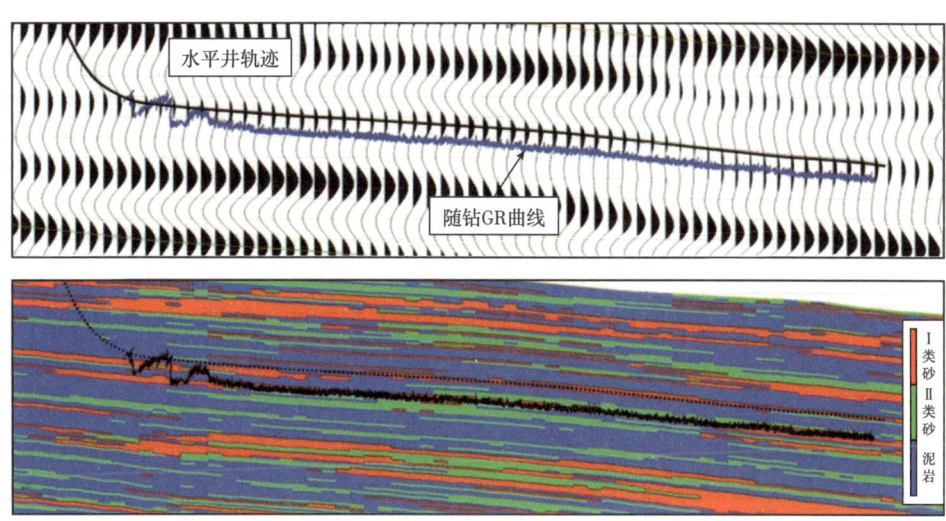

图 5-2-17 过水平井的叠前地质统计学反演结果与水平井实钻对比

第三节　波形指示反演方法研究与应用效果

地震反演技术在过去四十余年间得到了长足发展，赵政璋、印兴耀、撒利明、甘利灯等专家学者系统总结了地震反演技术的发展现状。目前石油工业界应用较为广泛的地震反演技术主要包括三大类：第一类是基于褶积模型的地球物理反演，其发展经历了从叠后"亮点"技术、波阻抗反演技术到叠前AVO技术、弹性波阻抗反演技术，近年来随着宽方位地震技术的发展，地震反演进一步拓展到了OVT（offset vector tile，炮检距向量片）域；第二类是非线性反演技术，包括神经网络、支持向量机、贝叶斯、模式识别和遗传算法等；第三类是地质统计学反演，通过随机模拟实现提高纵向分辨率。

上述反演技术在大庆油田薄互层预测的不同阶段都取得了良好的应用效果，但由于各自方法原理的差别，预测结果均存在一定局限性：基于褶积模型的地球物理反演无法突破地震分辨率的限制；非线性反演得到的解往往非全局最优，反演结果地质规律性较差；地质统计学反演高频成分来自随机模拟，反演结果随机性强，横向分辨率低。目前大庆油田中浅层尤其是葡萄花油层主要以岩性和复合油藏为主，对储集层识别精度的目标需求已达1m左右。因此，需要不断探索更高精度的反演方法，在提高纵向分辨率的同时，保证反演结果的横向分辨率，提高井间砂体的预测精度。本节在地震沉积学技术的基础上，详细分析地震波形与测井高频信息的内在联系，将地震资料的横向高分辨率和测井曲线的纵向高分辨率有机结合，系统阐述了地震波形指示反演的方法原理，利用地震波形横向相似性驱动测井高频信息，实现了高分辨率反演。

一、地震波形指示反演方法的理论基础

1. 地震纵向分辨率和横向分辨率探讨

地震分辨率分为纵向分辨率和横向分辨率两个方面。纵向分辨率的概念最早由

Rayleigh 给出,即相邻两个反射界面的分辨率极限为 1/4 波长,厚度小于 1/4 波长的地质体即可以定义为薄层,利用地震数据无法分辨。为解决薄储集层预测问题,许多学者开展了大量研究,Widess 提出在理想情况下,根据振幅横向变化能够识别任意厚度的薄层;曾洪流提出了"横向检测率"概念,利用地层切片可以检测厚度小于 1/4 波长的地质体横向变化。

通过一个正演模型来讨论薄层的纵向分辨率和横向分辨率。地质模型为:在泥岩背景下,连续发育一套厚度为 3m 的砂岩,砂岩之上发育一套厚度为 0~3m 的透镜状薄砂岩[图 5-3-1(a)],泥岩夹层厚度为 3m,砂泥岩地震波速度分别为 3500 m/s 和 2800m/s,密度分别为 2.65g/cm³ 和 2.26g/cm³。利用 35Hz 零相位雷克子波进行褶积。从得到的正演剖面[图 5-3-1(b)]可以看出,纵向上无法直接分辨出上覆薄砂岩。但由于薄砂岩的发育,地震波形横向上发生了变化,提取图 5-3-1(b)中最大波峰处的振幅和频率[图 5-3-1(c)],可以看出地震振幅和频率横向上发生了很大变化,即地震波形包含了薄层信息。因此可以得出结论:纵向上地震振幅无法"分辨"薄层,但可以利用横向波形变化"识别"薄层。

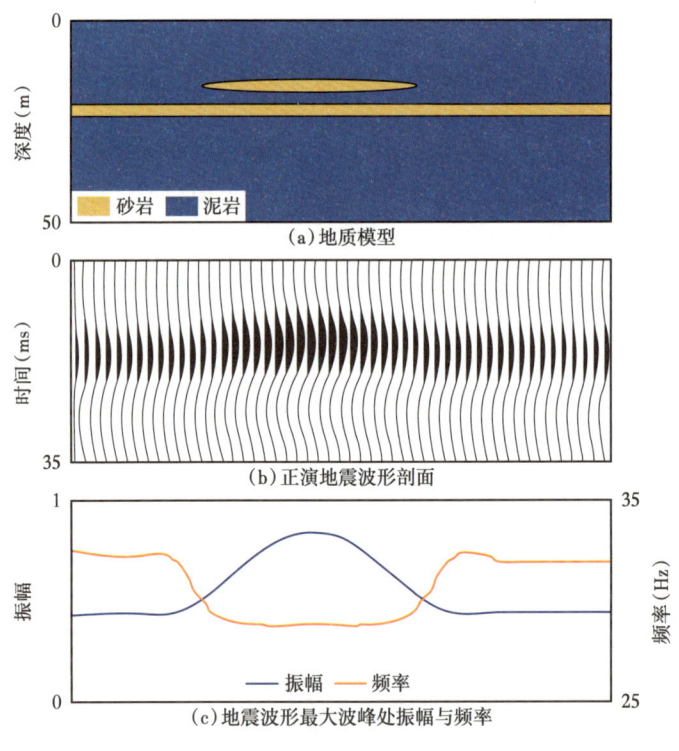

图 5-3-1 地质模型与正演剖面

2. 地震波形与测井高频信息的内在联系

地震波形包含了地震运动学和动力学多种信息,是地质沉积作用、岩性岩相组合,储集层物性以及流体等多种地质信息的综合响应。曾洪流提出了"地震沉积学"的概念,充分利用地震资料的横向高分辨率,提高了薄层的预测精度,在薄储集层预测中得到了广泛应用。

将地震资料的横向高分辨率和测井曲线的纵向高分辨率有机结合起来，首先要解决的问题是如何建立地震波形和测井高频信息之间的内在联系。在实际资料中，相似的沉积特征往往具有相似的岩性组合，相似的岩性组合往往具有相似的地震波形特征，选取一个陆相薄储集层实际资料进行分析。

图 5-3-2（a）为 A、B 两口井的地震剖面，该地震资料信噪比高，但频率较低，主频约为 20 Hz，频宽约为 10~35 Hz。提取过两口井同一层段井旁道地震波形，由于两口井存在深度差异，因此首先对两口井的地震波形经过顶面对齐和厚度一致性校正，然后进行叠合对比［图 5-3-2（b）］，从图中可以看出，两者相关系数达 94%。因此，两口井的井旁地震道具有相似的地震波形特征。

再进一步分析测井曲线的相似性特征：首先分析与地震反射直接相关的纵波波阻抗曲线，两口井原始纵波波阻抗曲线相关系数为 75%［图 5-3-3（a）］，远低于地震波形的相似性，分析其原因，测井曲线具有非常高的频率，高频成分的差异降低了其相似性。依次对测井曲线进行滤波，分别保留 0~500Hz、0~400Hz、0~300Hz、0~200Hz 以及 0~100Hz［图 5-3-3（b）至图 5-3-3（f）］，相关系数逐步提高到 88%、92%、93%、94% 和 95%，达到了非常高的相似性。由此可见，由于测井曲线高频信息的差异性导致原始测井曲线相似性较低，对测井曲线逐步降低频率进行滤波，测井曲线相似性逐步提高，当测井曲线频率达 200~300 Hz 时，相关系数就达到了地震波形的相似性，因此可以建立起地震波形与测井高频信息之间的联系，为高分辨率地震反演提供了依据。开展地震波形指示反演时，可以通过分析不同频率下测井曲线相似性和目标储层的厚度共同确定反演的最佳截止频率。

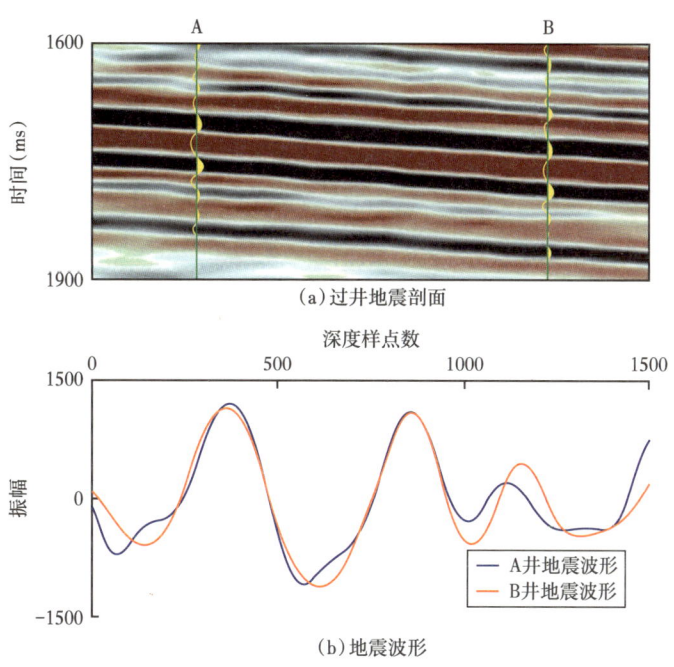

图 5-3-2　A 井和 B 井地震波形特征

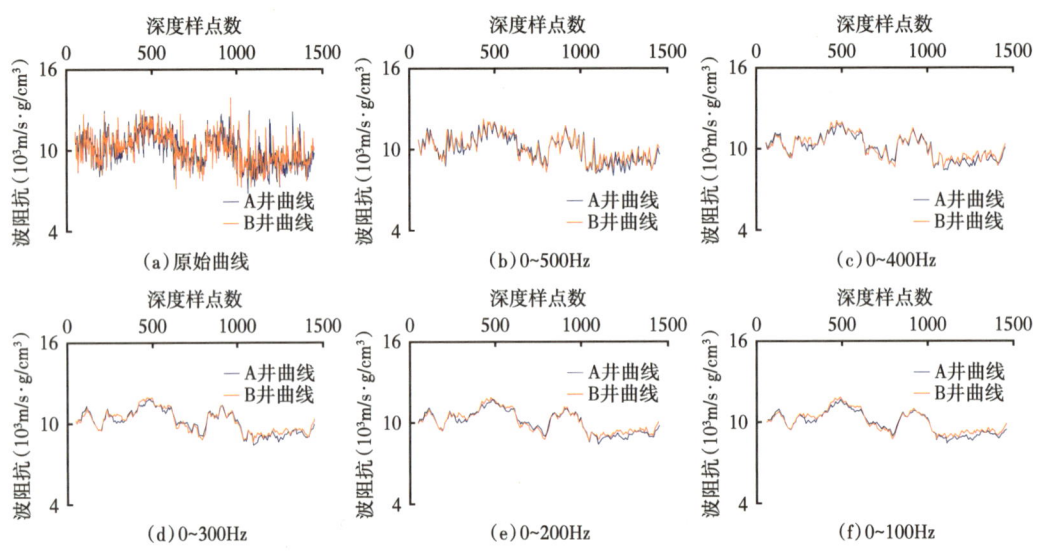

图 5-3-3　A、B 井纵波波阻抗曲线不同频带范围滤波

当储集层特征复杂、纵波波阻抗无法区分岩性时，需要借助自然伽马等曲线区分岩性，但是基于褶积模型的地震反演无法预测自然伽马曲线。借助分析纵波波阻抗曲线相似性的思路来分析自然伽马曲线，如图 5-3-4（a）所示，两口井原始自然伽马曲线相关系数只有 71%，依次对自然伽马曲线进行滤波，保留 0~500 Hz、0~400 Hz、0~300 Hz、0~200 Hz 以及 0~100 Hz 频率成分［图 5-3-4（b）至图 5-3-4（f）］，相关系数逐步提高到 88%、90%、92%、93% 和 95%，达到了和纵波波阻抗基本一致的相关性。

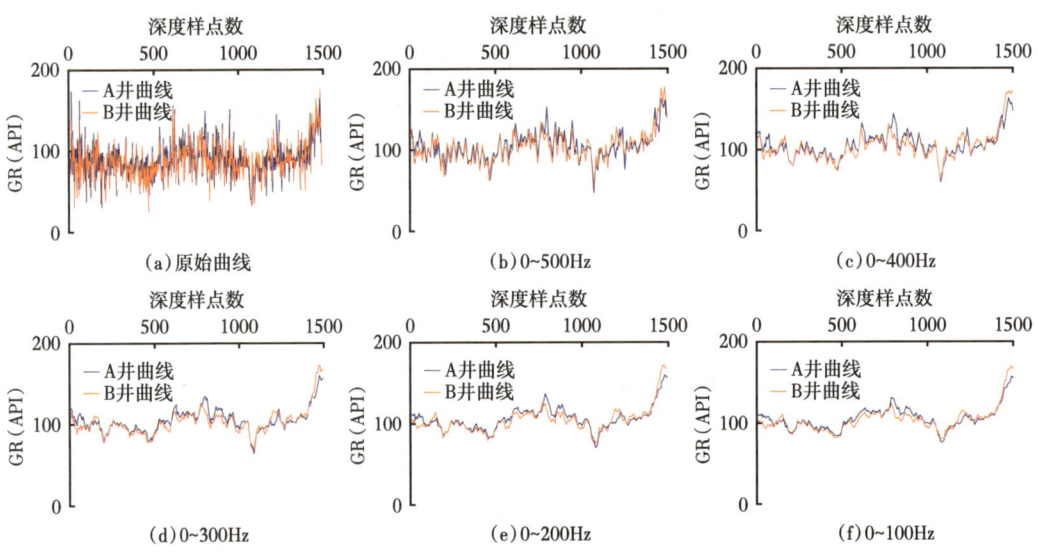

图 5-3-4　A、B 井自然伽马曲线不同频带范围滤波

从沉积学的角度分析，在等时地层格架内，地震波形的变化反映了岩性组合的变化，岩性组合是沉积相或者地震相的表现形式。从测井曲线的角度分析，波阻抗和自然伽马等其他曲线均可以反映岩性组合或沉积相的变化。因此，低频地震信息与高频测井信息的对应关系不仅适用于波阻抗曲线，同样适用于自然伽马等非波阻抗曲线，这就奠定了利用低频地震资料和高频测井资料信息进行高分辨率反演（或模拟）的基础。需要说明的是，对于波阻抗曲线可适用地震波形指示反演，而对于自然伽马等非波阻抗曲线主要适用地震波形指示模拟。

二、地震波形指示反演方法原理

实际数据地震波形与测井曲线的分析表明，相似波形对应的测井曲线在较宽频带内呈现较高的相似性，因此利用地震波形横向相似性驱动高频测井信息实现高分辨率反演，建立了地震波形指示反演方法。地震波形指示反演实现过程中，首先通过奇异值分解实现井旁地震道波形高效动态聚类分析，建立地震波形结构与测井曲线结构的映射关系，生成不同类型波形结构（代表不同类型的地震相）的测井曲线样本集；然后通过分析不同类型波形结构对应的样本集分布，分别建立不同地震相类型的贝叶斯反演框架；然后在不同贝叶斯框架下，分别优选样本集的共性部分作为初始模型进行迭代反演；最后在反演迭代过程中，以样本集的最佳截止频率为约束条件，得到高分辨率的反演结果。地震波形指示反演方法的基本原理主要包括以下 3 个方面。

1. 利用奇异值分解实现地震波形聚类

地震波形参数和井点属性的对应关系可以定义为一个 $n×m$ 阶矩阵 A，则有：

$$A=U\Lambda V^{\mathrm{T}} \tag{5-3-1}$$

式中，U 和 V 为地震波形数据和井点属性数据，分别为 $n×n$ 阶和 $m×m$ 阶正交矩阵，V^{T} 为 V 的共轭转置，Λ 为 $n×m$ 阶非负实数对角矩阵，表示地震波形数据和井点数据的相关性。

奇异值分解即对 A 进行正交分解，当矩阵的秩为 r 时，则矩阵 A 可分解为 r 个本征向量的代数和，则矩阵 A 的总能量可表示为：

$$\|A\|^2 = \sum \delta_i^2 \tag{5-3-2}$$

矩阵 A 经过式（5-3-2）进行奇异值分解之后，可以用前 r 个非零奇异值对应的奇异向量表示矩阵 A 的主要特征，即实现地震波形高效动态聚类分析，得到不同储集层类型地震波形与测井曲线特征的对应关系，建立初始的样本集。

2. 测井曲线小波变换

小波变换将数字信号从时间域变换到频率域，可以表征信号在时间域和频率域的特征，能够同时定量预测信号的低频稳定部分和高频突变部分。对上述建立的样本集中的测井曲线分别用不同的截止频率 f 利用式（5-3-3）开展离散小波变换，将测井曲线分解为低—中频宏观特征信息、高频细节信息和超高频噪声信息 3 部分，需要说明的是，由于测井曲线具有非常高的频率，以声波时差曲线为例，其频率高达 20kHz，因此，这里定义的低—中频大致为 100~200Hz，甚至 300~400 Hz 的频率范围，即相对于地震频率范围定义的"测井高频信息"，提取的低—中频宏观特征信息即该样本集中所有测井曲线的共性结构，该共性结构可以作为波形指示反演的初始模型：

$$O(l) = \arg\left(\min\|W - \overline{W}\|\right) = \arg\left(\min\left\|\int_0^l \psi(\omega,t)\mathrm{d}\omega - \overline{W}\right\|\right) \tag{5-3-3}$$

3. 贝叶斯框架下的波形指示反演

地震反演的基础是褶积模型为：

$$\boldsymbol{d} = \boldsymbol{Gm} + \boldsymbol{n} \tag{5-3-4}$$

假设噪声 $\boldsymbol{n}$ 满足高斯分布：

$$P(\boldsymbol{n}) = \frac{1}{\sqrt{2\pi\sigma^2}}\exp\left(-\frac{1}{2\sigma^2}\boldsymbol{n}^\mathrm{T}\boldsymbol{n}\right) \tag{5-3-5}$$

将式（5-3-5）代入式（5-3-4），建立地震数据似然函数：

$$P(\boldsymbol{d}|\boldsymbol{m},I) = \frac{1}{\left(\sigma\sqrt{2\pi}\right)^N}\exp\left[-\frac{\sum_{i=1}^N (\Delta\boldsymbol{d}_i - \boldsymbol{G}\cdot\Delta\boldsymbol{m}_i)^2}{2\sigma^2}\right] \tag{5-3-6}$$

式中，i 表示第 i 个样本集，N 表示样本集的总数。在贝叶斯反演中，假设弹性参数模型 m 也符合高斯分布，可以得到模型的先验分布为：

$$P(\boldsymbol{m}|I) = \frac{1}{\sqrt{2\pi|\sigma_m|}}\exp\left(-\frac{\boldsymbol{m}^\mathrm{T}\boldsymbol{m}}{2\sigma_m}\right) \tag{5-3-7}$$

将数据条件概率分布与模型先验概率分布的乘积作为模型的后验概率分布函数，其具体表达式为：

$$P(\boldsymbol{m}|\boldsymbol{d},I) = \frac{1}{\left(\sigma\sqrt{2\pi}\right)^N}\exp\left[-\frac{\sum_{i=1}^N (\Delta\boldsymbol{d}_i - \boldsymbol{G}\cdot\Delta\boldsymbol{m}_i)^2}{2\sigma^2}\right] \times \\ \frac{1}{2\pi^{\frac{3}{2}}\sqrt{|\sigma_{\Delta m}|^3}}\exp\left[-\frac{\Delta\boldsymbol{m}^\mathrm{T}\Delta\boldsymbol{m}}{2\sigma_{\Delta m}}\right] \tag{5-3-8}$$

这样对于给定的地震波形 d，可按照后验概率应用 Gibbs 抽样法计算得到模型 m 的期望值。

式（5-3-8）中，概率最大时得到的解，即为反演的最终解。对式（5-3-8）两端求对数，得到目标函数：

$$O(m|d,I) = -\frac{1}{2\sigma^2}\sum_{i=1}^{N}(\Delta d_i - G \cdot \Delta m_i)^2 - \frac{\Delta m^T \Delta m}{2\sigma_{\Delta m}} \qquad (5\text{-}3\text{-}9)$$

为了使后验概率最大，对式（5-3-8）关于模型参数 Δm 求导得到：

$$O'(\Delta m) = \frac{1}{\sigma^2}\left[G^T G \Delta m - G^T \Delta d\right] - \frac{\Delta m}{\sigma_{\Delta m}} \qquad (5\text{-}3\text{-}10)$$

令 $O'(\Delta m) = 0$，则模型扰动量为：

$$\Delta m = \left[G^T G + \frac{\sigma^2}{\sigma_{\Delta m}} I\right]^{-1} G^T \Delta d \qquad (5\text{-}3\text{-}11)$$

使用迭代模型扰动量的方法逼近样本数据，得到最终的高分辨率反演结果。

地震波形指示反演方法具有以下特点：

（1）地震波形指示反演利用地震波形横向变化驱动高频测井信息特征实现高分辨率反演。反演结果纵向上与测井高频信息吻合，具有纵向高分辨率（当测井曲线高频共性结构为 200~300 Hz 时，薄层预测的分辨率为 2~3 m）。同时反演结果横向上遵循地震波形的变化，也具有横向高分辨率，因此，地震波形指示反演可以同时提高反演结果的纵横向分辨率，是一种高精度的反演方法。

（2）井间唯一存在的数据为地震数据，地震波形的横向变化体现了岩相组合的变化。地震波形指示反演通过地震波形横向变化代替变差函数空间域插值模拟，实现了地震相自动控制下的反演，克服了传统相控反演需要人为事先给定沉积相而导致的主观性，是真正意义上的相控反演。

（3）地震波形指示反演方法不仅可以实现高分辨率纵波阻抗反演，还可以实现自然伽马、电阻率和孔隙度等非纵波阻抗参数的相控高分辨率模拟，突破了地震反演只能得到波阻抗结果的局限性，对于利用地震信息进行储集层参数模拟是一次巨大的进步。

三、应用正演模型进行方法验证

为了验证波形指示反演方法的合理性和对薄互层的识别能力，建立了薄互层正演模型进行反演实验。地质模型为（图 5-3-5）：泥岩背景中发育 4 组薄互层砂体，第 1 组为 3 个厚度为 3m 的砂岩，泥岩夹层厚度为 3m，后面 3 组分别去掉其中 1 个砂体。其中，砂泥岩速度分别为 3500m/s 和 2800m/s，密度分别为 2.65g/cm³ 和 2.26g/cm³。为了便于开展波形指示反演，在该模型上建立 W1—W9 共 9 口虚拟井，代表不同的储集层特征。

利用主频 30~120Hz 的零相位雷克子波对地质模型进行褶积，选取主频为 30Hz、60Hz 和 120Hz 分别代表低频、中频和高频的地震正演剖面开展不同反演方法实验。图 5-3-6（a）至图 5-3-6（c）分别为主频 30Hz、60Hz 和 120Hz 的地震正演剖面，黄色曲线为纵波波阻抗曲线。从图中可以看出，30Hz 地震资料由于分辨率较低，完全无法识别薄互层砂体，但由于砂体组合不同，地震波形差异也较大；60Hz 地震资料只能识别出第 3 组砂体；直到 120Hz 地震资料才可以识别 4 组砂体的每一个薄砂体。

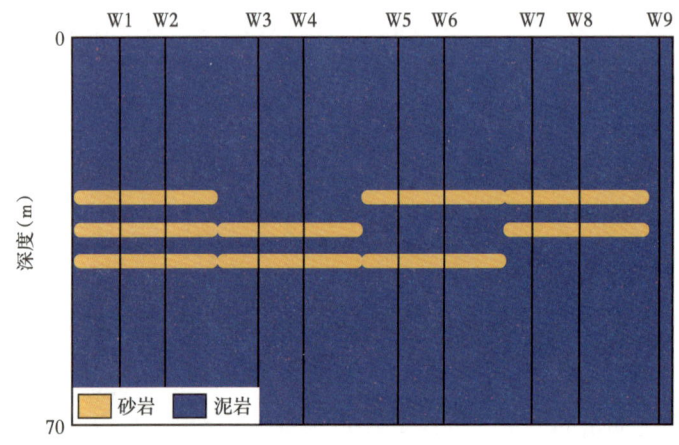

图 5-3-5　薄互层地质模型

首先利用正演地震数据开展常规稀疏脉冲反演，图 5-3-6（d）至图 5-3-6（f）分别为主频 30Hz、60Hz 和 120 Hz 的稀疏脉冲反演剖面，从图中可以看出，稀疏脉冲反演结果表现出了和地震资料近似的分辨率：30Hz 反演结果完全无法识别薄互层砂体；60Hz 反演结果可以分辨出第 3 组砂体的 2 套砂体；直到 120Hz 反演结果才可以分辨出 4 组砂体的每一个单砂体。然后再利用正演地震数据开展地震波形指示反演，图 5-3-6（g）至图 5-3-6（i）分别为主频 30Hz、60Hz 和 120Hz 的波形指示反演结果，从图中可以看出，3 个结果分辨率基本相同，都能清晰地识别 4 组砂体的每个单砂体。

为进一步验证地震波形指示反演的抗噪性，对图 5-3-6（a）中主频为 30Hz 的地震道分别加入 5%、10% 和 20% 的随机噪声[图 5-3-7（a）至图 5-3-7（c）]，然后分别进行地震波形指示反演。从得到的纵波波阻抗结果[图 5-3-7（d）至图 5-3-7（f）]可以看出，在 3 种不同的噪声水平下，反演结果均可以准确地识别出 3 m 厚的薄砂岩储集层，只是在泥岩背景下，出现了不同程度的噪声，但不影响目标砂岩的准确识别，证实了地震波形指示反演方法具有较强的抗噪性。模型验证结果表明，稀疏脉冲反演无法识别厚度小于 1/4 波长的薄互层砂体。地震波形指示反演能够突破 1/4 波长的限制，只要地震波形横向有差异，即使在地震资料分辨率较低的情况下，也能识别不同的薄互层砂体。同时加随机噪声反演测试结果表明，地震波形指示反演具有较强的抗噪性。

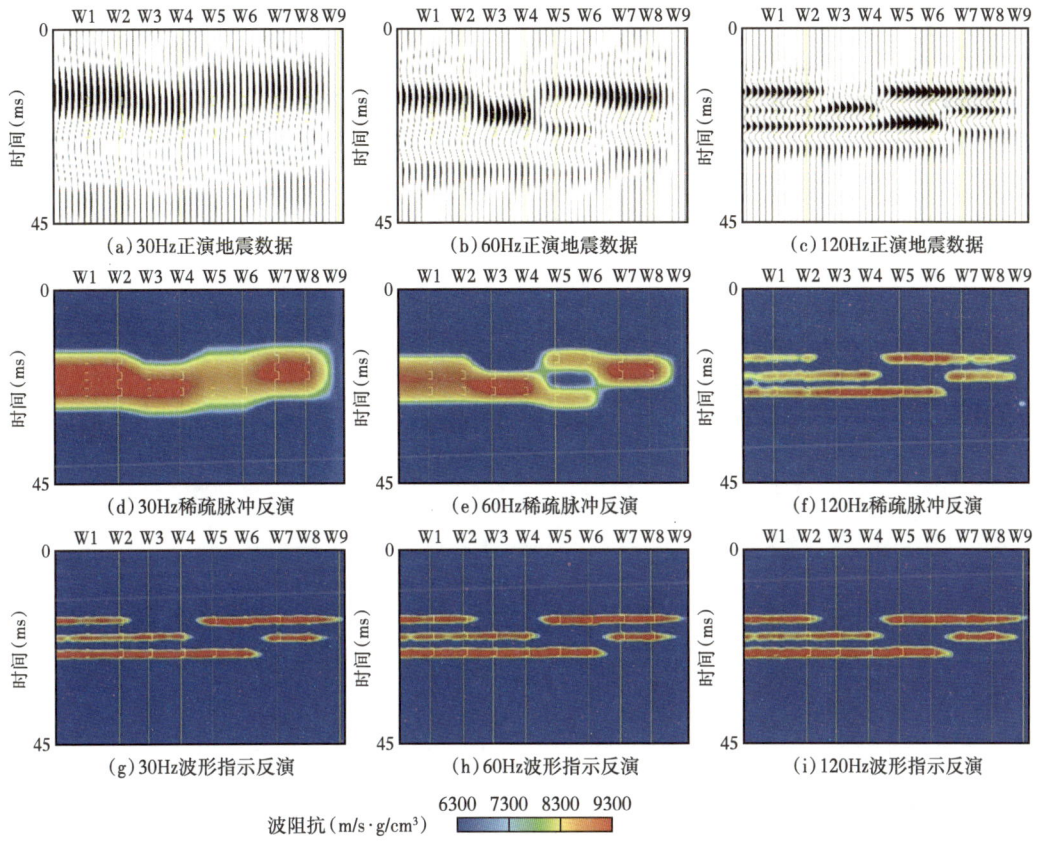

图 5-3-6　不同主频正演地震数据及不同方法反演剖面

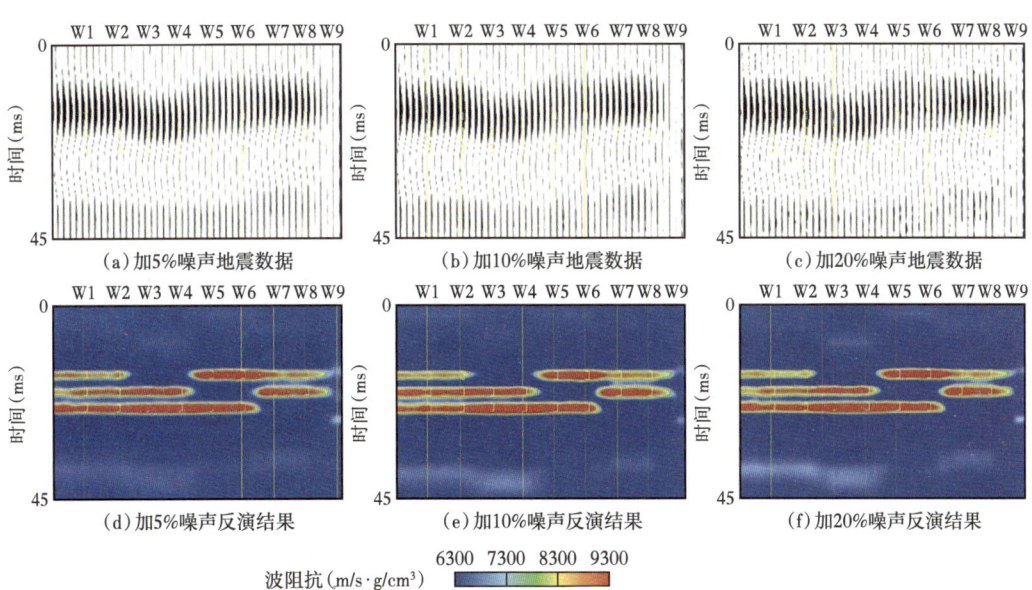

图 5-3-7　加随机噪声的 30Hz 正演地震数据与地震波形指示反演剖面

四、应用实例

研究区位于松辽盆地大庆长垣北部白垩系姚家组葡萄花油层。前人研究认为，该地层沉积时期大庆长垣北部地区受北部水系控制形成大型河流－三角洲复合体，广泛发育近南北向水下分流河道沉积。砂体埋藏深度为900~1200m，单砂体厚度为0.2~15.0m，47%的砂体厚度为1~3m[图5-3-8（a）]，呈现出典型的薄互层特征。油田进入开发后期阶段，挖潜的主要对象从厚层砂体转变为厚度小、横向变化快的砂体，因此需要精细刻画薄互层砂体。利用测、录井资料开展岩性测井解释，建立砂泥岩解释图版[图5-3-8（b）]。砂岩纵波波阻抗小于7600m/s·g/cm³，因此，纵波波阻抗可以识别砂泥岩，可以开展地震波形指示反演得到纵波波阻抗结果预测砂岩分布。

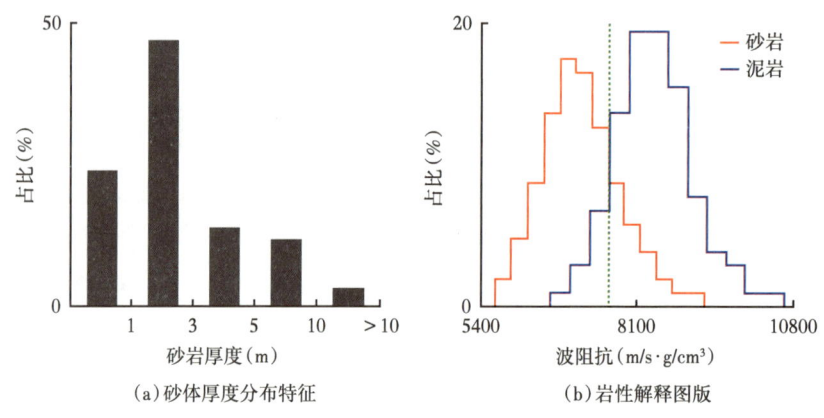

(a) 砂体厚度分布特征　　　(b) 岩性解释图版

图5-3-8　砂体厚度特征和岩性解释图版

研究区面积6.25km²，区内有钻井39口，且分布较为均匀。为验证波形指示反演算法的合理性，开展不同数量井参与反演实验：第1组实验39口井全部参与反演[图5-3-9（a）和（b）]；第2组实验模拟勘探阶段少井的情况，从39口井中随机选取10口井参与反演，其余29口井为验证井[图5-3-9（c）和（d）]；第3组实验模拟评价阶段不均匀井网的情况，北边25口井参与反演，南部14口井为验证井[图5-3-9（e）和（f）]。从上述3组实验的反演剖面[图5-3-9（a）、（c）和（e）]上可以看出，无论是参与井还是验证井，反演结果与钻井吻合程度都比较高，并且3组实验反演结果高度相似。按照岩性直方图确定的砂岩门槛值，提取了上油组砂岩[反演剖面中黑色虚线框，图5-3-9（a）、（c）和（e）]厚度图[图5-3-9（b）、（d）和（f）]，从图中可见，3个厚度图形态基本一致，都表现出了近南北向发育的两个河道砂体分支，主河道边界清晰，河道展布形态符合地质规律。

为进一步定量描述反演预测的精度，提取反演预测的上油组砂体厚度，与测井解释砂岩厚度进行对比分析。图5-3-10（a）为39口井全部参与反演对比结果，反演预测砂岩厚度与测井解释厚度相关系数达90.8%；图5-3-10（b）为模拟勘探阶段随机选取10口井参与反演的结果，红色点为参与反演井，相关系数达91.2%，蓝色点为验证井结果，相关系数达80%。图5-3-10(c)模拟评价阶段北边25口井参与反演结果，红色点为参与反演井，相关系数达 90.2%，蓝色点为验证井结果，相关系数达 80.8%。

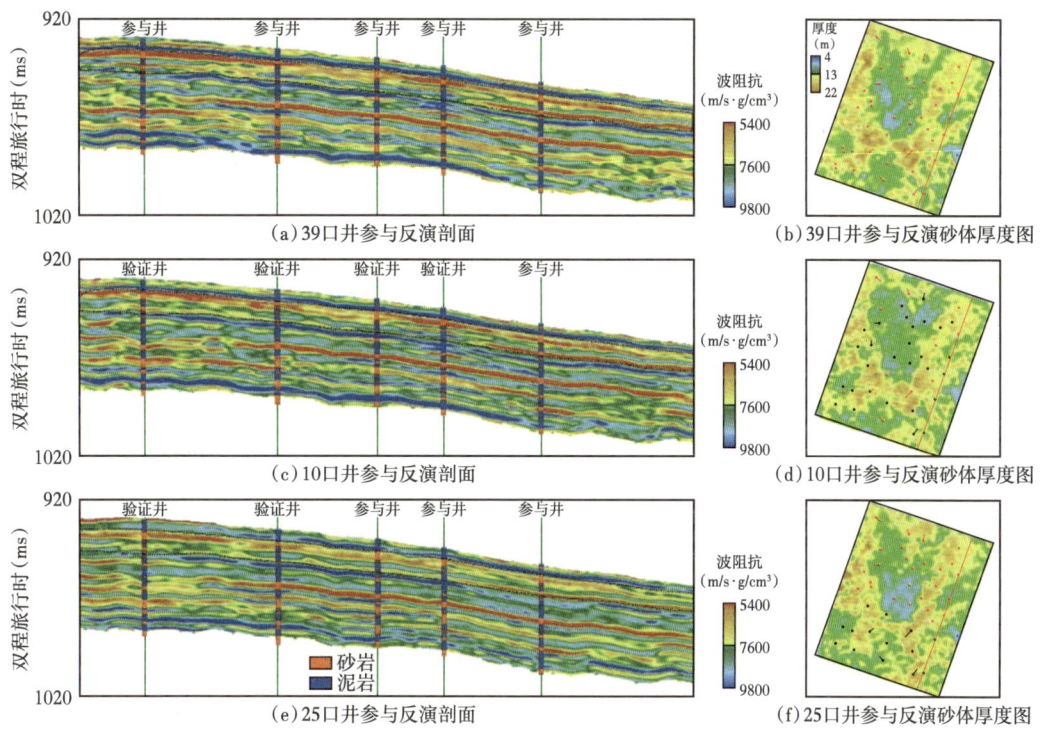

图 5-3-9　不同数量井参与反演结果对比

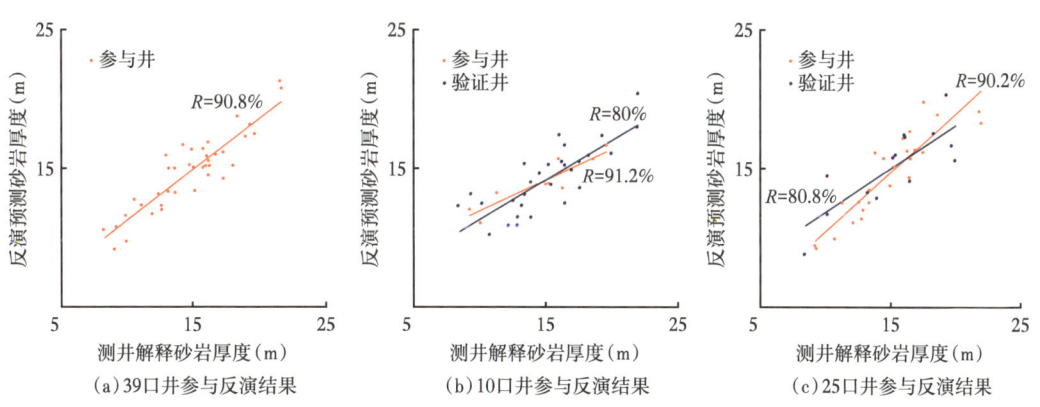

图 5-3-10　反演预测砂体厚度与测井解释砂岩厚度交会图

通过上述不同方法反演结果对比以及不同数量井参与反演结果表明，波形指示反演结果具有两方面的优势：（1）分辨率高，能识别厚度为 2~3m 的薄互层，同时反演精度高，参与井吻合率达 90%，验证井吻合率达 80%；（2）地震波形驱动测井曲线实现高分辨率反演，具有相控思想，不受井数量和井位分布影响，反演结果符合地质规律。

地震波形指示反演对大庆长垣薄互层的识别精度达到了 2m，通过地震波形指示反演与主流的确定性反演方法——稀疏脉冲反演结果的对比分析，进一步证明地震波形指示反演具有更高的精度。目的层三维地震资料主频为 40Hz，纵波速度为 3000m/s 左右，按照地震分辨率 1/4 波长理论，地震资料可识别的最大厚度约为 18.75m，显然不满足薄互层砂体识别的要求。从过井的地震剖面上［图 5-3-11（a）］可以看到，地震资料无法识别葡萄花油层的薄互层砂体。首先开展常规稀疏脉冲反演，从得到的纵波波阻抗剖面上［图 5-3-11（b）］可以清楚地看到，稀疏脉冲反演分辨率与地震资料大致相当，只能大致识别大套的砂层组，无法预测薄互层砂体。然后开展波形指示反演，从得到的纵波波阻抗反演剖面上［图 5-3-11（c）］，可以直观地看到，波形指示反演结果的纵向分辨率明显高于稀疏脉冲反演，能够识别薄互层砂岩，同时，砂岩横向变化特征符合地震特征，能够较好地刻画砂体横向边界，即波形指示反演也具有较高的横向分辨率。

为进一步定量论证两种反演方法的精度，分别从两个反演数据体上提取井点处曲线（以图 5-3-11 中 W3 井为例），如图 5-3-12 中第 1、2 道红色曲线为实测纵波波阻抗曲线（为便于和反演结果对比，实际纵波波阻抗曲线以 2m 采样率进行了滤波），可以看出，波形指示反演结果与实测曲线吻合度远高于稀疏脉冲反演。分别对两种反演结果按照砂岩门槛值进行岩性解释，与实际测井岩性解释结果对比（图 5-3-12）可以看出，波形指示反演解释岩性与测井解释岩性吻合度高，可识别厚度为 1.8~3.0m 的砂岩；而稀疏脉冲反演结果与测井解释岩性吻合度低，可识别的砂体厚度为 10m。由此可见，波形指示反演无论是吻合率还是反演精度都远高于稀疏脉冲反演。

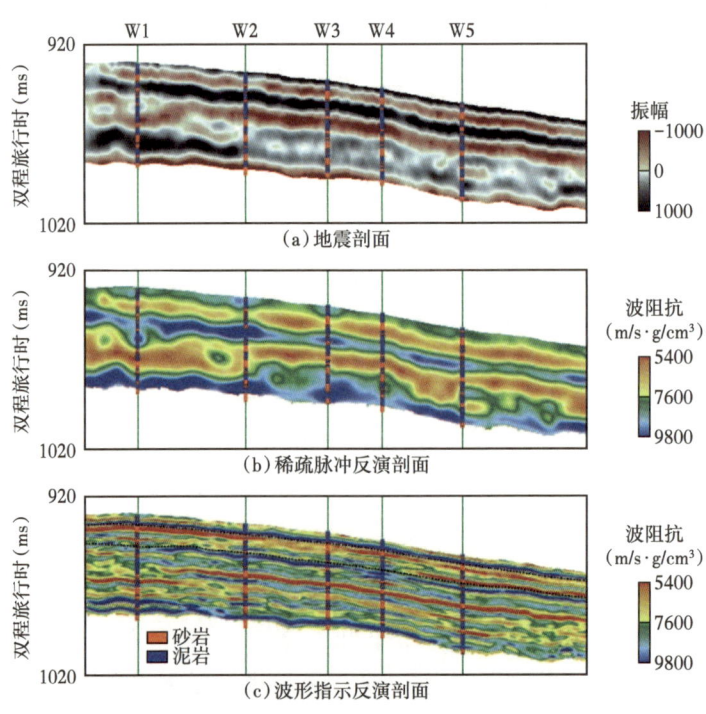

图 5-3-11　地震剖面与不同方法反演效果对比

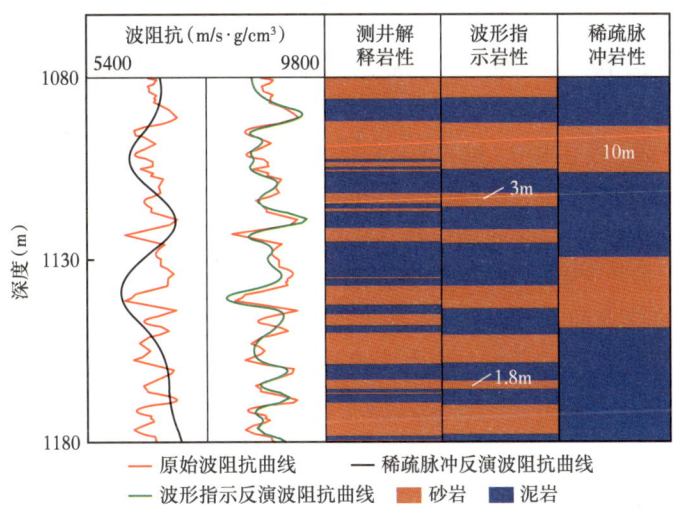

图 5-3-12 稀疏脉冲反演与波形指示反演结果对比

第四节　叠前波形反演方法研究与应用

近年来，基于模型的地震反演方法逐渐引起了地球物理学家的关注（Sen 和 Stoffa，1992；Mallick，1995；Sen 和 Roy，2003；Mallick 和 Adhikari，2015；Pafeng et al.，2017；Li et al.，2021）。与传统的递归反演方法相比，递归反演方法是对地震数据的直接反演，因此容易受到地震数据内的噪声，振幅保真度，以及频带宽度等因素的影响，而基于模型的反演方法避免通过对地震数据本身的直接反演，可以克服这些局限性（Russell，1988；Pafeng et al.，2017）。

基于模型的反演从一个初始模型或一组初始模型开始，并计算模拟的或合成地震数据。然后，将模拟数据与真实的（观察到的）地震数据进行比较，并以这样一种方式迭代更新模型，以便在连续的迭代中更好地匹配观察到的数据。根据所采用的数值优化方法，可以将基于模型的反演分为线性或局部反演和非线性或全局反演。基于模型的线性反演在每次迭代中利用失配函数梯度的算法（即：观测数据与模型数据之间的不匹配程度）来寻找最优的模型，尽管计算效率上这种方法比非线性反演方法更高，但当初始模型与真实模型差距较大时，利用线性的梯度算法有时无法找到真实模型（Tarantola，1987），与局部或线性反演不同，全局或非线性反演，如模拟退火（SA）和遗传算法（遗传基因算法）等，是在反演过程中试图找到失配函数的全局最小值（Sen 和 Stoffa，1995），并通过搜索更多的输入模型来解决反演问题的非唯一性。通过迭代计算这些模型的合成数据与观测数据进行匹配，从而得到与观测值匹配的最佳模型组合。虽然非线性反演方法在理论上即使初始模型离真实模型很远，也可以收敛到真实模型，但其计算量与线性反演方法相比，其计算量要高很多。

全波形反演（FWI）是目前基于模型的反演方法中最为先进的方法，它超越 AVO/AVA 反演所基于的褶积假设，采用基于全波动方程的方法作为反演的主要正演引擎。因此，理论上，FWI 建模过程中，能更好地模拟地震数据中出现的地下复杂波场的各种波传播效应，提供了比 AVO/AVA 更精确的地下模型（Mallick，2007）。另外，FWI 已经与其他的反演相结合，例如 Yuan 等（2019）提出 FWI 驱动的阻抗反演方法，对地质构造复杂的地区开展反演。Mallick 等（2000）、Benabentos 等（2002）、Sanchez 等（2003）以及 Mallick 等（2007）将 FWI 和 AVO/AVA 反演结合在了一种混合反演方案中，用于储层表征。在过去几十年里开发的大多数 FWI 方法都是使用有限差分（FD）或有限元（FE）方法进行正演建模的。FD 和 FE 的技术细节可以在 Boore（1972）、Whitmore（1983）、Hughes（1987）和 Li 等（2015a）等书中找到。这些方法主要是通过将空间域模型离散化，在时间域或频率域近似求解波动方程。FD 和 FE 的精度取决于模型离散的精细程度。同时，模型离散化越精细，这些方法对计算量的要求就越高（Li 和 Mallick，2015a）。由于 FWI 在每次优化迭代中都需要 FD 或 FE 建模，这可能需要数千次甚至上万次（Virieux 和 Operto，2009）的计算量，因此计算强度非常大，特别是在三维空间中。由于计算成本高，目前大多数 FWI 的应用仅限于各向同性声学问题（例如 Pratt，1999；Liu et al.，2012）或低频下各向同性弹性/各向异性声学问题（例如 Guasch et al.，2012；Warner et al.，2013）。尽管高性能计算和深度学习技术的最新进展使一些高分辨率 FWI 应用能够适用于储层表征（例如，Zhang 和 Alkhalifah，2020），但它们的应用仍然有限，仅由 FWI 估算的模型适用于深度成像，但目前还无法应用到油藏描述（Mallick 和 Adhikari，2015；Pafeng et al.，2017）中。此外，FWI 对计算量的需求本质使得它很难超越局部优化方法，这就需要一个准确的初始模型。在基于 FD/FE 的 FWI 反演方法提出之前，由 Sen 和 Stoffa（1991、1992、1996），Stoffa 和 Sen（1991），Mallick（1995，1999，2000）、Sen 和 Roy（2003）等提出了一种假设地下每一个共中心点（CMP）/共转换点位置是一维或水平分层的计算效率更高的基于模型的反演方法。这种一维波形反演采用的是一种计算效率更高的平面波域反射率方法来作为主要的正演模拟引擎。这种反演是 FWI 的一个子方法，Malick 和 Adhikari（2015）和 Pafeng 等（2017）将其称为叠前波形反演（PWI）。由于 PWI 的一维假设（局部地层是水平的），对于各向同性弹性（或黏弹性）介质，可以得到根据波动方程在平面波域求取其解析解，实现比数值正演方法（如 FD 或 FE）更有效地计算。因此，通过计算包括一次波、层间多次波和转换波等在内的全波场响应，PWI 可以提供比大多数现有方法更高的分辨率的反演结果来解决地下问题，比 FWI 的计算量需求更小，是利用现有计算资源进行地下储层描述的一种实用方法。

一、叠前波形反演方法（PWI）基本原理

叠前波形反演方法是基于模型的反演方法中的一种，它将模型参数的先验信息与正演问题的物理性质相结合，将观测到的（真实的）地震数据与模型预测的合成数据进行迭代匹配，从而达到指定范围内的精度。正演问题的物理意义是根据弹性波理论，采用反射率法，通过给定的模型参数计算平面波合成地震响应。反射率法是一种基于数值变换的正演

方法，基于水平地层假设，利用传播矩阵法求解波动方程得到解析解，是实现层状介质波场模拟的有效方法，能够提供波场的完整解，包括一次波、多次波和转换波等波场影响。其基本原理是在频率慢度域求解反射透射系数及波场响应，在这里要强调的是，对于一维反演，计算合成地震数据并将其与观测数据进行比较通常是在截距时间/射线参数（$\tau\text{-}p$）域中进行的。然而，由于常规的陆上地震数据偏移距通常相对较小，因此，可以将不同数据在角度域而不是 $\tau\text{-}p$ 域进行匹配。通过在地震主频四分之一波长范围内的固定入射角上对偏移后的道集进行部分叠加，实现输入叠前偏移距域道集到角度域道集的转换，并将其与角域合成地震道集进行匹配，然后将波场反变换回时间空间域。反射率法将输入（观测）地震数据分解为一系列平面波，用反射率法计算同一平面波的模拟地震记录并进行比较，具有平面波响应计算速度快，可以实现可以快速模拟各向同性、各向异性介质中的一次波、多次波和转换波，生产三分量地震数据，也可进行 VSP 观测、微地震正演等优势，各向异性介质包括 VTI、HTI、TTI、正交晶系等；并且在一维假设条件下，可以解析计算失配函数的梯度（Sen 和 Roy，2003），是一种在并行计算环境下效率较高的方法，为该类方法进行工业化应用提供了基础。但该方法也存在计算水平分层弹性模型完整地震数据的局限性，因此适用于研究区地质构造不复杂，为近似水平分层的地质构造，且输入地震资料需为叠前时间偏移后地震道集数据。

反演问题采用遗传算法的全局优化方法，遗传算法是一种类比生物进化的统计优化技术。其基本原理在 Goldberg（1989）中得到了很好的阐述，通过对方法的不断改进和调整以及在近年来不断的发展与应用进程中，遗传算法成功地应用于解决地球物理问题。遗传算法是一种随机优化方法，模拟达尔文生物进化论的自然选择和遗传学机理的生物进化过程，通过选择、交叉、变异等过程将问题解编码表示的"染色体"群一代代不断进化，最终收敛到最适应的群体，求得问题的最优解或满意解。它利用模型参数的先验信息和正演问题的物理性质，基于遗传算法的反演可以定义为是一种贝叶斯统计框架内的反演方法。在此框架下，利用模型参数的先验信息和正演问题的物理性质计算综合数据。然后将这些合成数据与观测结果相匹配，以获得模型空间中边际后验概率密度（PPD）函数的近似估计。

地震数据在经过叠前时间偏移之后，对于每个 CMP 位置的局部 1D 结构的假设对于 PWI 来说是充分的。对于每个 CMP 的位置，给出模型参数 v_p 和 v_s 以及密度（ρ）作为深度的函数，使用反射率法个构建一维建模来计算给定模型的合成数据。基于研究区各层模型参数的先验信息，考虑到计算效率，从选择的纵横波速度（v_p，v_s）、密度（ρ）初始模型及其用户定义的搜索区间出发，第一步是建立了一个初始 v_p 模型，该模型完全是基于为动校拉平优化的道集叠前地震数据的速度分析，生成 v_p、v_s 和 ρ 的各向同性弹性地球模型的随机总体。下一步是计算合成地震数据。理想情况下，完整的地震响应包括层间多重反射和模式转换，将是描述观测到的地震数据的最佳方法，包括薄层引起的干扰或调谐效应以及通过梯度带的传播效应。第三步是使用步骤 1 中产生的每个随机纵波速度，对观测到的叠前数据进行球面扩散和正常移动（NMO）校正。然后利用与地震观测数据相匹配的相应模型计算的合成集，对每个模型赋值，当随机地球模型在地下接近真实模型时，由于适当的 NMO 校正，观测集将与相应的合成集紧密匹配。在此过程中，该方法同时找到 NMO 速度和输入数据的正确幅度变化。因此，通过反演得到了低频和高频模型分量。然后使用适当选择的缩放函数缩放这些适应度值，并将其定义为每个模型的目标。基于适应度值，采用遗传算法对随机地球模型进行复制、交叉、突变和更新等操作。

（1）在复制过程中，从原始的模型集合中，按照给定的目标值比例生成新的模型集合。因此，与目标值较低的模型相比，目标值较高的模型被更多地选择。

（2）交叉时，从再生种群中随机选择两个模型作为亲本，在给定的交叉概率下，对其模型参数进行部分交换，产生两个子代。

（3）突变时，子代每个成员的模型参数以给定的突变概率突然改变。突变后，计算使用每个子模型的合成地震数据，并与观测数据进行比较，以获得每个子模型的新适应度值。

（4）最后，在更新中，比较每组亲本及其各自的突变子代的适应度值，并使用指定的更新概率，选择较高的两个作为下一代成员。上述这些操作将一代模型带入下一代，并重复此过程，直到收敛或达到预定的最大代数。在整个运行过程中，将所有目标存储在模型空间中，最后对其进行归一化，得到后验概率密度（PPD）。

二、叠前波形反演方法（PWI）核心参数分析

局部或梯度反演的精度取决于初始模型的选择。遗传算法是一种非线性全局方法，从理论上讲，它与初始模型的选择无关（Goldberg，1989）。然而，应用于地震数据的非线性反演方法并没有清楚地显示出这种独立性。PWI 的初始模型一般是从井的信息中获得的，利用 CRP 位置的可用井数据在整个三维工区内进行插值，为整个三维地震体的每个 CRP 位置点提供初始模型进行反演。然而，在新的勘探工区或井点较少的工区内，井约束后初始模型的高频成分只在井点准确，不利于空间约束，因此开发了一个完全数据驱动的工作流程来建立初始的速度模型：

（1）通过对叠前地震道集的速度分析，估算出使道集达到最大程度拉平的正常（NMO）地震道的 v_p，并将其定义为初始 v_p 模型。

（2）设 $v_s=v_p/2$，利用 Gardner 关系通过 v_p 模型计算密度模型，定义为 v_s 和 ρ 的初始模型。

从该初始模型出发，将 PWI 的反演过程依次分为三个阶段。

其主要的反演参数包括：扫描范围（初始模型依赖程度）、资料频带与主频（资料品质）、随机模型个数（计算资源）、反演精度等，反演的流程与主要参数的关系如图 5-4-1 所示。

由于运算时间是随着随机模型个数、反演群组内个体数和反演迭代次数的增加而呈指数—线性增加的性质，试图通过减小这些参数来提高运算效率，理论上遗传基因算法的发展是通过假设无限的种群规模进行无限轮次的迭代进行的（Holland，1975；Goldberg，1989），而在实际中，种群规模是有限的，遗传算法倾向于在模型空间的单个区域内随着繁衍次数的增加进行收敛，这种现象被称为"基因漂移"。当种群规模过小时会更加严重，并可能导致模型过早收敛到局部最优。因此，当这些模型接近全局最优结果时，这种是可取的，但在其他时候，必须阻止它，以避免过早收敛（Ayani 等，2020）。在处理有限种

群规模时，许多研究都是为了避免遗传算法在迭代早期过早收敛。因此，在两个具有近似相等的适配度值的模型之间，更多样化（即更高的欧氏距离）的成员更倾向于比另一个进展到下一代。以利用 NSGA Ⅱ算法进行多目标优化为例，Deb 等（2002）引入了"多样性"的概念，即沿着一个模型的目标轴测量与它相邻模型之间的欧几里德距离，他们建议下一代的模型应在精英主义中选择，而不是它们的适配度度和多样性。因此，在适配度值近似相等的两个成员之间，更多样化（即欧几里德距离更高）的成员更倾向于向下一代发展。Padhi 和 Mallick（2013，2014）成功地利用多样性概念反演了 2C（径向和垂直）地震数据的横向各向同性弹性属性和密度，为了实现 3C（垂直、水平 inline 和水平 crossline）地震数据沿两个炮检点方位角方向（即共 6 个目标）进行正交各向异性弹性属性和密度反演，在目标空间和模型空间中测量多样性比仅在目标空间中测量多样性更可取，这种多样性的概念可以很容易地应用到本文所使用的单目标优化方法中，从而使遗传算法可以在较小的种群规模下运行，进而提高计算效率。Ayani 等（2020）使用由 Sen 和 Stoffa（1992）提出的另外一种避免过早收敛的方法是利用的并行遗传算法的概念。在并行遗传算法中，种群规模较小的独立遗传算法分别运行，然后再组合。由于这些独立的遗传算法运行预期在模型空间的不同区域聚集，将它们组合在一起将允许广泛的模型空间采样和收敛到全局最优。在并行遗传算法中，对每一个规模较小的种群进行独立的优化计算，然后再组合。由于这些独立的优化计算被期待是在模型空间的不同区域进行聚集，将它们组合在一起将实现更广泛的模型空间采样和收敛以实现全局最优。

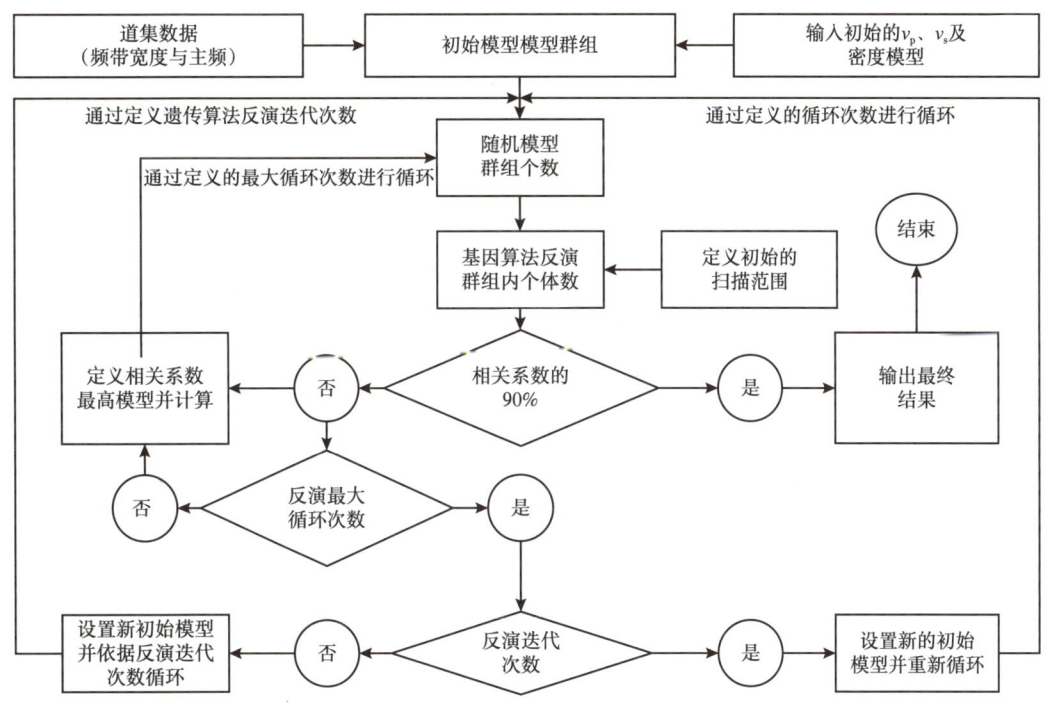

图 5-4-1　叠前波形反演主要参数

红色表示需要调试的参数

值得一提的是,将地震反演与深度学习相结合,在提高模型建立的效率方面显示出了很大的潜力。例如,Zheng(2019)将叠前地震反演当做深度学习问题,并使用卷积神经网络(CNN)直接从陆上观测系统中预测地下弹性参数。Kazei 等(2020)通过卷积神经网络训练将合成声波数据直接转换为速度模型,从而准确地刻画盐丘的顶部,比利用模型中所有炮点数据的建模速度提高约 10 倍,这与 FWI 相比计算效率显著提高,对于大规模的反演问题,这些深度学习是目前地震反演辅助方法的发展方向,也可能是解决这类问题的未来。

以实际资料的测试结果为例,利用随机模型群组个数为 80、反演群组内个体数为 800 和 80 个核进行双程反演的运算时间大约是 1h,相反,利用随机模型群组个数为 32、反演群组内个体数为 320 和 32 个核进行双程反演的运算时间是五分钟,因此。因此,使用这些参数进行 10 个独立的遗传算法优化计算用时将少于 1h。

图 5-4-2 说明了如何利用式(5-4-1)将计算的原始适应度值线性比例到缩放后的适应度值。假设使用式(5-4-1)计算的种群(模型)中给定成员的原始适应度值是 f,那么线性缩放将这个原始适应度映射到缩放后的适应度 f' 上:

$$f' = af + b \tag{5-4-1}$$

式中,a 和 b 为线性缩放的常数,由以下约束条件求取:

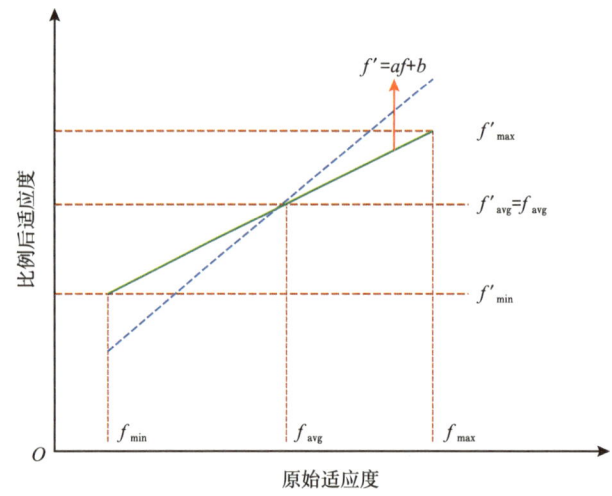

图 5-4-2　从原始适应度(f)到缩放适应度(f')的线性缩放示意图

$$f'_{\max} = S_C f_{\text{avg}} \tag{5-4-2}$$

$$f'_{\text{avg}} = f_{\text{avg}} \tag{5-4-3}$$

式(5-4-2)中,$f'_{\max}$ 为缩放适应度的最大值,f_{avg} 为原始适应度的平均值,SC 为用户自定义的线性缩放常数。在式(5-4-3)中,f'_{avg} 是缩放后的适应度的平均值,设为原始适

应度的平均值 f_{avg}。

将式（5-4-2）和式（5-4-3）代入式（5-4-1）中，可以直接推导出常系数 a 和系数 b：

$$a = \frac{(S_C - 1)f_{avg}}{f_{max} - f_{avg}} \qquad (5\text{-}4\text{-}4)$$

$$b = \frac{f_{max} - S_C f_{avg}}{f_{max} - f_{avg}} \qquad (5\text{-}4\text{-}5)$$

从式（5-4-1）、式（5-4-4）和式（5-4-5），表明可以利用三个参数将原始适配度 f 映射到缩放后的适配度 f' 上：（1）原始适配度的最大值 f_{max}；（2）原始适应度的平均值 f_{avg}；（3）自定义的缩放常数（S_C）。Mallick（1995，1999）发现在第一轮迭代时设置 S_C=1.1，在最大迭代次数时线性增加到 S_C=1.8，结果更稳定。

在初始条件下，以主频率半波长的分辨率对模型进行离散化，将 v_p、v_s 和 ρ 的搜索窗口分别设置为 ±15% 和 ±7.5%，以种群规模为 80，最大代数为 200 进行反演。然后将该反演得到的最大似然模型定义为初始模型，在四分之一波长处将其离散化，并以相同的搜索窗口、种群大小和最大代数进行另一轮反演。最后，将四分之一波长分辨率的最大相似模型定义为初始模型，将其离散到十分之一波长分辨率，并以种群规模为 160，最大代数为 200 进行最后阶段的反演。而 v_p 和 v_s 的搜索窗口为 ±5%，ρ 的搜索窗口为 ±2%，得到 v_p、v_s 和 ρ 的最终反演结果。

三、叠前波形反演方法（PWI）应用效果

利用大庆油田实际三维地震数据，对松辽盆地长垣地区的工区进行了三维反演，以实例验证了叠前波形反演方法的实用性。在沉积演化上，该地区处于裂谷后热沉积阶段。因此，根据有机质丰度、沉积构造和矿物组成，盆地内存在多种类型的非常规油气资源，包括几种致密砂岩或页岩储层。地质构造相对简单，目标层深度约为 2200~2400m，地层倾角一般不大于 3°，在此基础上，将原始地震数据作为叠前时间偏移后的典型地震数据进行时域处理，应用数据驱动反演方法对井位 CMP 进行反演，并将反演模型与实测数据进行对比。对于单一 CRP 位置点的反演的结果如图 5-4-3 所示。

从图 5-4-4 上可以看出反演结果与实际地震道集的相关性很好，可以满足建立初始地质模型的要求。因此采用数据驱动的方式在整个工区内选取 7 个 CRP 位置点，分别进行反演，利用反演出来的伪井点，通过插值的方式建立初始模型最初的 v_p、v_s 与密度模型，如图 5-4-5 至图 5-4-7 所示，分别为利用数据驱动方式建立的初始 v_p、v_s 与密度模型。

通过建立的初始速度模型，利用经过叠前时间偏移后的 CRP 道集，开展了试验区内的 3D 反演工作。图 5-4-8、图 5-4-9、图 5-4-10 为叠前波形反演得到的结果，分别得到了纵波和横波的速度和密度模型，精度较高，分辨率可达波长的十分之一。反演结果表明，得益于分辨率的提高，横向变化特征明显，能够有效表征陆相页岩甜点元素的空间分

布特征，准确反映沉积环境控制下页岩矿物学差异。根据反演得到的速度和密度模型，计算出相应的有机碳含量和脆性参数，可以为油气水平井分段压裂工程和井眼轨迹设计提供有力的技术支持。

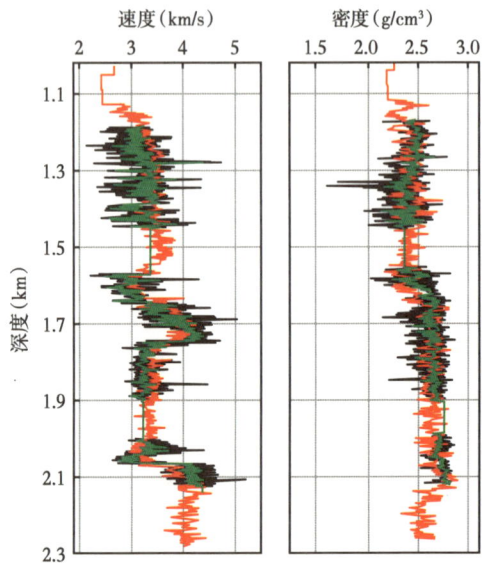

图 5-4-3　叠前波形反演得到的井位处 v_p 速度值与反演结果对比

黑色曲线为真实井曲线，红色曲线为反演结果，绿色曲线为平滑后的井曲线

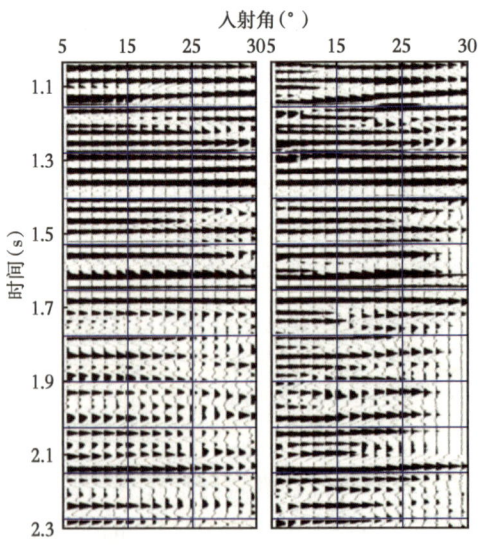

图 5-4-4　叠前波形反演得到的井位处角道集与合成地震角道集对比图

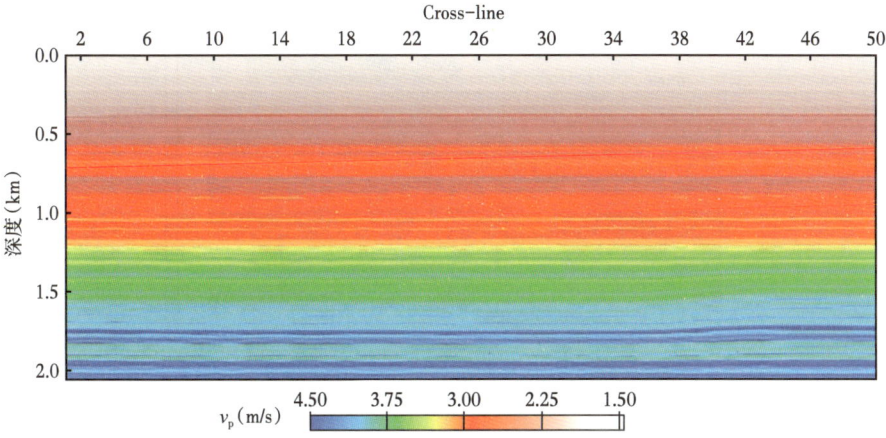

图 5-4-5　利用数据驱动方式建立的 v_p 初始模型图

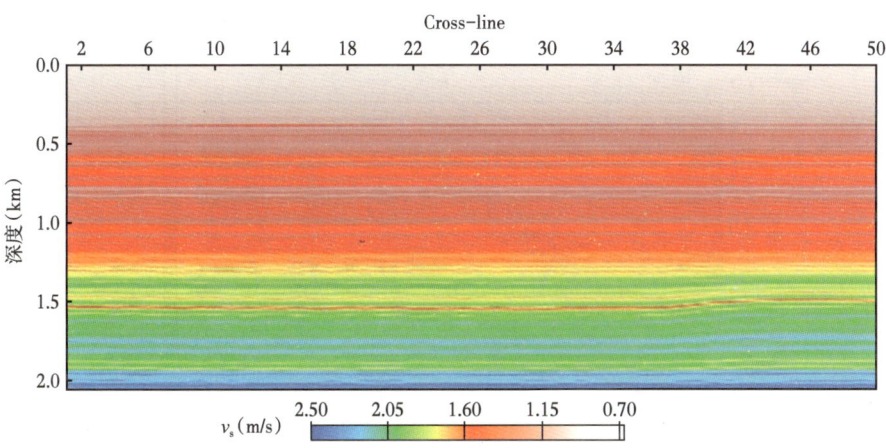

图 5-4-6　利用数据驱动方式建立的 v_s 初始模型图

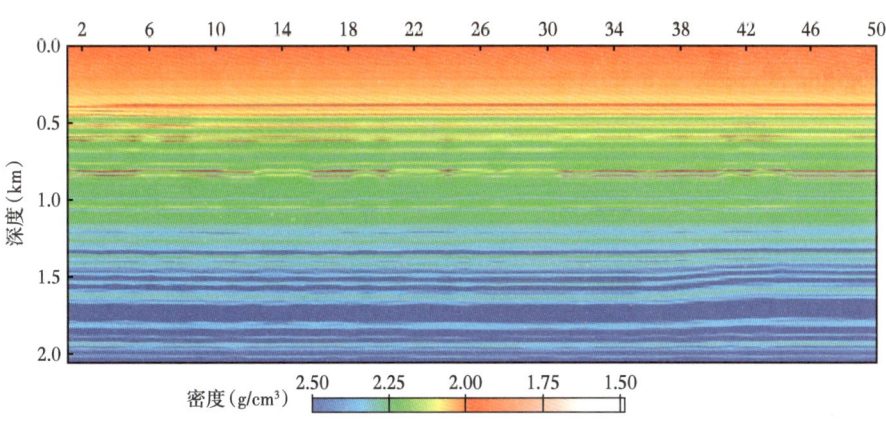

图 5-4-7　利用数据驱动方式建立的密度初始模型图

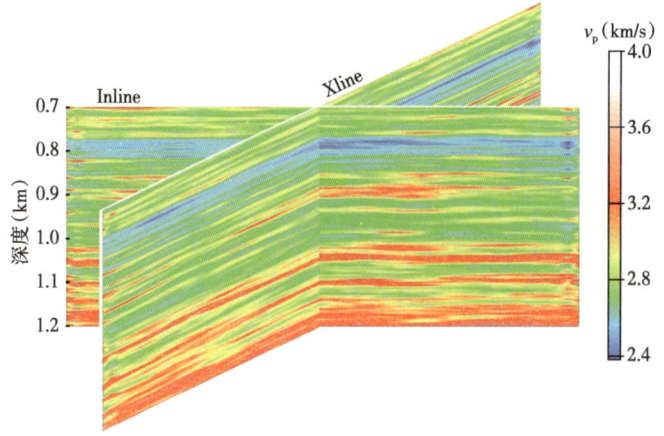

图 5-4-8　利用叠前波形反演方法得到的 v_p 反演结果

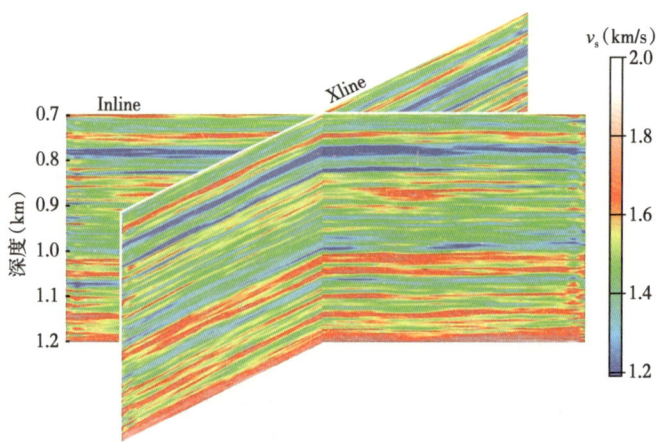

图 5-4-9　利用叠前波形反演方法得到的 v_s 反演结果

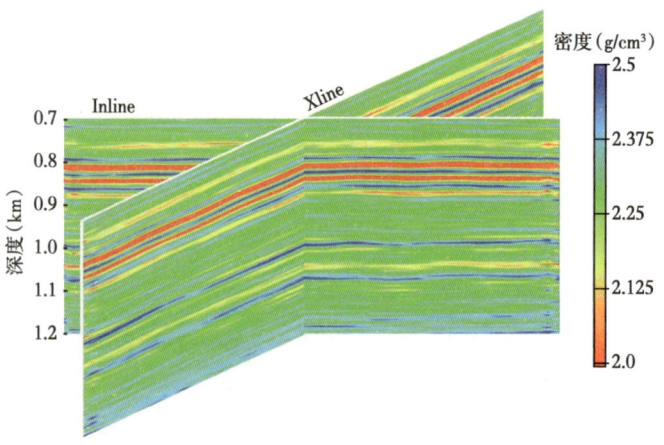

图 5-4-10　利用叠前波形反演方法得到的密度反演结果

第五节　讨论与技术展望

本章前四节重点介绍了目前松辽盆地北部薄互层储层定量预测常用的几种地震反演技术及应用效果，从国内外油田技术对标分析看，大庆油田薄互层储层反演技术目前处于世界领先地位，在中浅层常规油、致密油和深层致密砂砾岩气勘探开发中发挥了关键作用。但随着勘探开发程度的不断深入，薄互层预测难度也越来越大，目前面对的中浅层薄互层油藏主力单砂体厚度以 2~4m 为主、深层致密气藏单砂体厚度以 8~15m 为主，给地震反演储层预测带来了极大挑战，现有的地震反演技术还不能完全满足生产需求，需要发展更高精度的薄互层储层地震反演技术。本节重点阐述大庆油田薄互层岩性油气藏勘探对地震反演技术的迫切需求、薄互层储层地震反演技术存在的难点与挑战以及未来技术发展的展望。

一、薄互层储层地震反演存在的难点与挑战

中浅层常规油藏规模小、油水关系复杂、分布零散、隐蔽性强，具有"一砂一藏"的成藏特点，需要结合高精度的储层地震反演成果进行砂体边界刻画和精细油藏解剖。对反演储层预测技术的需求主要是利用高分辨、高精度地震反演技术提高井间单砂体的预测精度以及岩性圈闭边界的刻画精度，精细识别岩性圈闭和有效储层预测，优选有利圈闭目标。目前面临的难点与挑战主要是：单层砂体薄（2~3m）且纵向以薄互层组合为主，砂泥岩纵波阻抗叠置比较严重，受薄互层干涉作用影响，砂体地震响应特征多变，叠后波阻抗反演技术多解性强，而叠前反演技术受到叠前道集 AVO 保真性和分辨率制约，仍然不能较好的识别单砂体。

中浅层致密油砂岩厚度薄、储层物性差、纵向不集中、横向连通性差、砂体呈透镜状分布，油气聚集受岩性和物性双重制约。对反演储层预测技术的需求是精细刻画"甜点"砂体的厚度、物性、发育规模以及空间展布。目前对于泥包砂型"甜点"，通过持续的地震技术攻关，地震响应特征相对较清晰，地震反演预测精度较高，已经进行规模开发，但对于受扶余油层顶面强反射屏蔽下的薄砂体识别以及下部地层的多层叠置砂体，虽然也进行过一些攻关探索，但对屏蔽薄砂体及不同期次的叠置砂体发育规模、空间展布方向等预测精度仍然较低，还不能满足水平井部署的需求。从近几年部分水平井钻探效果看，面临的更大挑战是有效储层的预测，虽然水平段砂岩钻遇率很高，但含油砂岩钻遇率低，多数井段钻遇干砂岩，无法实现效益勘探开发，因此以精细的岩石物理分析为基础，通过地震反演精准预测物性好、含油性好的有效储层是当前中浅层致密油效益勘探开发亟需解决的关键问题。

深层致密砂砾岩单层厚度薄、岩性组合横向变化快、储层物性差、非均质性强，致密气"甜点"层是单层厚度大、物性好、含气性好的砂体，多套"甜点"层纵向叠合区是有利"甜点"区。对反演技术的需求是精准预测砂体的厚度、物性、含气性、发育规模以及空间展布，纵向刻画"甜点"层，平面识别"甜点"区。通过技术攻关，目前形成了以致密砂砾岩岩石物理分析为基础的相控叠前反演技术，在致密气勘探开发中起到了重要作用，但仍难以满足致密气效益勘探开发需求。面临的难点和挑战主要包括：一是单砂体厚

度薄（8~15m为主），叠前确定性反演无法有效识别，虽然叠前地质统计学反演可实现纵向单砂体识别，但受岩性组合横向变化快、钻井稀疏的制约，横向预测性差；二是受深层地震资料品质制约，叠前反演精度还难以满足储层物性、含气性精准预测的需求，从而导致"甜点"预测精度偏低的问题；三是面对深层地震地质条件，兼顾纵向高分辨率和横向良好预测性的叠前地震反演技术尚未出现，有待探索研究。

二、未来薄互层储层地震反演技术展望

薄互层储层地震反演一直是世界级难题。国内外诸多研究人员，多年来一直在不断努力探索。随着数学优化理论、计算机技术和地震反演理论的发展，地震反演技术必将得到快速的进步。未来利用叠前道集数据的地震波形信息，基于全局优化算法的叠前波形反演技术将在提高薄储层预测精度方面发挥较大作用；随着压缩感知理论的不断发展完善，基于压缩感知算法的地震反演技术将大大推动薄互层储层预测技术的进步。近年来，基于人工智能算法的地震反演技术也崭露头脚，处于快速发展过程中，未来有望成为薄互层储层预测的颠覆性技术，在薄互层岩性油气藏勘探开发中发挥关键核心作用。

参考文献

Anagaw A Y, M D Sacchi, 2012. Edge-preserving seismic imaging using the total variation method[J]. Journal of Geophysics and Engineering, 9, 138-146.

Andrea G P, Robert R S, 2020. Predicting reservoir quality in the Bakken Formation, North Dakota, using petrophysics and 3C seismic data[J]. Interpretation, 8（4）: T851-T868.

Ayani M, MacGregor L, Mallick S, 2020. Inversion of marine controlled source electromagnetic data using a parallel non-dominated sorting genetic algorithm[J]. Geophysical Journal International, 220: 1066–1077.

Benabentos M, Mallick S, Sigismondi M, et al., 2002, Seismic reservoir description using hybrid seismic inversion: A 3-D case study from the María Inés Oeste Field, Argentina[J]. The Leading Edge, 21: 1002–1008.

Bowker K A, 2007. Barnett Shale gas production, Fort Worth Basin: Issues and discussion[J]: AAPG Bulletin, 91: 523–533.

Deb K, Pratap A, Agarwal S, et al., 2002. A fast and elitist multiobjective genetic algorithm: NSGA-II[J]. IEEE Transactions on Evolutionary Computation, 6: 182–197.

Du Z, MacGregor L M, 2010. Reservoir characterization from joint inversion of marine CSEM and seismic AVA data using genetic algorithms: A case study based on the Luva gas field: 80th Annual International Meeting[J]. SEG, Expanded Abstracts, 737–741.

Fryer G J, Frazer L N, 1984. Seismic waves in stratified anisotropic media[J]. Geophysical Journal International, 78: 691–710.

Fuchs K., and G. Müller, 1971, Computation of synthetic seismograms with the reflectivity method and comparison with observations[J]. Geophysical Journal International, 23, 417–433.

Feng Z H, W Fang, Z G Li, X et al., 2011, Depositional environment of terrestrial petroleum source rocks and geochemical indicators in the Songliao Basin: Science China Earth Sciences, 54, 1304–1317.

第六章　井中地震勘探新技术

井中地震（VSP）是一种依托井孔进行地震波采集的地球物理方法，以垂直地震剖面法 VSP 为主，广义上还包括井间地震、微地震压裂监测等多种观测方式，与常规（地表）地震观测方式不同，井中地震数据能够贴井壁观测和研究地震波在实际地球介质中形成和传播的真实过程，获得有关地震波的成因及其传播介质性质、多分量波场类型转换等方面完整、丰富的资料信息，具有信噪比高、频带宽、波场丰富、受地表干扰少、地震波动力学和运动学特征明显等优点。随着油气藏勘探开发研究的不断深化，井中地震技术作为一种高分辨率的地震勘探方法受到了越来越多的关注，由于它兼具地震和测井、地面和井中等多方面数据特点，因此成为连接多学科油气勘探方法的桥梁和纽带，同时助力了地震分辨力和油气勘探效果的明显提升。

井中地震 VSP 技术作为一项地球物理专项技术，已经在采集、处理、解释等历近 40 年的创新发展，已经发展形成了诸如零井源距 VSP（ZVSP）、Walkaway VSP（WVSP）、Walkaround VSP、3DVSP、井地联采等多种采集实施方式，形成了 WVSP、3DVSP、井地联合及微震监测等技术系列，在油气勘探生产中发挥了独特作用。其中，ZVSP 资料用于标定储层地震反射特征和深度层位、地层吸收衰减因子求取、实现地震资料振幅恢复与补偿、井控提高地震资料分辨率、质控地震处理成果、准确识别和指导压制多次波等；WVSP 资料用于各向异性 VTI 参数提取、井旁地层叠加成像与构造模式的建立、复杂断裂的识别等；Walkaround VSP 资料用于提取各向异性参数 HTI 和地震资料各向异性叠加或偏移；3DVSP 和井地联采资料的应用除了包括 ZVSP 资料、Walkaway VSP 资料、Walkaround VSP 资料的应用外，还可以应用于三维立体高精度建模和成像等。除了 VSP 资料技术本身，井地联采、多井观测、井间地震等资料可以用于岩性及流体研究、井间连通性预测和油藏描述等，因此井中地震处理解释技术日趋成熟，在参数提取、噪音衰减、波场分离等方面取得长足进步，在实际资料应用中取得了良好的应用效果。此外，井中地震技术系列发展迅速，特别是井中 uDAS 光纤传感技术取得突破性进展，耐温耐压、全井段、高密度、安全的优势推动油气藏静态描述和动态检测技术上台阶，必将在油气藏动态监测和储气库安全监测等方面具有广阔的应用前景。综上可知，井中地震 VSP 技术在油气勘探开发中发挥着越来越重要的作用。

从国内外调研分析可知，井中地震技术在勘探生产中应用成效日益突出，凸显了井中地震技术的独特及不可替代作用，主要体现为两个方面：(1) VSP 驱动地面地震处理解释技术应用日益深化；(2) 在超深层碳酸盐岩、前陆复杂构造、深层岩性和非常规钻井、储层改造等工程应用领域发挥独特作用。但井中地震 VSP 处理和成像方面仍有待加大研究力度，3DVSP复杂构造成像技术仍未取得突破，随钻地震预测技术、永久埋置光纤DAS时移VSP技术、井间地震技术、基于分布式光纤传感（DAS）的智能化油田建设等处于试验探索阶段；急需科研攻关三维井地联合处理解释、VSP全波地震成像、多井DAS立体地震成像等技术，试验探索随钻地震预测、井间地震等技术。因此，还需要强化复杂构造准确成像、薄储层精细描述方面的综合应用，强化非常规油气勘探开发领域应用，拓展常规油气勘探开发中的应用规模。

围绕井中地震逆时成像技术难点，大庆油田有限责任公司自2012年开始，依托中国石油股份公司勘探与生产分公司重点课题《三维VSP井中地震逆时偏移成像方法与技术研究（2012—2015）》和《井中VSP地震成像处理配套技术研究及在松辽盆地岩性油藏评价中的应用（2015—2018）》开展井中地震逆时成像及配套处理技术攻关。项目组攻关团队经过7年连续的攻关探索，在VSP逆时成像及配套处理技术方面取得多项原创性成果。在VSP数据规则化方面，创新建立了针对井中地震资料的高保真时频域规则化新方法，并研发了基于多线程并行计算的高性能并行处理模块，有效解决了因炮点空间位置不规则引入的数据缺失问题，满足了实际资料应用需求；在VSP逆时成像方面，创新建立了规则化+稳相叠加两步法2D/3D VSP逆时偏移技术思路和流程，通过共检波点道集的规则化处理，解决了因地物因素引起的炮点数据缺失导致的中浅层偏移划弧假象。在此基础上，通过引入基于行波分离的VSP逆时成像条件、稳相道集提取和叠加处理，有效解决了因VSP观测系统不对称和覆盖次数不均匀引入的偏移划弧假象，显著提高了井周成像精度；在井中地震配套技术应用方面，创新建立了基于VSP资料的层位标定方法、层间多次波识别方法、VSP驱动地面地震高分辨率处理方法、基于VSP时深关系的钻前层位预测方法等，并在松辽盆地中浅层、深层、塔东等勘探领域进行推广应用，为大庆探区重点领域钻探目标优选和井位部署提供技术支撑。

本章共分三个小节，第一节主要介绍VSP处理技术方面的研究探索工作，包括VSP规则化重建技术、VSP逆时成像技术、VSP技术应用效果；第二节主要介绍井地联采技术方面的研究探索工作，包括井地联采原理、井地联合采集方案正演、井地联采技术流程及应用效果分析；第三节主要介绍井中地震技术展望，主要包括VSP处理技术下步发展方向和井地联采技术下步发展方向。

第一节　VSP处理技术研究探索

一、VSP规则化处理技术

1. 研究现状及存在问题

在井中地震资料采集阶段，由于受障碍物、禁采区、海洋拖缆羽状漂移和采集成本等因素的影响，使得地震数据沿空间方向通常是不规则或是稀疏分布的。在地震数据预处理阶段，由于剔除废道等因素也会引起地震数据的不规则分布。不规则地震数据不仅会导致后续处理产生噪声而且会对多道处理技术产生不良影响，如波动方程偏移、自由表面多次波消除和时移地震可重复性处理等。因此，对不规则数据进行规则化重建显得尤为重要。

传统的不规则地震数据规则化重建处理方法包括：植入零值道代替空缺道、用邻近道复制或插值出空缺道、在 3D 地震数据处理中通过对不同道集上的面元点进行叠加来忽略实际中存在的不规则采样点等。这些处理方法能够满足以往构造简单情况地震资料的处理要求，但是处理手段比较粗糙，没有从本质上解决地震波振幅、频率和相位的重建问题。

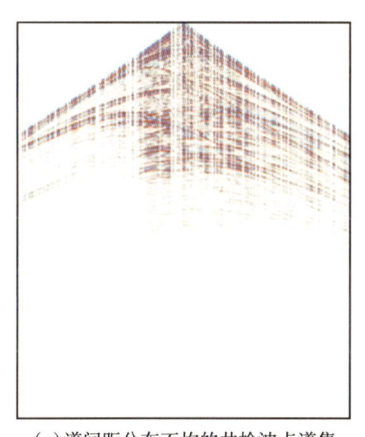 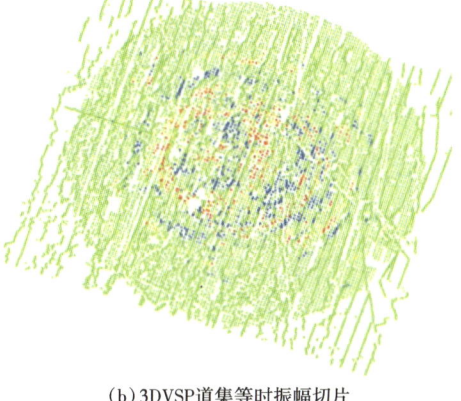

(a) 道间距分布不均的共检波点道集　　(b) 3DVSP道集等时振幅切片

图 6-1-1　不规则采集的 3D VSP 井中地震数据

分析图 6-1-1 可知，井中地震 VSP 数据空间分布特征具有以下 2 个方面的问题：(1) 空间采样具有稀疏性和非规则性；(2) 局部位置数据冗余度大。为此，需要针对井中地震资料的特点进行规则化重建技术的研发，才能满足实际资料高保真高精度成像应用需求。

2. 研究方法及技术思路

为了解决因地表因素引起的 VSP 资料在空间上的分布不均匀和数据缺失的问题，无法满足 VSP 逆时偏移技术对输入数据的要求，采用时频域阻尼最小二乘算法，实现理论模型缺失数据的规则化重建，最终实现规则化后 VSP 数据振幅和频带的有效保持，具体方法原理如下：

$$d = Gm \tag{6-1-1}$$

$$m^{\text{est}} = \left(G^{\text{T}}G + \varepsilon^2 I\right)^{-1} G^{\text{T}} d \tag{6-1-2}$$

式中，m 为规则化后数据，d 为稀疏数据，G 为重建矩阵，I 为单位矩阵，ε 为阻尼系数矩阵，m^{est} 为反演结果。

采用上述方法对三维岩丘理论模型正演道集数据进行验证（图 6-1-2 和图 6-1-3），3D 规则化后地震道数为 114244 道，道长 7s，采样间隔 0.5ms，耗时 3h/道集，分析可知，规则化前共检波点道集近期等时切片上的地震道随机缺失，而规则化后的共检波点道集得到波场重建，波场特征连续无畸变，由此验证了时频域阻尼最小二乘规则化方法的准确有效性。

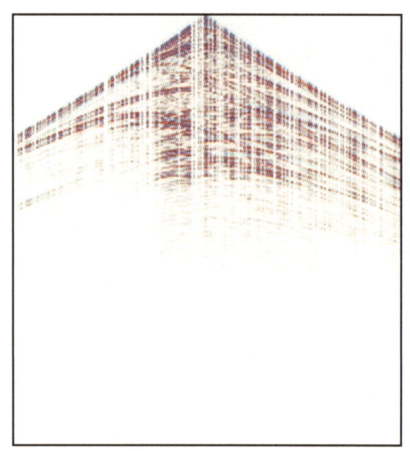 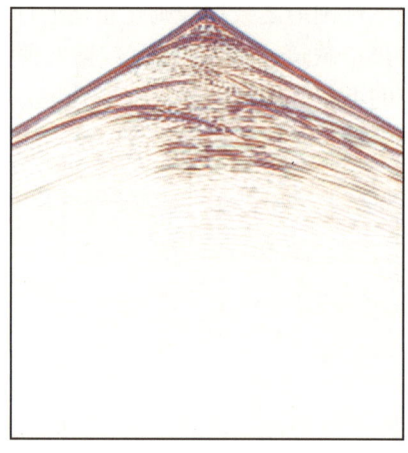

图 6-1-2　规则化前（左）和规则化后（右）共检波点道集

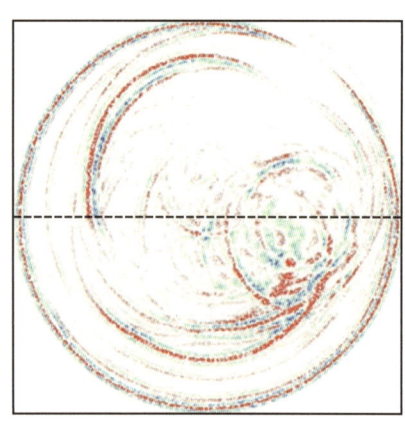 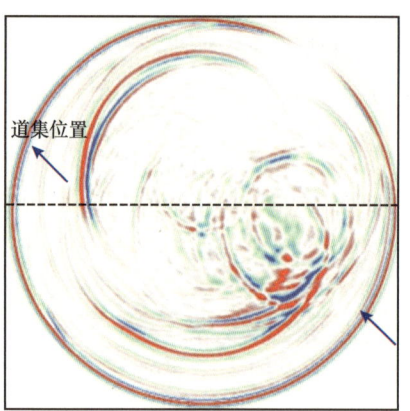

图 6-1-3　规则化前（左）和规则化后（右）等时切片

同时，时频域阻尼最小二乘规则化方法结合了 CPU 并行加速计算技术，研发形成了高性能的规则化技术应用模块，经程序调试和数据测试，完成准确性验证，满足多种实用化需求。研发软件模块：Ckyregularization input1.sgy，input2.sgy output.sgy outputgrid.txt。

VSP 规则化方法特点是：(1)适合 VSP 数据空间不均匀分布情况的规则化处理；(2)适合连续 3 道以上较大孔洞缺失数据情况；(3)规则化前和后的振幅和频带得到有效保持；(4)可以将 2D 不规则 WVSP 数据当 3D 数据进行规则化处理。

VSP 规则化技术模块特点是：(1)支持标准 SEGY 格式数据的自定义输入输出；(2)支持速度模型、叠后地震数据、井中地震数据等多种类型数据规则化处理；(3)支持自定义输出网格数据的规则化输出；(4)基于 CPU 并行处理影响处理效率高，满足生产需求（图 6-1-4）。

图 6-1-4　时频域阻尼最小二乘规则化方法软件模块的计算效率

集群	节点	CPU利用率（%）	内存使用率（%）	Swap使用率（%）	网络发送速率（MB/s）	网络接收速率（MB/s）	GPU使用率
GPU	gt08	100.00%	6.33%	1.20%	0.00	0.01	0.00%

3. 松辽中浅层 L10-1932 井 3DVSP 资料规则化应用效果分析

这里将时频域阻尼最小二乘规则化方法应用于松辽中浅层 L10-1932 井 3DVSP 资料。规则化前地震道数为 19544 道、数据大小为 373MB、道长为 5s、等时切片为 1.5s、道间距约为 40m（图 6-1-5），在等时切片上，纵波和横波同相轴能量近似呈同心圆状，但在共检波点道集上，纵波和横波双曲线同相轴特征断续特征明显；而经规则化处理后，共检波点道集纵波和横波同相轴能量的双曲线反射波场特征和等时切片同心圆状特征更加清晰，道间距变规则，规则化后地震道数为 869755 道、数据大小为 16.2GB、道长为 5s、耗时 2h、道间距为 5m（图 6-1-6）。

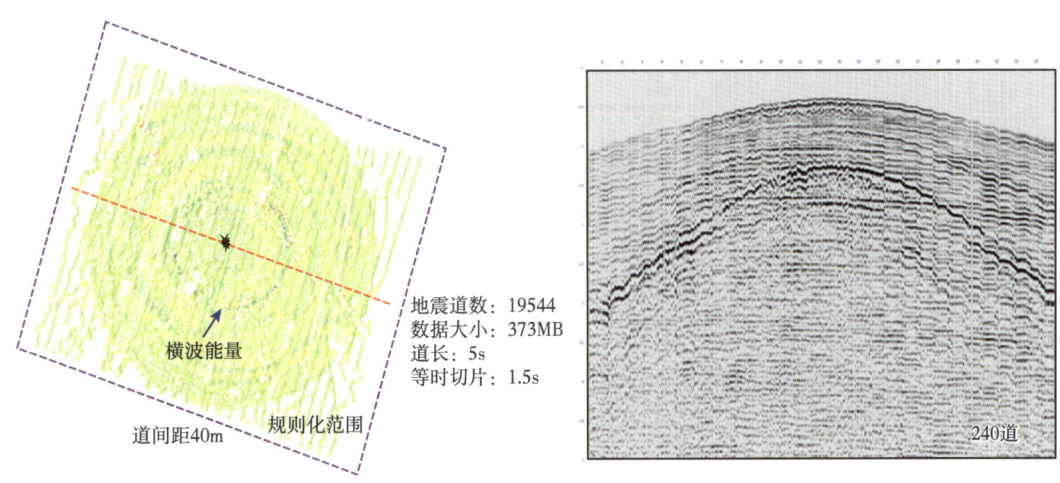

图 6-1-5　规则化前等时切片（左）和共检波点道集（右）

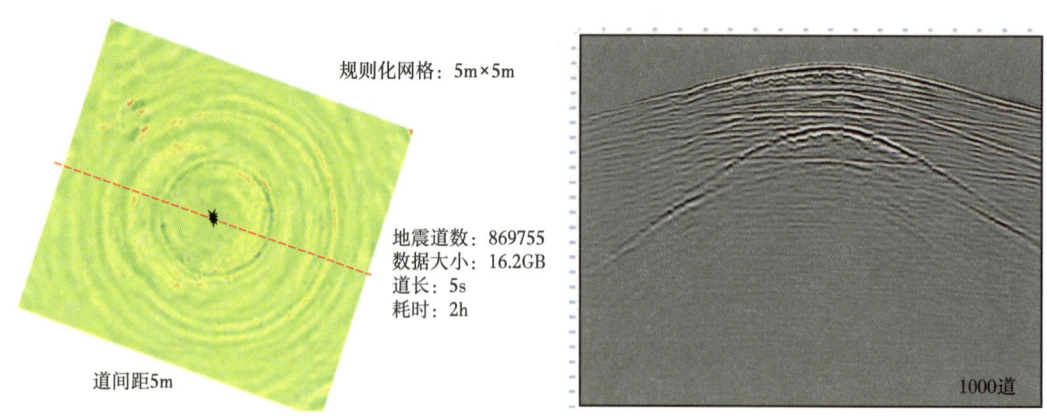

图 6-1-6　规则化后等时切片（左）和共检波点道集（右）

将规则化应用后的道集与相邻位置规则化前的共炮点道集对比可知：两者的波组特征、频谱等均得到有效保持，高频噪声得到压制，缺失的波场信息实现有效重建（图 6-1-7）。

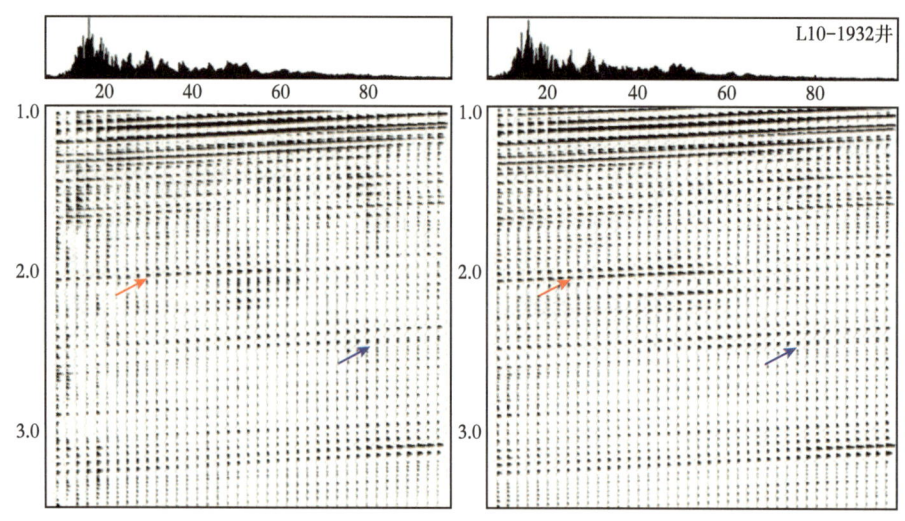

图 6-1-7　规则化点附近道集（左）和规则化后道集（右）

规则化处理后的共检波点上行 P 波数据的波场特征、振幅能量、频带等与规则化前数据得到了有效保持（图 6-1-8）。原始 VSP 数据的炮间距约为 10m，规则化后炮间距变为规则的 5m，由此解决了因地表采集因素引起的共检波点道集横向炮间距不均匀分布问题，满足了 3DVSP 逆时偏移成像应用需求。

规则化前的 VSP 逆时偏移剖面（图 6-1-9 左）整体存在较强能量的偏移划弧干扰，形成了断层假象，偏移划弧同相轴具有浅层细、深层粗的特征，这与地震波长在不同深度的大小呈正相关。而规则化后的 VSP 数据逆时偏移成像剖面（图 6-1-9 右），浅层偏移划弧能量得到了有效压制，但深层偏移划弧能量基本没有变化。综上分析可知，规则化处理能够有效衰减因数据缺失引入的偏移划弧能量，提高了成像精度。

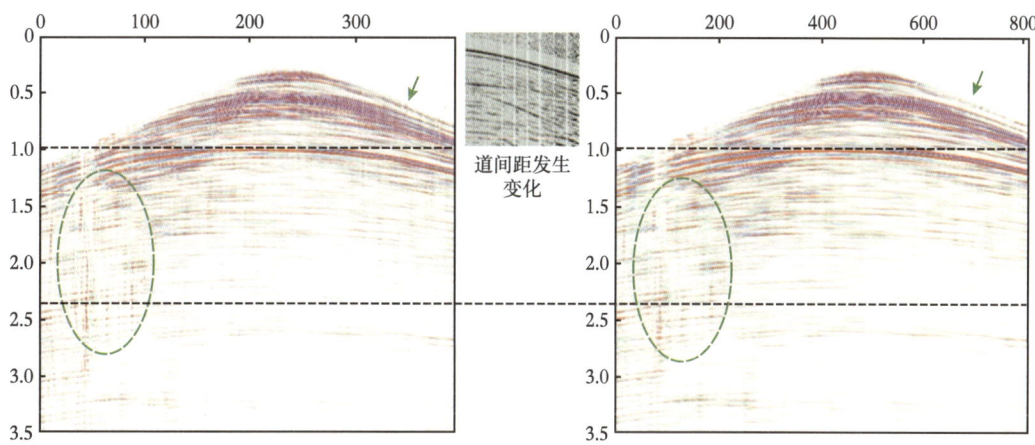

图 6-1-8　规则化前（左）和规则化后（右）共检波点道集

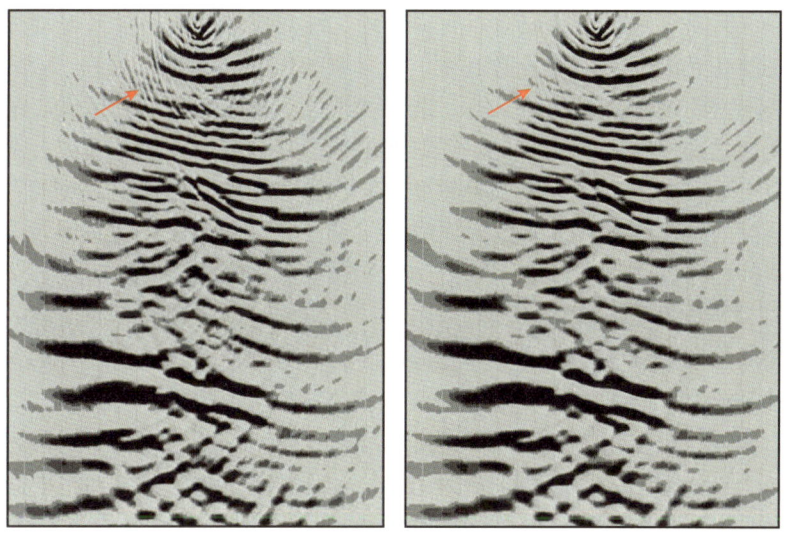

图 6-1-9　规则化前（左）和规则化后（右）的 3DVSP 逆时成像剖面对比

二、VSP 逆时偏移技术

1. 研究现状及存在问题

VSP 观测系统的不对称性造成了覆盖次数横纵向不均匀，其逆时偏移结果就进入了较强能量的偏移划弧噪声，形成了断层假象，如何将其保幅压制是难点。常规思路是将地面地震逆时偏移方法直接应用于 VSP 资料，虽然成像道集得到拉平，但其偏移结果叠加了偏移孔径内所有划弧噪音，并较大程度削弱了有效地层反射能量（图 6-1-10），最终偏移划弧能量掩盖了真实的地层反射信息，形成了断层假象。

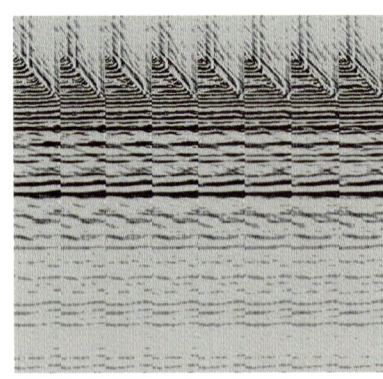 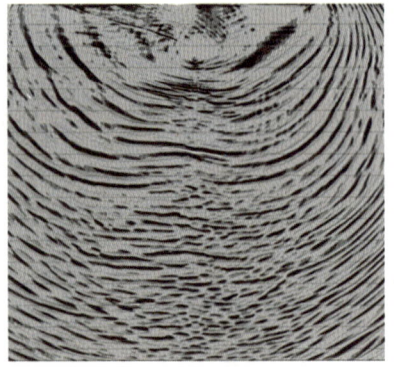

图 6-1-10 常规 VSP 逆时偏移成像道集(左)和成像剖面(右)

2. 研究方法及技术思路

目前,针对井中地震 VSP 资料的深度域成像方法主要包括克希霍夫积分法偏移、单程波方程偏移和逆时偏移。其中 VSP 克希霍夫积分法偏移方法,可以对陡倾角的地层能比较好地成像,但缺点是对当单成像点有多个到达时的成像问题不能较好地处理,并且该方法只能描述波在光滑介质中的传播过程,而对波的焦散问题难以解决;VSP 单程波波动方程偏移方法不需要进行射线追踪求解,这样就避免了高频渐进逼近假设,适用于复杂介质或横向速度变化剧烈地区的成像,但其缺点是基于双程波方程的单程波分解,虽然能很好地描述近似于垂直向下或向上传播的波场,但其描述大角度传播的波场时存在相位改变和振幅被削弱的问题,会导致陡倾角界面成像误差较大,同时还无法让回转波实现归位成像,因此这两种偏移方法都难以满足复杂介质 VSP 资料精确成像的需求。

VSP 逆时偏移技术具有理论上无倾角限制,可以实现对反射波、折射波、散射波、回转波、棱柱波以及多次波的正确成像,获得精确的动力学信息,具有良好的保幅性,同时可以适应介质速度的横向剧烈变化,能够对常规 VSP 地震成像方法所无法进行准确成像的复杂区域,如盐丘及强断裂带,均可以实现准确成像。VSP 逆时偏移的技术实现具体包括四个步骤:(1)计算由震源激发的振动沿时间轴正向延拓的波场,并将中间结果保存下来;(2)计算由接收点记录沿时间轴反向延拓的波场,并记录中间结果;(3)将正向延拓和反向延拓波场利用成像条件进行成像,完成单个道集资料 VSP 偏移成像;(4)对所有道集资料的偏移成像结果进行叠加,由此完成整个逆时偏移处理。

这里先给出本节提高 VSP 逆时偏移的关键环节,包括:(1)采用 16 阶有限差分算法进行逆时波场延拓,提高数值算法精度和处理结果的可靠性;(2)采用褶积 PML 吸收边界条件消除人为截断边界影响;(3)采用归一化逆时成像条件提升成像结果能量的均匀性;(4)采用 CPU/GPU 协同高性能计算技术加快逆时成像处理;(5)制作稳相 VSP 逆时成像道集并实现优化叠加,消除因覆盖次数不均引入的井周断层假象;(6)采用扩散滤波方法相对保幅压制背景噪声,提高成像结果的信噪比和分辨率。下面重点介绍归一化逆时成像条件以及稳相 VSP 逆时成像道集的制作和优化叠加方法,其他内容参见第四章第三节相关内容。

VSP 逆时偏移采用如下的地震波动方程：

$$\frac{\partial^2 p}{\partial x^2}+\frac{\partial^2 p}{\partial y^2}+\frac{\partial^2 p}{\partial z^2}=\frac{1}{v^2}\frac{\partial^2 p}{\partial t^2} \quad (6-1-3)$$

其中
$$p=p(x,y,z,t)$$

式中，p 是标量波场，v 是速度。

常规 VSP 逆时偏移通常采用如下的相关法逆时成像条件：

$$I_1=\nabla^2\int P_s(x,z,t)P_r(x,z,t)\mathrm{d}t \quad (6-1-4)$$

为了有效解决了上述问题，并提高 VSP 逆时成像精度，提出了如下形式的归一化 VSP 逆时偏移成像条件：

$$I_2=\nabla^2\frac{\int P_s(x,z,t)P_r(x,z,t)\mathrm{d}t}{\int P_s(x,z,t)P_s(x,z,t)\mathrm{d}t+\xi^2} \quad (6-1-5)$$

式中，I 为成像结果；P_s 为震源正向传播波场；P_r 为检波点逆时延拓波场；∇^2 为拉普拉斯算子；ξ 为稳定性因子。

3. 模型研究

以二维 VSP 岩丘模型为例，模型尺寸为 3.38 km×2.1 km，空间网格尺寸为 10 m，深度步长 10 m，最大速度为 4482 m/s，最小速度为 1500 m/s。分析常规相关法 VSP 逆时成像条件应用效果可知（图 6-1-11 左），成像结果存在横纵向能量分布不均匀、井痕迹明显等问题，应用效果欠佳；而采用归一化逆时成像条件后（图 6-1-11 右），成像结果存在横纵向能量变均匀，地层细节刻画更清晰，分辨率更高，由此验证了归一化 VSP 逆时成像条件的准确有效性。

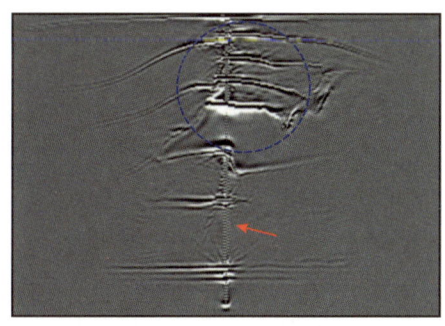 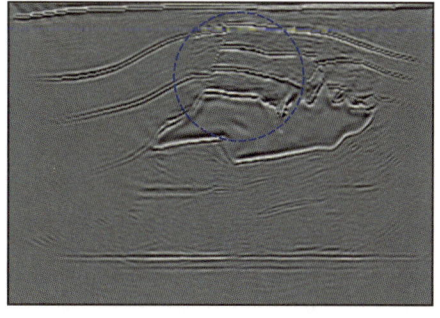

图 6-1-11 常规相关法逆时成像条件（左）和归一化逆时成像条件（右）应用效果对比分析

以三维岩丘理论模型为例[图 6-1-12（a）和（b）]，模型尺寸为 3.38km×3.38km×2.1km，空间网格尺寸为 10m×10m，深度步长 10m，最大速度为 4482m/s，最小速度为 1500m/s。

采用逆 VSP 观测方式进行理论模型数据采集和成像处理,即炮点置于井中不同深度处,检波点布置于整个地表。

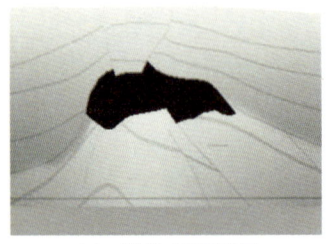 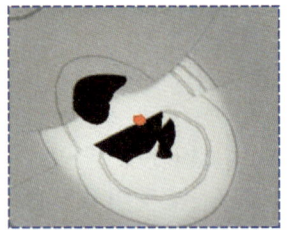

(a)三维岩丘模型剖面　　　　　(b)三维岩丘模型等深度切片

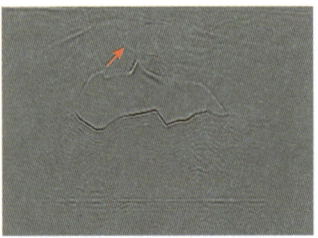 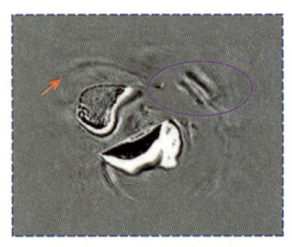

(c)某软件VSP逆时成像剖面效果　　(d)某软件VSP逆时成像等深度切片

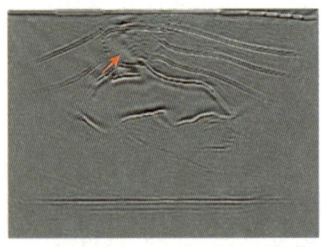 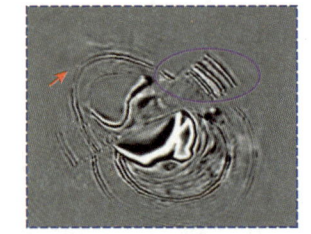

(e)新方法VSP逆时成像剖面效果　　(f)新方法VSP逆时成像等深度切片

图 6-1-12　三维 VSP 岩丘模型逆时成像应用效果分析

分析可知,不同逆时成像方法软件对应成像结果均能够实现三维 VSP 岩丘模型的构造成像,岩丘边界刻画清晰。但受 VSP 数据覆盖次数不均匀影响,某软件成像效果频散严重,成像结果不聚焦,因此成像精度较低[图 6-1-12(c)和(d)],而采用归一化逆时成像条件后[图 6-1-12(e)和(f)],岩丘模型边界及上覆地层和岩下地层刻画均清晰准确,等深度切片上地层边界清晰,能量一致性较好,因此 VSP 逆时成像精度较高,由此建议不验证了归一化 VSP 逆时偏移成像条件的准确有效性。

4. 稳相逆时偏移成像道集的制作和优化叠加

以松辽盆地 L10-1932 井 WVSP 资料成像为例,该工区共采集 396 炮数据,井中布置 40 级检波器,检波器间距为 10m。通过 WVSP 资料的保真处理和速度建模,得到适合 VSP 逆时偏移的上行反射 P 波道集数据和深度域速度模型,并通过优化逆时偏移频率、网格等关键参数,在共检波点道集上完成 WVSP 数据的规则化处理(图 6-1-8)和 3DVSP 逆时偏移处理。

由于常规逆时偏移将炮点和检波点波场沿着成像路径相关成像（图 6-1-13 左），虽然成像道集得到拉平（图 6-1-14 左），证明了速度模型的准确可靠性，但成像结果中叠加了偏移孔径内所有无效波场能量，较大程度削弱了有效地层反射能量，偏移划弧能量掩盖了真实的地层反射信息，形成断层假象（图 6-1-15 左）；为此，在规则化处理道集基础上进行 VSP 逆时偏移成像，并选择从成像点出发，提取稳相 VSP 逆时成像道集（图 6-1-13 右），通过叠加近似水平段成像道集（图 6-1-14 右），从而压制偏移划弧干扰，提高成像精度（图 6-1-15 右）。

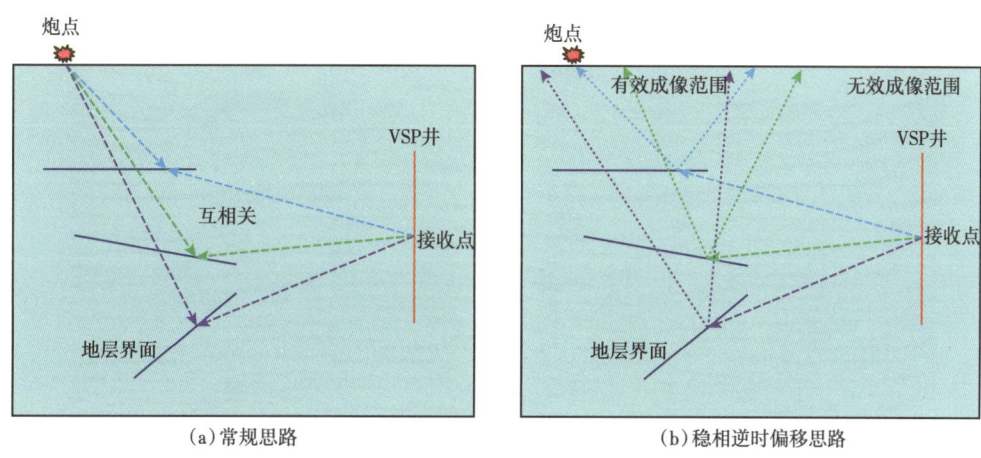

图 6-1-13　常规思路及稳相逆时偏移思路对比

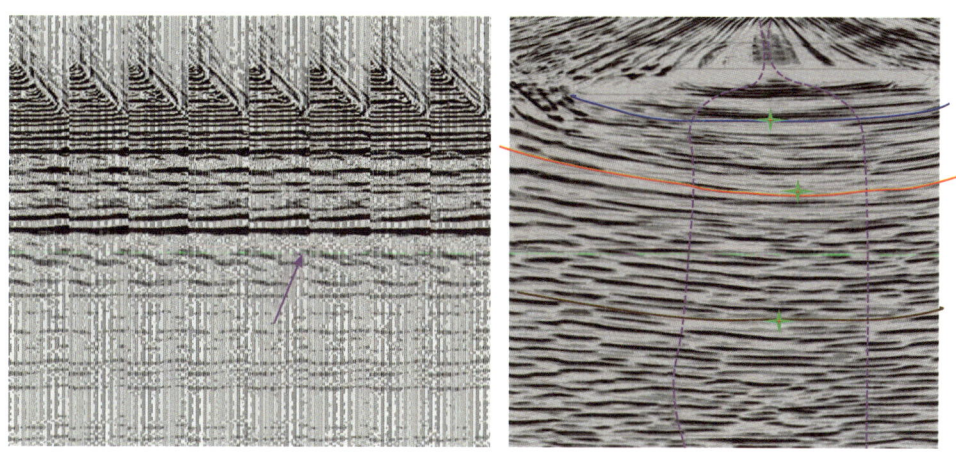

图 6-1-14　常规 VSP 逆时偏移成像道集（左）和稳相 VSP 逆时偏移成像道集（右）对比

稳相 VSP 逆时偏移的理论依据是考虑到波场传播的时间一致性成像原理和 VSP 炮检波点波场成像路径的不对称性，不同偏移距的炮点波场传播到某一成像点的时间与井中检波点处的波场逆时延拓到该成像点的时间一致，则在该成像点进行聚焦成像，同相轴近似水平，而当两者的传播时间不一致情况，则不在真实的空间位置上进行成像，成像道集的同相轴呈弯曲形状。于是选取逆时成像道集中同相轴近似水平段进行叠加，其余部分作为偏移划弧能量的贡献层段。因此具体实施步骤是对 VSP 逆时成像道集沿着偏移距进行排序构建稳相道集，并基于稳相道集的稳相点拾取第一菲涅尔带半径内的有效成像数据段，从而最大程度突出了有效地层反射能量，有效衰减偏移划弧能量，恢复真实的地层反射信息，提高成像精度。图 6-1-16 显示，规则化＋稳相 VSP 逆时偏移处理结果在井周及深层成像剖面的偏移划弧能量得到有效衰减，断层假象也得到了明显的压制，同时对比 Kirchhoff 深度偏移和常规 VSP 逆时偏移结果，改进后的逆时偏移应用效果在偏移划弧断层假象的压制、信噪比、可靠性等方面具有明显的改进效果，从而验证了方法的准确有效性。

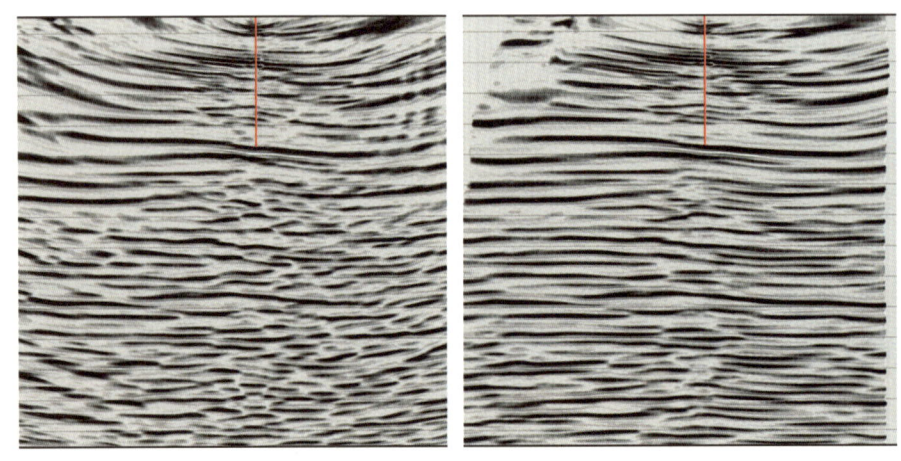

图 6-1-15　常规 VSP 逆时偏移剖面（左）和稳相 VSP 逆时偏移成像剖面（右）对比

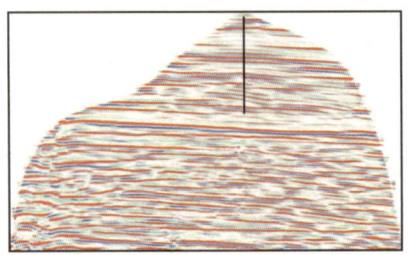

(a) VSP 克希霍夫深度偏移结果

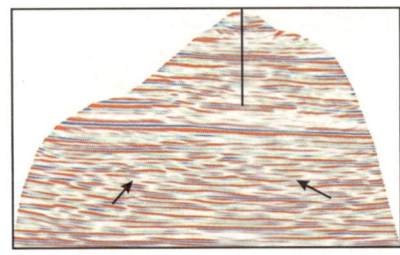

(b) 逆时偏移直接应用于 VSP 资料的成像结果

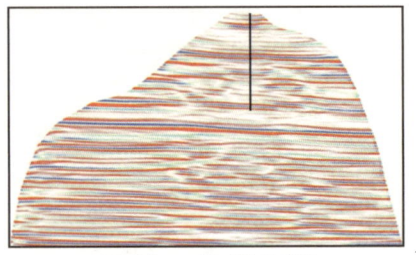

(c) 稳相 VSP 逆时偏移结果

图 6-1-16　WVSP 资料不同 3DVSP 逆时成像效果对比

三、应用效果

在井中地震配套技术应用方面，通过攻关研究形成了 VSP 驱动地面地震处理解释技术系列，下面以基于 VSP 资料的层位标定方法和 VSP 驱动地面地震高分辨率处理方法为例精细阐述。

1. 基于 VSP 资料的层位标定方法

首先，基于测井资料制作合成记录的子波是人为给定的，其振幅谱与相位谱不可能模拟实际介质中子波随深度的变化；其次，制作合成记录的波阻抗界面的反射系数是根据声波测井和密度测井资料计算得到的，但是这两项油井资料会受到泥浆污染与井壁结构的影响；声波测井和密度测井通常不是进行全井段观测，据此资料制作的合成记录在地震剖面上的位置是浮动的，不能准确定位。针对前述常规地震层位标定过程中存在的问题，提出了基于 VSP 资料的地震层位综合标定方法，以 VSP 速度为标尺，形成全井段自动层位标定技术，解决测井速度弥散效应，避免人为拉伸进行井震标定误区。

声波测井利用的是 1000Hz 以上的声波计算地层速度，具有频散效应，并且受井径环境变化等影响，因此利用声波资料进行地震层位标定时需要对声波进行拉伸压缩。VSP 采用与地面地震频带接近的 100 Hz 左右的地震波，其测量得到的地层速度可以直接用于层位标定。为了提高储层标定精度，利用 VSP 资料对声波曲线进行校正，利用校正后的声波曲线和 VSP 资料综合对地震记录进行标定。校正声波曲线主要求取每个采样点校正量，首先利用插值方法把 VSP 时深关系插值成声波深度采样间隔，然后计算 VSP 与声波时深关系的时差，并采用均值滤波对时差进行适当平滑，其中声波曲线校正量公式为：

$$\mathrm{d}T_i = \frac{1}{m}\sum_{j-\frac{m}{2}}^{i+\frac{m}{2}} \left(T_{\mathrm{VSP},j} - T_{\mathrm{AC},j} \right) \quad (6-1-6)$$

式中，i 是声波曲线样点序号；m 是均值滤波道数；$T_{\mathrm{AC},j}$ 为从第 1 个深度点到第 j 个深度点处的声波双程时；$T_{\mathrm{VSP},j}$ 为从第 1 个深度点到第 j 个深度点处的 VSP 双程时。

以松辽盆地龙 45 井为例，图 6-1-17 为 VSP 时深关系校正前和后的测井层速度与 VSP 层速度对比图，分析可知，校正后的测井层速度与 VSP 层速度趋势一致。图 6-1-18 为 VSP 时深关系校正前的测井与 VSP 时深关系对比图，分析可知，校正后的测井时深关系与 VSP 时深关系一致性更好。于是，利用 VSP 时深关系校正后的测井速度和时深关系进行合成记录标定（图 6-1-19）。VSP 时深关系校正后的合成记录，与常规井震标定方法相比，在目的层相关系数从 80% 提高到 85%，波组对应关系更好，由此表明，VSP 时深关系校正处理可以有效消除由于测井速度弥散对合成记录标定效果的影响，从而改善了合成记录标定质量。

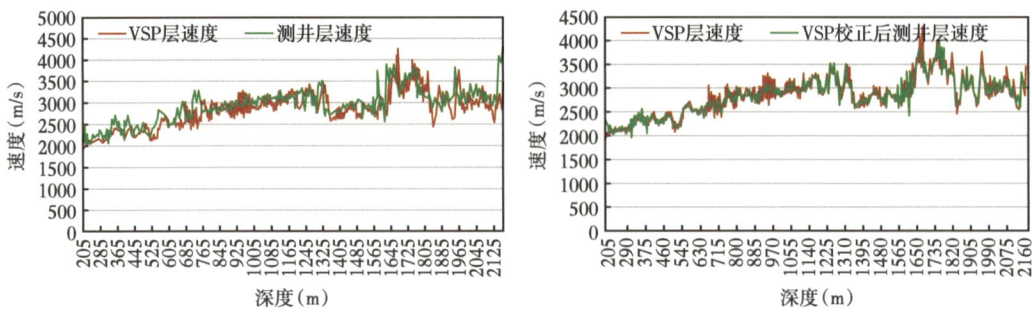

图 6-1-17　VSP 校正前和后测井层速度图

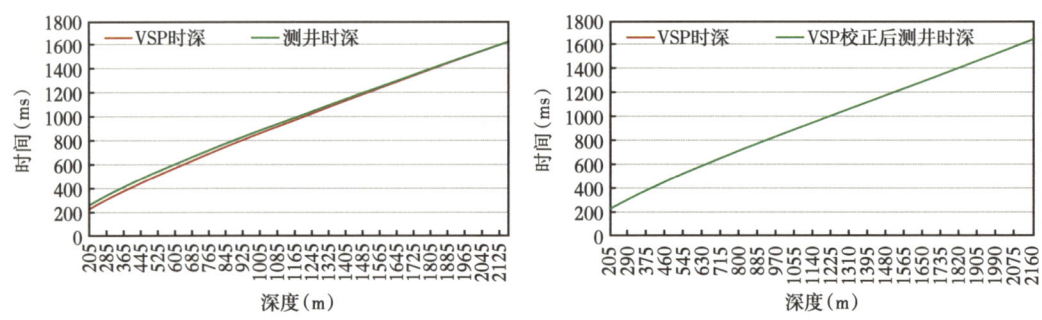

图 6-1-18　VSP 校正前和后时深关系图

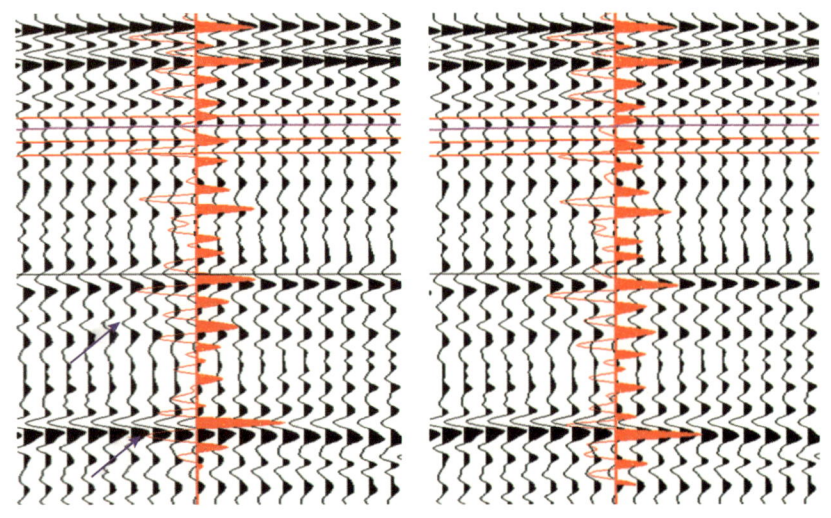

图 6-1-19　VSP 时深关系校正前（左）后（右）合成记录标定

2.VSP 驱动地面地震高分辨率处理方法

在地震资料处理中，反褶积是消除多次波、提高地震分辨率的重要手段。然而，这种处理手段的效果在相当大程度上取决于子波估计的正确与否。常规地震资料处理中，一般是利用反射波提取子波。而 VSP 观测的是在井下接收，由地表激发的地震波场。对地震子波而言，这种观测的优越性主要表现在：（1）它记录的是在地层中传播的实际子波，因而能正确地描述井旁地层剖面的复杂关系；（2）接收器位于"安静"的井内，子波受噪声干扰小；（3）下行子波能量强，易于分离处理。因此，利用 VSP 下行波提取的反褶积算子，对 VSP 资料本身及井旁地面地震资料进行反褶积处理，可有效地衰减记录中的多次波，提高记录信噪比和分辨率。具体地，利用 VSP 资料具有的高分辨率和高信噪比特点，提取较为准确的地震子波，并与地面地震资料提取的地震子波进行匹配处理，建立了 VSP 驱动地面地震高分辨率处理技术流程（图 6-1-20），在 VSP 资料和地面资料的有效频带较为一致情况下，实现地面地震子波向 VSP 子波匹配，通过反褶积算子与地面地震记录进行褶积，达到提高地面地震记录分辨率的目的。

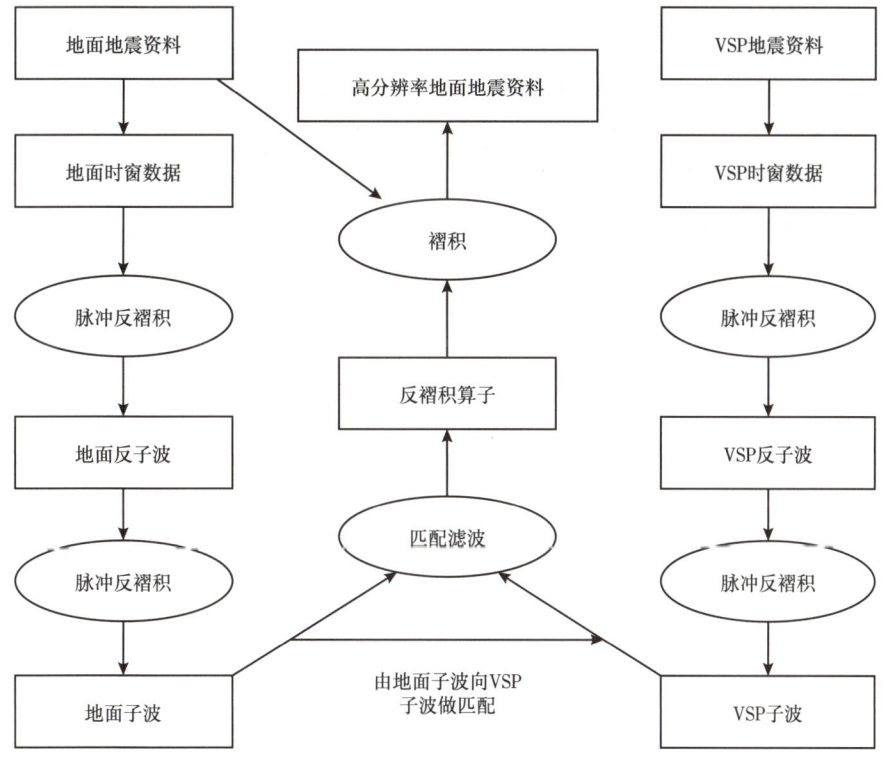

图 6-1-20　利用 VSP 提高地面资料分辨率处理流程

分析图 6-1-21 可知，VSP 驱动后地震分辨率明显提高，葡萄花油层井震相关系数较 VSP 驱动前资料平均提高 12%，同时最大频率从 80Hz 提高到 91Hz，低频端得到有效保持，平展展宽 11Hz，由此验证了 VSP 驱动高分辨率处理后地面地震剖面的可靠性。

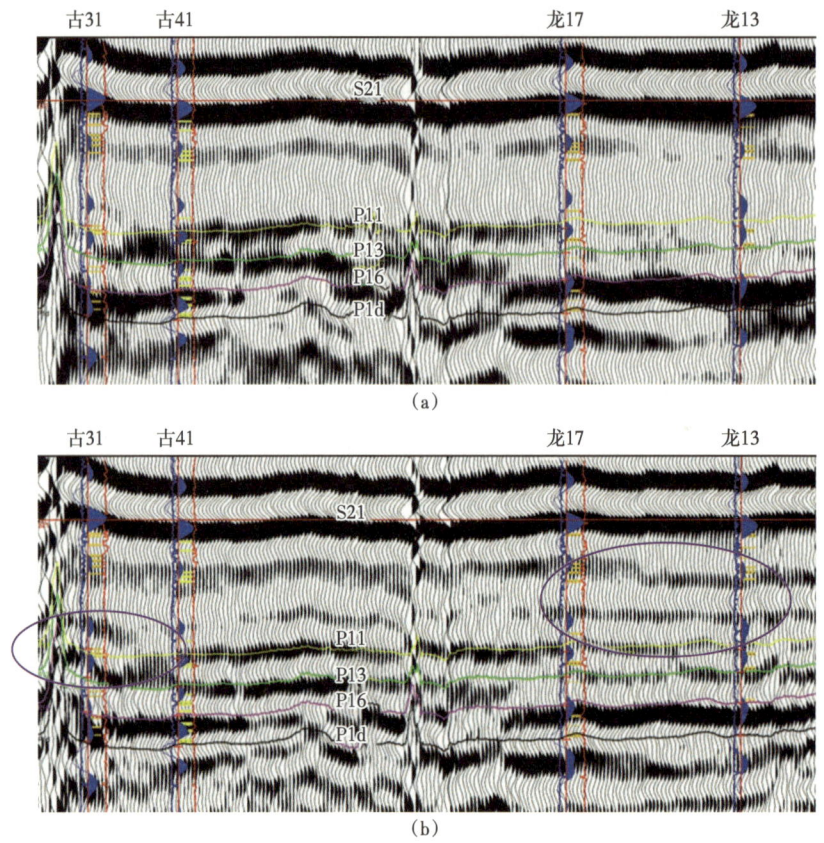

图 6-1-21 VSP 驱动前（a）和驱动后（b）地面地震资料连井剖面对井合成记录标定分析

第二节 井地联合采集技术

  松北中浅层主要发育常规油、致密油、页岩油三种资源类型。古龙凹陷为页岩油气主力富集区，轻质油带石油资源量 54.58 亿吨，2021 年古页 1 区块提交预测储量 12.68 亿吨，是"十四五"期间提交页岩油探明地质储量的主要区带。为提高该区页岩油层段地震资料处理的分辨率，利用页岩油井驱参数驱动联采范围内的三维地震资料进行"双高"处理，最终提高地震分辨率和成像精度，同时利用求取的全井段 VSP 速度优化地震速度场，开展高精度层位标定和储层标定，为页岩油层段开展精细解释及储层预测提供保障。

  根据 2021 年度大庆油田松辽盆地古龙页岩油试验区油气勘探项目的需求，为龙南区块地震勘探处理和解释提供可靠的处理和解释参数，大庆油田有限责任公司在松辽盆地龙南区块开展了 GY2-Q2-H3 井 VSP 井地联采资料的采集、处理、解释探索工作。

一、井地联合采集原理

  在套管外布设光纤（图 6-2-1），井地联采边框以 GY2-Q2-H3 井为中心的面积 6km×

6km，在三维地震采集时套管外光纤同步接收信号，可得到光纤井地联采三维地震资料36km²，同时从该井地联采资料中可获得零井源距 VSP、Walkaway-VSP 和 Walkaround-VSP 数据，基于 VSP 资料提取井驱参数和高分辨率井旁成像剖面，并驱动井地联采区实现三维地震资料的"双高"处理。

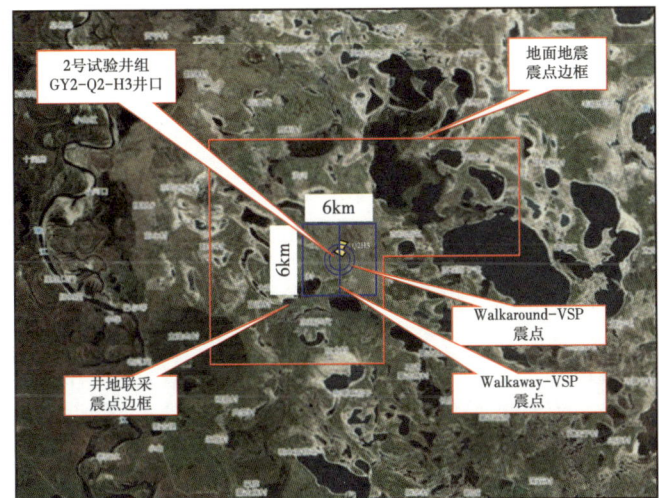

图 6-2-1　井地联采施工范围及套管外布设光纤图

井地联合采集资料主要有以下 8 个方面应用：

（1）利用近井源距及井斜上方激发、井中接收的零偏 VSP 资料，获得准确的时深关系，求取全井段 VSP 速度，并优化地面地震速度场；（2）利用零偏 VSP 资料动校正处理后获得的走廊叠加剖面，进行地震地质层位精细标定，实现层位与储层的桥式精细标定；（3）利用井源距小于 500m 的数据提取 Tar 值，驱动三维地震资料实现真振幅恢复与补偿；（4）利用井地联采数据提取表层 Q 和中深层 Q，形成井地联采全地层 Q 体；（5）利用井地联采数据准确识别多次波，为地面地震资料多次波压制提供依据；（6）利用井地联采所有炮数据提取各向异性参数，建立三维各向异性场，用于地震资料各向异性偏移；（7）利用沿井轨迹最近的两条炮线进行 Walkaway-VSP 成像处理，获得井旁精细构造特征；（8）利用 VSP 井驱参数驱动联采范围三维地震"双高"处理，提高地震分辨率和成像精度。

二、井地联合采集方案正演

为了论证井地联合采集方案的合理性，以直井情况为例，开展了基于覆盖次数和波动方程的正演模拟分析。

1. 基于覆盖次数正演的观测类型论证

以 WVSP 直井采集为例，分别采用常规三分量检波器和光纤 uDAS 分别进行基于射线追踪的正演模拟分析。采用测线长度为 5km，炮点距为 40m。其中，常规三分量检波器设计的观测井段为 20~2330m，观测点距为 20m；而光纤 uDAS 设计的观测井段为

2~2330m，观测点距为 2 m。

分析图 6-2-2 可知，两种观测类型的覆盖次数在井口附近最高，井口两侧及进口附近逐渐降低。与常规三分量检波器相比，光纤 uDAS 采集的覆盖次数提升了 10 倍，且横向延伸范围更广，更有利于井周更广范围内的地震波场特征及地震细节刻画。

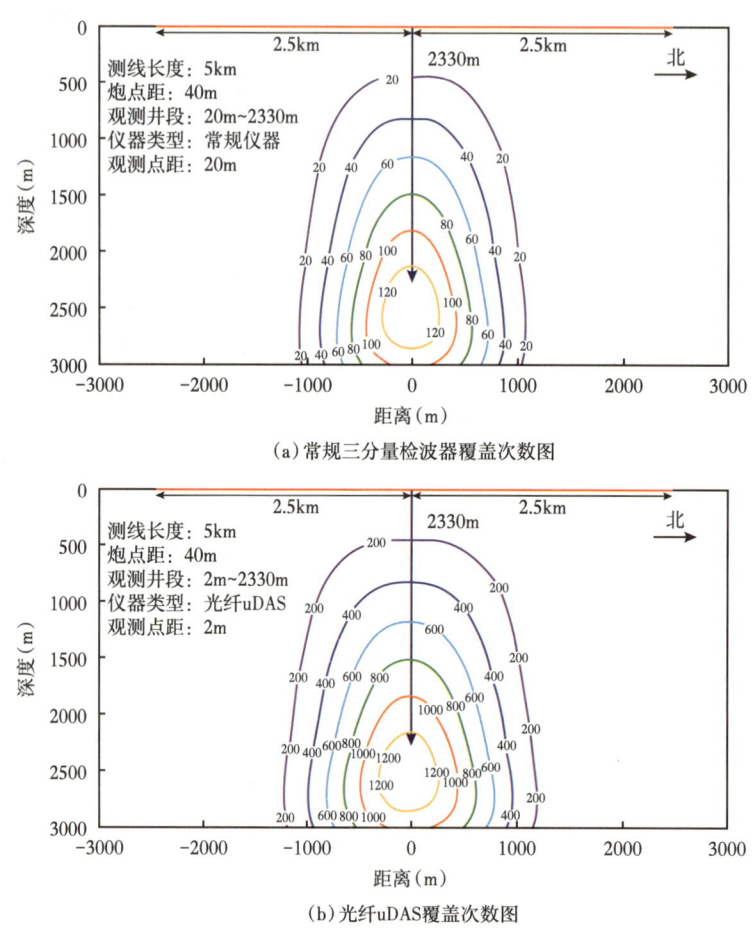

图 6-2-2　基于 WVSP 观测系统的覆盖次数正演模拟分析

2. 基于波动方程正演的采集参数论证

以 WVSP 直井采集、光纤 uDAS 观测为例，结合高精度三维地震波正演模拟进行分析。考虑到三维地震波井地联采资料不仅需要直达波信息，还需要从上行波（反射波）中提取信息。由此，过大的井源距一方面会导致反射角超过临界角（使用 Zoeppritz 和理论模型进行估算，不超过 48°、对应井源距不超过 2.77km），另一方面会导致直达波提取参数出现困难，如图 6-2-3 中红圈所示，在井源距超过 3km 时反射波能量逐渐减弱，且转换波开始发育，能量变强，由此设计最大井源距为 3km 实施三维 VSP 井地联采，以期在接收范围和最终效果上取得平衡。

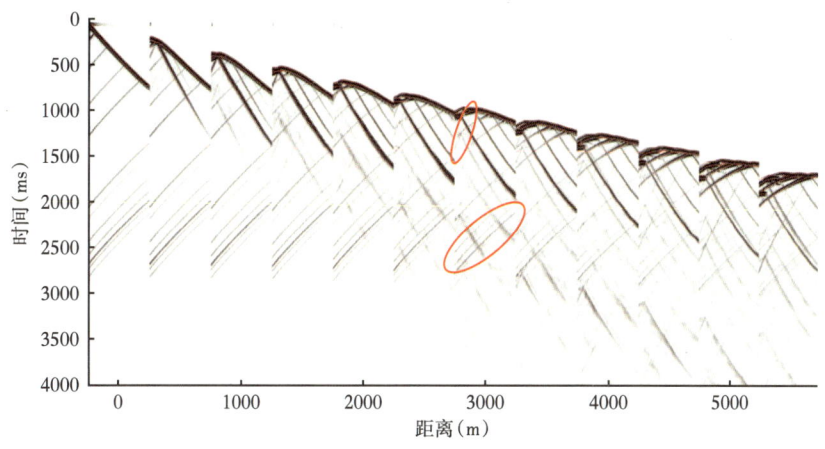

图 6-2-3　不同井源距三维正演模拟单炮对比

三、井地联采技术流程

为了完成龙南区块 GY2-Q2-H3 井井地联采三维地震资料的"双高"处理，提高页岩油储层的地震分辨率和成像精度，设计 VSP 井地联采驱动地面地震处理技术流程（图 6-2-4），其中在球面扩散补偿、近地表 Q 补偿、地表一致性反褶积、预测反褶积、PSDM 各向同性速度建模、TTI 各向异性参数求取等环节进行 VSP 井控处理，并在地表一致性振幅补偿、中深层 Q 补偿、CMP 域多次波压制、PSTM 速度分析、叠后提高分辨率处理等作为 VSP 驱动探索试验。

通过对地面地震原始资料分析和处理难点的认识，结合研究区的地质任务要求，采用如下的处理技术思路：利用 VSP 井驱参数驱动联采范围内三维地震资料的"双高"处理，提高地震分辨率和成像精度，同时针对地质需求及资料特点，采用宽频、保幅处理、高分辨率、高精度成像为核心的高保真处理思路，在宽频保幅的基础上，利用钻井、VSP 地球物理信息，约束地面地震处理过程，提高目标层位的信噪比、分辨率以及成像精度，为落实古龙页岩油分布提供有力支撑。

1. 微测井约束层析反演静校正处理

采用微测井约束层析静校正技术求取准确的表层速度模型和静校正。为保证构造形态的可靠性，结合本地区低速带薄、折射层稳定的特点，将层析静校正、野外微测井静校正进行精细对比，通过单炮及叠加剖面两方面进行系统质控，确保层析静校正的处理精度。

2. 针对性叠前噪声压制处理

工区主要噪声包括单频干扰、面波、线性外源及异常振幅四种类型，针对噪声的类型及分布，进行针对性去噪方法试验，在保真、保幅的前提下制订相应的去噪方法及参数，制订分域、分级、分类、分步、分频的噪声压制流程，结合多属性的质控（噪声剖面、频谱、振幅统计），保证叠前噪声压制过程的合理性。

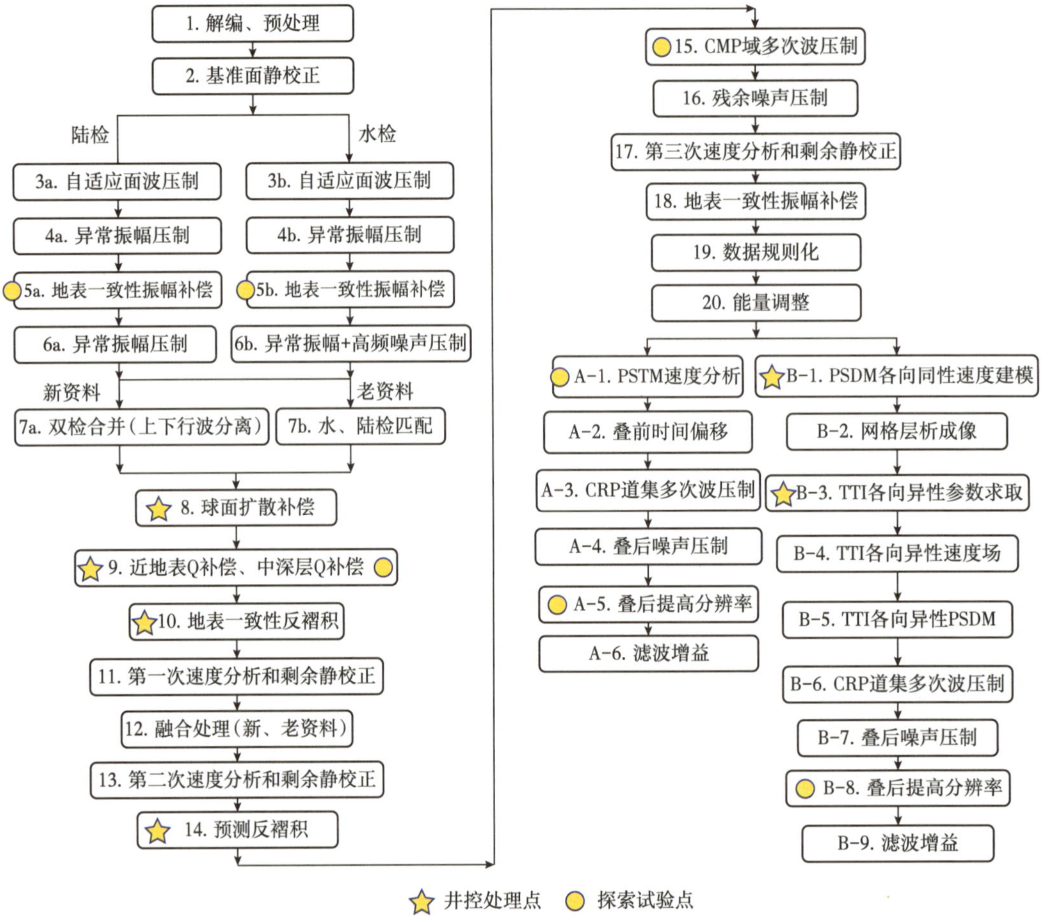

图 6-2-4　VSP 井地联采驱动地面地震资料处理技术流程

3. 振幅补偿

在噪声衰减的数据上，采用 Tar 补偿恢复时间方向上的能量衰减，采用地表一致性补偿技术，解决由于地表因素变化造成的炮间、道间能量差异，恢复空间能量一致性。

4. 井控宽频处理

通过井震联合优势互补，提升地面地震数据体的成像精度和质量，能够有效提高地震数据对复杂区地质目标的描述能力。包括表层双域 Q 吸收衰减补偿、地表一致性反褶积和确定性预测反褶积，消除地表不一致因素对地震子波的影响，保证地震子波横向稳定性，同时合理提高资料的纵向分辨率。对于中深层 Q 场求取，主要利用零偏 VSP 数据提取 Q 参数，结合地面数据的层位拾取，建立层控 Q 场，求取的 Q 值的变化趋势符合构造认识；中深层 Q 场主要对偏后叠加数据体或偏移后道集上处理应用的，进一步提高地震资料的纵向分辨率，为储层描述和甜点预测奠定基础。

5. OVT 域五维数据规则化

通过 OVT 域五维数据规则化改善原始资料空间数据均匀程度，可以为偏移处理提供规整的数据，改善 OVT 面元属性，减少偏移划弧，提高 Kirchhoff 偏移效果。

6. OVT 域叠前时间偏移

在时间域进行速度扫描、沿层速度分析迭代，在 VSP 井速度约束下，求取准确的 RMS 速度场，分析井所在目的层成像效果，对偏移 CRP 道集或者 OVT 道集进行 QC，必要时进行剩余速度分析，保证偏移道集拉平。

7. 井控各向异性速度场建模与叠前深度偏移

开展基于 VSP 约束的三维地震深度域初始速度建场，在层位控制下进行层析反演和各向异性参数反演，建立最终的 VTI 各向异性深度域速度场，然后确定深度域偏移参数，完成"真地表"叠前深度 Kirchhoff 偏移。

四、应用效果

1. 井地联采 VSP 资料成像效果分析

为了限制平面波传播方向，通过构造倾角约束等针对性措施减少偏移画弧，采用了角度域高斯束 VSP 叠前偏移成像技术（图 6-2-5），在地面地震速度模型的基础上，通过多轮迭代获得更为可靠的适合井中地震资料的速度模型，并实现成像。从图 6-2-6 中部分角道集分析可知，成像道集基本得到拉平，验证了速度模型的准确可靠性。并对反射角道集进行精细切除和叠加处理，获得 VSP 资料偏移成像体，包括 WVSP（图 6-2-7）、Walkaround VSP（图 6-2-8）、3D VSP 资料（图 6-2-9）成像数据体，其中从不同偏移距 walkaround 分方位剖面可以看出，目的层处存在振幅随方位角变化而变化的现象，主要集中在方位角 70°、130°、210°、280° 处，角度两侧振幅明显变化，对应页岩中不同的物性及含油气性。

分析图 6-2-10 可知，3DVSP 成像结果与常规高分辨率成像结果在 T_2 层的时间构造图趋势基本一致，具有东北抬、西南倾单斜形态。同时，3DVSP 成像范围内构造模式较单一，从深到浅具有继承性，两种成像方法的构造误差在 ±1ms 内。过井 3DVSP 地震预测蚂蚁体显示共发育裂缝 6 条，平均宽度约为 29m，根据实钻资料显示 3050m、3113m 发生井漏，与蚂蚁体预测结果匹配良好。

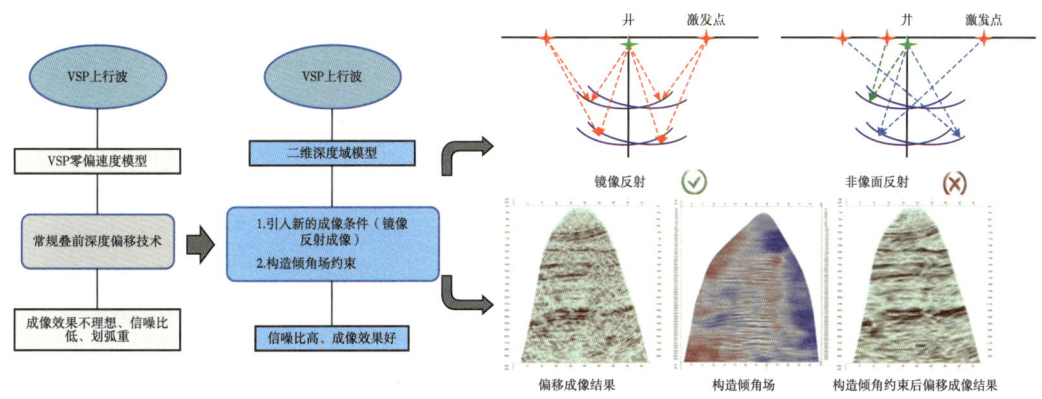

图 6-2-5　倾角约束下高斯束角度域叠前深度偏移原理示意图

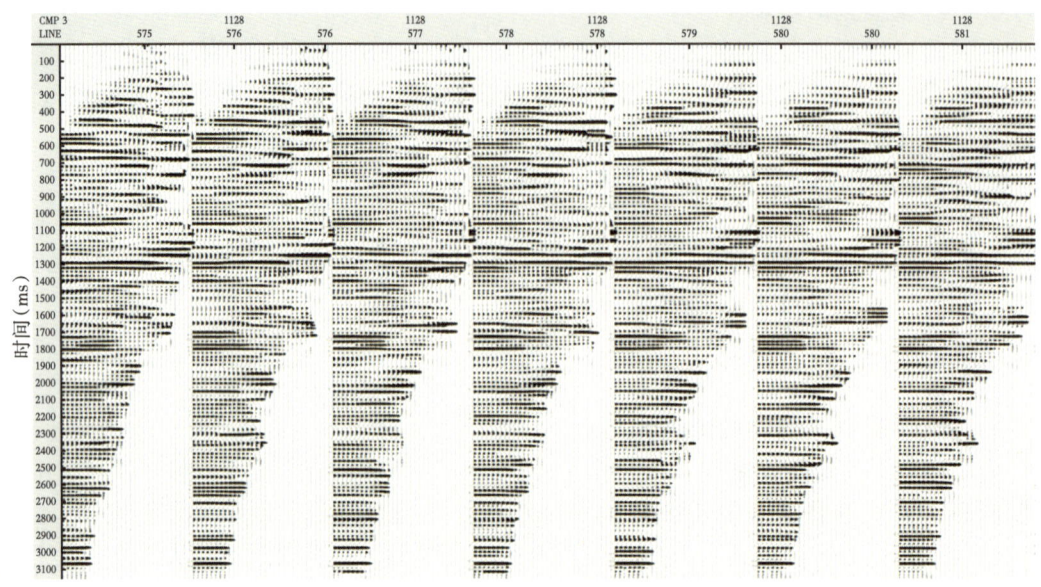

图 6-2-6 部分反射角道集质控图

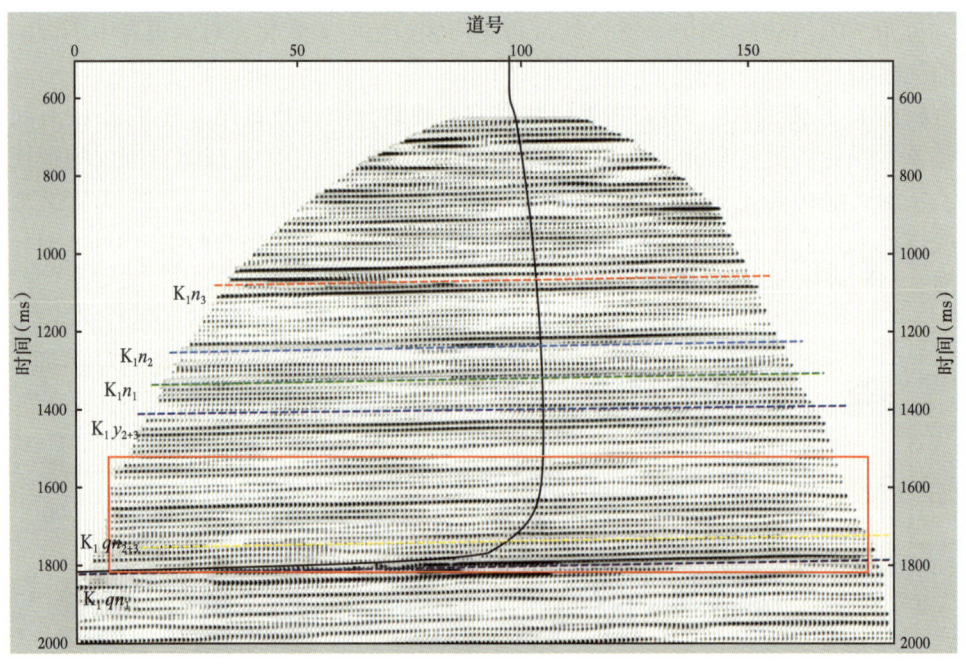

图 6-2-7 GY2-Q2-H3 井区南北向 WVSP 资料成像剖面

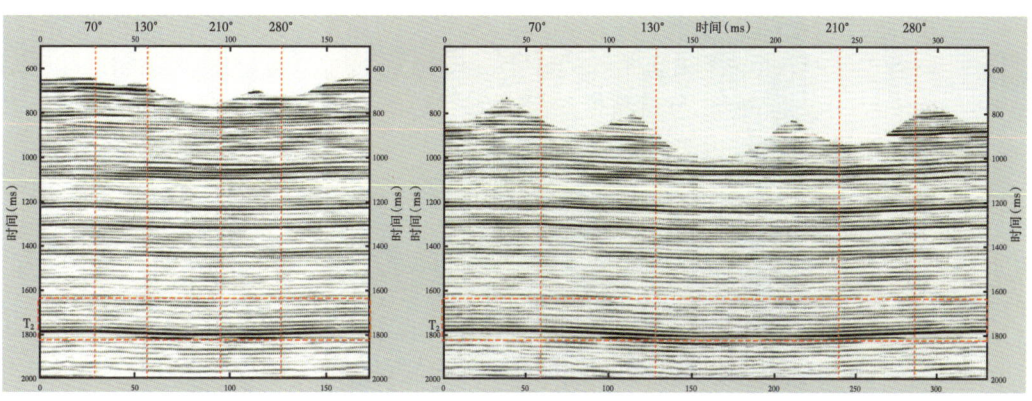

图 6-2-8　GY2-Q2-H3 井区 2 圈 walkaround VSP 资料成像剖面

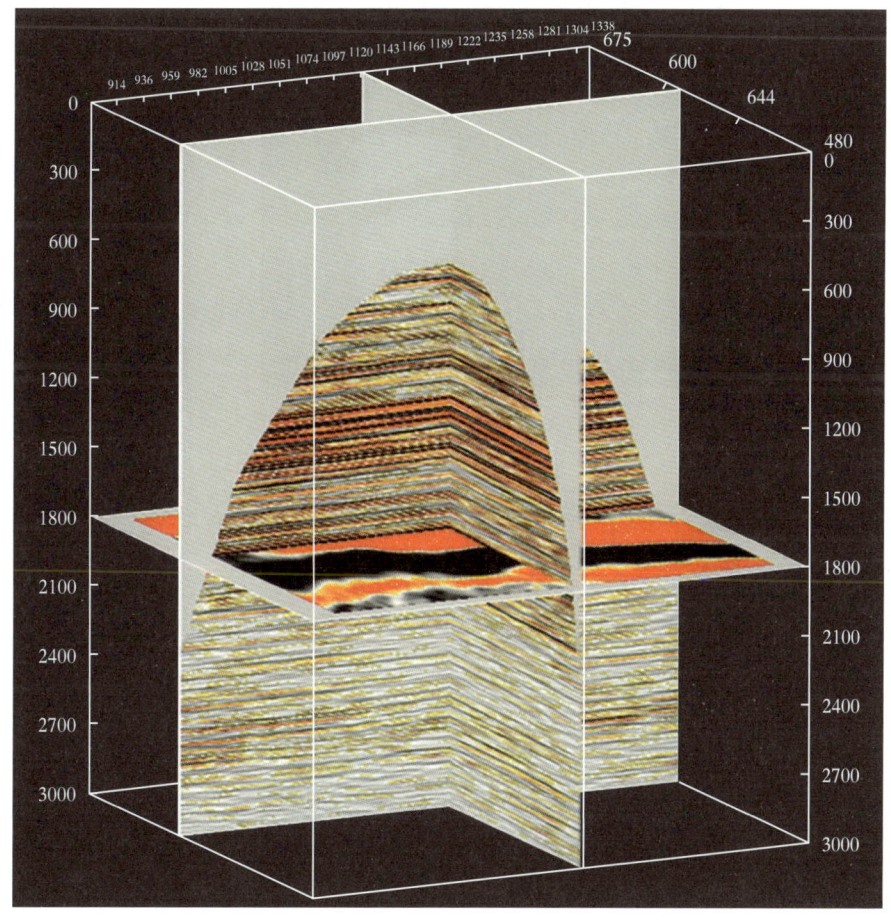

图 6-2-9　GY2-Q2-H3 井区 3DVSP 资料成像剖面

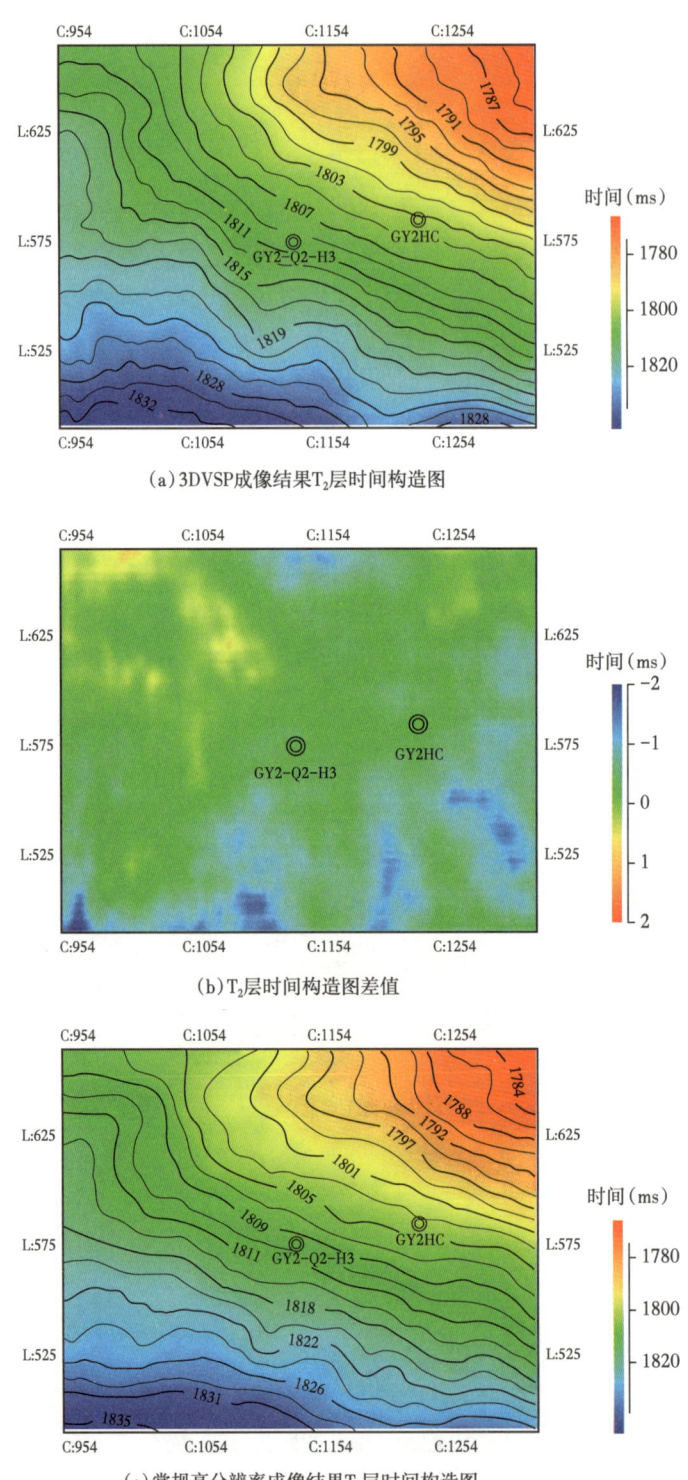

(a) 3DVSP成像结果T₂层时间构造图

(b) T₂层时间构造图差值

(c) 常规高分辨率成像结果T₂层时间构造图

图 6-2-10　3DVSP 成像结果与常规高分辨率成像结果在 T₂ 层的时间构造图及差值图

2. 井地联采地面地震资料成像效果分析

通过基于 VSP 的中深层 Q 补偿、确定性预测反褶积、速度场建模、各向异性场建立等井地联合处理流程,最终获得了较高分辨率、信噪比的叠前时间偏移剖面和叠前深度偏移剖面(图 6-2-11)。对比结果表明,两种成像方法的波组特征和能量强弱关系基本一致,细节刻画清晰,同时与常规高分辨率处理结果对比(图 6-2-12、图 6-2-13),VSP 驱动高分辨率处理成果的合成记录井震标定波组特征更好,3DVSP 成像结果分辨率更高。分析还可知,Q9、Q8 小层顶界面为中—弱波谷反射,Q7 小层顶界面为中—强波峰反射,Q6 小层顶界面为强波谷反射,Q5、Q4、Q3、Q2 小层顶界面为中—弱波峰反射,Q1 小层顶界面为中—强波谷反射。

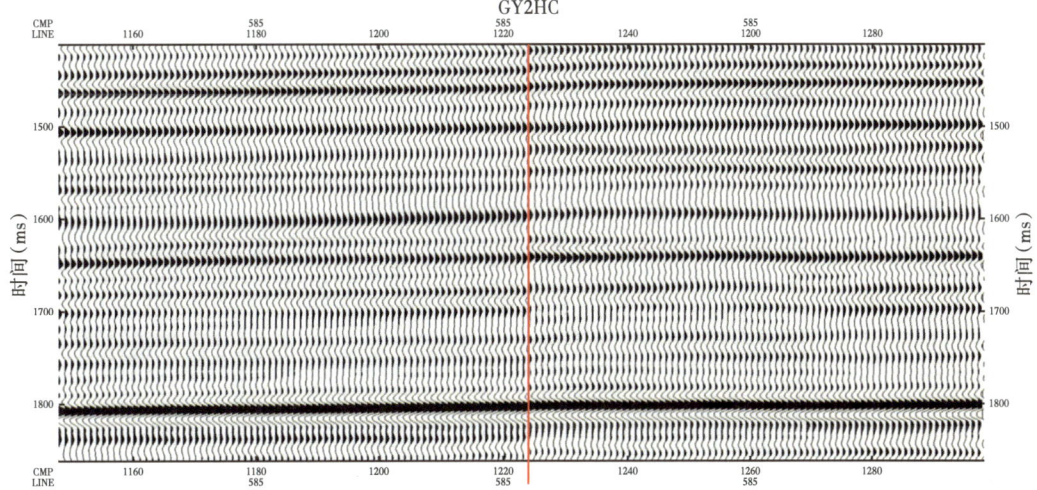

图 6-2-11 过 GY2-Q2-H3 井 VSP 驱动叠前时间偏移剖面和叠前深度偏移比例时间域剖面对比

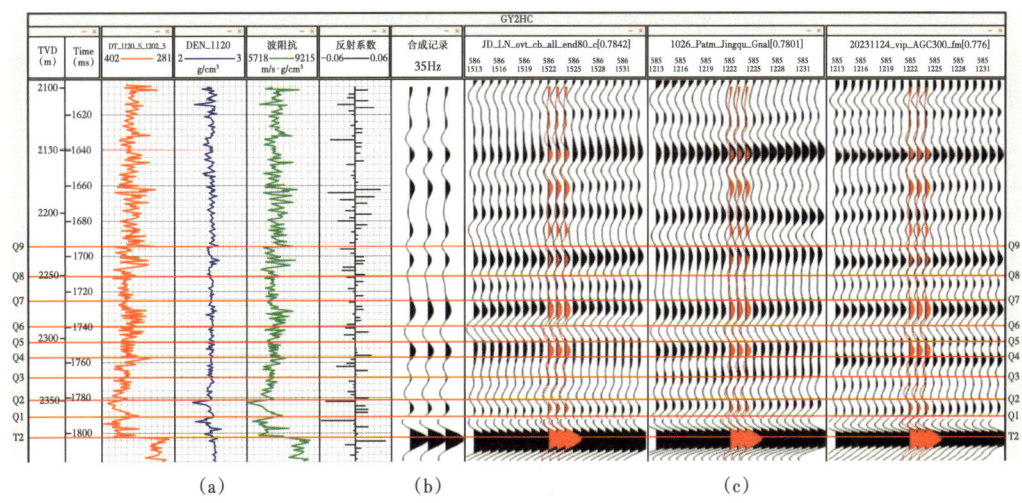

图 6-2-12 三种地震成像方法井震标定结果对比

(a)常规高分辨率叠前时间偏移;(b)VSP 驱动叠前深度偏移比例时间域;(c)3D VSP 成像

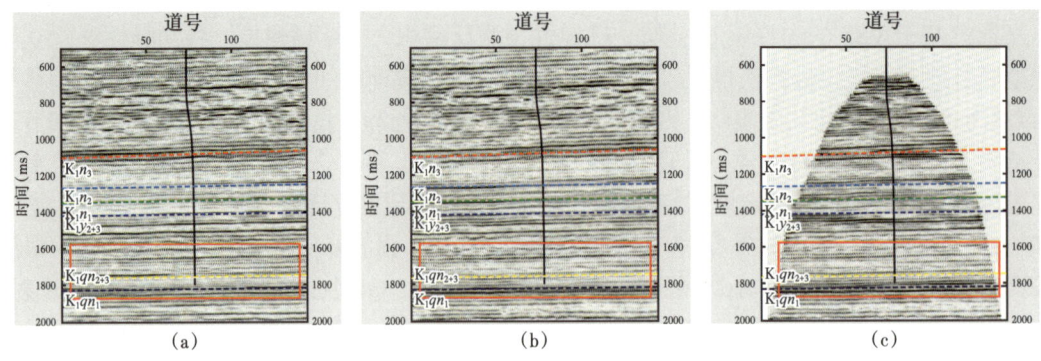

图 6-2-13　三种地震成像方法成像结果对比

（a）常规高分辨率叠前时间偏移；（b）VSP 驱动叠前深度偏移比例时间域；（c）3DVSP 成像

第三节　技术展望

随着井中地震采集、处理、解释技术的快速发展，已经形成了诸如 ZVSP、WVSP、3DVSP、井地联采等多种井中地震技术系列，在复杂油气藏油气勘探开发中发挥着越来越重要的作用。

一、井中地震技术系列的优缺点

井中地震技术最简单的是零井源距 ZVSP 技术，其中直井资料的应用已基本成熟，且是最经济有效的采集方式，并在行业内得到了规模应用。该技术主要用于标定储层地震反射特征和深度层位、地层吸收衰减因子求取、实现地震资料振幅恢复与补偿、井控提高地面地震资料分辨率、质控地震处理成果、准确识别和指导压制多次波、VSP 约束提高速度建模精度等。该技术主要以提高精度和准确提取地层地球物理参数为原则，已在层间多次波判别与衰减、地层吸收模型建立、各向异性速度建场、井旁成像、层位标定、精细构造及储层刻画、井轨迹导向等方面广泛应用，能全面提升在复杂构造、复杂储层描述精度，可以有效支撑地下复杂构造准确成像和油气藏高效开发。但缺点是针对斜井 VSP 资料的保真处理技术上还处于探索应用阶段，对该类型的 VSP 资料（特别是多分量资料）的成像缺乏精确的速度建模方法；另外，地层倾斜情况 VSP 资料井震标定需要进行倾斜校正，目前还存在一定的误差等。

WVSP 技术是目前较为常用的、较为经济的 VSP 观测方式，其包含了零偏移距 ZVSP 和有偏移距 ZVSP，因此具有 ZVSP 技术的诸多技术优点，同时还可以利用 VSP 速度构建各向异性速度场，提升深层圈闭落实精度，利用 Walkaway-VSP 与地面地震联合刻画砂岩体分布，VSP 驱动地面地震重新处理，提升页岩油甜点识别精度等，同时还可用于各向异性 VTI 参数提取、井旁地层叠加成像与构造模式的建立、复杂断裂的识别等。但缺点是WVSP 资料覆盖次数横纵向不均，单独基于 WVSP 资料的速度精细建模成像难以满足应用需求，地面地震资料和 WVSP 资料的子波一致性、频带差异等因素仍影响着 WVSP 成像效果，多分量 WVSP 资料直接成像仍停留在研究阶段等。

井地联采较 3DVSP 采集成本大幅降低，是现阶段推广的 3D 经济采集方式。该技术采集资料包含 ZVSP 资料、Walkaway VSP 资料、Walkaround VSP 资料，因此具有 ZVSP、WVSP 资料技术所有的技术优点，同时还可以应用于三维立体高精度建模和成像等。但缺点是井地联采/3DVSP 与 ZVSP、WVSP 资料技术相比，该技术的成本最高；3DVSP/井地联采资料覆盖次数横纵向不均，单独基于 3DVSP/井地联采资料的速度精细建模成像难以满足应用需求；针对斜井 3DVSP/井地联采资料少见相关的报道，因此针对斜井、水平井 3DVSP/井地联采处理解释技术仍不成熟；井地联采资料根据地面地震观测方式进行采集，由于地表炮点分布间距大，对 3D 成像结果引入成像假象等。

二、井中地震技术下一步发展方向

用 uDas-VSP 资料代替三分量 VSP 资料采集是目前主要的采集技术趋势，通过采用高纵向分辨率 uDas-VSP 资料提高纵向速度建模精度，近似达到测井速度级别的 VSP 速度，最终实现测井资料与 ZVSP 资料的优势互补，并驱动地面地震高分辨率高保真处理，综合提高对地层或储层的精细刻画能力；同时加强 WVSP/3DVSP/井地联采资料和地面地震资料的同步一致性处理、速度建模、成像与质控方法研究，并开展消除覆盖次数横纵向不均的成像条件优化研究和多分量弹性波场的传播规律与波场定向研究等，提高井中地震资料的成像精度、分辨率，并改善资料品质。

综上可知，WVSP、3DVSP 资料效果虽然在实际生产中见到了一定的效果，但处理技术仍是制约技术发展的关键因素，且进展缓慢，制约了 VSP 技术的深化应用。目前，面临的技术挑战主要是两个方面：一是深井、大斜度井及水平井的光缆下井、耦合及定位等工艺技术需继续完善，对复杂井况适应能力不足；二是井中地震资料处理的流程优化、保真性评价和成像方法尚需完善，特别是成像方法需强化攻关。因此需要加强井中地震技术、特别是处理技术的探索和创新研发，提升井中地震资料的成果品质，支撑复杂油气藏油气勘探开发。

参考文献

蔡志东，杨飚，王永生，等，2022. 光纤井中地震技术在中国西部地区的应用[J]. 石油物探，61（1）：122-131.

陈可洋，2016. 基于行波分离和角度域衰减的地震波叠前逆时成像条件[J]. 计算物理，33（2）：205-211.

陈可洋，2009. 基于高阶有限差分的波动方程叠前逆时偏移方法[J]. 石油物探，48（5）：475-478.

陈可洋，2010. 地震波逆时偏移方法研究综述[J]. 勘探地球物理进展，33（3）：153-159.

陈可洋，2011. 基于拉普拉斯算子的叠前逆时噪声压制方法[J]. 岩性油气藏，23（5）：87-95.

陈可洋，2011. 时限时移相关法叠前逆时成像条件及其应用[J]. 石油物探，50（1）：22-26.

陈可洋，2012. 两类共炮点域相关型叠前深度成像方法[J]. 内陆地震，26（1）：17-27.

陈可洋，2013. 几种地震观测方式的逆时成像分析[J]. 岩性油气藏，25（1）：95-101.

陈可洋，2014. 一种相对保幅的低频逆时噪声压制方法及其应用[J]. 油气藏评价与开发，4（3）：50-54，59.

陈可洋，2015. 高精度地震资料叠前逆时偏移模型分析与应用 [J]. 油气藏评价与开发，5（2）：57-61.

陈可洋，2015. 松辽盆地地震资料小面元叠前插值逆时偏移处理 [J]. 油气藏评价与开发，5（4）：12-16.

陈可洋，2017. 逆时成像技术在大庆探区复杂构造成像中的应用 [J]. 岩性油气藏，29（6）：91-100.

陈可洋，2018. 地震波逆时偏移成像效果提升方法及应用 [J]. 大庆石油地质与开发，37（4）：140-145.

陈可洋，2023. 逆时偏移数据体低波数噪声相对保幅衰减技术及应用 [J]. 石油物探，62（2）：305-313.

陈可洋，范兴才，吴清岭，等，2013. 提高逆时偏移成像精度的叠前插值处理研究与应用 [J]. 石油物探，52（4）：409-416.

陈可洋，王建民，关昕，等，2018. 逆时偏移技术在 VSP 数据成像中的应用 [J]. 石油地球物理勘探，53（S1）：89-93.

陈可洋，吴沛熹，杨微，2014. 扩散滤波方法在地震资料处理中的应用研究 [J]. 岩性油气藏，26（1）：117-122.

陈可洋，吴清岭，范兴才，等，2013. 地震波叠前逆时偏移脉冲响应研究与应用 [J]. 石油物探，52（2）：163-170.

陈可洋，吴清岭，范兴才，等，2014. 地震波逆时偏移中不同域共成像点道集偏移噪声分析 [J]. 岩性油气藏，26（2）：118-124.

陈可洋，杨微，赵海波，等，2022. VSP 逆时偏移技术研究及成像效果分析 [J]. 新疆石油地质，43（5）：617-623.

李彦鹏，等，2022. VSP 井地联合勘探实例分析：以长庆油田环县三维井地联采为例 [J]. 石油物探，61（1）：112-121.

李彦鹏，李飞，李建国，等，2020. DAS 技术在井中地震勘探的应用 [J]. 石油物探，59（2）：242-249.

李彦鹏，刘学刚，王大兴，等，2022. DAS 井地联合勘探实例分析：以长庆油田环县三维井地联采为例 [J]. 石油物探，61（1）：112-121.

吴杰，侯秦龙，孙甲庆，等，2023. 分布式声波传感 VSP 数据中的光缆耦合噪声局部稀疏优化压制方法 [J]. 地球物理学报，66（12）：5123-5140.

张欣吉，毛海波，李晓峰，等，2022. VSP 井控高分辨率处理技术在页岩油开发中的应用 [J]. 石油地球物理勘探，57（增刊2）：9-15.

赵超峰，张伟，张铁强，等，2023. 基于多井 Walkaway VSP 资料的联合处理和综合研究——以陆东凹陷后河地区为例 [J]. 地球物理学进展，38（5）：2209-2218.

赵霏，吴鹏，王渝，等，2022. DAS-VSP 采集处理方法研究及应用 [J]. 石油物探，61（1）：100-111.

周小慧，陈伟，杨江峰，等，2021. DAS 技术在油气地球物理中的应用综述 [J]. 地球物理学进展，36（1）：338-350.

第七章 典型应用案例

本章列举了常规油领域龙西地区葡萄花油层和西部斜坡区萨尔图油层的储层精细描述实例。在致密油领域例举了齐家—古龙地区夹层型页岩油、永乐地区扶余油层致密油以及深层沙河子组致密砂砾岩储层预测实例分析。

第一节 龙西地区葡萄花油层薄储层预测

龙西地区葡萄花油层组为受北部及西部物源控制的三角洲沉积,边部以三角洲平原分流河道为主,大面积发育泛滥平原泥岩,分流河道砂岩厚度大,砂地比高,自北向南、自西向东过渡为三角洲内前缘沉积;发育条带状、透镜状富砂带,砂岩厚度变化大,从下到上砂岩累计厚度逐渐变薄。

从已钻井单砂体厚度统计看(图7-1-1),单砂体厚度较薄,大于2m的层数占砂岩总层数的百分比平均小于40%,而2~4m单砂体在厚度大于2m砂岩中,所占比例平均达到78.9%,表明葡萄花油层单砂体厚度分布区间主要为2~4m。

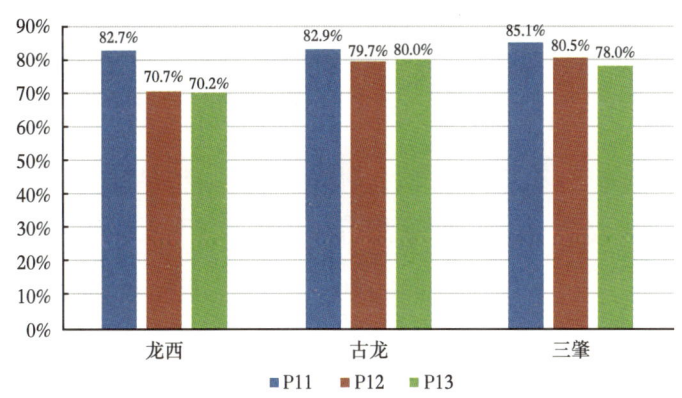

图7-1-1 葡萄花油层不同地区2~4m砂岩占2m以上层数比例直方图

葡萄花油层平均地层厚度55m左右,地震剖面上表现为两峰两谷的特征(图7-1-2),其中葡萄花油层顶面地震上位于波峰靠近上零相位附近,葡萄花底面地震上对应波谷反射,从剖面上看砂体对应地震反射特征多变,砂岩厚度与地震振幅强弱没有明显的相关性。因此,针对目的层砂体发育特征,单纯依靠地震属性无法识别单砂体,需要在岩石物理分析的基础上，明确储层敏感参数，依靠井震联合高分辨率地震反演技术才能提高单砂体的预测精度。

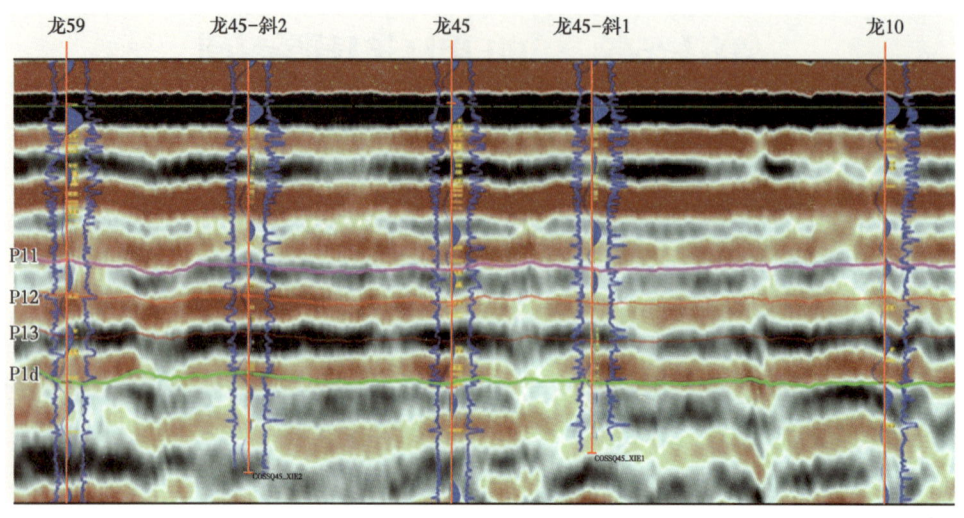

图 7-1-2 过古龙 293-216—古 35 井连井地震剖面

选取典型井进行测井敏感参数直方图分析，如图 7-1-3 所示，总体上油水层表现为中高速度、低密度、低纵波阻抗、高电阻特征；干层表现为高速度、高密度、高纵波阻抗、低电阻特征；泥岩表现为低速度、高密度、低纵波阻抗、低电阻率特征；油水层与泥岩纵波阻抗叠置严重，常规波阻抗反演识别油水砂岩效果较差，而电阻率可较好区分油水层与泥岩，因此，电阻率是区分砂泥岩的敏感参数曲线。

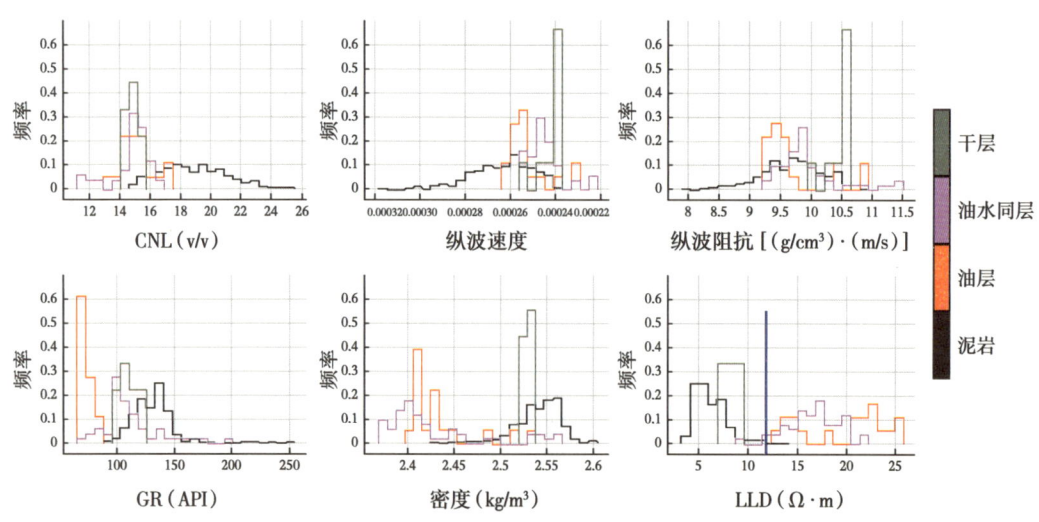

图 7-1-3 典型井岩石物理参数直方图

针对葡萄花油层组在地震切片、分频 RGB 融合等常规技术基础上，又发展了高分辨率地震反演技术，由地震属性定性预测向地震反演定量预测转变。针对薄互层地震反演预测，行业内具有代表性的技术目前有两种：一种是高分辨率地质统计学反演技术，另一种是国内近几年发展起来的地震波形指示反演技术。地质统计学反演主要通过统计变差函数分析空间变异程度，据此优选相关样本对井间储层变量进行估计，并给出概率统计结果。该方法要求样本井要均匀分布，反演结果虽然能提高垂向分辨率，但横向分辨率较低，对河道等特殊地质体的边界识别效果较差。地震波形指示反演利用沉积学基本原理，地震波形的横向变化与储层变化有关，用地震波形特征变化代替变差函数分析储层空间结构变化，进而分析储层垂向岩性组合特征，更好地体现了相控的思想，反演结果从完全随机到逐步确定，同时对井位分布的均匀性没有严格要求，大大提高了储层反演的精度和预测效果。

为了进一步对比预测效果，选取一小块具有典型河道特征的地震资料开展反演测试，图 7-1-4 是波形指示反演与地质统计学反演平面预测效果对比，从图上可看出，波形指示反演结果较好地保持了河道的北西向条带状展布特征，河道、点坝边界特征清晰，与实钻井吻合较好，而地质统计学反演结果虽然井点处吻合，但是井间反演砂体随机性较强，而且基本看不出河道特征，不符合地质规律。

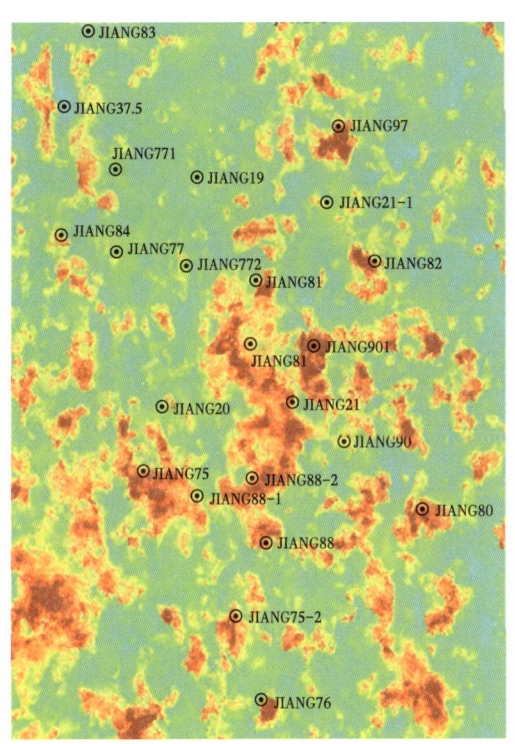 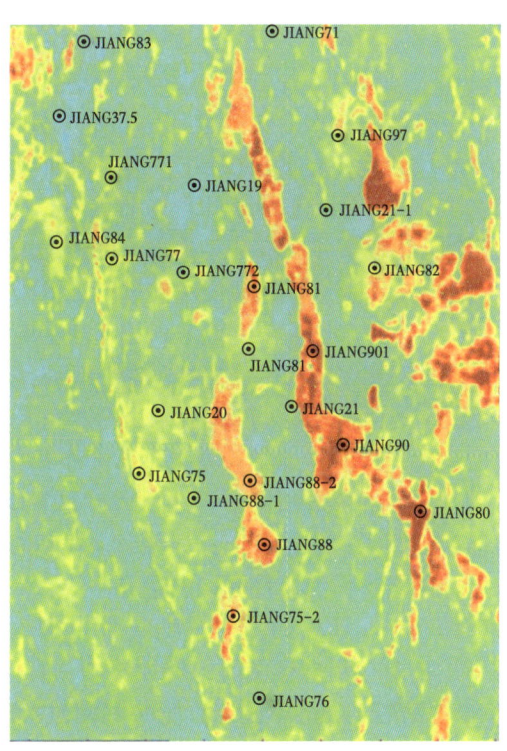

图 7-1-4　地质统计学反演（左）与波形指示反演（右）平面属性对比

图 7-1-5 是葡萄花油层波形指示反演典型地震剖面，从图上可看出，反演结果也具有较高的纵向分辨率，砂体边界、接触关系清晰，横向变化自然，有利于细分小层开展岩性圈闭边界的识别。为验证反演预测效果，统计 10 口新钻井的砂体钻探情况，其中 3m 以上单砂体预测符合率达到 78.9%，而 2~3m 单砂体由于厚度较薄，预测精度还不能满足生产需求。

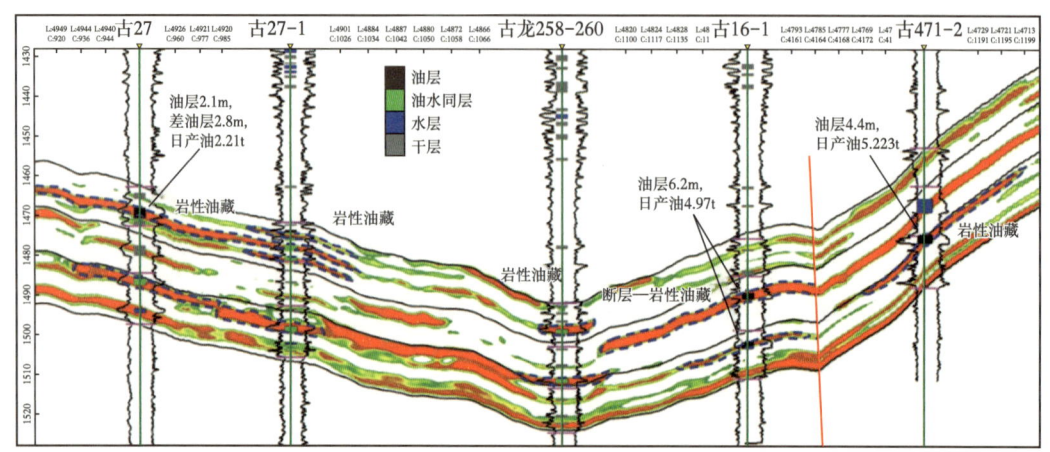

图 7-1-5　葡萄花油层波形指示反演典型地震剖面

依据高分辨率反演结果，结合地质小层对比纵向细分地层单元，每个单元内尽量只包含一个单砂体，在高分辨率反演数据体上提取平面属性，结合测录井结果精细刻画岩性圈闭边界，岩性圈闭识别的主要步骤如下：

（1）依据地震反演结果确定纵向砂层组地层单元的数量；
（2）应用速度体和分层约束进行细分砂层组顶面层位插值解释；
（3）以砂层组为单元提取地震反演平面属性；
（4）将地震反演平面属性与断层解释结果和微幅度构造叠合；
（5）结合测井砂岩解释成果识别岩性圈闭，结合试油、录井显示等数据识别岩性圈闭。

岩性边界圈定原则：如果砂体平面分布范围较大，周围与断层相接，则以断层作为岩性圈闭边界，形成断层—岩性圈闭；如果砂体为孤立形态，与断层不搭接，则形成砂岩透镜体或上倾尖灭岩性圈闭；如果砂体面积较大，砂体内有见显示井和水井，则以显示井和水井井距之半作为岩性圈闭的边界。

图 7-1-6 是龙 55 井区葡萄花油层波形指示反演及 P_1^1 小层岩性圈闭识别图，在该小层识别出 3 个有利岩性圈闭，均为断层—岩性圈闭，依据该识别结果部署龙 55 井，实钻在 P_1^1 小层钻遇 11.6m 厚砂岩，测井解释为差油层，试油获日产 38m³ 高产工业油流。在该地区储量区外分区块、分小层共识别有利岩性圈闭 164 个，总面积 289.5km²，支撑勘探评价部署一大批井获得高产，探井成功率有原来的 41% 提高到 80%。

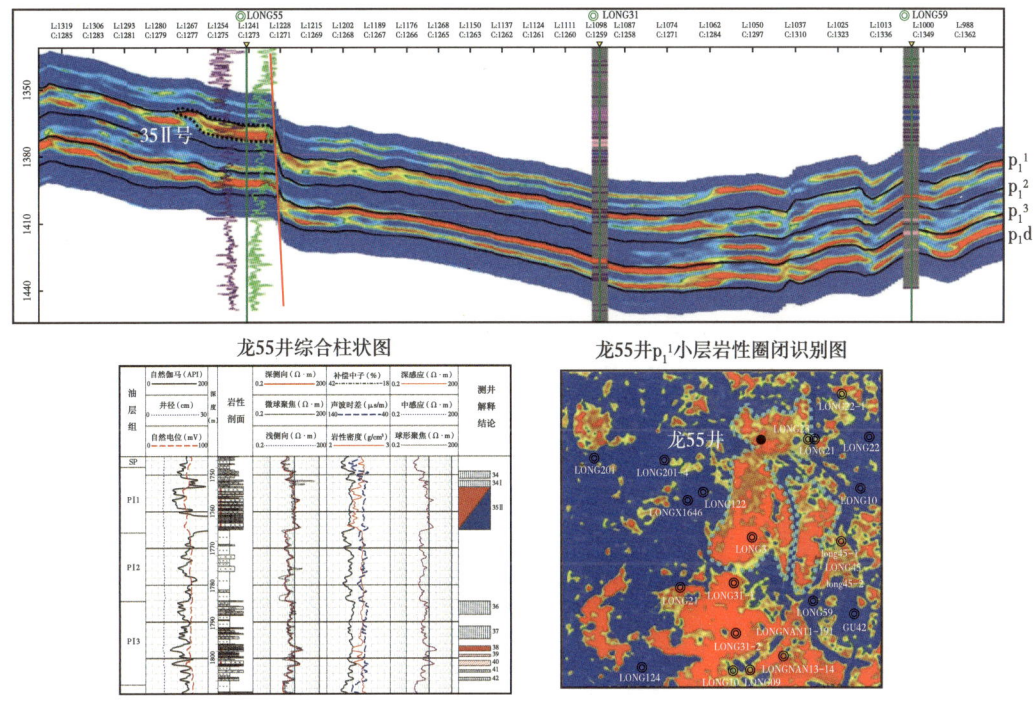

图 7-1-6 葡萄花油层波形指示反演及 P_1^1 小层岩性圈闭识别图

上述精细储层预测及岩性圈闭识别配套技术已经在中浅层古龙、三肇地区常规油勘探开发中全面推广应用，探索出了一条成熟老探区精细再挖潜的技术新路，对中国陆上其他成熟探区的小型油藏群勘探开发，具有重要的指导和借鉴作用。

第二节　西部斜坡地区萨尔图油层河道砂体识别

西部斜坡地区萨尔图油层沉积时整体受西北方向的齐齐哈尔物源、北部林甸物源、西部泰米物源控制，由下向上细分为 3 个油层组，总体上发生了三次大面积的湖侵和短暂的湖退沉积演化过程，其中 S_2^3 油层组沉积时期为水进背景下的退积式三角洲前缘沉积，分流河道较为发育；S_1 油层组为滨浅湖沉积，局部井区发育有滨浅湖沙坝和席状砂沉积；S_0 油层组沉积时期表现为进积式，三角洲前缘分流河道发育，滨浅湖局部发育浅湖沙坝和席状砂。

首先开展地震岩石物理分析，明确砂体测井响应特征。选取研究区测井曲线齐全典型井开展岩石物理交会分析，萨尔图油层砂泥岩整体表现出碎屑岩沉积典型的"V"形特征，相对于泥岩，砂岩为高速度（低声波时差）特征，而砂岩和泥岩密度变化范围相当。从纵波阻抗与密度交会图（图 7-2-1）可看出，该区优质高孔砂体主要是河道砂体和河口坝砂体，表现为低纵波阻抗、低密度特征，含泥物性差的砂岩表现为中低纵波阻抗、中低密度特征，而粉砂质泥岩和泥质粉砂岩均表现为高纵波阻抗、高密度特征。

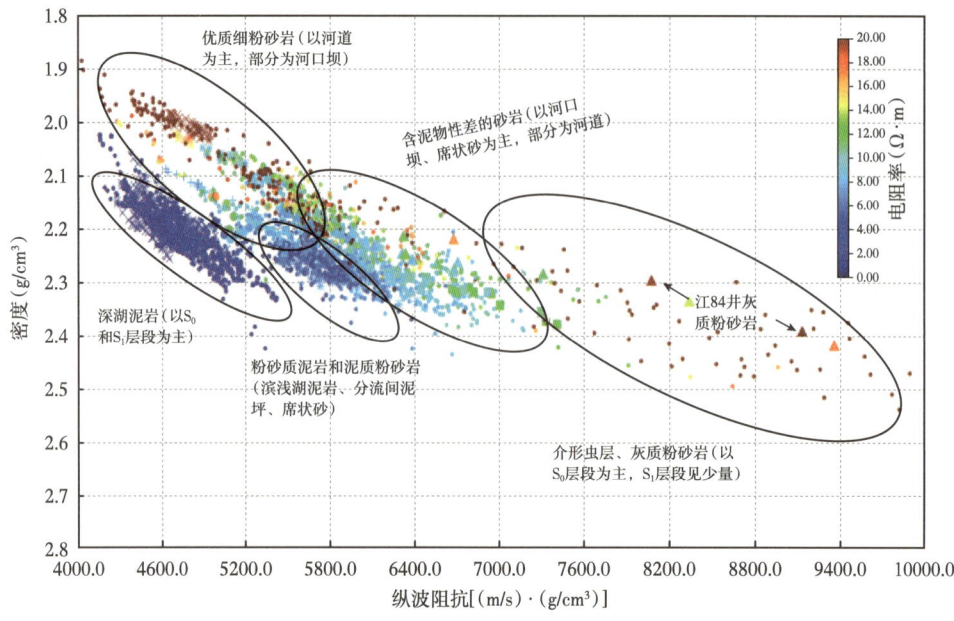

图 7-2-1　西斜坡萨尔图油层纵波阻抗与密度交会图版

储层岩石物理特征的差异导致其地震响应特征也存在差别，从图 7-2-2 可看出，优质高孔含流体河道、河口坝砂岩在地震剖面上表现为弱反射特征，部分含气砂岩在地震剖面上甚至表现为极性反转特征，而含泥物性差的河道砂体、席状砂主要表现为强反射特征。

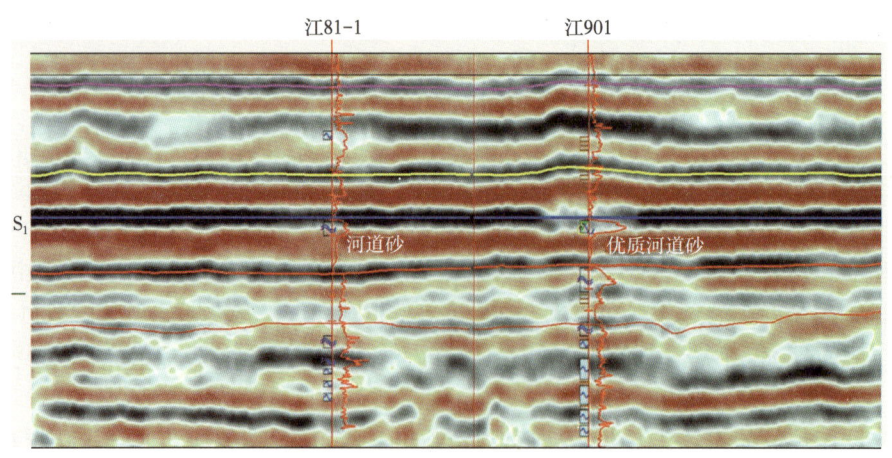

图 7-2-2　优质河道砂体地震剖面特征

基于岩石物理交会和地震响应特征分析，在地质沉积模式指导下，应用地震沉积学解释技术进行河道砂体的精细刻画。首先对原始地震数据进行 90° 相位化处理，利用波形对称性原理，分析目标层处单界面（T_1）子波相位，求取地震体转换角度，进而完成 90° 相位化，在 90° 相位化数据体上进行地层切片分析，可以将物理意义上的地震属性转换为含有岩性标记的高分辨率沉积相和成岩相平面图，为分期次砂体识别提供更好数据。

图 7-2-3 为江桥地区 S_1 油层组上部地层切片属性预测河道图，目的层以三角洲前缘沉积为主，从图上可看出，地层切片属性能够清晰刻画出近南北向分流河道以及点坝砂体形态，河道宽度 300~1200m，河道砂体厚度一般 2~6m，河口坝砂体厚一般厚 2~5m。

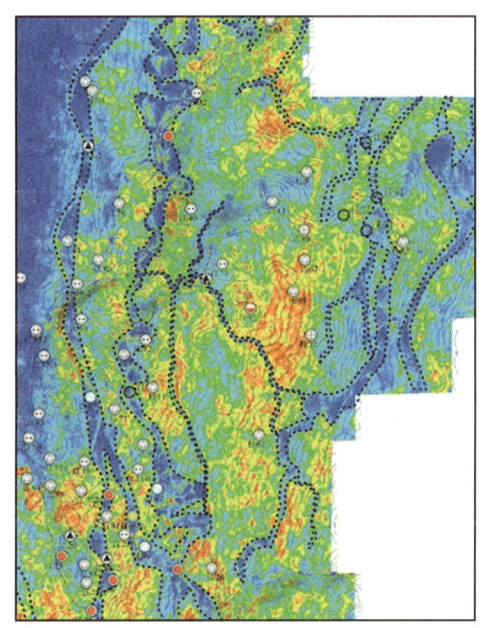 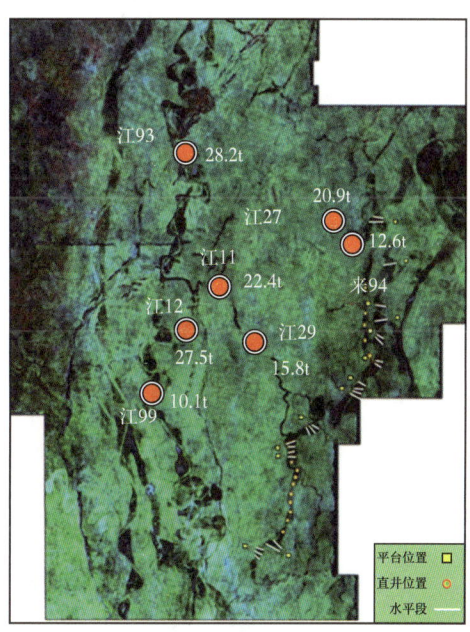

图 7-2-3　江桥地区 S_1 油层组上部地层切片　　图 7-2-4　江桥地区 S_1 油层组上部地层 RGB 属性融合

在分析不同期次河道砂体频带分布基础上，结合小波分频 RGB 属性融合技术，见图 7-2-4，实现了准同期不同规模河道边界精准刻画，新识别出废弃河道微相以及复合点坝砂体内部变差带，深化了砂体内部非均质性认识，指导优化勘探开发井位部署，结合构造研究成果部署多口探井获高产，垂直河道方向部署钻探水平井 91 口，平均含油砂岩钻遇率高达 92.8%。

第三节　齐家—古龙地区薄互层砂体精细刻画

一、齐家南地区三角洲外前缘薄互层砂体精细刻画

三角洲外前缘为三角洲前缘亚相中靠近前三角洲泥质的部分。由于远离物源区，分流河道能量减弱，湖浪改造能力增强，岩性通常以厚层泥岩与薄层粉砂岩、泥质粉砂岩、粉砂质泥岩互层的沉积体为主。松辽盆地北部齐家南地区青二段为典型的三角洲外前缘沉

积环境，席状砂和远砂坝为主要的砂体沉积类型。该套地层从上至下有三套主力砂层组（图 7-3-1），每套砂层组均为砂泥岩薄互层，单层砂岩厚度超薄，一般为 1~3m，平面及横向连续性差，岩心实测粉砂岩有效孔隙度一般为 3.1%~15.5%，平均 7.8%，渗透率一般为 0.01~1.26mD，平均 0.106mD，具有低孔低渗特点，粉砂岩夹层黏土含量较低，一般为 7%~23%，平均为 16.6%。由于粉砂岩储层孔渗低、黏土含量低，造成粉砂岩层段具有高电阻率、低自然伽马、低声波时差等测井响应特征，并且纵波阻抗能够很好区分岩性，粉砂岩具有高纵波阻抗特征、泥岩具有纵波低阻抗特征。

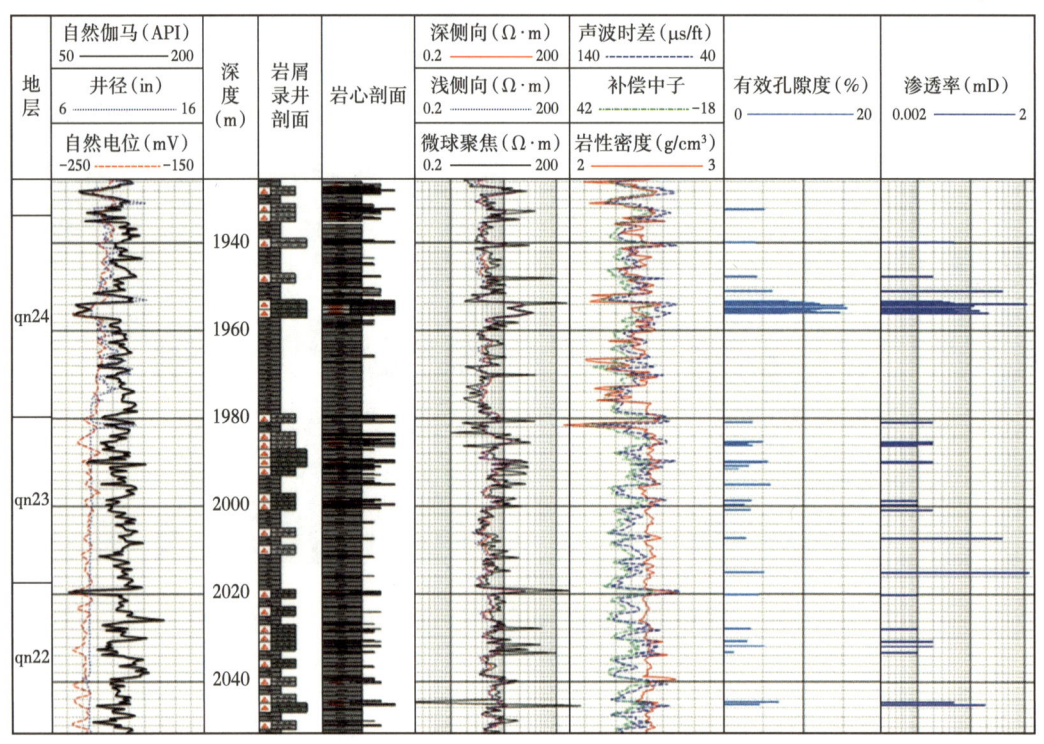

图 7-3-1　齐家南地区青二段典型井综合柱状图

对于齐家南地区三角洲外前缘砂泥岩薄互层，整体的地震预测策略是首先开展砂层组级的多属性融合砂地比预测，实现整个区域平面上砂体分布预测，优选部井有利区；其次应用单砂体级的相控地质统计学反演技术，精细刻画有利区内薄层砂体空间展布，优选最优靶层，指导井位部署方案优化设计。

1. 地震资料保真高分辨率处理

地震资料处理是储层预测的基础，为了得到齐家南地区保真高分辨率地震数据，建立了以近地表 Q 补偿、两步法地表一致性反褶积及叠后谱反演拓频为核心的保真高分辨率处理流程。主要是利用微测井资料求其表层旅行时，通过与地震资料联合，采用谱比法求取相对 Q 值，再应用高效稳健的 Q 补偿算法进行补偿处理；同时为了消除地表不一致因素对地震子波的影响，增强地震子波横向稳定性，恢复地下地层的反射系数，在表层吸收补偿的基础上进一步采用地表一致性反褶积处理技术，使地震波在横向上波形一致，在纵向上压缩子波，提高分辨率；由于部井区单层砂岩厚度薄，通过叠前表层吸收补偿及地表一致性反褶积处理，地震资料分辨率得到提高，还需在叠后剖面上进一步挖掘地震资料潜力，增强层间弱反射信号特征，主要采用基于时频分析和谱分解的叠后谱反演处理技术进一步拓宽频带，在保持低频成分不被破坏的同时，有效地补偿高频成分。通过保真高分辨率处理，研究区地震资料有效频带拓宽到8~82Hz，砂层组反射特征清晰，目的层间信息丰富，能够满足后续砂体预测需求。

2. 薄互层砂体精细刻画

薄互层砂体预测主要分砂层组和单砂体两个级次开展，分别建立了多属性融合的砂地比平面预测技术和岩相约束地质统计学反演的单砂体纵向精细刻画技术，实现了不同级次砂体精细刻画。

1) 砂层组级别多属性融合砂地比预测

对于砂层组级别，主要利用砂地比评价主力砂体集中段内砂体发育情况，以此作为后续有利区优选的重要依据。针对齐家南地区青二段薄互层砂体的地质特征和实际井震数据，选用11种井旁道敏感地震属性（平均能量、平均反射强度、振幅峰态、最大振幅、均方根振幅、瞬时带宽、瞬时主频、瞬时频率、纵波阻抗、弧长、品质因子）与井点砂地比信息进行多元逐步回归分析，建立多属性融合砂地比预测模型。

利用多属性融合砂地比模型对青二段砂层组进行砂地比预测，图7-3-2为杏西工区青二段砂层组预测砂地比平面图，预测结果显示高砂地比区域主要分布在工区西侧及杏92井附近，与钻井分析结果相符，并且松页油1井和古432井为后验井，松页油1井实测砂地比为36.3%，预测砂地比为38.5，古432井砂地比为29.5%，预测砂地比为30.6%，误差较小，说明预测结果可靠。

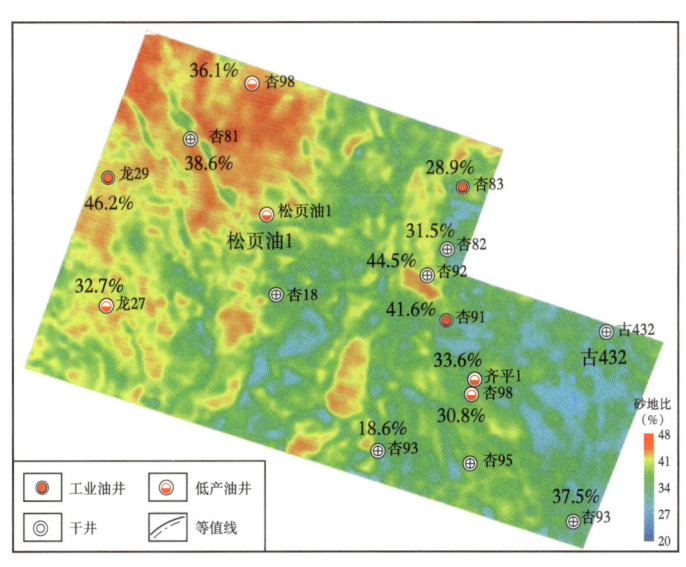

图7-3-2　杏西工区青二段砂层组预测砂地比平面图

2）井震结合高分辨率地震反演单砂体刻画

对于单砂体级别，主要利用井震结合高分辨率反演精细刻画有利区内部薄层砂体空间分布，优选最优靶层，指导井位部署。前期岩石物理规律表明纵波阻抗能够很好区分粉砂岩和泥岩，因此利用叠后地震反演识别砂体。针对常规地质统计学反演常数砂地比在远离井控区与实际砂地比分布存在较大差异问题，建立砂地比先验信息约束的单砂体级的相控地质统计学反演方法，降低反演多解性，提高薄层砂体预测符合率。

基于相控地质统计学反演结果，通过预留盲井和对比新完钻井，分析砂体预测符合率，通过统计4口井（表7-3-1），3m以上砂体预测符合率87.5%，较常规反演提高12.5%，2~3m砂体预测符合率为71.4%，较常规反演提高8.6%。

表7-3-1　4口井反演符合率对比

井名	相控地质统计学反演		常规地质统计学反演	
	3m以上	2~3m	3m以上	2~3m
金28-斜7	75%	71.4%	50%	57.1%
金28-直7	100%	66.7%	100%	55.5%
碧262-斜176	—	72.7%	—	63.6%
龙132-59-斜46	—	75%	—	75%
平均值	87.5%	71.4%	75%	62.8%

3. 井位部署及效果分析

通过开展砂层组级和单砂体级别薄互层砂体精细刻画，支撑齐平1-1、齐平1-2、齐平5等多口井水平井井位部署，切割压裂方式试油均获工业油气流。

图7-3-3为齐平5井实钻结果和地震叠前地质统计学反演纵波阻抗和纵横波速度比剖面。齐平5井区与金281井相邻，由地震岩石物理分析可知，该区中高纵波阻抗预测岩性，低纵横波速度比有利于预测相对好的储层。图中比较看到，纵波阻抗岩性预测与实钻砂岩吻合较好，水平段砂岩地震预测符合率为80.7%，在纵波阻抗基础上，纵横波速度比对相对好的储层有较好预测能力，水平段在纵横波速度比剖面显示为低纵横波速度比，与实钻情况吻合较好。在薄互层砂体精细刻画基础上，结合孔隙度、脆性、地应力、天然裂缝等其他甜点参数预测成果，一体化支撑压裂施工，该井试油产量为25.9t/d。

二、古龙西地区浊积砂体精细刻画

古龙西地区受重力流沉积相控制，青一段页岩底部发育厚层砂岩，砂体厚度为2~5.6m，在没有断层遮挡条件下，前缘砂体发育水层，有断层物性条件好条件下，发育油层和油水同层，孤立的重力流砂体发育油层，因此准确刻画重力流浊积砂体是关键。

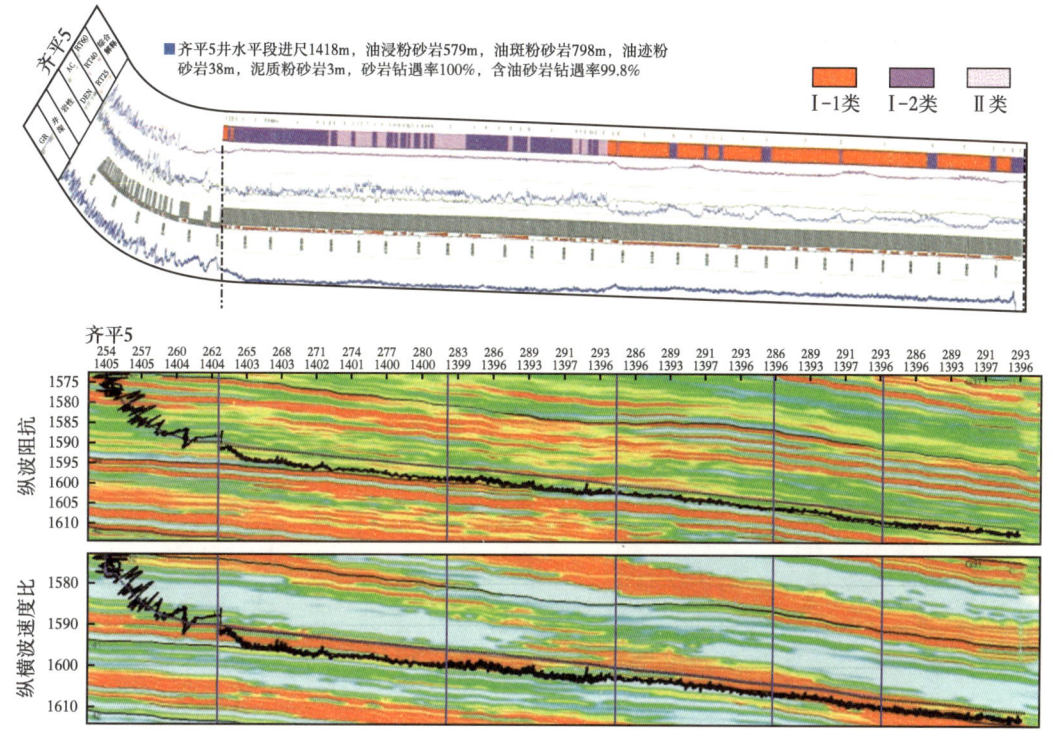

图 7-3-3　齐平 5 井实钻结果与地震反演预测结果

1. 地震沉积学砂体精细刻画

地震沉积学是通过地震岩性学、地震地貌学的综合分析,研究岩性、沉积成因、沉积体系和盆地充填历史,主要的技术手段有地震资料分频处理、90°相位旋转、地层切片处理与分析。

在古龙西地区地震数据 90°相位旋转基础上,开展地层切片,明确重力流浊积砂体空间展布,图 7-3-4 为英 47 井区识别出的重力流甜点区和厚度较大的孤立重力流砂体,其中,英页 1H 甜点区和英 31 井甜点区重力流砂体是从英 X55 井方向划入湖底,英页 1H 甜点区砂体累计厚度为 2~8m,英 31 井甜点区砂体累计厚度为 1~4m,通过已钻井分析,重力流砂体含油气,英 77 井甜点区,重力流砂体是从英 54 井方向划入湖底,重力流砂体含水。总体上,古龙西地区重力流砂体主要沿湖岸线分布,在英 47 井区最为发育,重力流特征明显;在滨浅湖区,发育孤立状介壳滩体。

2. 井位部署及效果分析

在古龙西地区重力流浊积砂体地震精细刻画基础上,支撑部署英页 1H 井,取得较好钻探效果。

1) 钻前砂体预测

英页 1H 井主要是针对古龙地区西侧夹层型页岩油单层厚度大、主力层集中的重力流砂体，以此来探索页岩油甜点段内重力流砂岩水平井提产效果。邻井为英47井，英47井青一段重力流砂体发育两套含油砂岩，1号砂体的厚度为3.2m，2号砂体的厚度为5.9m，中间有1.1m的泥岩隔层，2号砂体的物性条件和含油性要优于1号砂体。针对这两套砂体，分别基于地震属性切片及地震反演结果（图7-3-5）进行钻前砂体预测，预测结果显示1号砂体发育程度较差，非均质性强，2号砂体较1号砂体发育，相对连续，1号砂体预测最大厚度1.4m，2号砂体预测厚度1.4~4.0m，预测总厚度1.8~4.9m，因此优选2号砂体为靶层部署英页1H井。

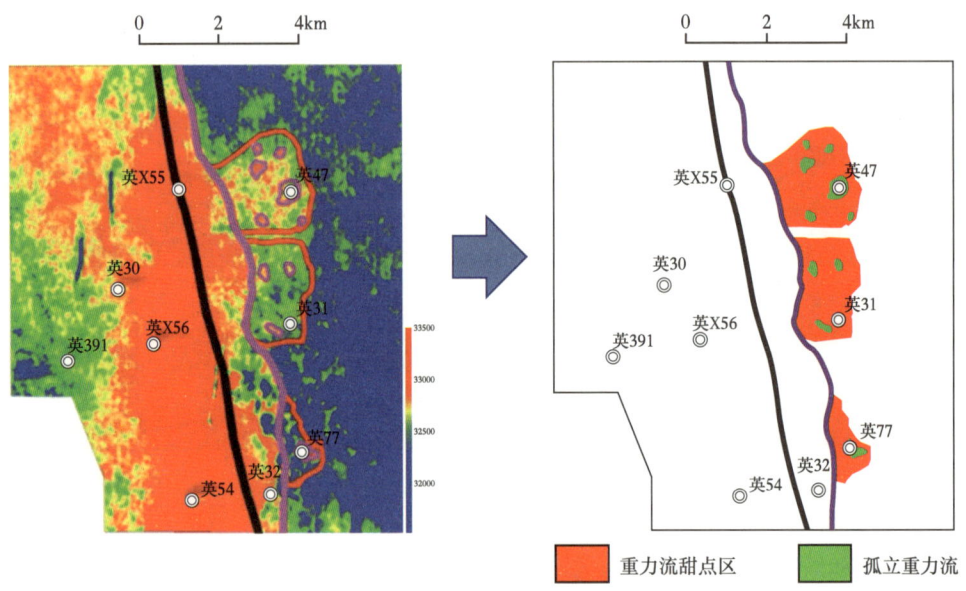

图7-3-4　英47井区青一段重力流砂体甜点平面分布预测

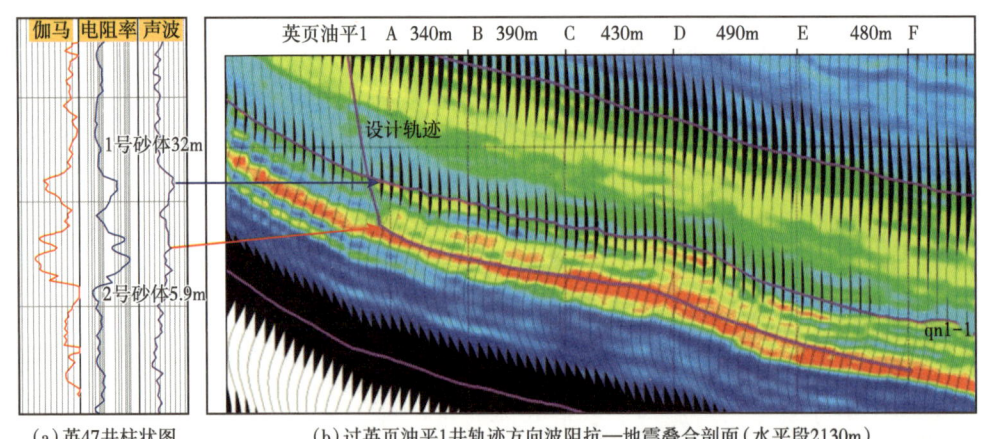

图7-3-5　过英页1H井轨迹方向波阻抗—地震叠合剖面

2）钻中砂体分析

通过实钻，发现英页1H井入靶点附近1号砂体厚度为2.5m，2号砂体不发育，预测结果为1号砂体不发育，2号砂体厚度2.0m，预测结果和实钻结果不符合。针对这种情况，基于英47井，开展不同模型的去砂实验正演分析。通过正演模拟分析，认为青一段波峰是两套砂体产生的地震反射相互叠加结果，振幅强弱可以反映砂体发育程度，但无法区分2套砂体组合模式，如果1号砂体以2.5m连续发育，2号砂体在C—D靶点间有局部发育，所以调整1号砂体为靶层，通过实钻也证实了1号砂体连续发育，进一步说明了重力流砂体横向连续性差，非均质性强的特点。

3）钻后方法认识

针对重力流砂体横向连续性差、非均质性强的特点，通过英页1H井，给下一步地震预测技术的启示有两个方面：对于隔层较小的多套砂体组合，尤其在砂体横向变化快的情况下，地震很难区分开砂体，单砂体预测风险很大，建议整体预测；在钻探水平井时，以地震振幅、波形变化、正演分析为主，参考多种反演方法进行现场跟踪评价，地质地震综合分析可保证靶层的顺利钻探。通过对英页1H井进行大规模体积压裂，最高获日产34.2m^3高产工业油流，在英页1H基础上，下步跟进部署多口水平井，建立水平井开发井网，带动8.71×10^8t夹层型页岩油规模增储、有效动用。

第四节　永乐地区扶余油层水平井设计实例

一、地质概况

三肇凹陷扶余油层油气资源丰富，构造主体从北向南发育升平、卫星—宋芳屯、尚家—榆树林、肇州、朝阳沟背斜等五个三级构造，永乐工区位于三肇凹陷南部肇州鼻状构造西翼，西至大庆长垣东翼，向南延伸至朝阳沟阶地（图7-4-1）。该区扶余油层分布在泉头组三、四段，纵向上自下而上依次可划分为FⅢ、FⅡ和FⅠ油层组，岩性主要为一套灰绿、紫红色泥岩夹灰色粉砂岩、泥质粉砂岩与灰棕、棕色含油粉砂岩不等厚互层。目前钻遇的油层主要分布在FⅠ和FⅡ油层组，FⅠ油层组地层厚度为90~100m，进一步细化FⅠ1、FⅠ2、FⅠ3共3个砂层组，FⅡ油层组一般为60~70m，进一步细化FⅡ1、FⅡ2共2个砂层组。扶余油层沉积时期，地形相对平坦，为大型坳陷浅水湖泊三角洲沉积环境。受南部物源的影响，河道的方向以南北向、北东—南西向为主，河道砂体具有"远物源、河道规模小、单砂体厚度薄"的特点，同时砂体空间叠置致使地震反射的波形变化非常复杂，"甜点"预测难度比较大，因此如何提高致密油"甜点"地震识别精度是地球物理面临的一大挑战。针对研究区的难点问题和地质需求，首先对单只检波器采集资料进行保幅高分辨率处理提高地震资料分辨率和砂体成像效果；然后在高品质地震资料基础之上，综合利用地震沉积学砂体识别技术、地质统计学反演技术等手段进行砂体刻画，为水平井部署钻探供技术支撑。

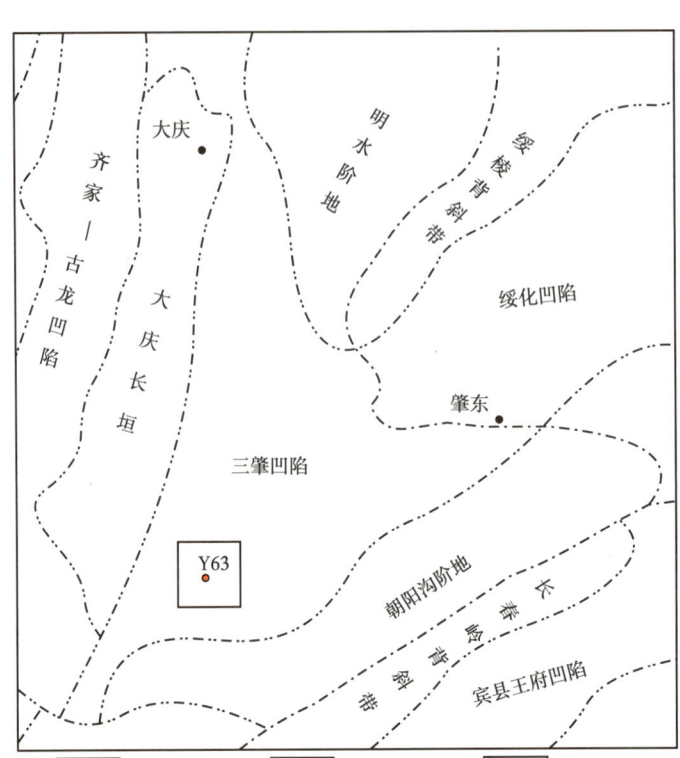

图 7-4-1 研究区构造位置图

二、地震资料保幅高分辨率处理

1. 近地表吸收衰减补偿处理

近地表吸收补偿的前提是精确建立近地表空变 Q 值模型。微测井数据是一种利用透射波场信息获取准确近地表 Q 值的资料，但大规模高密度采集微测井资料既不经济也不现实。考虑到初至波幅值强烈依赖于检波点邻域内的近地表 Q 值，由地震初至波的振幅变化求取各检波点的相对 Q 值，再用微测井点的 Q 值对其标定来获得近地表 Q 值模型。具体实现过程为：(1) 由微测井资料求取近地表的平均 Q 值，称为绝对 Q 值；(2) 地震初至波振幅的平面变化主要受近地表影响，由地表一致性分解求取检波点地震初至波振幅的平面分布，并作适当平滑及归一化处理；(3) 引入检波点静校正量，作为近地表的单程地震走时，依据振幅与 Q 值的指数关系，将振幅平面分布转换为近地表的相对 Q 值分布；(4) 用绝对 Q 值确定取值范围，标定相对 Q 值，得到近地表的空变 Q 值模型。

图 7-4-2 给出了某区块近地表补偿前后的单炮记录。对比可见，近地表补偿能够提高垂向分辨率、增强弱反射，使得层间信息丰富，如红色箭头所指反射同相轴的双曲特征可清晰识别，蓝色椭圆位置对于 FⅠ 油层组的复波变为 2 个波峰。近地表补偿能够保持纵横向波组特征，如区内标志反射层（T2）特征清晰，横向上沿双曲同相轴随偏移距增大

而振幅减弱的特征明显，目的层扶余油层反射能量增强，表明补偿过程保持了振幅的相对关系，有利于岩性研究。频谱曲线对比，在 -20dB 处，近地表补偿前单炮记录频带为 6~45Hz［图 7-4-2（c）］，补偿后频带为 6~57Hz［图 7-4-2（d）］，展宽频带 12Hz。

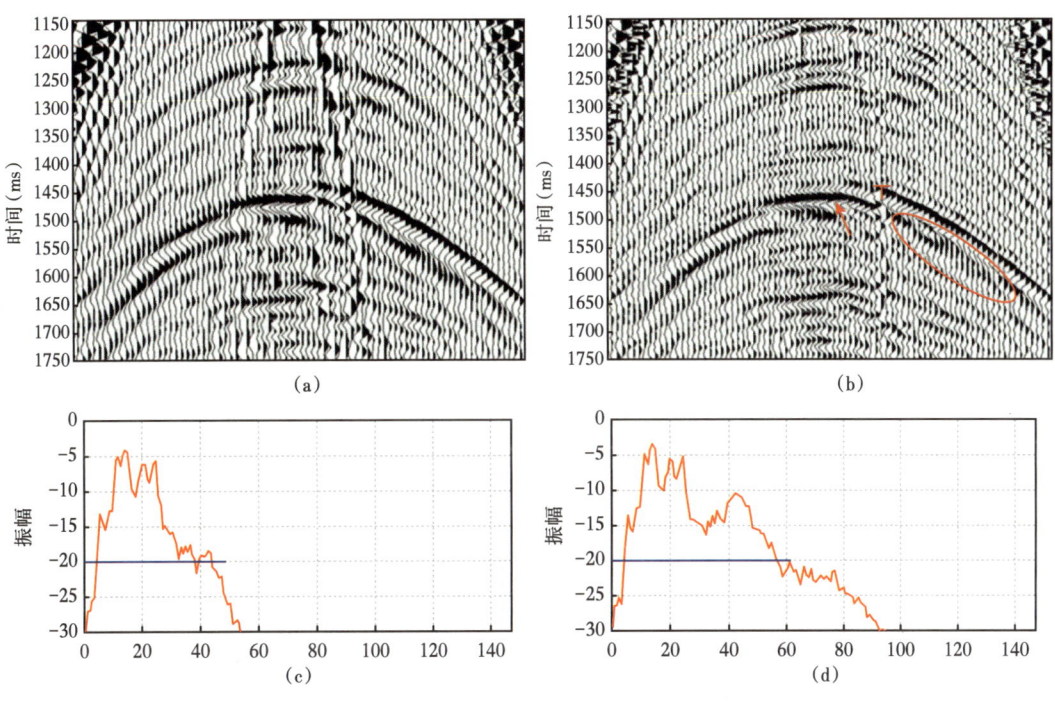

图 7-4-2　近地表补偿单炮对比
（a）补偿前单炮记录；（b）补偿后单炮记录；（c）对应（a）的频谱；（d）对应（b）的频谱

2. 地层倾角道集偏移孔径优选

在地震数据叠前偏移中，偏移孔径的选择至关重要，其大小关系到振幅保真、偏移噪声压制、陡倾反射成像以及偏移计算效率。小偏移孔径可降低偏移噪声并减少偏移计算量，但不能对陡倾反射成像，且成像振幅不准确；大偏移孔径能够保证陡倾反射成像，但会引入偏移噪声，进而影响振幅关系，并极大地增加偏移计算量。因偏移孔径选择不当引入的偏移噪声是影响振幅的重要因素。随着集群并行计算能力的提高，可以不考虑偏移计算量的增加，但陡倾反射成像与压制偏移噪声之间的矛盾仍困扰着偏移孔径的选取。现有的偏移孔径选择方法没有考虑地下构造和速度的空间变化，一般选择全区统一的偏移孔径，为保证高角度反射成像，所选孔径通常大于最佳偏移孔径，致使实际成像剖面中存在明显的偏移噪声。对真振幅成像和偏移噪声压制而言，最佳偏移孔径是第一菲涅尔带。以往研究揭示，对偏移算子的稳相近似，为确定菲涅尔带提供了可能。

类似于偏移速度建模过程，采用偏移扫描来确定各成像点的偏移孔径，实现偏移孔径的时空变。基于稳相原理在偏移过程中构建出地层倾角道集（简称倾角道集），可给出菲涅尔带范围，利用倾角道集中反射同相轴的道间时差和振幅自动拾取菲涅尔带，再经人工局部修改形成最佳偏移孔径。变孔径的黏弹性介质吸收补偿叠前时间偏移方法，在保证陡倾反射成像的前提下，有效地解决了黏弹性补偿引起的偏移噪声放大问题，同时也极大地提高了偏移计算效率。

叠前时间偏移算法可实现时—空变的最优偏移孔径选取，即只对菲涅尔带内涉及的地震信号进行叠加处理，各成像点的菲涅尔带范围通过交互拾取倾角道集获得，达到了3个目的：一是压制偏移噪声，实现真振幅成像，排除菲涅尔带之外的地震道对成像振幅的影响；二是提高偏移计算效率，无需对菲涅尔带之外的地震道进行偏移计算；三是可精细拾取断裂带的偏移孔径，避免全区统一偏移孔径对断裂带与平坦反射区的无法兼顾。

图7-4-3为自动拾取菲涅尔带范围与人工修改菲涅尔带范围后的倾角道集的对比，由于地层结构复杂，图7-4-3（a）自动拾取的菲涅尔带范围（图中红色与蓝色曲线）存在不合理之处，如在反射时间1500~2500ms之间的拾取结果，人工修改后使得偏移孔径趋于合理图7-4-3（b）。图中两条曲线内反射同相轴波形接近一致，时差小于地震波主周期的一半，红线外部分波形变宽，频率降低，且出现假频，属于偏移噪声，不应参与最终的成像计算。修改后的结果在偏移过程中也可直接排除菲涅尔带以外地震道参与偏移计算，减少偏移计算量，从图7-4-3的面积上对比可见，菲涅尔带范围以外部分约为2/3，这部分计算量可被节省，大大提高了计算效率。

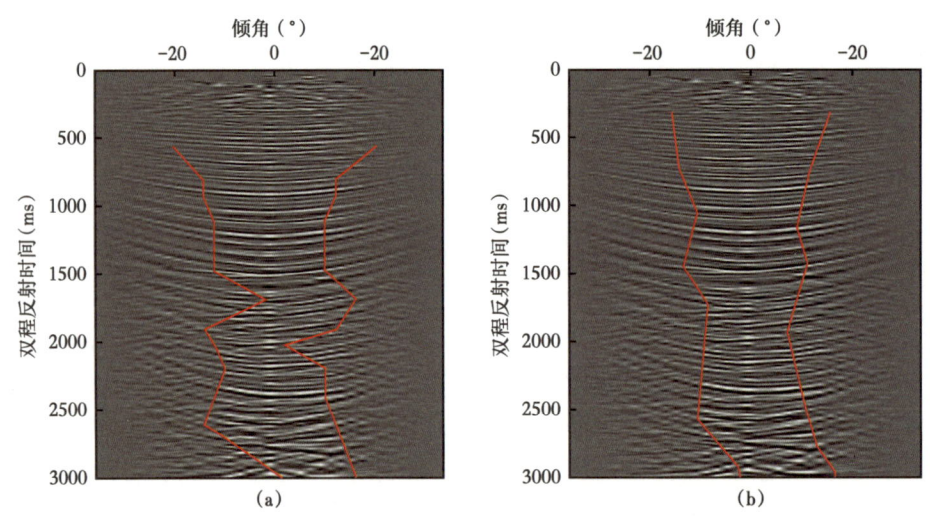

图7-4-3　某工区相同CDP位置的偏移距道集与倾角道集对比

（a）自动拾取；（b）人工修改；红色曲线为最佳偏移孔径对应的地层倾角上、下界

3. 黏弹性介质叠前时间偏移成像

三肇地区扶余油层的埋藏深度为1500~2000m，上覆坳陷期地层的沉积厚度大、压实程度低，对地震波的传播产生吸收衰减，造成常规叠前时间偏移成像分辨率降低。考虑黏滞性介质对地震波的吸收作用，在叠前偏移过程中依据传播路径补偿衰减效应，实现保幅高分辨率成像。

A 井 FⅠ、FⅡ油层组厚度共计 120m，地震双程反射时间厚度 120ms［图 7-4-4（a）和（b）红色垂线］，测井解释存在 4 个河道砂岩，红色箭头所指。在常规叠前时间偏移剖面上［图 7-4-4（a）］，FⅠ、FⅡ油层组对应 T_2 反射下 3 个波峰，不能做到垂向 5 分层解释，其中 FⅠ1 表现为 T_2 下波谷中的局部弱小波峰，难以识别，FⅡ1 只在局部有反射，均不能横向追踪解释，频谱分析表明［图 7-4-4（c）］，在振幅 -20dB 处，频宽为 6~73Hz。在黏滞介质叠前时间偏移剖面上［图 7-4-4（b）］，FⅠ、FⅡ油层组对应 T_2 反射下的 5 个波峰，同向轴反射振幅加强、横向变化自然，易于垂向 5 分层追踪解释，频谱分析表明［图 7-4-4（d）］，在振幅 -20dB 处，频宽 6~90Hz，展宽频带 17Hz。

对比可见，黏滞介质叠前时间偏移能够提高成像结果的垂向分辨率，且保持横向振幅关系，实现 FⅠ、FⅡ油层组的垂向 5 分层解释。

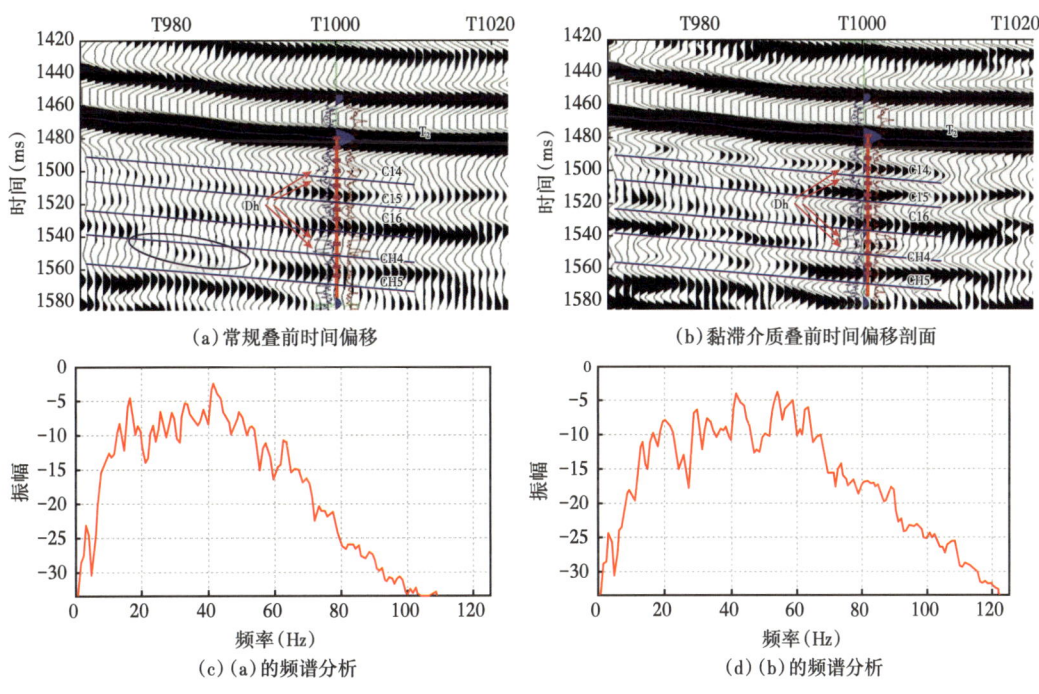

图 7-4-4　过 A 井地震剖面

蓝色曲线为伽马曲线，红色曲线为电阻率曲线，蓝色地震道为合成记录

三、地震储层预测

1. 地震沉积学砂体识别

地震属性是河道识别和沉积相划分的重要手段之一。以 FⅡ1 油层组为例，在正演分析的基础上，提取了 FⅡ1 油层组的多种振幅类属性进行砂岩有利区预测［图 7-4-5（a）］，通过对比分析，最大波峰振幅属性预测河道砂体与实钻较为相符，对井符合率 85.2%。以井点沉积微相为基础，依托地震属性砂体预测平面展布特征，井震结合、综合分析，确定

河道等沉积微相的空间配置关系，进一步提高了井间砂体的预测精度。从FⅡ1油层组沉积微相图［图7-4-5（b）］中可以看出：工区受南部物源控制，FⅡ1油层组以河流相—三角洲平原沉积为主，河道流向以南西—北东为主，较宽的河道发育区多为河道迁移、砂体错叠形成。

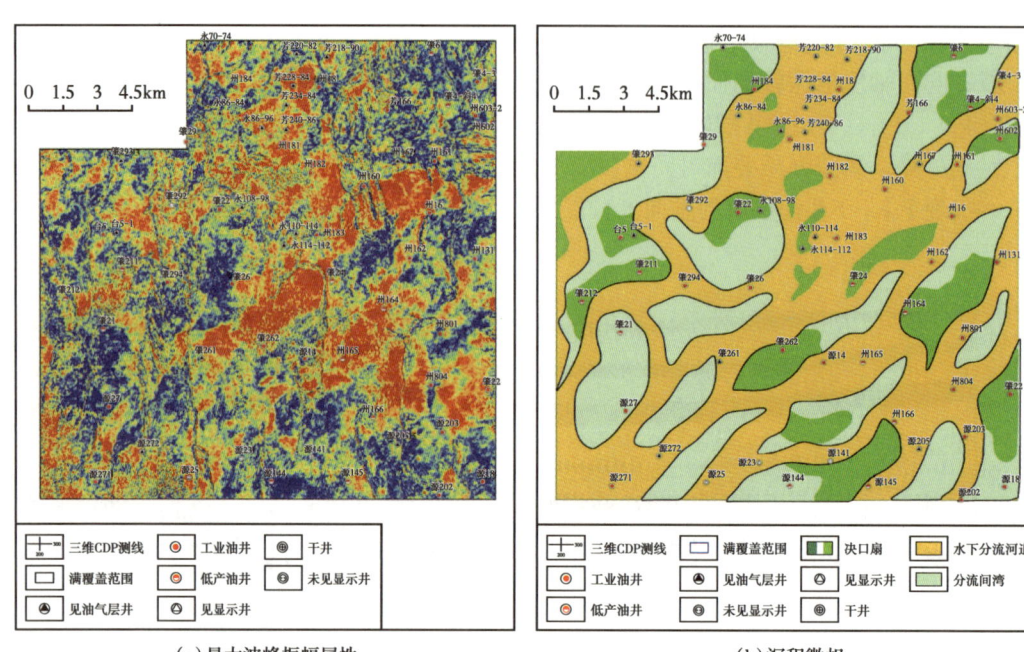

(a) 最大波峰振幅属性　　　　　　　　　(b) 沉积微相

图 7-4-5　FⅡ1 油层组最大波峰振幅属性和沉积微相

2. 地质统计学反演

从电阻率、自然伽马与纵波阻抗交汇图（图7-4-6）可以看出：砂泥岩在纵波阻抗曲线上叠置严重；电阻率区分砂泥岩效果最好，且电阻率曲线具有较高纵向分辨率，因此研究区采用地质统计学电阻率反演技术对储层进行预测。图7-4-7是开发井区的电阻率反演连井剖面图，从图中可以看出：地质统计学反演结果与测井曲线基本一致，横向变化自然，砂体多呈透镜状，符合河道砂体和席状砂的沉积特征，后验井3m以上砂岩预测符合率80%以上。

四、井位部署及钻探效果

源63井区是永乐工区规模最大的"甜点"区，纵向上主要发育FⅠ2砂层组、FⅠ3砂层组和FⅡ1砂层组3个"甜点"层（图7-4-8），其中FⅡ1砂层组河道砂体厚度大，一般为2.6~10.0m，曲线上呈箱型，储层物性较好，孔隙度一般为9.0%~13.5%，中值为11.8%；空气渗透率一般分布在0.1~1.5mD之间，中值为0.55mD，是比较理想的水平井目标靶层。

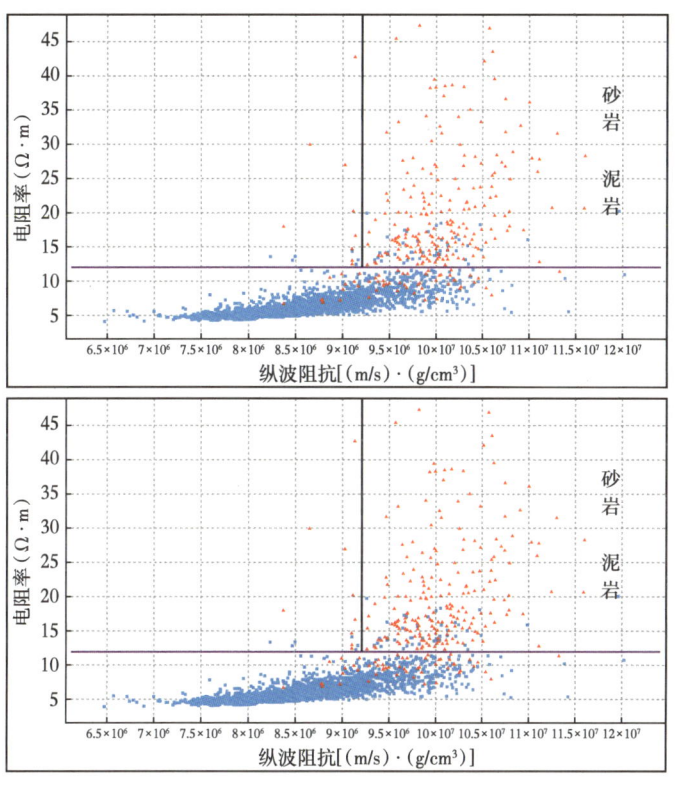

图 7-4-6 砂泥岩敏感参数分析

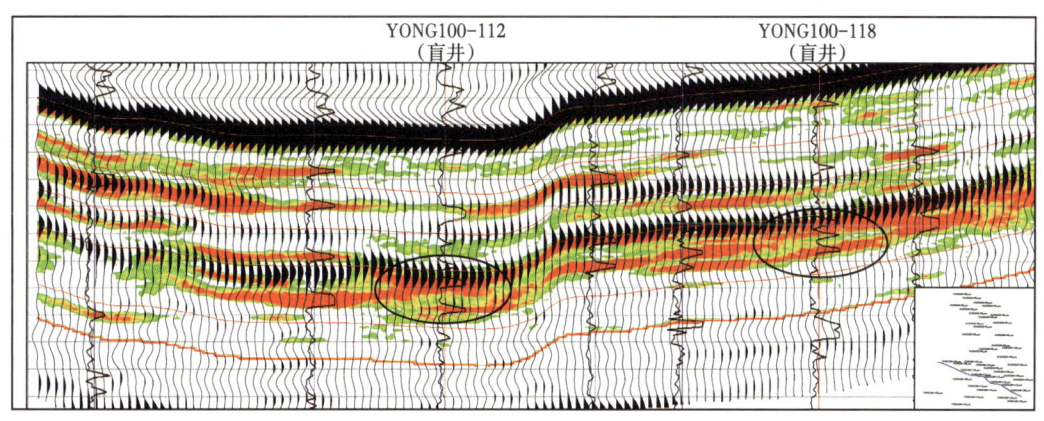

图 7-4-7 叠后地质统计学电阻率反演连井剖面

从 FⅡ1 砂层组最大波峰振幅属性和沉积微相中（图 7-4-9）可以看出：河道宽度 500~2500m，呈北东—南西向条带状展布，砂体横向分布范围广泛。根据砂体平面展布，优选轨迹剖面地震波形稳定、反演剖面预测砂体厚度大且横向稳定的位置部署肇平 22 井。实钻井显示（图 7-4-10）：肇平 22 井轨迹位于预测主力砂体内部，实钻水平段长 1123m，其中砂岩 1123m，砂岩钻遇率 100%；含油砂岩 1090m，油层砂岩钻遇率 97.06%，钻探效果域地震预测一致。截至目前，结合勘探部署需求，在源 63 井区预探整体部署 5 个井组、17 口井，均获得良好的钻探效果，平均砂岩钻遇率 92.1%，油层钻遇率 86.5%。

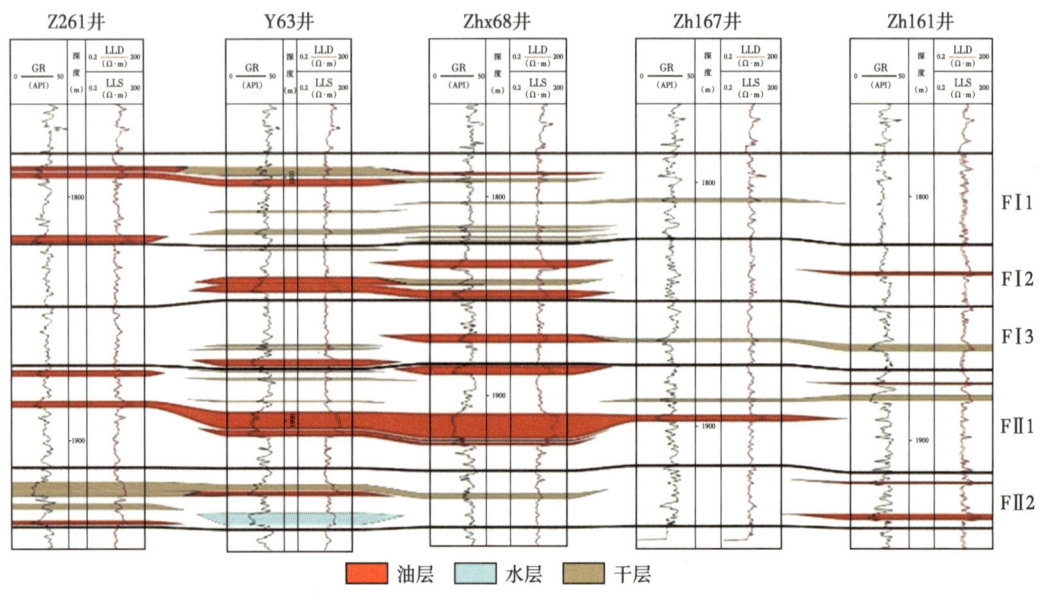

图 7-4-8　连井对比剖面图

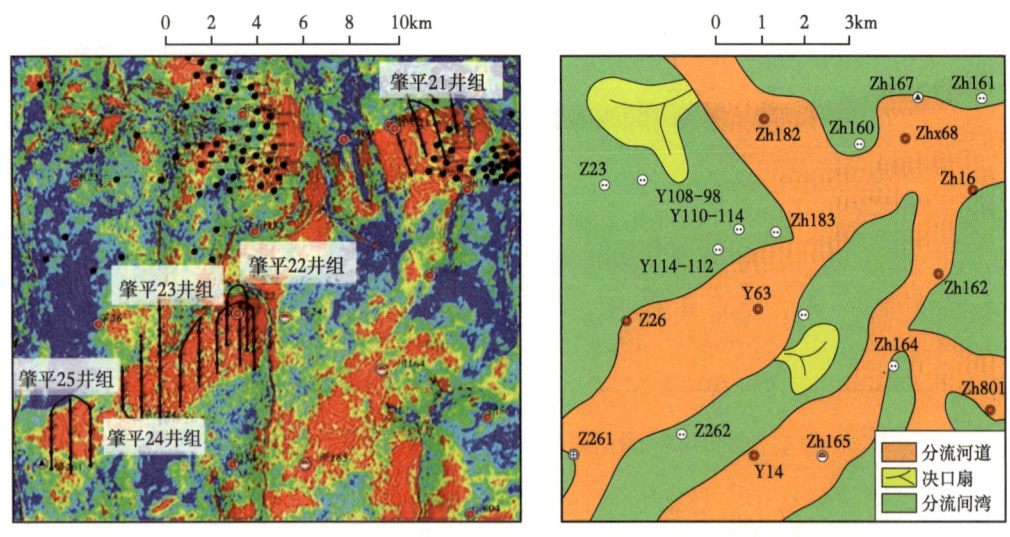

图 7-4-9　源 63 井区 FⅡ1 油层组最大波峰振幅属性图（左）和沉积微相平面图（右）

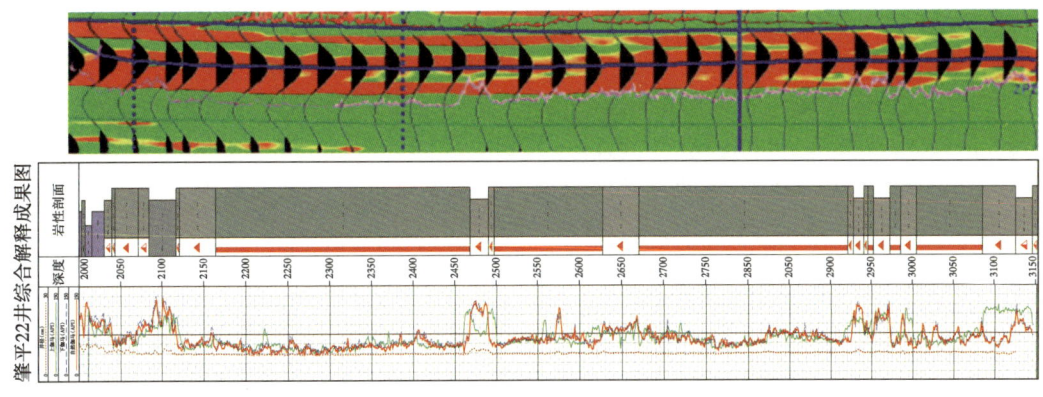

图 7-4-10　肇平 22 井实钻井轨迹（上）与综合柱状图（下）

第五节　安达致密气

一、安达致密气勘探现状

松辽盆地北部深层发育 18 个断陷，总资源量近 1.6 万亿吨。2002 年，徐深 1 井在徐家围子断陷营城组和沙河子组地层钻遇巨厚的火山岩、砂砾岩储层，发现了大规模天然气藏，松辽盆地深部断陷火山岩、砂砾岩气藏展现良好的勘探前景。已有的研究和勘探成果证实，松辽盆地北部的断陷盆地储集层主要为火山岩和砂砾岩储层，剩余资源潜力大、探明率低，松北深层天然气是油田增储上产的重要资源保障，地球物理综合评价及识别技术制约着勘探成效，为实现规模效益增储，急需深入开展以下三个方面技术攻关：

（1）需攻关高效高精度的连片各向异性速度模型建立技术，开展深度偏移处理提高地震资料成像品质。

（2）致密储层厚度薄、地震反射特征弱，需开展叠前 CRP 道集保真优化和叠前高分辨率反演预测技术研究，提高地震资料保真性及薄储层预测精度。

（3）持续攻关复杂岩性致密储层地震识别技术，提高有利储层识别精度。

安达工区原始地震资料由于深层地震资料能量弱、信噪比低、处理难度较大，地震成像精度和分辨率难以满足勘探部署需求，主要表现在：地震成像精度不足，层间断层断点不清，部分地层反射波组关系不清；地震资料低频缺失，主频 26Hz 左右，有效频宽 8~53Hz，垂向分辨率 40~50m，单砂体地震识别难度大。主要存在以下 5 方面难点问题：

（1）研究区地震资料为不同年度、不同覆盖次数和不同面元采集，存在空道、空线及激发能量不均的问题；

（2）研究区近地表情况差异较大。主要为农田、草地和局部水域，区内高程差达 35m；近地表模型总厚度在 20m 内，主要为 2 层、3 层结构；近地表等效速度在 450~800m/s 之间。

（3）资料信噪比低，噪声主要有 3 种类型：①面波全区发育，主要能量集中在 1~8Hz；②浅层折射干扰局部发育，噪声信号达 23Hz，与有效波频段混叠；③异常大能量干扰噪声局部发育，如 50Hz 工业电，频带宽，能量强。由于有效波与噪声频带混叠，保真噪声压制处理难度大。

（4）低频噪声发育，折射波在高岗区尤为发育，速度介于 1200~2300m/s；强能量低频面波（1~8Hz）速度在 500m/s 以下，弱能量高频面波（10~15Hz）速度达到 1400m/s；

（5）不同采集地震工区之间，受地表情况和激发条件等因素的影响，子波品质差异大，而且同一工区内的子波一致性也较差。

二、安达致密气勘探技术突破

1. 地震处理技术突破

通过对安达地区原始资料品质分析，本次处理把保护有效信号的前提下去除噪声，提高地震资料信噪比作为关键，在保真的前提下提高了成像精度和分辨率，实现了对低频信号的保护，以及提高速度模型的精度和偏移成像精度的双重需求。

针对地质需求和原始资料特点，形成了以高保真高分辨率处理、速度建模及偏移处理为核心的深层双高成像处理流程，本次处理注重结合 VSP 和测井资料量化质控，图 7-5-1 中星号位置为关键质控节点。

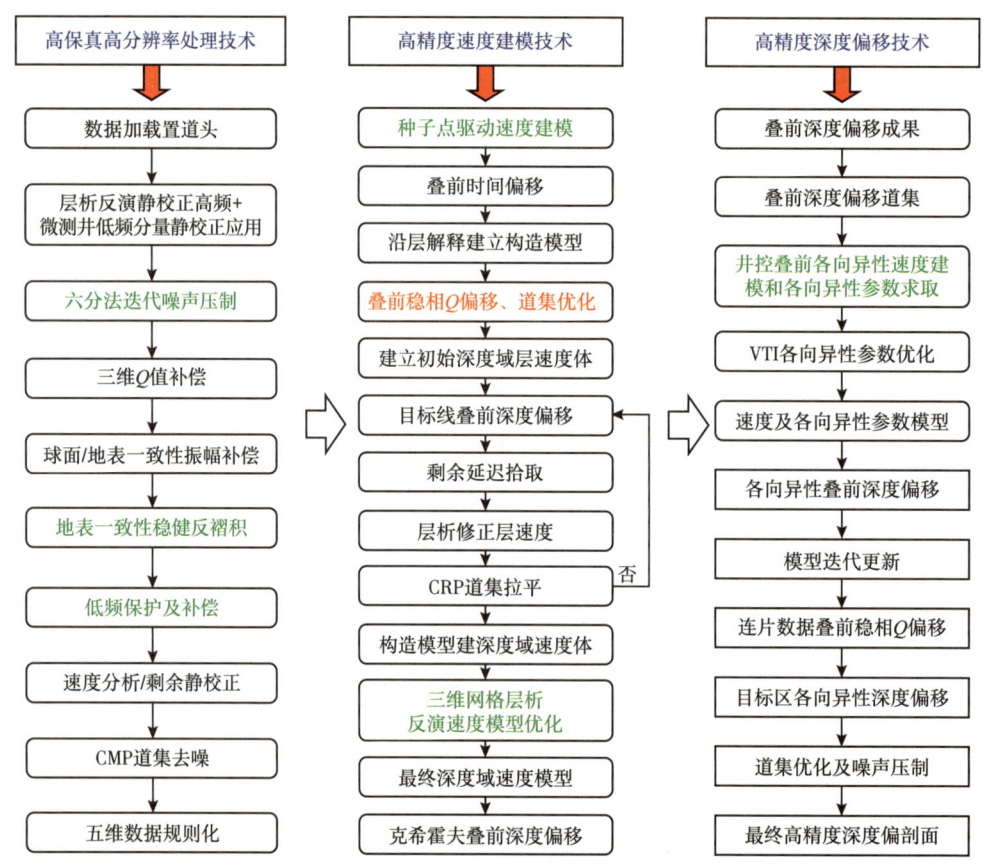

图 7-5-1　深层双高成像处理流程

经过上述深层双高成像处理后,新旧安达地区地震数据在信噪比、分辨率、频带宽度和与井资料匹配程度上均有明显提升。图 7-5-2 为该流程处理后最终地震成像效果可清楚发现在多次处理后成像效果整体提升较大,断层刻画更加清晰,绕射波收敛,对于陡倾角地层识别更连续准确。

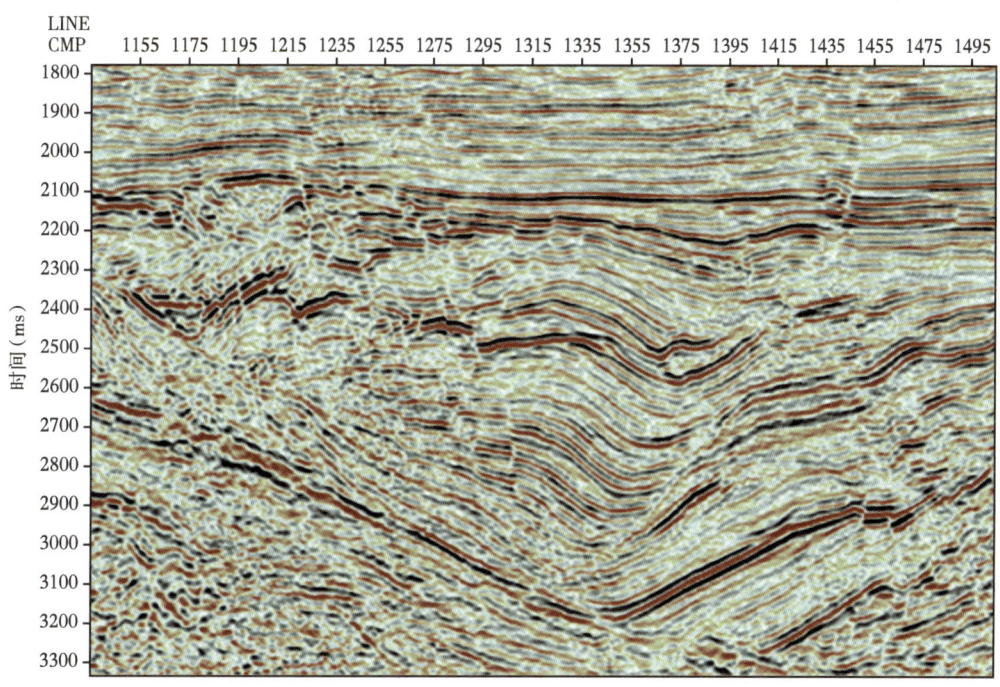

图 7-5-2 安达深层成像更新效果

在井曲线和地震数据同层位标定方面,经过该流程处理后的地震剖面同样具有非常优异的表现。本次使用安达工区内 6 口井作为标定井,1 口井作为验证井,经过各向异性叠前深度偏移后,7 口井目的层位深度与地震数据上对应层位深度基本一致,误差满足项目验收要求"层位误差与层位深度比值小于 5‰",在浅层(约 2000m)先验井和后验井误差均小于 10m,在深层(约 4000m)先验井和后验井误差均小于 20m。后验井井震误差如图 7-5-3 所示。

2. 地震解释技术突破

陆相断陷盆地层序地层研究中,识别不同级别和性质的不整合面及与之对应的界面,进行横向对比追踪最为重要,是进行各级层序地层单元划分,建立等时层序地层格架的关键。通过钻井岩心、录井、测井及地震等资料的综合分析,总结了徐家围子断陷沙河子组 4 个三级层序界面特征及其识别标志。这些识别标志以地震相标志、测井相标志和岩相标志最为可靠且具可操作性,是本区层序地层单元识别与划分的主要标志。通过全区的钻井—地震剖面详细对比,建立了如图 7-5-4 所示的井震特征一致的沙河子组层序地层格架。

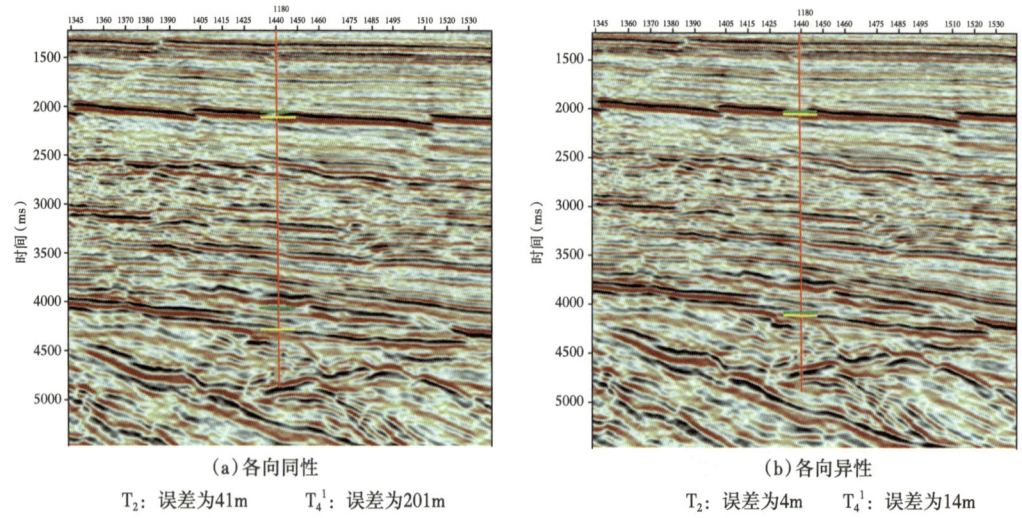

(a)各向同性　　　　　　　　　　　　　　　(b)各向异性

T_2：误差为41m　　　T_4^1：误差为201m　　　　　T_2：误差为4m　　　T_4^1：误差为14m

图 7-5-3　后验井处理前后误差变化

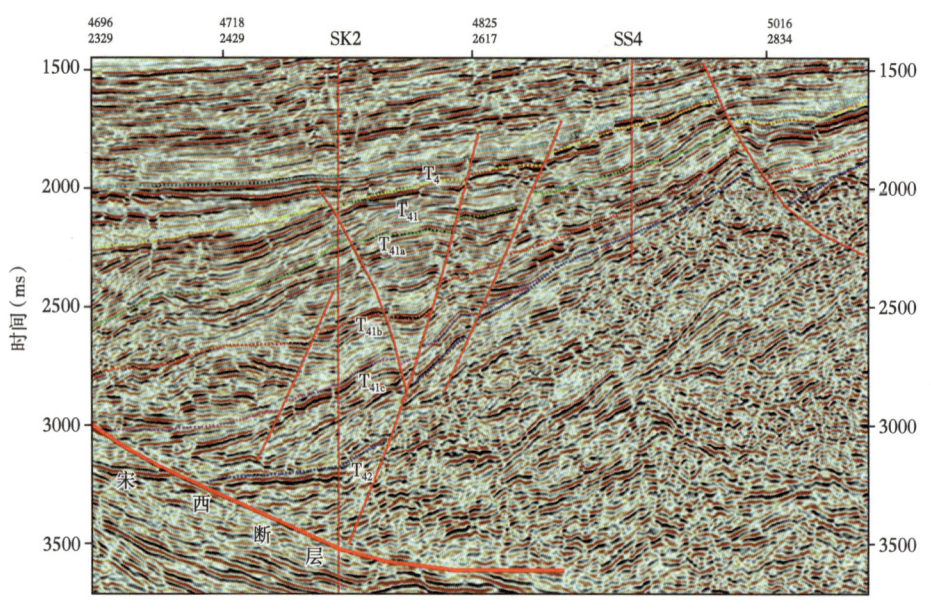

图 7-5-4　过 SK2—SS4 井连井地震剖面

通过地震地质层位标定和连井统层，先解释过井测线，再建立 64×64 线解释骨架，分析地层产状及其变化，深入认识格架剖面解释方案。以 64×64 格架为基础，以层序界面属性体为辅助依据，先开展全区 T_4^1、T_4^2、T_4^{1a}、T_4^{1b}、T_4^{1c} 反射界面的追踪解释，再分区开展内部四级层序地震反射层的对比解释，由粗到细、由大到小，逐步约束加密闭合，实现由点到线、由线到面的三维解释。为了提高层位解释精度，力求追准每一个相位，严格按反射波的特征解释。在搭建的三级层序地层格架内，完成全区10个地震反射层位4×4的层位解释工作，在任意线解释剖面上，真实地反映出地下构造和地层结构。在解释过程中，尤其重视反射终止线的解释，达到对不整合面的识别和追踪，通过地震剖面上反射终止现象，识别不连续界面。

同时，在解释过程中加入三维可视化断层解释技术（图7-5-5），该技术可利用三角剖分网格确定断面分布范围和断层间的搭接关系，合理地反映构造和断层的空间分布特点，剖面上断层的关系同平面上断层间的平面组合特征保持一致（图7-5-6）。

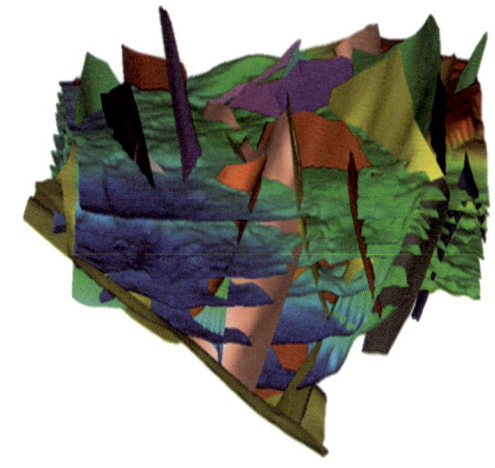

图 7-5-5 安达地区沙河子组层位断层三维空间展布图

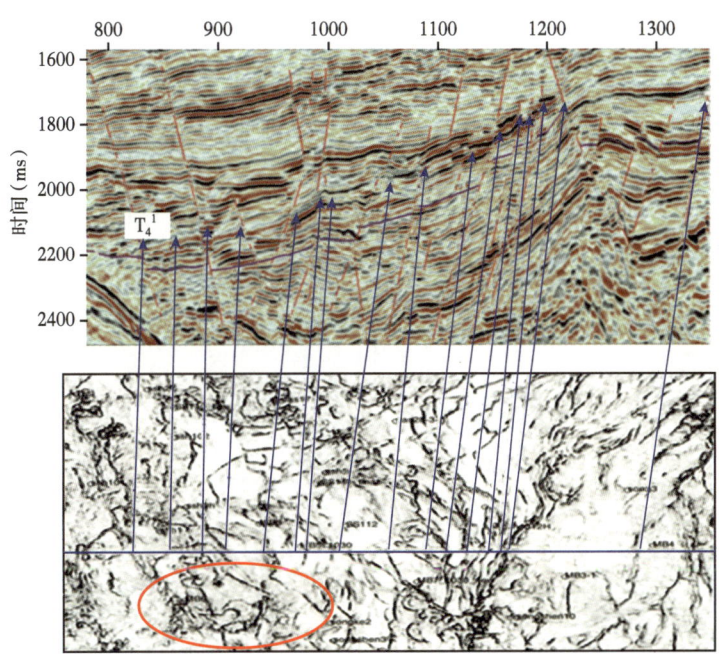

图 7-5-6 构造导向滤波处理地震剖面与 T_4^1 沿层相干体属性切片

安达次凹是徐家围子断陷区北部的一个断陷，其构造演化伴随着徐家围子断陷的形成与演化，徐家围子断陷的形成与演化受东北地区区域板块构造运动的控制，与松辽盆地的形成与演化具有一定的关系。在徐家围子断陷的发育及演化的背景下，依据钻井资料、地层厚度及构造发育史剖面（图7-5-7），并参考前人研究成果，对本区的构造演化规律进行了分析。自早白垩世以来，本区经历了断陷期、断坳转化期、坳陷期和萎缩期四个大的构造演化阶段。

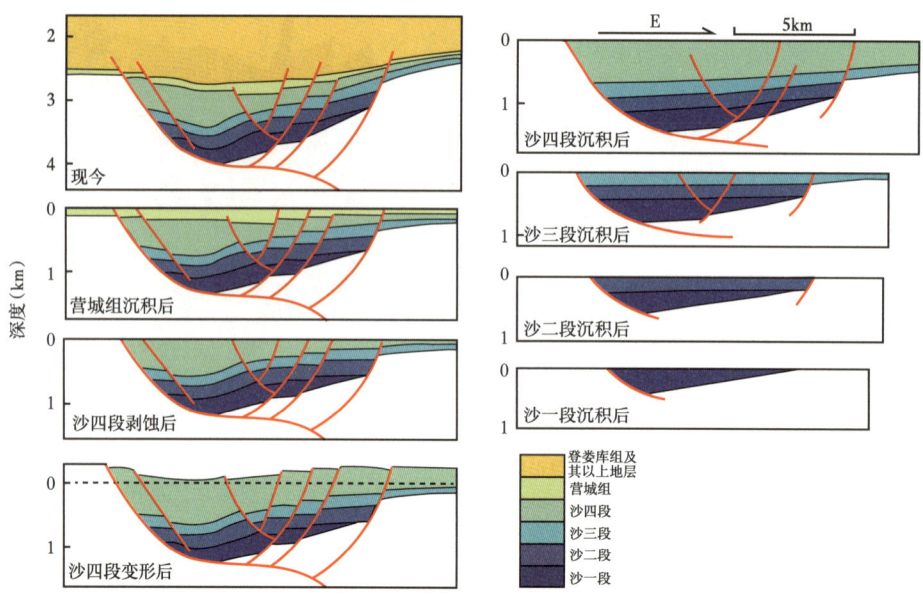

图 7-5-7　Inline585 线构造发育史剖面

针对安达断陷沙河子组的古地貌恢复，建立了一套地层剥蚀量恢复方法，基于沙河子组古地貌特征恢复结果，刻画了其转换带、沟谷和坡折带及其组合分布，主要步骤如下：一是对于剥蚀区的确定；二是剥蚀量恢复；三是压实校正；四是古地貌恢复，通过各沉积时期古构造宝塔图确定各时期古地貌，最终针对 Sq_4^3 地层的古地貌恢复效果如图 7-5-8 所示。

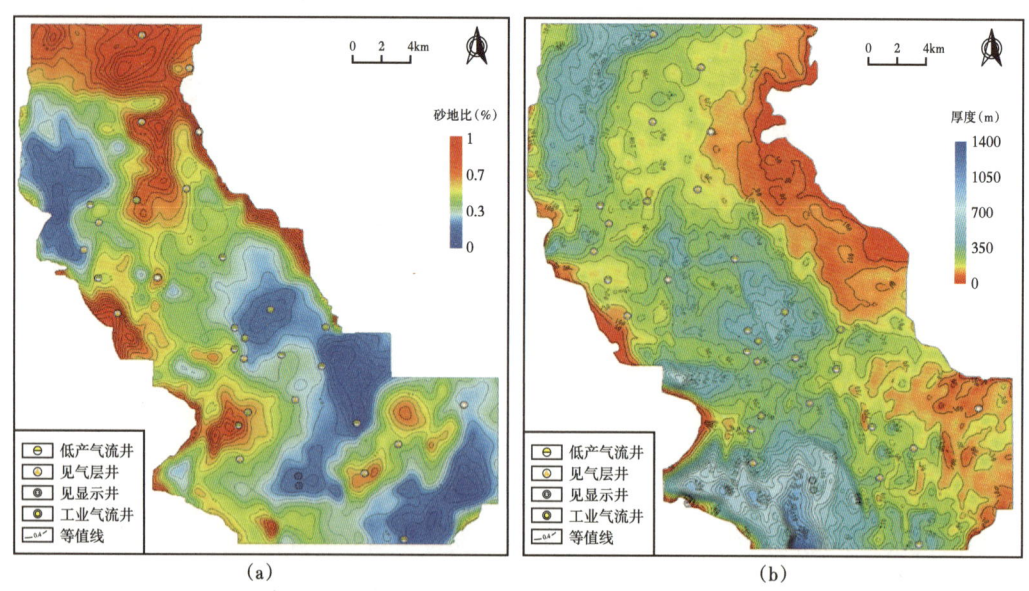

图 7-5-8　徐家围子断陷北部安达地区 Sq_4^3 砂地比和原始地层厚度图
（a）Sq_4^3 地层砂地比分布图；（b）Sq_4^3 原始地层厚度分布图

三、安达致密气藏勘探成果

1. 砂砾岩气藏

按照预探甩开、控制升级、探明外扩的部署思路，整体动用沙四段和沙三段，优选有利目标 22 个，其中，6 口井通过油公司审查（图 7-5-9），预计可落实千亿立方米级储量规模。

宋深 22 导眼井钻入沙河子地层 433m，砂地比 0.85，气测异常显示 171m/33 层，全烃值最大为 0.55%~26.76%；预测含气砂体厚度 210m，实钻含气砂体厚度 156.43m，预测含气砂体 4 套，实钻 4 套；10m 以上厚层砂砾岩分布预测精度达 81%；含气砂砾岩预测精度达 75%。

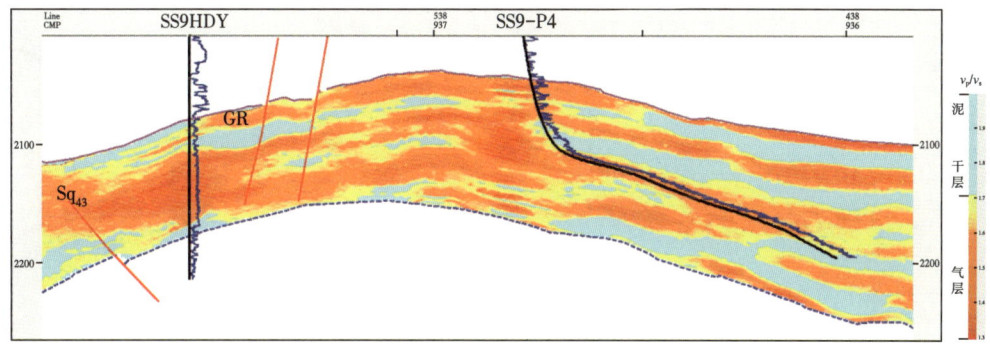

图 7-5-9 安达—宋站地区设计目标位置图

2. 火山岩气藏

识别火山岩储层分布，支撑古龙断陷井位部署，刻画火山岩有效储层，支撑徐家围子断陷探明储量复算和开发方案编制。基于断裂密度、构造纹理的多属性岩体岩相刻画技术，以及井震结合多韵律相控储层预测技术，如图 7-5-10 所示，在古龙 2 井区 XAI 开发试验方案优选评价目标 2 个，风险井 2 个。

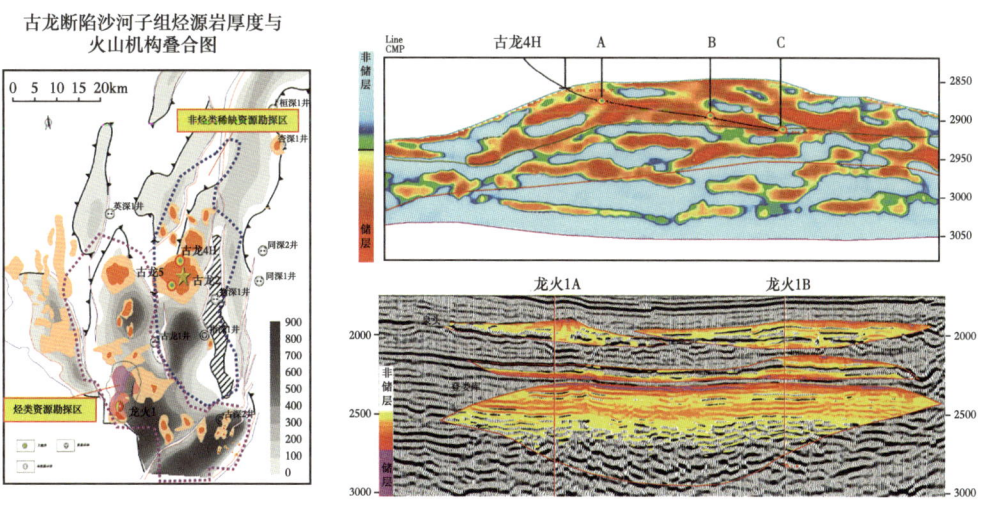

图 7-5-10 古龙断陷优选目标位置及剖面图